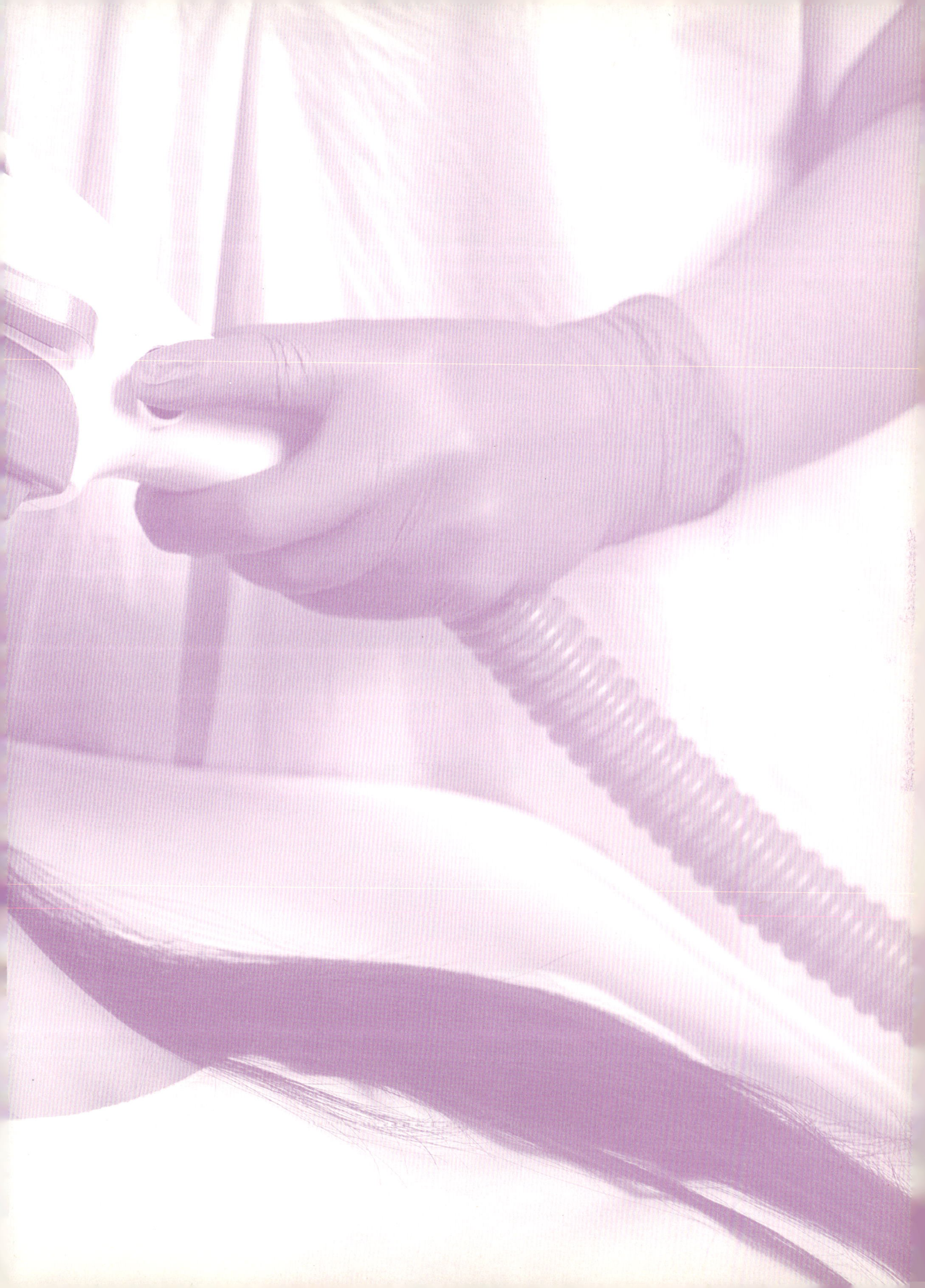

국가기술자격검정 피부미용사

필기시험 완벽 대비 !!

필기시험

피부미용사

권혜영 · 김영주 · 안진미 · 오희영 · 이세희

메디시인

자격검정시험 CBT 웹 체험 안내

1.

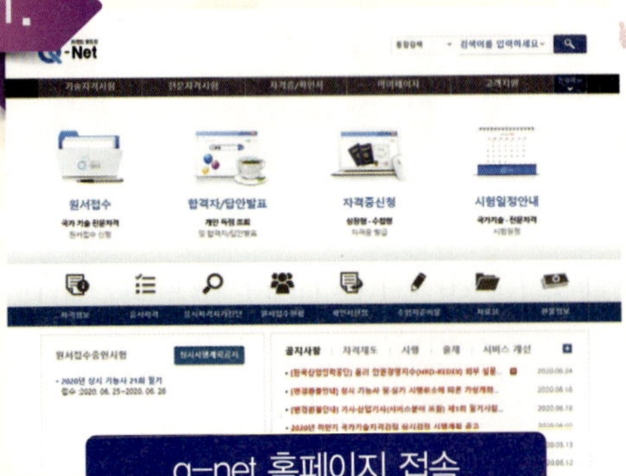

q-net 홈페이지 접속

2.

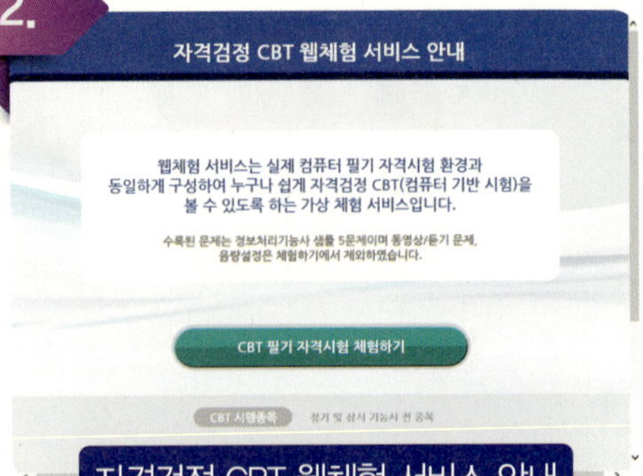

자격검정 CBT 웹체험 서비스 안내

3.

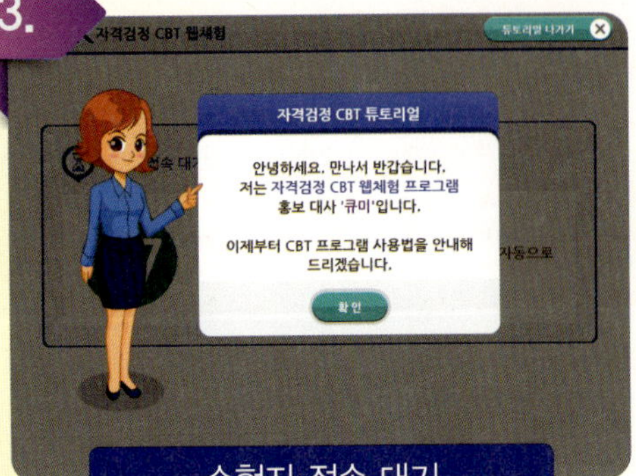

수험자 접속 대기

4.

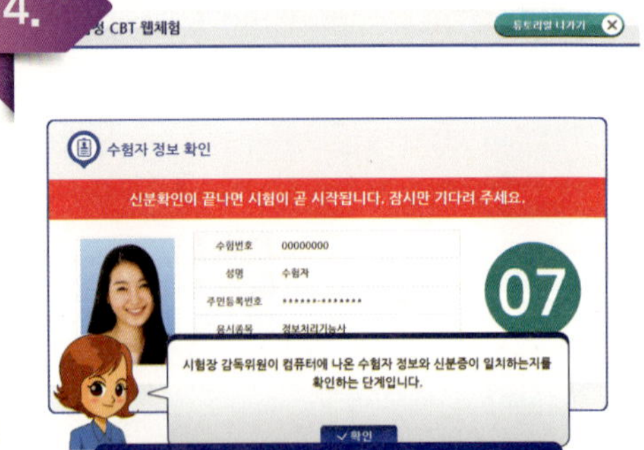

수험자 정보 확인

5.

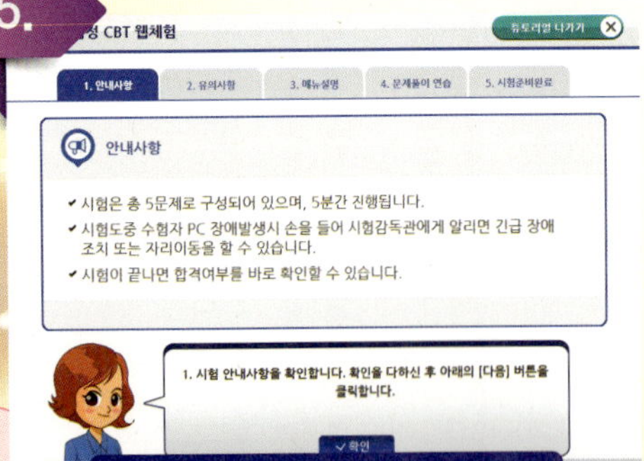

수험 안내 사항

6.

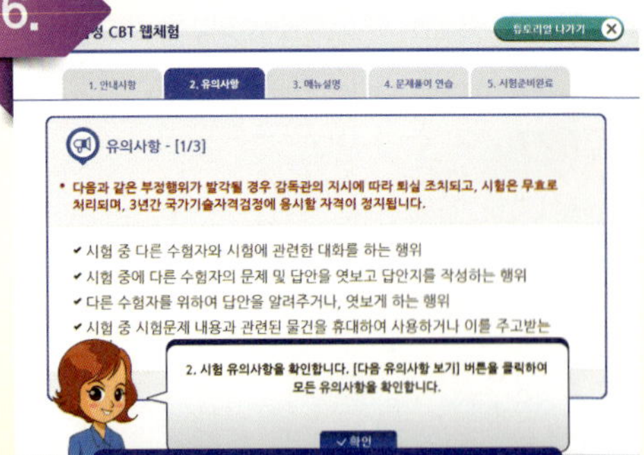

수험자 유의사항

7.

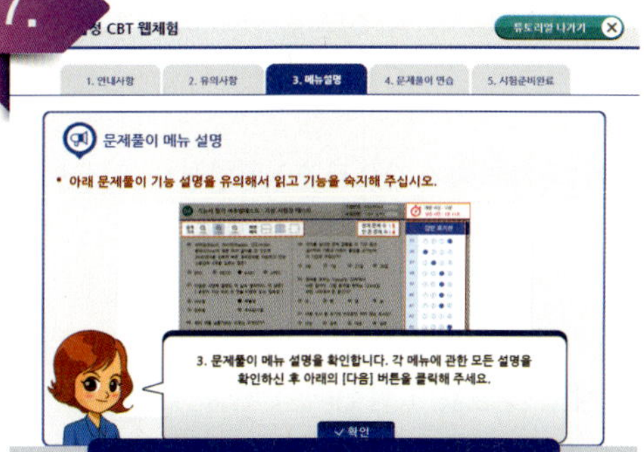

수험 메뉴 설명

8.

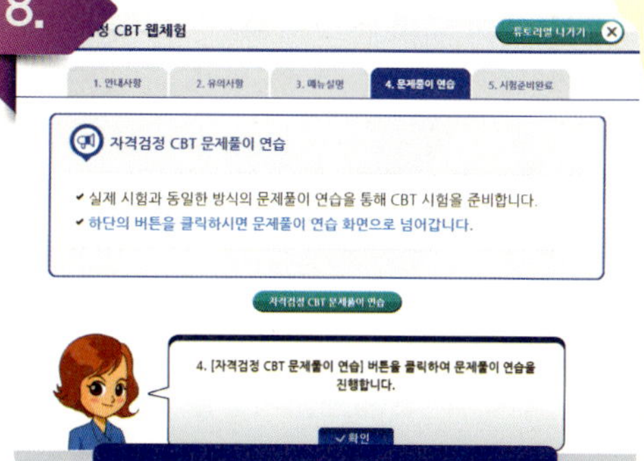

문제풀이 연습

9.

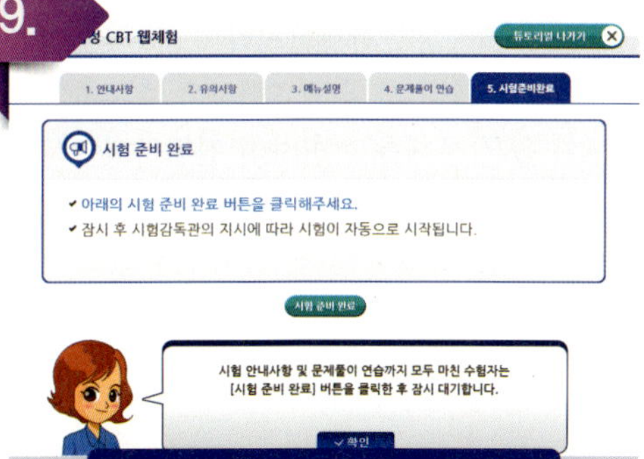

시험 준비 확인

10.

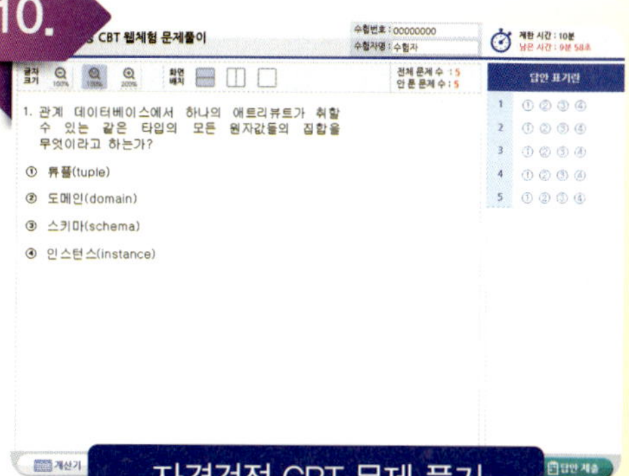

자격검정 CBT 문제 풀기

11.

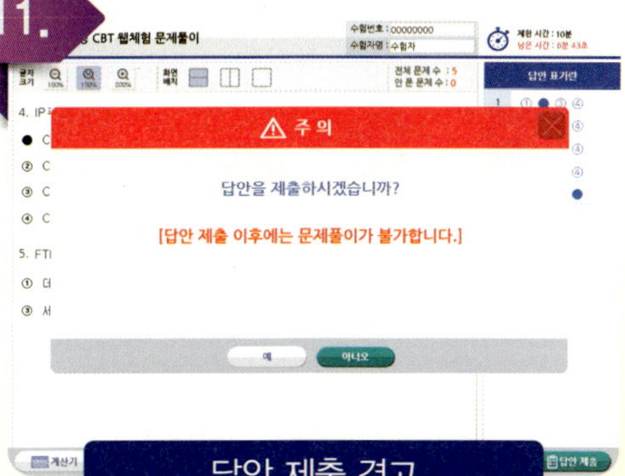

답안 제출 경고

12.

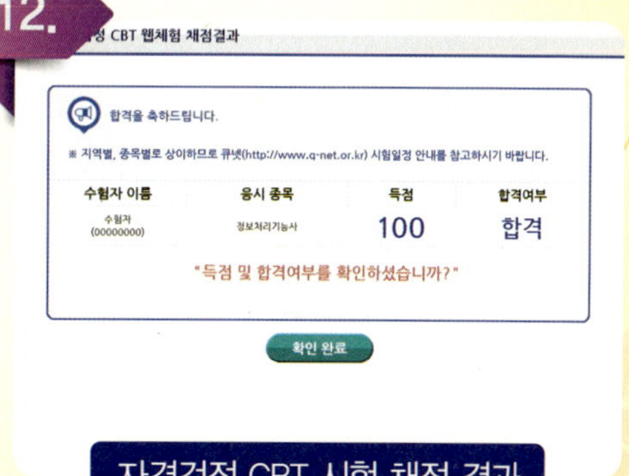

자격검정 CBT 시험 채점 결과

머리말

피부미용은 진정한 아름다움의 기본이며 중요한 학문입니다.

100세 고령화 시대로 접어들면서 많은 사람들이 "피부가 능력이다"라고 말 할 정도로 피부관리에 많은 돈과 시간을 아낌없이 투자합니다.

1981년 피부 관리가 처음 도입 되었습니다. 이후 미용사(피부)가 국가기술자격으로 2008년부터 시행되었고, 현재까지 눈부신 발전을 거듭해 왔습니다.

K-뷰티 열풍으로 전 세계가 대한민국에 주목하고 있고 피부관리 산업 역시 전망이 매우 밝습니다. 과학적이고 체계적인 이론을 바탕을 둔 다양한 관리로 수준 높은 단계로 끊임없이 발전되어 가고 있습니다.

이에 본 교재는 대학에서 다년간 학생들을 지도하고 합격시킨 성공사례를 바탕으로 핵심 이론을 담았습니다.

본 수험서는 피부미용학, 피부학, 화장품학, 피부미용기기학, 해부생리학, 공중위생관리학의 6과목으로 분류하여 핵심 이론을 담았으며, 과목별 기출 예상 문제와 자세한 해설, 모의고사 문제 5회분을 수록하였습니다. 또한 최신 개정 법률을 반영, 수록하였으며 시험 출제 빈도가 높은 문제를 선별하여 집필하였습니다.

'우리가 투자에서 다시 얻어내는 이자가 교육만큼 두둑한 이자로 가치 있게 돌아오는 것은 없다'라고 했던 넬슨 만델라의 말처럼 이 책이 미용사(피부)국가기술자격 취득을 원하는 수험생 여러분들에게 합격의 기쁨을 안겨주는 행운의 책이 될 것이라 확신합니다.

K-뷰티의 주인공이 되기 위해 도전하는 수험생 여러분들을 응원합니다. 빛나는 멋진 미래를 상상하시며 함께 동행 하시기를 희망합니다.

끝으로 이 책의 출간되기까지 많은 도움을 주신 분들과 도서출판 ㈜지구문화/메디시언 임직원분들께 감사의 마음을 전합니다.

경자년 여름에

저자 대표 권 혜 영

차 례

Contents

이 책의 구성

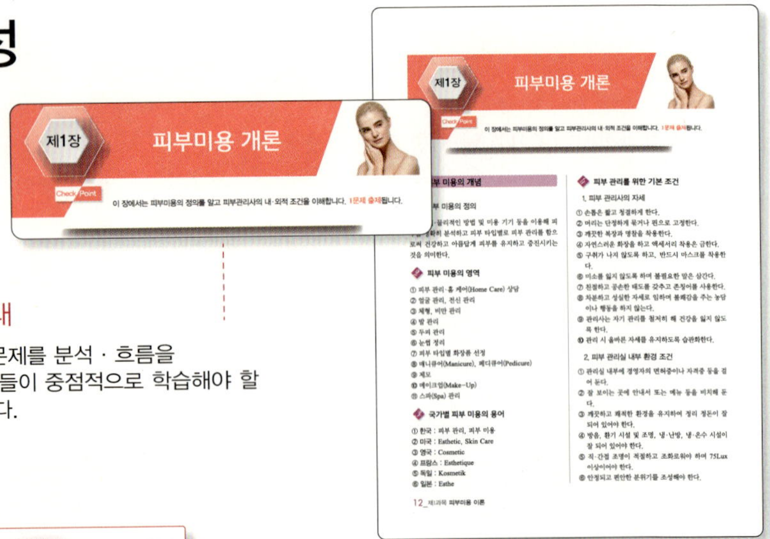

출제 문항 안내

각 장마다 기출 문제를 분석 · 흐름을 파악하여, 학습자들이 중점적으로 학습해야 할 내용을 담았습니다.

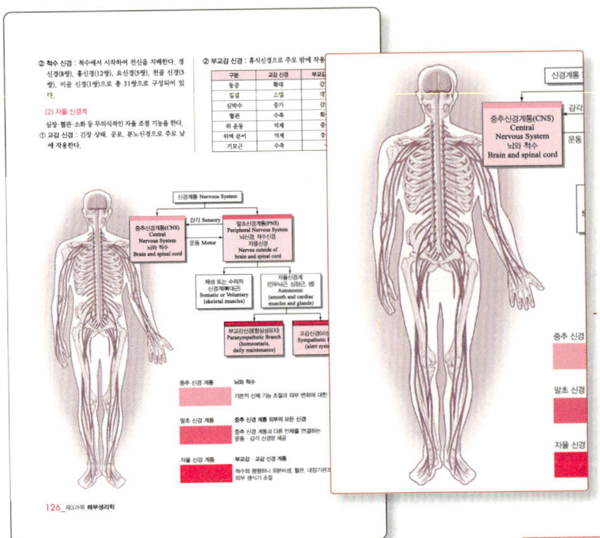

이해를 돕기 위한 삽화

이론의 이해를 돕기 위한 관련 이미지를 삽입하였습니다.

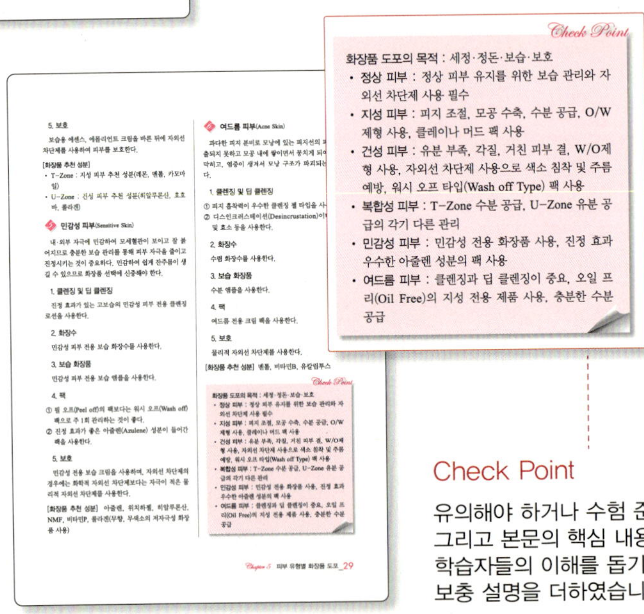

Check Point

유의해야 하거나 수험 준비에 유용한 부분, 그리고 본문의 핵심 내용을 정리하여 학습자들의 이해를 돕기 위해 보충 설명을 더하였습니다.

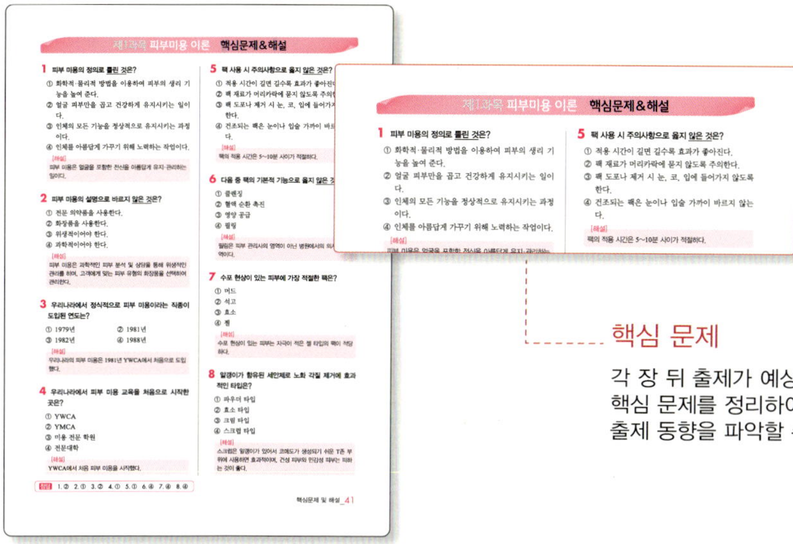

핵심 문제

각 장 뒤 출제가 예상되는
핵심 문제를 정리하여
출제 동향을 파악할 수 있도록 하였습니다.

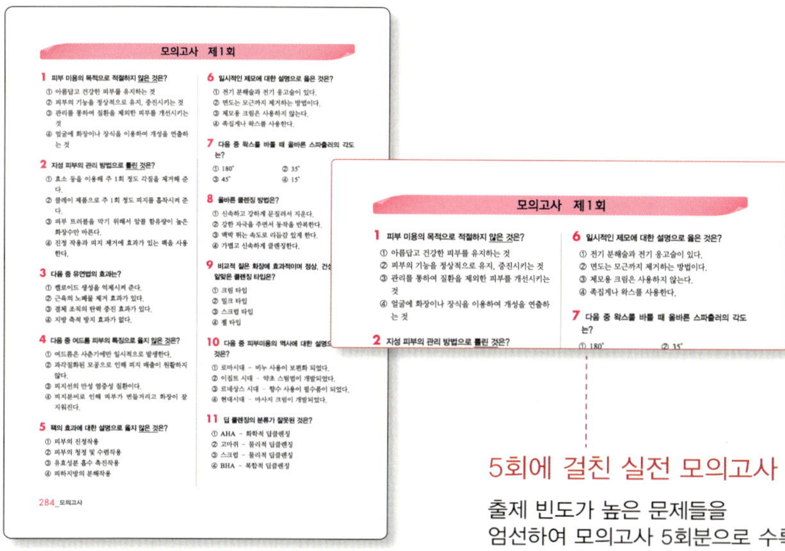

5회에 걸친 실전 모의고사

출제 빈도가 높은 문제들을
엄선하여 모의고사 5회분으로 수록하였고
실전에 대비토록 하였습니다.

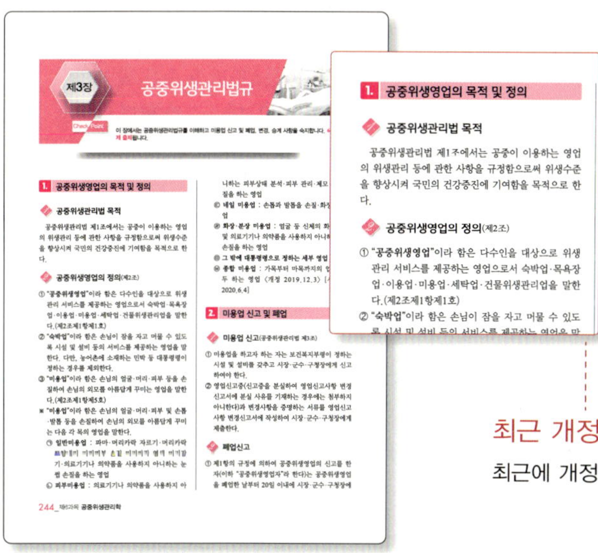

최근 개정된 법률 수록

최근에 개정된 법률을 정리하여 수록하였습니다.

출제기준(필기)

직무분야	이용·숙박·여행·오락·스포츠	중직무분야	이용·미용	자격종목	미용사(피부)	적용기간	2016. 7. 1 ~ 2020. 12. 31
• 직무내용 : 고객의 상담과 피부분석을 통해 안정감 있고 위생적인 환경에서 얼굴, 신체부위별 피부를 미용기기와 화장품을 이용하여 서비스를 제공하는 직무 수행							
필기검정방법	객관식	문제수	60	시험기간	1시간		

필기과목명	주요항목	세부항목	세세항목
피부미용이론 해부생리학 피부미용 기기학 공중위생관리학 화장품학	1. 피부미용 이론	1. 피부미용 개론	1. 피부미용의 개념 2. 피부미용의 역사
		2. 피부분석 및 상담	1. 피부분석의 목적 및 효과 2. 피부상담 3. 피부유형분석 4. 피부분석표
		3. 클렌징	1. 클렌징의 목적 및 효과 2. 클렌징 제품 3. 클렌징 방법
		4. 딥클렌징	1. 딥클렌징의 목적 및 효과 2. 딥클렌징 제품 3. 딥클렌징 방법
		5. 피부유형별 화장품 도포	1. 화장품도포의 목적 및 효과 2. 피부유형별 화장품 종류 및 선택 3. 피부유형별 화장품 도포
		6. 매뉴얼 테크닉	1. 매뉴얼 테크닉의 목적 및 효과 2. 매뉴얼 테크닉의 종류 및 방법
		7. 팩 · 마스크	1. 목적과 효과 2. 종류 및 사용방법
		8. 제모	1. 제모의 목적 및 효과 2. 제모의 종류 및 방법
		9. 신체 각 부위(팔, 다리 등) 관리	1. 신체 각 부위(팔, 다리 등) 관리의 목적 및 효과 2. 신체 각 부위(팔, 다리 등) 관리의 종류 및 방법
		10. 마무리	1. 마무리의 목적 및 효과 2. 마무리의 방법
		11. 피부와 부속기관	1. 피부구조 및 기능 2. 피부 부속기관의 구조 및 기능
		12. 피부와 영양	1. 3대 영양소, 비타민, 무기질 2. 피부와 영양 3. 체형과 영양
		13. 피부장애와 질환	1. 원발진과 속발진 2. 피부질환
		14. 피부와 광선	1. 자외선이 미치는 영향 2. 적외선이 미치는 영향
		15. 피부면역	1. 면역의 종류와 작용
		16. 피부노화	1. 피부노화의 원인 2. 피부노화현상

필기과목명	주요항목	세부항목	세세항목
	2. 해부생리학	1. 세포와 조직	1. 세포의 구조 및 작용 2. 조직구조 및 작용
		2. 뼈대(골격)계통	1. 뼈(골)의 형태 및 발생 2. 전신뼈대(전신골격)
		3. 근육계통	1. 근육의 형태 및 기능 2. 전신근육
		4. 신경계통	1. 신경조직 2. 중추신경 3. 말초신경
		5. 순환계통	1. 심장과 혈관 2. 림프
		6. 소화기계통	1. 소화기관의 종류 2. 소화와 흡수
	3. 피부미용 기기학	1. 피부미용기기 및 기구	1. 기본용어와 개념 2. 전기와 전류 3. 기기 · 기구의 종류 및 기능
		2. 피부미용기기 사용법	1. 기기 · 기구 사용법 2. 유형별 사용방법
	4. 화장품학	1. 화장품개론	1. 화장품의 정의 2. 화장품의 분류
		2. 화장품제조	1. 화장품의 원료 2. 화장품의 기술 3. 화장품의 특성
		3. 화장품의 종류와 기능	1. 기초 화장품 2. 메이크업 화장품 3. 모발 화장품 4. 바디(body)관리 화장품 5. 네일 화장품 6. 향수 7. 에센셜(아로마) 오일 및 캐리어 오일 8. 기능성 화장품
	5. 공중위생 관리학	1. 공중보건학	1. 공중보건학 총론 2. 질병관리 3. 가족 및 노인보건 4. 환경보건 5. 식품위생과 영양 6. 보건행정
		2. 소독학	1. 소독의 정의 및 분류 2. 미생물 총론 3. 병원성 미생물 4. 소독방법 5. 분야별 위생 · 소독
		3. 공중위생관리법규 (법, 시행령, 시행규칙)	1. 목적 및 정의 2. 영업의 신고 및 폐업 3. 영업자준수사항 4. 면허 5. 업무 6. 행정지도감독 7. 업소 위생등급 8. 위생교육 9. 벌칙 10. 시행령 및 시행규칙 관련사항

성공은 자기 믿음과 확신의 크기에 비례한다.
행복한 사람은 특별한 환경 속에 있는 사람이 아니라
특별한 마음의 자세를 갖고 살아가는 사람이다.
휴다운즈

제1과목 피부미용 이론

권혜영

제1장 피부미용 개론

Check Point

이 장에서는 피부미용의 정의를 알고 피부관리사의 내·외적 조건을 이해합니다. **1문제 출제**됩니다.

1. 피부 미용의 개념

1. 피부 미용의 정의

화학적·물리적인 방법 및 미용 기기 등을 이용해 피부를 정확히 분석하고 피부 타입별로 피부 관리를 함으로써 건강하고 아름답게 피부를 유지하고 증진시키는 것을 의미한다.

2. 피부 미용의 영역

① 피부 관리·홈 케어(Home Care) 상담
② 얼굴 관리, 전신 관리
③ 체형, 비만 관리
④ 발 관리
⑤ 두피 관리
⑥ 눈썹 정리
⑦ 피부 타입별 화장품 선정
⑧ 매니큐어(Manicure), 페디큐어(Pedicure)
⑨ 제모
⑩ 메이크업(Make-Up)
⑪ 스파(Spa) 관리

3. 국가별 피부 미용의 용어

① 한국 : 피부 관리, 피부 미용
② 미국 : Esthetic, Skin Care
③ 영국 : Cosmetic
④ 프랑스 : Esthetique
⑤ 독일 : Kosmetik
⑥ 일본 : Esthe

4. 피부 관리를 위한 기본 조건

1. 피부 관리사의 자세

① 손톱은 짧고 청결하게 한다.
② 머리는 단정하게 묶거나 핀으로 고정한다.
③ 깨끗한 복장과 명찰을 착용한다.
④ 자연스러운 화장을 하고 액세서리 착용은 금한다.
⑤ 구취가 나지 않도록 하고, 반드시 마스크를 착용한다.
⑥ 미소를 잃지 않도록 하며 불필요한 말은 삼간다.
⑦ 친절하고 공손한 태도를 갖추고 존칭어를 사용한다.
⑧ 차분하고 성실한 자세로 임하며 불쾌감을 주는 농담이나 행동을 하지 않는다.
⑨ 관리사는 자기 관리를 철저히 해 건강을 잃지 않도록 한다.
⑩ 관리 시 올바른 자세를 유지하도록 습관화한다.

2. 피부 관리실 내부 환경 조건

① 관리실 내부에 경영자의 면허증이나 자격증 등을 걸어 둔다.
② 잘 보이는 곳에 안내서 또는 메뉴 등을 비치해 둔다.
③ 깨끗하고 쾌적한 환경을 유지하여 정리 정돈이 잘 되어 있어야 한다.
④ 방음, 환기 시설 및 조명, 냉·난방, 냉·온수 시설이 잘 되어 있어야 한다.
⑤ 직·간접 조명이 적절하고 조화로워야 하며 75Lux 이상이어야 한다.
⑥ 안정되고 편안한 분위기를 조성해야 한다.

2. 피부 미용의 역사

1. 우리나라의 시대별 피부 관리

1. 고조선 시대

단군신화의 웅녀가 인간이 되기 위해 쑥과 마늘을 섭취했다는 기록으로 보아서 우리 민족이 흰 피부를 선호했으며 민간에서도 쑥과 마늘을 이용해 피부 미백을 추구했음을 짐작할 수 있다. 또한, 한반도의 동북방에 거주했던 읍루 사람들은 겨울철 피부 보호를 위해 돈지(돼지기름)를 발라 추위를 이겨 내고 튼살을 치료했다는 기록이 있으며, 말갈 사람들은 피부를 하얗게 하기 위해서 오줌으로 세수를 했다는 기록도 있다.

2. 삼국 시대

삼국시대에는 아름다운 육체에 아름다운 정신이 깃든다는 영육일치 사상을 중시해 깨끗한 몸과 단정한 옷차림을 추구했다. 불교의 전래로 향을 신성하게 여겼으며 사향과 같은 향을 몸에 지니고, 종교의식에 반드시 향을 사용했다. 또한, 목욕재계를 중시해 목욕 문화가 대중화되었다. 이에 따라 목욕 용품이 발달하여 세제로 팥, 녹두, 쌀겨 등으로 만든 조두를 이용했다.

3. 고려시대

고려시대에는 청결을 강조하여 전신 목욕이 성행했으며, 이때의 목욕은 미용을 위한 수단 이외에 치료 행위와 사치스런 형태로 나타나기도 했다. 부유층의 여인들은 난초를 삶은 물인 난탕(蘭湯)에 세수나 목욕을 했으며, 부유층의 갓난아이들은 복숭아 꽃물에 세수를 시키거나 전신 목욕을 시킴으로써 부드럽고 흰 살결을 간직하도록 했다. 또한, 피부를 희게 해주고 부드럽게 가꾸기 위한 미백제 겸 보호제 용도로 '면약'이라는 안면 화장품을 사용하기도 했다.

4. 조선시대

조선시대에는 아침에 꿀을 발라서 각질을 벗겨낸 뒤에 분 화장을 했으며, 흰 분을 바르는 기녀들과의 차별을 두기 위해 사대부 여인들은 복숭아 색 분을 사용했다. 남자들 역시 분세수를 했던 것으로 보아 흰 피부를 추구했음을 알 수 있다. '규합총서'에 소개된 면지법(面脂法)에는 머리카락을 윤기 나게 하고 검게 하는 법, 몸을 향기롭게 하는 법, 겨울철 피부 관리법 등 미용에 관한 내용이 소개되어 있으며, 참기름이나 미안수를 이용해 피부를 촉촉하게 했다고 한다.

5. 일제시대~현대

① 일제시대에는 미용 제품이 유입되어 미용 광고가 신문에 등장했으며 1916년에는 서울 종로구에서 제조되기 시작했던 박가분(朴家粉)이 1922년에 정식 제조허가를 받았다. 1920년대에는 동아부인상회에서 미백 로션인 연부액(軟膚液)을 제조·발매했고, 여드름 및 미백 관리의 복합적인 기능을 가진 화장품인 금강액과 유백금강액이라는 제품이 조선부인약방에서 나오기도 했다.

② 1950년대에 접어들어 유동 파라핀과 글리세린을 기본 원료로 화장품이 개발되었으며, 1960년대에는 눈썹 문신이 행해지고, 눈 화장이 유행했다. 또, '미용 꿀'이라고 하여 꿀에 로열 젤리를 섞어서 마사지 용도의 화장품이 생산되기도 했다.

③ 1970년대에는 피부 보습 및 피부 호흡 증진을 돕기 위해 인삼 사포닌을 추출한 자연 성분을 이용한 제품이 개발되었다.

④ 1971년에는 일본에서 유학한 최운학 씨가 우리나라에서 최초로 명동에 미가람 피부 관리실을 오픈하여 피부 관리 산업에 첫발을 내딛게 되었다. 그 후 1981년 YWCA에서 피부 미용업을 여성 전문 직종으로 국내에 정식으로 도입을 시도하였고, 1986년 CIDESCO(국제피부관리협회)에 가입하여 각종 국제 대회에 참가하였다. 또한 2008년 미용사(피부) 기능사국가자격증 시험제도를 도입하면서 본격적인 피부 관리 산업이 시작되었다.

2. 서양의 시대별 피부 관리

1. 이집트

이집트 사람들은 더운 기후로 인해 올리브 오일, 양모·왁스·꿀·우유·아몬드 기름 등을 발라서 자외선에 노출된 피부를 보호했고, 자갈·밀기울·계란 노른자·꿀·우유 등을 혼합하여 얼굴에 발라 검게 탄 피부를 보호하고 진정시켰다. 이집트 사람들의 목욕법·건강법·오일 마사지·향수 등을 이용한 세척, 호흡법, 체조, 안마 등은 오늘날 피부 미용의 기초 관리 방법이 되었다.

2. 그리스

그리스 시대에는 목욕 후 마사지와 향수의 사용을 매우 중요시했고, 남성의 경우에는 마사지와 향으로 정력적이고 깔끔해 보이도록 하는 것이 유행이었다. 여성들은 얼굴에 백납분을 발랐고, 눈에는 화장먹으로 채색했으며, 입술과 볼에도 화장을 했다. 또한, 건강한 아름다움을 위해 히포크라테스(Hippocrates)는 미용식, 일광욕, 특수 목욕, 마사지 등을 권장했다.

3. 로마

로마시대에는 피부를 희고 부드럽게 유지하기 위해 염소 젖으로 얼굴을 씻고, 레몬과 오렌지 즙으로 거친 피부에 문질렀다. 또, 스팀 미용법과 한증 목욕법이 생활화되었으며 갈렌(Galen)이라는 로마의 의사는 콜드크림의 원형인 '시원해지는 연고'를 제조하고, 그에 관련된 처방전을 남기기도 했다.

4. 중세

중세에는 약초 스팀법이 개발되어 깨끗한 피부를 위해 끓는 물에 보리수꽃, 로즈메리, 샐비어 등의 약초를 넣고 그 스팀을 얼굴에 쐬었다. 아랍인들에 의해서 약초 추출 에센스를 비롯해 화장품 제조에 중요한 역할을 하는 알코올이 발명되었다.

종교적인 이유로 화장품 사용 등 얼굴과 신체의 미용행위는 금지되었으며 목욕 시녀들에 의해 성병이 확산되자 공중목욕탕을 폐쇄하고 목욕 대신 향수를 뿌리기 시작했다.

5. 르네상스

① 르네상스 시대에는 위생 관념이 없고, 목욕 설비가 부족하였다. 몸과 입, 의복에서 나는 악취를 제거하기 위해 향수를 많이 사용했으며, 화장수는 꿀·우유·약초 추출물·알코올 등을 혼합해 만들어서 사용했다.

② 16세기 프랑스 학자 몽테뉴(Michel Eyquem de Montaigne, 1533~1592)는 흰 피부를 위한 팩과 크림 사용에 대한 저술을 하기도 했다.

③ 17~18세기는 얼굴의 상처나 여드름을 숨기기 위해 검은 실크 또는 벨벳 등을 작게 잘라 붙였다. 피부는 알코올·우유·약초 추출물·꿀을 포함한 정제된 화장수로 관리했다. 얼굴 용으로는 비계를 갈아서 만드는 피부 유연용 수분 크림을 비롯하여 으깬 잠두나 보리를 지방이나 트래거캔스(tragacanth) 고무와 혼합하여 만든 간단한 팩, 그리고 12가지 성분이 들어있는 복합 팩 등이 있었다.

6. 바로크

① 17세기 후반에는 여드름이나 천연두의 흔적을 감추기 위한 뷰티 패치(Beauty Patch)가 유행했고, 몸을 자주 씻는 것이 건강에 좋지 않다고 생각하여 목욕을 기피했다.

② 독일의 의사 후페란트(Christ Wilhelm Hufeland, 1762~1836)는 젊음과 숙면을 위해서 마사지를 권장하고 운동의 필요성을 강조했으며, 클렌징 크림을 제조했다.

7. 로코코

로코코 시대에는 피부를 촉촉하게 하기 위해 레몬즙과 신선한 계란 흰자를 각각 동일하게 도기 그릇에 넣고 흔들면서 약한 불에 가열하여 부드러운 버터 상태로 만들어 피부에 바를 때마다 향료를 몇 방울 첨가해서 사용했다.

8. 19세기(근대)

19세기(근대)에는 일반 시민들도 특수계층의 전유물이었던 크림이나 로션을 쉽게 접할 수 있게 되었다. 위생과 청결이 중요시 되었으며, 비누 사용이 보편화되었다.

9. 20세기(현대)

현대는 다양한 화장품이 개발되고, 대량생산을 통해 대중화되면서 발전을 가져온 시기이다. 1901년에는 마사지 크림이 개발되었고, 1947년 프랑스의 바렛(Barrett) 교수는 전기적 또는 기계적인 수단으로 피부를 통해 영양 물질을 깊숙이 침투시켜 신진대사에 영향을 미치는 것을 증명함으로써 전기 피부 미용(Electro Cosmetic)의 토대를 마련했다. 또한 생화학, 생약학, 전기학 등 과학기술을 바탕으로 한 첨단 피부 미용기기의 발달을 불러일으켰다.

제2장 피부 분석 및 상담

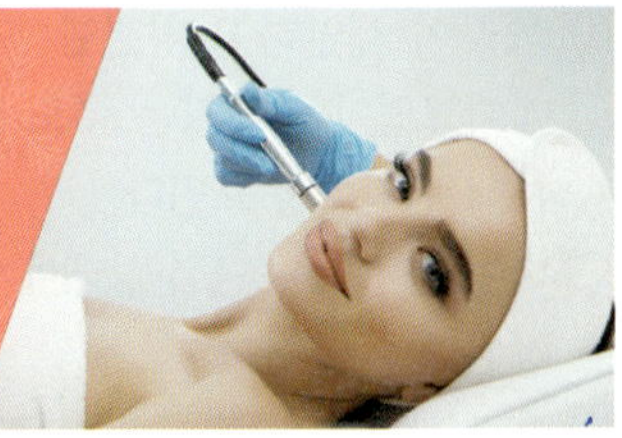

Check Point

이 장에서는 피부 분석방법을 구분하여 이해합니다. 1문제 출제됩니다.

1. 피부 분석 및 상담

1. 피부 분석의 목적

① 피부 분석은 고객이 적합한 피부 관리를 받기 위한 첫 단계로, 피부 상태를 파악하고 피부 타입을 체크한다.

② 견진·문진·촉진 등을 통해 피부의 유수분 상태, 모공의 크기, 피지의 정도, 민감도 등 피부의 문제점과 원인을 분석하여 올바른 관리가 이루어지도록 한다.

③ 고객 관리를 위한 적합한 케어와 관리 제품을 추천해 주며 비용에 대한 설명 및 홈 케어 요령도 교육한다.

④ 전문 관리의 중요성을 인식시키며 규칙적인 방문을 유도한다.

2. 피부 분석의 효과

고객의 정확한 피부 분석을 통해 아름다운 피부를 유지시켜 주고 적합한 관리를 실시함으로써 문제점을 개선해 고객에게 자신감을 심어 줄 수 있다.

3. 피부 분석의 방법

1. 견진(見診)

육안으로 보거나 우드 램프 및 확대경 등을 통해 피부 조직의 밀도, 모공 크기, 피부 결, 피부의 투명도, 피지 분비 상태, 색소 침착 상태, 예민 정도, 주름 등을 판독하는 방법이다.

2. 문진(問診)

고객에게 질문한 내용의 답변 자료를 통해 판독하는 방법이다.

3. 촉진(觸診)

피부를 만져 보거나 짚어 봄으로써 피부 조직의 탄력 및 피부 두께나 피부의 수분량을 판독하는 방법이다.

① 민감도 : 스패튤러(Spatula)를 이용해서 이마, 볼, 앞가슴 등에 그어 본다.

② 탄력성 : 중지와 약지를 이용해서 뺨 부위를 짚어 본다.

③ 보습도 : 엄지와 중지를 이용해서 눈 밑을 짚어 본다.

2. 기기를 이용한 피부 분석

1. 확대경에 의한 분석

육안으로 보이지 않는 부분을 확대경으로 3.5배~5배 가량 확대해 보게 되며, 여드름, 모공 크기, 잔주름, 색소 침착, 민감 상태, 피지 상태 등을 명확히 판별할 수 있다. 아이 패드(Eye Pad)를 한 후 관찰해야 한다.

2. 우드 램프에 의한 분석

피부 상태를 더욱 면밀히 관찰·분석하기 위해서 사용되는 기기이며, 자색을 발산하는 인공 자외선 파장을 이용하는 램프로 다양한 피부 상태를 쉽게 파악할 수 있다.

① 깨끗이 세안하고 청결한 피부 상태에서 사용한다. 메이크업이나 먼지는 우드 램프 측정 시 빛나는 푸른색 먼지처럼 보인다.
② 빛이 완전히 차단된 상태에서 측정해야 정확하게 측정된다.
③ 우드 램프로 피부를 관찰할 때 5~6cm 가량의 거리를 둔다.
④ 피부 상태의 기록이 필요한 경우에 곧바로 고객 카드에 기록한다.

외부 상태에 따른 우드 램프 반응 색상

피부 상태	반응 색상
정상 피부	청백색
건성 피부	밝은 보라색
민감 부위(모세혈관 확장)	진한 보라
색소 침착 피부	암갈색
노화, 각질화 부위	흰색
피지 분비로 인한 여드름, 지성 피부	오렌지 색
화농성 여드름	담황색
민감성 여드름	짙은 보라색
비립종	노란색

3. 피부 pH 측정기에 의한 분석

피부 표면에 기기를 이용하여 피부의 pH를 분석한다. 세안이후 2~3시간 후에 측정하는 것이 가장 정확하다. 정상 피부의 pH는 4.5~5.5이다.

4. 유분 측정기

피부의 유분 정도를 파악하여 정상, 지성, 건성 등의 피부 유형을 파악한다.

5. 수분 측정기

피부 표피의 수분 정도를 측정하여 피부 상태를 파악한다.

6. 스킨 스코프(피부분석기)

피부 측정 과정을 고객과 함께 피부 상태를 확인할 수 있는 피부 분석기이다.

3. 피부 유형 분석

1. 정상 피부(Normal Skin)

① 피부가 촉촉하고 윤기가 있다.
② 세안 후 피부가 당기거나 번들거림이 없다.
③ 수분과 피지 분비가 균형을 이룬다.
④ 각질층의 수분 함량은 10% 이상이다.
⑤ 모공이 섬세하고 피부 탄력성이 좋다.
⑥ 세균에 대한 저항력을 가지고 있다.
⑦ 메이크업의 지속이 오래 유지된다.

2. 건성 피부(Dry Skin)

① 건조하고 윤기가 없다.
② 조직은 곱고 얇다.
③ 모공은 작고 피부가 거칠다.
④ 각질과 버짐이 있다.
⑤ 눈 주위에 잔주름이 있다.
⑥ 세안 후에 심하게 당긴다.
⑦ 여드름이 잘 생기지 않는다.
⑧ 메이크업의 발색이 잘 되지 않는다.
⑨ 민감성이나 모세혈관 확장 피부로 전환되기 쉽다.
⑩ 각질층의 수분 함량은 10% 이하이다.
⑪ 가려움을 동반하며 노화에 따라 피지량이 감소되어 발생한다.

3. 지성 피부(Oily Skin)

① 각질층이 두껍고 피부 결이 거칠다.
② 육안으로 면포가 보인다.
③ 피부 결이 거칠고 모공이 넓다.
④ 유분이 겉돌아 화장이 잘 지워진다.
⑤ 여드름 피부가 되기 쉽다.
⑥ 피부가 칙칙해 보이고 끈적임이 심하다.

4. 복합성 피부(Combination Skin)

① 2가지 이상의 피부 유형이 나타나는 피부이다.
② T-Zone은 모공이 넓고 유분이 많은 지성이며, U-Zone은 모공이 작고 건조하다.
③ 얼굴 전체의 피부 톤이 고르지 않다.
④ 유수분 균형이 깨져서 피부 결이 고르지 않다.

5. 여드름 피부(Acne Skin)

① 남성 호르몬인 테스토스테론(Testosterone)이 피지선을 자극한다.
② 피지 분비를 촉진하는 호르몬의 불균형으로 피지 분비가 왕성해진다.
③ 모공 내 각질이 쌓여서 과잉 각질 세포가 모낭을 막는 과각질 현상으로 심각해진다.
④ 산성막 파괴로 박테리아 증식이 용이해진다.
⑤ 스트레스 호르몬인 코티졸(Cortisol)이 남성호르몬(Androgen)의 분비가 활발해져서 피지 분비가 증가함으로써 염증이 발생한다.
⑥ 화장이 잘 지워지고 과도한 피지분비로 번들거림이 심하다.

6. 민감성 피부(Sensitive Skin)

① 피부 결이 얇고 모공이 거의 보이지 않으며 피부에 트러블이 잘 생긴다.
② 표피의 수분이 부족하고 얇아서 쉽게 건조해지며 붉어진다.
③ 색소 침착이 생기기 쉬우며, 환경이나 온도에 민감하다.
④ 특정 향이나 색소 및 성분 등에 민감하므로 화장품 선택에 신중해야 한다.

피부 유형별 특징

피부 유형	특징
건성 피부	• 10% 이하의 수분도, 피부 처짐, 하얀 각질 • 잔주름 • 민감성, 모세혈관 확장 피부로 바뀌기 쉬움
지성 피부	• 면포 • 피부 결이 거칠고 넓은 모공 • 여드름 피부로 바뀌기 쉬움, 굵은 주름, 심하게 번들거림
복합성 피부	• T존-지성, U존 -건성의 2가지 복합 유형 • 유·수분 불균형으로 거친 피부 결 • 피부 톤이 고르지 못함
여드름 피부	• 남성 호르몬(테스토스테론)의 피지선 자극 • 스트레스 호르몬(코티졸) 분비 활발- 피지 분비 증가 • 과각질 현상
민감성 피부	• 피부 트러블 발생 빈도 높음 • 특정 향, 색소, 온도, 환경에 민감

4. 피부 분석표

1. 정상 피부

관리 계획 차트(Care Plan Chart)	
관리 목적	• T – 정상 피부이므로 꾸준한 각질관리 및 보습관리로 정상 피부의 유지 • U – 정상 피부이므로 꾸준한 각질관리 및 보습관리로 정상 피부의 유지 • 목 – 정상 피부이므로 꾸준한 각질관리 및 보습관리로 정상 피부의 유지
기대 효과	• T.U.목 : 현재보다 더 건강하고 탄력 있는 정상 피부로 개선 기대
클렌징	□ 오일 □ 크림 ■ 밀크/로션 □ 젤
딥 클렌징	□ 고마쥐(gommage) ■ 효소(enzyme) □ AHA □ 스크럽
매뉴얼 테크닉 제품 타입	□ 오일 ■ 크림 □ 앰플
손을 이용한 관리 형태	■ 일반 □ 아로마 □ 림프
팩	T존 □ 건성 타입 팩 ■ 정상 타입 팩 □ 지성 타입 팩 U존 □ 건성 타입 팩 ■ 정상 타입 팩 □ 지성 타입 팩 목부위 □ 건성 타입 팩 ■ 정상 타입 팩 □ 지성 타입 팩
마스크	■ 석고 마스크 □ 고무모델링마스크
고객 관리 계획	1주 : 클렌징 – 딥클렌징(효소) – 매뉴얼테크닉 – 비타민팩 – 유연화장수 – 에센스 – 아이크림 – 크림 – 자외선차단제 2주 : 클렌징 – 딥클렌징(고마쥐) – 매뉴얼테크닉 – 오이팩 – 유연화장수 – 에센스 – 아이크림 – 크림 – 자외선차단제 3주 : 클렌징 – 딥클렌징(AHA) – 매뉴얼테크닉 – 알로에팩 – 유연화장수 – 에센스 – 아이크림 – 크림 – 자외선차단제 4주 : 클렌징 – 딥클렌징(효소) – 매뉴얼테크닉 – 콜라겐팩 – 유연화장수 – 에센스 – 아이크림 – 크림 – 자외선차단제
자가 관리 조언 (홈케어)	• 아침 : 보습성분 함유 클렌징폼 – 유연화장수 – 에센스 – 아이크림 – 데이크림 – 자외선차단제 • 저녁 : 클렌징로션 – 클렌징폼 – 유연화장수 – 에센스 – 아이크림 – 나이트크림
기타	• 손, 목 전용 크림 및 자외선차단제, 썬글라스, 모자, 건강한 피부를 위한 운동 및 채소 위주의 고른 식이요법

2. 복합성 피부

관리 계획 차트(Care Plan Chart)	
관리 목적	• T – 지성 피부의 각질제거, 피지흡착, 피지분비조절, 모공수축을 통한 정상 피부 회복 • U – 건성 피부의 피지선의 기능 활성화를 통한 정상피부 회복 • 목 – 정상 피부이므로 꾸준한 각질관리 및 보습관리로 정상피부의 유지
기대 효과	• T – 과도한 유분감의 지성 피부를 정상 피부로 개선 기대 • U – 유수분이 부족한 건성 피부를 정상 피부로 개선 기대 • 목 – 현재보다 더 건강하고 탄력있는 정상 피부로 개선 기대
클렌징	□ 오일 □ 크림 ■ 밀크/로션 □ 젤
딥 클렌징	■ 고마쥐(gommage) □ 효소(enzyme) □ AHA □ 스크럽
매뉴얼 테크닉 제품 타입	□ 오일 ■ 크림 □ 앰플
손을 이용한 관리 형태	■ 일반 □ 아로마 □ 림프
팩	T존 □ 건성 타입 팩 □ 정상 타입 팩 ■ 지성 타입 팩 U존 ■ 건성 타입 팩 □ 정상 타입 팩 □ 지성 타입 팩 목부위 □ 건성 타입 팩 ■ 정상 타입 팩 □ 지성 타입 팩
마스크	□ 석고 마스크 ■ 고무모델링마스크
고객 관리 계획	1주 : 클렌징 – 딥클렌징(효소) – 매뉴얼테크닉 – 팩(T : 황토팩, U : 콜라겐 팩, N : 비타민 팩) – 화장수(T : 수렴화장수, U : 유연화장수, N : 유연화장수) – 에센스 – 아이크림 – 크림(T : 수분크림, U : 유분크림, N : 유분크림) – 자외선차단제 2주 : 클렌징 – 딥클렌징(고마쥐) – 매뉴얼테크닉 – 팩(T : 황토팩, U : 콜라겐 팩, N : 비타민 팩) – 화장수(T : 수렴화장수, U : 유연화장수, N : 유연화장수) – 에센스 – 아이크림 – 크림(T : 수분크림, U : 유분크림, N : 유분크림) – 자외선차단제 3주 : 클렌징 – 딥클렌징(AHA) – 매뉴얼테크닉 – 팩(T : 황토팩, U : 콜라겐 팩, N : 비타민 팩) – 화장수(T : 수렴화장수, U : 유연화장수, N : 유연화장수) – 에센스 – 아이크림 – 크림(T : 수분크림, U : 유분크림, N : 유분크림) – 자외선차단제 4주 : 클렌징 – 딥클렌징(효소) – 매뉴얼테크닉 – 팩(T : 황토팩, U : 콜라겐 팩, N : 비타민 팩) – 화장수(T : 수렴화장수, U : 유연화장수, N : 유연화장수) – 에센스 – 아이크림 – 크림(T : 수분크림, U : 유분크림, N : 유분크림) – 자외선차단제
자가 관리 조언 (홈케어)	• 아침 – 클렌징폼 – 화장수 – 에센스 – 아이크림 – 데이크림 – 자외선차단제 • 저녁 – 클렌징 크림 – 클렌징폼 – 화장수 – 에센스 – 아이크림 – 나이트크림
기타	• 손, 목 전용 크림 및 자외선차단제, 썬글라스, 모자, 건강한 피부를 위한 운동 및 채소 위주의 고른 식이요법 • T, U, N 각각의 피부타입별 화장품 사용 및 가정에서의 피부관리 병행

3. 지성 피부

관리 계획 차트(Care Plan Chart)	
관리 목적	• T – 지성 피부의 각질제거, 피지흡착, 피지분비조절, 모공수축을 통한 정상피부 회복 • U – 지성 피부의 각질제거, 피지흡착, 피지분비조절, 모공수축을 통한 정상피부 회복 • 목 – 지성 피부의 각질제거, 피지흡착, 피지분비조절을 통한 정상피부 회복
기대 효과	• T.U.목 : 과도한 유분감의 지성 피부를 정상 피부로 개선 기대
클렌징	□ 오일 □ 크림 ■ 밀크/로션 □ 젤
딥 클렌징	□ 고마쥐(gommage) □ 효소(enzyme) □ AHA ■ 스크럽
매뉴얼 테크닉 제품 타입	□ 오일 ■ 크림 □ 앰플
손을 이용한 관리 형태	■ 일반 □ 아로마 □ 림프
팩	T존 □ 건성 타입 팩 □ 정상 타입 팩 ■ 지성 타입 팩 U존 □ 건성 타입 팩 □ 정상 타입 팩 ■ 지성 타입 팩 목부위 □ 건성 타입 팩 □ 정상 타입 팩 ■ 지성 타입 팩
마스크	□ 석고 마스크 ■ 고무모델링마스크
고객 관리 계획	1주 : 클렌징 – 딥클렌징(효소) – 매뉴얼테크닉 – 황토팩 – 수렴화장수 – 수분에센스 – 아이크림 – 수분크림 – 자외선차단제 2주 : 클렌징 – 딥클렌징(스크럽) – 매뉴얼테크닉 – 녹차팩 – 수렴화장수 – 수분에센스 – 아이크림 – 수분크림 – 자외선차단제 3주 : 클렌징 – 딥클렌징(AHA) – 매뉴얼테크닉 – 황토팩 – 수렴화장수 – 수분에센스 – 아이크림 – 수분크림 – 자외선차단제 4주 : 클렌징 – 딥클렌징(고마쥐) – 매뉴얼테크닉 – 녹차팩 – 수렴화장수 – 수분에센스 – 아이크림 – 수분크림 – 자외선차단제
자가 관리 조언 (홈케어)	• 아침 : 피지 흡착력이 우수한 젤 타입 클렌징폼 – 수렴화장수 – 에센스 – 아이크림 – 수분데이크림 – 자외선차단제 • 저녁 : 클렌징 로션 – 클렌징폼 – 수렴화장수 – 에센스 – 아이크림 – 수분 나이트크림
기타	• 손, 목 전용 크림 및 자외선차단제, 썬글라스, 모자, 건강한 피부를 위한 운동 및 채소 위주의 고른 식이요법, 비타민 보조제 챙겨 먹기

4. 건성 피부

관리 계획 차트(Care Plan Chart)	
관리 목적	• T – 건성 피부의 피지선의 기능 활성화를 통한 정상 피부 회복 • U – 건성 피부의 피지선의 기능 활성화를 통한 정상 피부 회복 • 목 – 건성 피부의 피지선의 기능 활성화를 통한 정상 피부 회복
기대 효과	• T.U.목 : 유수분이 부족한 건성 피부를 정상 피부로 개선 기대
클렌징	□ 오일 □ 크림 ■ 밀크/로션 □ 젤
딥 클렌징	□ 고마쥐(gommage) □ 효소(enzyme) ■ AHA □ 스크럽
매뉴얼 테크닉 제품 타입	□ 오일 ■ 크림 □ 앰플
손을 이용한 관리 형태	■ 일반 □ 아로마 □ 림프
팩	T존 ■ 건성 타입 팩 □ 정상 타입 팩 □ 지성 타입 팩 U존 ■ 건성 타입 팩 □ 정상 타입 팩 □ 지성 타입 팩 목부위 ■ 건성 타입 팩 □ 정상 타입 팩 □ 지성 타입 팩
마스크	■ 석고 마스크 □ 고무모델링마스크
고객 관리 계획	1주 : 클렌징 – 딥클렌징(효소) – 매뉴얼테크닉 – 비타민팩 – 유연화장수 – 에센스 – 아이크림 – 크림 – 자외선차단제 2주 : 클렌징 – 딥클렌징(고마쥐) – 매뉴얼테크닉 – 알로에팩 – 유연화장수 – 에센스 – 아이크림 – 크림 – 자외선차단제 3주 : 클렌징 – 딥클렌징(AHA) – 매뉴얼테크닉 – 콜라겐팩 – 유연화장수 – 에센스 – 아이크림 – 크림 – 자외선차단제 4주 : 클렌징 – 딥클렌징(효소) – 매뉴얼테크닉 – 알로에팩 – 유연화장수 – 에센스 – 아이크림 – 크림 – 자외선차단제
자가 관리 조언 (홈케어)	• 아침 : 클렌징폼 – 유연화장수 – 에센스 – 아이크림 – 데이크림 – 자외선차단제 • 저녁 : 클렌징크림 – 클렌징폼 – 유연화장수 – 에센스 – 아이크림 – 나이트크림
기타	• 손, 목 전용 크림 및 자외선차단제, 썬글라스, 모자, 건강한 피부를 위한 운동 및 채소 위주의 고른 식이요법 • 건성 피부이므로 충분한 물 섭취

5. 실습용

관리 계획 차트(Care Plan Chart)	
관리 목적	
기대 효과	
클렌징	□ 오일 □ 크림 □ 밀크/로션 □ 젤
딥 클렌징	□ 고마쥐(gommage) □ 효소(enzyme) □ AHA □ 스크럽
매뉴얼 테크닉 제품 타입	□ 오일 □ 크림 □ 앰플
손을 이용한 관리 형태	□ 일반 □ 아로마 □ 림프
팩	T존 □ 건성 타입 팩 □ 정상 타입 팩 □ 지성 타입 팩 U존 □ 건성 타입 팩 □ 정상 타입 팩 □ 지성 타입 팩 목부위 □ 건성 타입 팩 □ 정상 타입 팩 □ 지성 타입 팩
마스크	□ 석고 마스크 □ 고무모델링마스크
고객 관리 계획	
자가 관리 조언 (홈케어)	
기타	

제3장 클렌징

Check Point

이 장에서는 피부유형별 클렌징 제품과 방법을 숙지합니다. **1문제 출제**됩니다.

1. 클렌징의 개념

1. 클렌징의 정의

클렌징은 피부 관리에 있어서 건강하고 아름다운 피부를 위해 가장 기본이 되는 관리이다. 피부 내부에서 분비되는 땀이나 피지를 비롯하여 각질 및 미세 먼지나 메이크업 잔여물 등 모공을 막히게 하는 노폐물들을 제거하여 깨끗한 피부 상태를 유지할 수 있도록 하는 것이다.

2. 클렌징의 목적

피부의 노폐물·피지·메이크업 잔여물 및 대기 중의 먼지나 오염 요소들을 깨끗하게 제거하여 피부의 생리적 기능을 돕고 혈액순환을 촉진시켜 주며, 화장품의 유효 성분들의 흡수를 돕는다.

2. 클렌징 제품

1. 포인트 메이크업 리무버

① 눈이나 입술의 포인트 색조 화장을 지울 때 사용한다.
② 자극이 적고 쉽게 지울 수 있는 전용 제품으로 신속하게 제거할 수 있다.

2. 클렌징 크림

① 친유성(W/O) 크림 상태의 오일에 물이 분산된 타입으로 크게 광물성 오일이 40~50% 정도 함유되어 진한 메이크업을 했을 때 주로 사용한다.
② 피부에 크림의 잔여물이 남아 있으면 모공을 막아서 피부 트러블을 일으키므로 반드시 이중 세안이 필요하다.

3. 클렌징 로션

① 친수성 에멀젼(O/W) 상태의 제품이며, 물에 오일이 분산된 타입으로 가벼운 화장을 했거나 화장을 하지 않았을 때 사용한다.
② 유분에 비해서 수분의 함유량이 많으므로 사용감이 가볍고 산뜻하며 물에 잘 용해된다.
③ 세정력은 클렌징 크림에 비해 떨어지므로 엷은 화장을 지울 때 사용한다.
④ 건성, 민감, 노화 피부에 사용하는 것이 적당하다.

4. 클렌징 오일

① 세정력이 우수하고 사용감이 좋다.
② 짙은 화장을 지울 때 사용한다.
③ 자극이 적어서 민감성 피부, 건성 피부, 노화 피부, 수분 부족형 지성 피부 등에 사용한다.

5. 클렌징 젤

① 반투명 상태의 산뜻한 사용감의 클렌징 젤이다.
② **유성 타입** : 유성 성분이 많아서 진한 화장을 지우기에 효과적이며, 피지 흡착력이 우수하다.
③ **수성 타입** : 수성 성분이 많아서 세정력은 떨어지며, 엷은 화장을 지울 때 사용한다.

6. 클렌징 워터

① 화장수 타입의 클렌징으로 끈적임이 없고 세정력은 약하다.
② 가벼운 화장을 닦아 내거나 메이크업을 하지 않은 상태에 사용한다.

7. 클렌징 폼

① 비누의 세정력과 크림의 보호기능을 겸비한 클렌징 제품이다.
② 자극 없이 사용하는 거품 형태의 클렌징 제품이다.
③ 약산성 상태로 비누와는 달리 자극이 없다.
④ 유성 성분과 보습제가 함유되어 있어서 당기거나 건조하지 않다.

8. 클렌징 티슈

① 휴대가 용이하여 여행이나 외출 시에 사용한다.
② 한 장씩 뽑아서 문지르지 말고 부드럽게 닦아 낸다.

3. 클렌징 순서

1. 포인트 메이크업 클렌징(Point Make-up Cleansing)

젖은 화장솜에 포인트 메이크업 리무버를 묻혀서 립 메이크업, 아이섀도, 눈썹, 마스카라, 아이라인 순으로 지운다.

2. 안면 클렌징(Facial Cleansing)

피부 유형에 따라 적합한 클렌징 제품을 선택하여 클렌징 제품을 도포한 뒤, 데콜데·목·턱·입·볼·코·눈·이마 순으로 클렌징한다.

3. 티슈(Tissue)

유분이 많이 함유된 크림 타입을 사용했을 때 사용한다.

4. 해면(Sponge)

유분이 적은 젤 타입이나 로션 타입을 사용했을 때 사용한다.

5. 습포

1. 온습포

① 피부 온도를 상승시켜 혈액순환을 원활하게 하고 피부의 신진대사를 촉진시킨다.
② 모공을 확장시켜서 노폐물을 배출시킨다.
③ 원활한 피지 분비와 각질 연화 작용을 돕는다.
④ 근육을 이완시켜 주며 세포를 활성화하여 영양 흡수를 도와 준다.

2. 냉습포

① 모공을 수축시켜 피부 수렴·긴장·진정 효과 및 탄력을 부여한다.
② 피부 관리 마무리 단계에서 사용하거나 딥 클렌징에서 AHA를 쓴 이후에 사용한다.

3. 습포 사용법

① 길게 반으로 접은 습포를 코 아래에 두고 코를 막지 않고 삼각형으로 접어 올려서 얼굴을 감싼다.
② 눈 → 이마 → 코 → 볼 → 입 → 턱 → 귀 → 목 → 데콜데 순으로 닦아 준다.

4. 화장수

① 화장품이나 세안제의 잔여물을 제거한다.
② 피부에 적당한 수분을 공급하고 피부결을 정리한다.
③ 유수분 밸런스를 유지한다.
④ 화장 솜에 충분히 화장수를 묻혀서 중지에 끼우고 나서 양쪽 눈 → 이마 → 볼 → 입 주위 → 턱 → 반대편 턱 → 입 주위 → 볼 → 코 → 목 → 데콜데 순으로 바른다.

5. 화장수 종류

① 유연화장수 : 유중수화형으로 보습 성분이 함유되어 있어 건성 피부, 노화 피부에 사용된다.
② 수렴화장수 : 수중유화형으로 모공 수축 효과가 있어 지성 피부 및 정상 피부에 사용된다.
③ 소염화장수 : 살균 소독 작용으로 피부를 청결하게 유지시켜 지성 피부, 여드름 피부, 복합성 피부, 염증 피부에 사용할 수 있다.

제4장

딥 클렌징

Check Point

이 장에서는 딥 클렌징을 이해하고 제품 종류에 따른 방법을 숙지합니다. **1문제 출제**됩니다.

1. 딥 클렌징

1. 딥 클렌징의 목적

모공 속 노폐물과 불필요한 노화 각질을 제거한다. 피부 보습에 필요한 화장품의 흡수를 용이하게 한다.

2. 딥 클렌징의 효과

① 과다한 피지와 죽은 각질을 정리한다.
② 각질 세포의 정상 분열을 촉진하여 세포의 활성화로 주름을 예방한다.
③ 딥 클렌징 이후 화장품의 유효 성분 흡수를 촉진시킨다.
④ 혈액순환을 좋게 하여 혈색을 맑게 해주며 피부를 곱게 해준다.

2. 딥 클렌징 방법

1. 물리적인 방법

손이나 기계 등을 이용하여 노화된 각질을 제거하는 방법이다. 문지르는 동작으로 이루어지므로 예민성 피부나 모세혈관 확장 피부 및 염증성 피부는 피하는 것이 좋다.

1. 스크럽(Scrub)

① 적당량을 피부에 바른 후에 가볍게 문질러 주면서 각질을 정리해 주는 물리적 딥 클렌징 방법이다.
② 조개껍질·살구씨·아몬드 등의 미세한 스크럽 알갱이를 포함하고 있으며, 물에 잘 녹는 과립 형태로 만들어졌다.
③ 민감한 피부는 피하는 것이 좋다.

2. 고마쥐(Gommage)

① 각종 동·식물성 각질 분해 효소를 함유하고 있다.
② 팩붓을 이용하여 얇게 바른 뒤 완전히 건조되기 전에 근육 결에 따라 한 손으로 고정하고 손가락을 이용해서 지우개처럼 제거하는 딥 클렌징이다.
③ 예민한 부위는 문지르지 않고 제거한다.

3. 프리마톨(Frimator)

① 1분에 수백 번씩 돌아가는 브러싱으로 노화 각질 및 노폐물을 제거하는 딥 클렌징이다.
② 브러싱 기기는 서로 다른 속도로 회전하는 솔로 구성되어 있다. 1분 동안의 회전하는 속도는 rpm으로 표시한다(정상 : 300~400, 민감성·건성 : 200~250, 지성 : 400~500).
② 부드러운 솔은 건성 피부에 적합하며 거친 솔은 두껍거나 지성인 피부에 효과적이다.
④ 여드름 피부, 모세혈관 확장 피부, 염증성 피부, 알레르기성 피부, 민감성 피부, 일광이나 화상으로 자극된 피부에는 사용을 금한다.

4. 스티머(Steamer)

① 따뜻한 수증기가 분사되어 혈액순환을 도와서 모공을 열어 준다.
② 마사지하는 동안 죽은 각질을 부드럽게 제거해 주는 효과가 있다.

5. 전기 세정(Disincrustation)

① 안면 박리 또는 노폐물 및 각질을 제거하는 딥 클렌징이다.
② 음극봉에서 발생되는 알칼리(NaOH, 수산화나트륨)에 의해 피지를 유화시켜 용해하며, 각화된 각질 세포를 제거하고 모공 속 노폐물 제거에 효과적이다.
③ 세정 앰플을 사용한다.
④ **적용 방법** : 이온토포레시스와 동일하나 전극봉은 반드시 음극(−)으로 실시하며 고객은 반대 극성의 전극판을 손에 쥐도록 하거나 부착시켜야 한다.

6. 물리적 필링을 피해야 하는 피부

① 모세혈관 확장 및 민감성 피부
② 홍반 및 예민 피부
③ 염증성 여드름 피부
④ 자외선에 의한 손상이 심한 피부
⑤ 글리콜릭산, 레티노이드를 사용하는 피부

2. 화학적 방법

1. AHA(α-hydroxy Acid)

① 과일류에서 추출한 산성분으로 죽은 각질 세포를 제거하는 딥 클렌징이다.
② 면봉이나 팩붓으로 T−Zone부터 바른다.
③ 진피층의 콜라겐 생성을 촉진한다.
④ 구성 성분
　㉠ Glycolic Acid(글리콜산) : 사탕수수(분자 구조가 가장 작아서 많이 사용)
　㉡ Lactic Acid(젖산) : 우유
　㉢ Citric Acid(구연산) : 과일(레몬, 오렌지, 자몽)
　㉣ Malic Acid(능금산) : 사과
　㉤ Tartaric Acid(주석산) : 포도주
④ 액상으로 된 AHA를 바를 때에는 면봉이나 팩붓으로 T−Zone 부터 바른다.
⑤ 문지르지 않으며 마무리는 냉습포를 사용한다.
⑥ 권장 : 건성, 노화, 여드름 피부
⑦ 금지 : 화상, 피부염, 상처 부위

2. 효소(Enzyme)

① 효소가 반응 물질과 작용하여 죽은 각질을 분해한다.
② 파파야 나무에서 추출한 파파인(Papain) 성분으로 노화된 각질을 자극 없이 제거한다.
③ 파우더 타입과 크림 타입이 있으며, 시간·온도·습도를 적절하게 조절해야 한다.
④ 민감한 피부나 여드름 피부에 효과적이다.

Check Point

① **피부 유형별 클렌징 제품**
- 건성 피부 : 클렌징 크림, 오일
- 지성 지부 : 클렌징 젤
- 정상 피부 : 클렌징 로션

② **습포의 기능**
- 온습포 : 모공 확장, 각질 연화 작용, 근육 이완, 혈액 순환 원활
- 냉습포 : 모공 수축, 피부 진정, 수렴, 탄력 부여

③ **딥 클렌징 방법**
- 화학적 딥 클렌징 : AHA, 효소
- 물리적 딥 클렌징 : 스크럽, 고마쥐, 스티머, 프리마톨, 전기세정

④ **프리마톨은 90°로 잡고 관리한다.**

제5장

피부 유형별 화장품 도포

Check Point

이 장에서는 화장품 도포의 목적 및 효과를 이해하고, 피부 유형별 관리방법을 숙지합니다. **1~2문제 출제**됩니다.

1. 화장품 도포의 목적 및 효과

1. 세정

피부 표면의 노폐물 및 메이크업 잔여물 등은 제거하고 청결히 한다.

2. 정돈

피부 결 정리 및 피부 정돈으로 다음 단계 화장품의 원활한 흡수를 돕는다. 유수분 조화 및 pH 밸런스를 맞춰 준다.

3. 보습

충분한 영양 공급 및 보습을 통한 신진대사의 활성화로 내인적 노화를 지연시키고, 천연 보습 인자를 보충해서 건강한 피지막을 유지하도록 한다.

4. 보호

피부의 피시막을 외부의 자외선이나 바람, 건조 등으로부터 보호하여 건강한 피부를 유지할 수 있도록 한다.

2. 피부 유형별 화장품

1. 정상 피부(Normal Skin)

연령이나 계절 등의 환경 변화에 따른 건강한 피부로 충분한 유수분을 공급하고 이상적인 피부 상태를 유지시켜 준다.

1. 클렌징 및 딥 클렌징

① 메이크업 상태에 따라 클렌징 로션, 클렌징 크림, 클렌징 오일 등을 선택한다.
② 정기적으로 AHA, 효소, 스크럽, 고마쥐 등의 딥 클렌징을 해준다.

2. 화장수

피부에 유수분 공급이 적당한 보습제가 함유되어 있는 유연 화장수를 사용한다.

3. 보습 화장품

보습의 효과가 좋은 앰플이나 세럼을 사용한다.

4. 팩

정상 피부 유지를 위한 보습 효과가 좋은 팩을 주 1회 정도 해준다.

5. 보호

내인성 노화를 지연시켜 줄 반(半) 고형의 보습 크림과 자외선 차단제를 발라주어 피부를 보호한다.

[화장품 추천 성분] NMF, 콜라겐, 히알루론산, 비타민A, 비타민E

2. 지성 피부(Oily Skin)

피지 분비가 많은 피부이므로 모공이 넓고 심하게 번들거리며 여드름이 잘 발생할 수 있다. 피지 분비를 조절하여 번들거림을 막고, 모공 속 각질 비후 현상을 막아서 모공이 막히지 않도록 한다.

1. 클렌징 및 딥 클렌징

① 피지 흡착력이 우수한 클렌징 젤을 사용한다.
② 정기적으로 스크럽이나 효소를 이용하여 딥 클렌징을 해준다.
③ 염증성 여드름이 아닌 경우에는 지성 피부용 전기 브러싱을 사용하여 딥 클렌징한다.

2. 화장수

피부 진정과 소염 작용 및 모공 수축 효과가 있는 수렴 화장수를 사용한다.

3. 보습 화장품

유수분 밸런스를 맞추기 위해 수분 함량이 많은 O/W 화장품을 사용한다.

4. 팩

① 피지 분비를 조절, 모공 수축, 진정 작용이 있는 팩을 사용한다.
② 피지 흡착력이 우수한 클레이 팩이나 머드 팩을 주 2회 정도 사용한다.

5. 보호

오일 프리의 지성 전용 보습제를 바른 후, 자외선 차단제를 발라주어 피부를 보호한다.

[화장품 추천 성분] 레몬, 멘톨, 카모마일, 알란오일

3. 건성 피부(Dry Skin)

한선과 피지선의 기능이 저하되어 수분 또는 피지가 모두 부족한 피부 상태이므로 피지선을 자극하여 건성 피부를 개선시키며 고보습의 적합한 화장품 사용으로 노화를 지연시키는 것이 중요하다.

1. 클렌징 및 딥 클렌징

① 클렌징 오일이나 클렌징 크림 등을 사용한다.
② 정기적으로 고마쥐나 효소를 이용한 딥 클렌징을 실시한다.

2. 화장수

알코올 함량이 많은 화장수는 피하고 피부에 보습 효과를 줄 수 있는 유연 화장수를 사용한다.

3. 보습 화장품

천연 보습 인자나 콜라겐 및 히알루론산 성분이 함유된 보습 앰플을 사용한다.

4. 팩

건성 피부에 자극이 갈 수 있는 필 오프 타입(Peel off Type)의 팩보다는 워시 오프 타입(Wash off Type)의 팩으로 주 1회 관리한다.

5. 보호

보습 앰플과 반(半) 고형상의 고보습 유분 크림을 발라준다.

[화장품 추천 성분] 콜라겐, 히알루론산, 호호바

4. 복합성 피부(Combination Skin)

2가지 이상의 피부 타입이 나타나는 피부로, 유수분의 균형을 맞추기 위해 각기 다른 피부 타입인 T-Zone과 U-Zone 부위에 맞는 관리를 해준다.

1. 클렌징 및 딥 클렌징

젤 타입이나 클렌징 로션을 사용하며 유분 정도에 따라 스크럽이나 효소를 사용한다.

2. 화장수

① T-Zone : 피지 조절 및 모공 수축, 진정, 소염 작용의 수렴 화장수를 사용한다.
② U-Zone : 유연 화장수를 사용하여 유수분 밸런스를 맞춰 준다.

3. 보습 화장품

① T-Zone : 피지 조절 및 모공 수축과 진정 작용을 하는 오일 프리 수분 보습용 앰플을 사용한다.
② U-Zone : 보습 앰플을 사용하여 유수분 밸런스를 맞춰 준다.

4. 팩

① T-Zone : 피지 조절 기능(클레이나 머드 팩)을 사용한다.
② U-Zone : U존에는 보습 팩을 사용한다.

5. 보호

보습용 에센스, 에몰리언트 크림을 바른 뒤에 자외선 차단제를 사용하여 피부를 보호한다.

[화장품 추천 성분]
- T-Zone : 지성 피부 추천 성분(레몬, 멘톨, 카모마일)
- U-Zone : 건성 피부 추천 성분(히알루론산, 호호바, 콜라겐)

5. 민감성 피부(Sensitive Skin)

내·외부 자극에 민감하여 모세혈관이 보이고 잘 붉어지므로 충분한 보습 관리를 통해 피부 자극을 줄이고 진정시키는 것이 중요하다. 민감하여 쉽게 잔주름이 생길 수 있으므로 화장품 선택에 신중해야 한다.

1. 클렌징 및 딥 클렌징

진정 효과가 있는 고보습의 민감성 피부 전용 클렌징 로션을 사용한다.

2. 화장수

민감성 피부 전용 보습 화장수를 사용한다.

3. 보습 화장품

민감성 피부 전용 보습 앰플을 사용한다.

4. 팩

① 필 오프(Peel off)의 팩보다는 워시 오프(Wash off) 팩으로 주 1회 관리하는 것이 좋다.
② 진정 효과가 좋은 아줄렌(Azulene) 성분이 들어간 팩을 사용한다.

5. 보호

민감성 전용 보습 크림을 사용하며, 자외선 차단제의 경우에는 화학적 자외선 차단제보다는 자극이 적은 물리적 자외선 차단제를 사용한다.

[화장품 추천 성분] 아줄렌, 위치하젤, 히알루론산, NMF, 비타민P, 콜라겐(무향, 무색소의 저자극성 화장품 사용)

6. 여드름 피부(Acne Skin)

과다한 피지 분비로 모낭에 있는 피지선의 피지가 배출되지 못하고 모공 내에 쌓이면서 뭉치게 되어 모공이 막히고, 염증이 생겨서 모낭 구조가 파괴되는 피부이다.

1. 클렌징 및 딥 클렌징

① 피지 흡착력이 우수한 클렌징 젤 타입을 사용한다.
② 디스인크러스테이션(Desincrustation)이나 AHA 및 효소 등을 사용한다.

2. 화장수

수렴 화장수를 사용한다.

3. 보습 화장품

수분 앰플을 사용한다.

4. 팩

여드름 전용 크림 팩을 사용한다.

5. 보호

물리적 자외선 차단제를 사용한다.

[화장품 추천 성분] 멘톨, 비타민B, 유칼립투스

Check Point

화장품 도포의 목적 : 세정·정돈·보습·보호
- 정상 피부 : 정상 피부 유지를 위한 보습 관리와 자외선 차단제 사용 필수
- 지성 피부 : 피지 조절, 모공 수축, 수분 공급, O/W 제형 사용, 클레이나 머드 팩 사용
- 건성 피부 : 유분 부족, 각질, 거친 피부 결, W/O제형 사용, 자외선 차단제 사용으로 색소 침착 및 주름 예방, 워시 오프 타입(Wash off Type) 팩 사용
- 복합성 피부 : T-Zone 수분 공급, U-Zone 유분 공급의 각기 다른 관리
- 민감성 피부 : 민감성 전용 화장품 사용, 진정 효과 우수한 아줄렌 성분의 팩 사용
- 여드름 피부 : 클렌징과 딥 클렌징이 중요, 오일 프리(Oil Free)의 지성 전용 제품 사용, 충분한 수분 공급

제6장 매뉴얼 테크닉

Check Point

이 장에서는 매뉴얼 테크닉의 목적 및 효과를 이해하고 종류와 방법을 숙지합니다. **1~2문제 출제**됩니다.

1. 매뉴얼 테크닉의 정의 및 목적

1. 매뉴얼 테크닉의 정의

손을 이용한 쓰다듬기, 문지르기, 진동하기, 반죽하기, 두드리기를 통한 피부 관리를 통해서 신진대사를 활발하게 하고 혈액 순환 및 림프 순환을 좋게 해서 피부 기능을 활성화시켜 주는 것을 말한다.

2. 매뉴얼 테크닉의 목적

① 혈액 순환 및 림프 순환을 돕는다.
② 긴장 완화 효과가 있다.
③ 심리적인 안정을 준다.
④ 근육을 이완시켜 준다.
⑤ 피부를 유연하고 부드럽게 해준다.
⑥ 화장품의 유효 성분 흡수를 돕는다.
⑦ 모공을 통한 피지와 땀의 분비를 촉진시킨다.
⑧ 한선과 피지선의 기능을 조절 해준다.

2. 매뉴얼 테크닉의 기본 5동작

1. 쓰다듬기 : 경찰법, 무찰법(Effleurage)

1. 방법

① 손바닥 전체를 이용하여 부드럽게 쓰다듬는 동작이다.
② 시작과 끝의 동작에 주로 사용된다.

2. 효과

① 모세 혈관을 확장시켜 혈액 순환과 림프 순환을 촉진시키고 독소를 제거한다.
② 신경계를 자극하여 피부 이완 및 진정 효과가 있다.
③ 노화 각질을 제거하므로 세정 효과와 켈로이드 생성 억제 효과가 있다.
④ 긴장 완화 효과가 있다.
⑤ 신진대사 증가와 피부 내부의 영양 공급을 돕는다.

2. 문지르기, 마찰하기 : 강찰법, 마찰법 (Friction)

1. 방법

① 네 손가락 끝의 첫 마디를 이용하여 나선형으로 원을 그리며 강한 자극을 주어서 문지르는 동작이다.
② 주로 검지, 중지, 약지를 많이 사용한다.
③ 쓰다듬기보다 약간 더 깊은 조직에 효과가 있으므로, 주름이 생기기 쉬운 눈가·입가·이마·코 부위에 주로 실시한다.

2. 효과

① 조직의 혈액 순환을 촉진시킨다.
② 결체 조직의 강화 및 피부의 탄력을 증가시킨다.
③ 신진대사 촉진 및 피지선을 자극하여 모공의 피지 및 노폐물 배출을 용이하게 하므로 노화 예방에 효과적이다.
④ 면포(Comedo)를 연화시켜 압출 시 도움을 준다.

3. 반죽하기, 주무르기 : 유연법, 유찰법
(Petrissage)

1. 방법

① 손가락 전체를 이용하여 근육을 쥐었다가 가볍게 주무르듯 반죽하는 방법으로 매뉴얼 테크닉 중 가장 강한 동작이다.
② 턱, 목, 다리, 팔 등의 근육과 피부에 실시한다.

2. 효과

① 혈행을 좋게 하여 경련을 풀어 주고 이완시키므로 근육의 피로와 통증을 줄여 준다.
② 노폐물 제거에 효과적이다.
③ 피하 조직과 결체 조직에 영향을 주어서 전신 관리에 효과적이다.

3. 유연법의 종류

(1) 강한 유연법

㉠ 풀링(Fulling) : 주름 잡듯이 실시하는 동작으로 양 손가락을 이용하는 방법이다.
ex) 복부 관리 시에 게걸음으로 주름 잡듯이 해주는 동작

(2) 압박 유연법

㉠ 린징(Wringing) : 피부를 비틀 듯이 양손으로 실시하는 동작이다.
ex) 넓은 부위를 비트는 동작

㉡ 롤링(Rolling) : 양 손바닥을 근육 조직에 대고 누르면서 손가락을 이용해서 나선형으로 문지르며 마사지하는 방법이다.
ex) 네 손가락을 이용한 나선형 마사지

㉢ 처킹(Chucking) : 한 손 혹은 양 손을 이용해서 피부를 가볍게 상하로 움직이는 방법이다.
ex) 다리 쪽 상하 반죽

㉣ 니딩(Kneading) : 피부를 잡아 지그시 누르고, 접고, 늘리면서 반죽하는 방법이다.
ex) 승모근을 잡았다가 놓는 등의 동작

4. 두드리기 : 고타법, 타진법, 경타법
(Tapotement)

1. 방법

① 주먹이나 손바닥 전체를 이용하여 리드미컬하게 두드리는 방법이다.(국가자격시험 시 전신 관리에서 주먹 사용 "0"점 처리)
② 손의 옆면, 손바닥, 손등, 주먹, 손가락 등을 이용하는 다양한 방법이 있다.
③ 마사지 부위에 따라 두드리는 강도를 다르게 한다.
④ 가볍게 두드리는 동작은 유효 성분 흡수를 돕기도 한다.

2. 효과

① 혈액 순환과 림프 순환을 도와서 신진대사를 촉진시킨다.
② 경직된 근육을 자극하여 이완시키며 근육의 피로를 풀어 준다.
③ 피부의 탄력성을 증가시킨다.
④ 피부 재생이나 근육의 수축력을 증가시킨다.
⑤ 지방의 과잉 축적을 막는다.
⑥ 관리 부위 신경 조직의 기능 활성화를 돕는다.

3. 고타법의 종류

① 태핑(Tapping) : 손가락을 피아노 치듯이 가볍게 두드리는 동작이다
② 슬랩핑(Slapping) : 손바닥 측면으로 두드리는 동작이다.
③ 커핑(Cupping) : 손가락을 모아 진공 상태로 하여 두드리는 동작이다
④ 비팅(Beating) : 주먹을 가볍게 쥐고 두드리는 동작이다.
⑤ 해킹(Hacking) : 손등으로 두드리는 동작이다.

5. 진동법(Vibration) : 떨기

1. 방법

① 손 전체를 이용하거나 손끝으로 피부에 고른 진동을 주는 방법이다
② 떨림의 세기에 따라 효과가 다르며, 피부에 진동을 전달한다.

2. 효과

① 혈액 순환 및 림프 순환을 촉진시키며 경직된 근육을 이완시킨다.
② 경직된 근육을 흔들어 이완시키며 경련과 마비 증상에 효과적이다.
③ 피부 탄력을 좋게 해준다.

3. 매뉴얼 테크닉 관리

1. 매뉴얼 테크닉의 구성 요소

① **적당한 속도** : 속도는 맥박이 뛰는 빠르기로 천천히 한다(클렌징 : 2/4박자, 매뉴얼 테크닉 : 4/4박자).
② **압조절** : 고객에 따라 적절한 압을 사용하며, 너무 강한 압이나 약한 압은 피한다.
③ **밀착감** : 손의 밀착력을 높여서 매뉴얼 테크닉의 효과를 높인다.
④ **속도와 리듬** : 처음은 천천히 부드럽게 시작하여 강 적절한 리듬을 유지하며 관리한다.
⑤ **유연성** : 동작의 흐름을 유연하게 관리한다.
⑥ **방향** : 매뉴얼 테크닉의 방향은 근육 결을 따라 실시하며 안에서 밖으로 또는 아래에서 위로 관리한다.
⑦ **연결성** : 한 동작이 끝나면 다음 동작으로 자연스럽게 연결되도록 관리한다.
⑧ **바른 자세** : 관리사는 바른 자세로 체중을 실어서 관리한다.
⑨ **제품 선택** : 피부 타입에 따라 오일이나 크림을 사용하여 관리한다.
⑩ **매뉴얼 테크닉의 동작** : 쓰다듬기, 문지르기, 반죽하기, 두드리기, 떨기 등 5가지 기본 동작을 고루 사용하여 관리한다.

2. 매뉴얼 테크닉의 주의 사항

① 관리사의 손은 항상 따뜻하고 부드럽게 관리하며 손톱은 짧고 청결하게 한다.
② 관리사는 복장 및 헤어스타일을 청결히 유지한다.
③ 관리사는 불필요한 장신구 착용을 삼간다.
④ 고객과의 적당한 간격을 유지하며 성의 있는 태도로 관리한다.
⑤ 관리 시에 대화는 피하는 것이 좋다.
⑥ 화장품이 고객의 눈과 코와 입에 들어가지 않도록 한다.
⑦ 고객의 개인차에 따라 관리 시간 및 압을 조절한다.
⑧ 고객이 편한하게 휴식을 취할 수 있도록 주변 환경을 조용하고 아늑하게 조성한다.

3. 매뉴얼 테크닉을 받기에 부적합한 피부

① 생리 전후인 경우
② 상처가 있는 경우
③ 알레르기 등 각종 피부 질환이 있는 경우
④ 피부가 예민한 경우
⑤ 여드름이 심각한 경우
⑥ 임신한 경우 마사지는 유의하며, 특히 가슴과 배는 피한다.
⑦ 일소 후 피부에 홍반 현상이 나타났을 경우

Check Point

매뉴얼 테크닉의 기본 5가지 동작
① **쓰다듬기** – 경찰법(Effleurage) : 피부 이완, 건강 완화, 신진대사 증가
② **문지르기** – 강찰법(Friction) : 결체 조직 강화, 탄력 강화, 피지선 자극
③ **반죽하기** – 유연법(Petrissage) : 혈행 촉진, 근육의 통증과 피로 경감, 노폐물 제거
④ **두드리기** – 고타법(Tapotement) : 유효 성분 흡수 효과, 지방 과잉 축적 예방, 신경 조직 기능 활성화, 근육 이완
⑤ **떨기** – 진동법(Vibration) : 피부 탄력 증가, 근육 이완, 경련·마비 증상에 효과적

매뉴얼 테크닉 관리
- **중요 구성 요소** : 4/4박자의 적당한 속도, 적당한 압, 밀착감, 리듬감, 유연성, 방향, 연결성, 바른 자세, 5가지의 고른 매뉴얼 테크닉 동작

제7장 팩과 마스크

Check Point

이 장에서는 팩과 마스크의 효과와 종류에 따른 사용방법을 이해합니다. **1~2문제 출제**됩니다.

1. 팩과 마스크의 정의 및 효과

1. 팩과 마스크의 정의

1. 유래

팩과 마스크는 고대 이집트로부터 유래되었으며, 찰흙·진흙·꿀·토양·곡물 가루·계란 껍질 가루 등의 천연 재료들을 이용했다.

① 팩 : 'Package'에서 유래된 팩은 '둘러싸다, 포장하다, 감싸다' 등의 의미가 있다.
② 마스크 : '덮어 가리다, 막다' 등의 의미로, 미국이나 유럽 등에서 사용하기 시작했다.

2. 팩과 마스크의 차이

① 팩 : 팩은 피부 위에 바르더라도 팩을 하는 동안 공기가 통하므로 굳어지지 않아서 막을 형성하지는 않는다.
② 마스크 : 마스크는 재료가 단단하게 굳어서 막을 형성한다.

2. 팩과 마스크의 효과

① 피부의 긴장도와 혈액 순환을 촉진시킨다.
② 각질 제거 및 피부 진정 효과가 있다.
③ 보습, 세포 재생, 탄력 강화 효과가 있다.
④ 모공과 모낭을 수축시킨다.
⑤ 피부를 부드럽게 완화시켜 준다.
⑥ 피부 톤을 맑게 해준다.
⑦ 피부의 신진대사를 촉진시킨다.
⑧ 유효 성분의 흡수를 돕고 잔주름 완화 및 예방 효과가 있다.

2. 팩의 분류 및 사용법

1. 제거하는 방법에 따른 분류

1. 필 오프 타입(Peel off Type, Film Type)

① 젤이나 크림 타입이 많다.
② 팩을 바른 뒤에 건조되면서 피부에 긴장감을 주고 얇은 필름 막이 형성된다.
③ 떼어낼 때 피지, 노폐물, 죽은 각질 세포 등을 제거하는 보습 성분이 들어가 있다.

2. 워시 오프 타입(Wash off Type)

① 물로 씻어서 제거하는 타입으로, 크림·젤·거품·클레이·분말 등 형태가 다양하다.
② 팩을 도포하고 나서 제품에 따라 적정 시간이 지난 후에 물로 씻어내므로 피부에 자극이 적은 것이 장점이다.

3. 티슈 오프 타입(Tissue off Type)

① 티슈로 닦아 내는 타입으로 크림이나 젤 타입 등 흡수가 잘 되는 형태가 대부분이다.
② 팩은 피부에 남아 있지만 모공을 막지는 않는다.
③ 노화 피부나 건성 피부에는 효과적이지만 지성 피부에는 적합하지 않다.

2. 제형에 따른 분류

1. 분말 타입

① 원료를 분말 형태로 만든 팩으로 정제수에 섞어서 사용하는 마스크이다.
② 피부의 습기나 지방을 흡수하는 성질이 있다.
③ 분말 입자가 고울수록 흡수 능력이 우수하다.

2. 젤 타입

① 투명하고 입자가 균일하며 상큼하고 촉촉한 느낌의 젤리 형태로 사용이 간편하다.
② 지성 피부에 효과적이다.

3. 시트 타입

① 콜라겐을 급속 냉동시켜 건조한 종이 형태이다.
② 보습 효과가 뛰어나다.

4. 크림 타입

크림 제형 팩으로 보습과 유연 효과가 좋다.

5. 고무 타입

① 분말 형태로 정제수에 섞어서 굳으면 떼어 내는 고무 같은 마스크이다.
② 영양 공급 효과가 우수하다.

3. 온도에 따른 분류

1. 웜 마스크(Warm Mask)

① 열을 발생시켜 혈액순환을 돕고 피부에 탄력을 부여한다.
② 피지 및 노폐물은 촉진시키며, 유효 성분 흡수를 돕는다.
③ 피지선 및 한선의 활동이 원활해져 피부에 수분과 유분의 도포를 돕는다.
④ 웜 마스크로는 석고 마스크, 파라핀 마스크 등이 있다.

2. 콜드 마스크(Cold Mask)

냉스팀이나 냉동요법의 차가운 마스크로 상쾌함을 느끼게 하며 수렴작용을 한다.

3. 팩의 상승 효과

① 적외선 램프(infra red lamp) : 영양침투 목적으로 사용되며 혈액순환, 근육이완 효과가 있다.
② 스티머(steamer) : 팩이 마르는 것을 방지하며 영양 침투율을 높인다.
③ 자외선 램프(ultra violet lamp) : 살균을 목적으로 한다.
④ 기타 랩(wrap), 호일(hoyle), 온열, 쿨링 등으로 팩의 효과를 상승시킬 수 있다.

4. 천연 팩과 한방 팩의 효능

1. 천연 팩

① 재료를 구하기 쉽고 비용이 저렴하다.
② 제품화되어 있는 팩에 비하여 사용이 번거롭고 침투력이 낮다.
③ 저장 기간이 짧아 보관에 어려움이 있다.
④ 피부 트러블의 발생이 잦다.
⑤ 팩의 사용 시간은 15~20분이 적당하다.

종류	효과
감자	자외선으로부터 자극을 받았거나 화상을 입었을 경우에 진정 작용
계란 노른자	피부에 영양 공급 및 윤기 부여
계란 흰자	피지제거
당근	혈액 순환 촉진, 영양 공급
딸기	비타민 C의 미백, 수분 공급
키위	미백
레몬	미백
벌꿀	피부에 윤기 부여, 영양 공급
수박	수분 공급
오이	수분 공급, 미백, 진정
올리브 오일	거친 피부에 수분 공급 및 영양 공급
해조류	미네랄, 비타민의 보습 효과
사과	수렴
바나나	보습
양배추	청렴

2. 한방 팩

① 가격이 저렴하고 사용이 간단하며 사용기간이 긴 장점이 있다.
② 제품화 된 팩에 비해 침투력이 낮고 사용방법이 번거

롭다.

③ 처방에 따라 만들어지며, 서늘한 곳에 밀봉 보관한다.

④ 적용 시 따뜻한 물로 세안 후 한방재료 가루를 우유나 요구르트 및 생수 등에 개어 얼굴에 바르고 그 위에 거즈나 티슈를 한 장 덮고 다시 한 번 바르면 흡착력이 강해진다.

종류	효과
어성초	해독, 항균
쑥	소염, 진정
박하	모공 수축, 탄력
감초	해독, 미백, 진정
구기자	노화 지연, 모세혈관 강화
녹두	모세혈관 강화, 피부 진정
도인(복숭아씨)	보습, 소염, 미백
당귀(미나리과)	모세혈관 강화, 세포 재생
토사자	피부윤기부여, 잡티, 여드름, 주근깨, 기미
맥반석	지성 피부, 기미, 여드름
백강잠(누에)	기미, 주근깨
삼백초	소독, 살균, 여드름
애엽(쑥)	항균, 미백, 기미
율피(밤껍질)	모공수축
알로에	보습
율무	색소침착 피부, 노화지연
행인	해독, 미백
황금	진정

5. 특수 팩

1. 벨벳 마스크(Collagen Velvet Mask)

① 콜라겐이 함유된 마스크로 얼굴에 올린 후에 화장수나 증류수를 이용해서 도포한다.

② 건성 피부에 효과적이며 진정 효과가 우수하다.

2. 고무 마스크(Rubber Mask)

① 분말 타입의 마스크로 물을 섞어서 걸쭉하게 개서 스파츌러를 이용해 바른 뒤에 15~20분 정도 지나면 고무처럼 굳어진다.

② 수분 공급과 진정 효과가 우수하다.

3. 석고 마스크(Gips Mask)

① 석고는 냉석고와 온석고가 있다.

② 석고를 바르기 전에 앰플 또는 에센스를 충분히 발라 준다.

③ 화장품의 유효 성분 침투를 위해 베이스 크림을 충분히 발라서 석고 제거를 용이하게 한다.

④ 눈과 입에 화장솜을 올리고 젖은 거즈를 올린 뒤에 콧구멍이 막히지 않게 얼굴 전체에 석고를 0.8~1cm가 되도록 두껍고 고르게 펴 바른다.

⑤ 열이 식으면 석고 마스크를 고객의 얼굴에서 천천히 떼어 낸다.

⑥ 온석고의 경우에는 도포 후 온열 효과에 의해서 혈액 순환이 좋아진다.

⑦ 건성 피부나 노화 피부에 효과적이다.

⑧ 온석고는 여드름 피부나 민감성 피부 및 모세혈관 확장 피부는 피하는 것이 좋다.

4. 파라핀 왁스 마스크(paraffin wax mask)

① 45℃ 이상을 발열을 일으키며, 파라핀 왁스로 되어 있다.

② 열과 오일이 모공을 확장하고 피부를 코팅하는 과정에서 발한 작용이 발생한다.

③ 건성 및 노화 피부의 영양 공급을 돕는다.

④ 피부의 탄력과 보습력을 높이고 노폐물 분비 및 림프순환을 촉진한다.

⑤ 피부타입에 맞는 앰플을 베이스로 사용한다.

6. 팩 사용법

① 팩을 올리기 전에 눈에 둥글게 자른 아이 패드를 올려놓는다.

② 팩을 눈, 양 볼, 턱, 입, 이마, 코 순으로 도포한다.

③ 15분 정도 후에 팩이 마르면 제거한다.

7. 팩 관리 시 주의 사항

① 피부 타입과 고민에 적합한 팩을 선택한다.

② 팩 도포 전에 눈에는 아이 패드를 올려 준다.

③ 팩 도포 시 안쪽에서 바깥쪽으로, 아래에서 위로 발라 준다.

④ 팩의 도포나 제거 시 눈과 코에 내용물이 들어가지 않게 주의해야 한다.

⑤ 눈 주의와 입술 주의는 보호 크림을 발라 준다.

제8장

제 모

Check Point

이 장에서는 제모의 목적 및 효과와 종류에 따른 방법을 이해합니다. 1~2문제 출제됩니다.

1. 제모의 정의 및 효과

1. 제모의 정의

제모란 미관상이나 미용상의 저해가 되는 불필요한 부분의 털을 제거하는 것이다. 다리나 팔 및 액와 등의 노출 부위에 털이 나서 외관상 아름다워 보이지 않거나 얼굴의 솜털로 인해서 메이크업이 잘 받지 않을 때 실시한다.

2. 제모의 효과

① 매끄럽고 아름답게 가꾸어 준다.
② 피부가 더욱 촉촉하고 부드러워진다.

2. 제모 적용 부위

① 얼굴
② 팔
③ 다리
④ 목 뒷부분의 헤어 라인 부분
⑤ 앞가슴이나 등 부분
⑥ 액와(겨드랑이) 부위
⑦ 서혜부

3. 제모의 종류 및 방법

1. 일시적 제모

털을 일시적으로 제거하는 방법으로 피부 표면으로 나와 있는 털의 모간 또는 일부의 모근까지 제거하므로 털이 재성장할 경우에 정기적으로 제모를 실시해야 깨끗한 피부를 유지할 수 있다.

1. 핀셋(족집게)을 이용한 제모

왁스 제모 후에 덜 뽑힌 털이나 눈썹 수정 시에 사용되는 제모 방법으로 모간까지 털이 제거되어 다시 성장할 때까지 시일이 걸리지만 지속적으로 실시할 경우에는 피부가 늘어질 수 있다는 단점이 있다. 핀셋을 이용한 제모 시에는 털이 난 방향대로 제거하며 진정 젤을 발라주도록 한다.

2. 면도기를 이용한 제모

면도기를 이용하여 털의 모간만을 제거하는 방법으로 가장 손쉽게 할 수 있는 방법이지만 정기적으로 할수록 털은 더욱 굵어지고 거칠게 자라나오는 단점을 가지고 있다. 목욕이나 샤워 이후에 털이 부드러워졌을 때 클렌저를 이용해서 충분한 거품을 내고 모공 확장이 이루어진 뒤에 면도를 실시하는 것이 효과적이다.

3. 왁스를 이용한 제모

전문적인 일시적 제모 방법으로 화학적 제모와 면도에 의한 제모에 비해서 모근으로부터 털이 제거되므로 다시 자라나오는 데 좀 더 많은 시일(약 4주~5주)이 걸린다.

(1) 온 왁스

고체인 왁스를 포트에 녹여서 사용한다. 50℃ 정도의 왁스를 피부에 바르고 나서 면 스트립을 부착시켜 한 번에 빠르게 떼어 내면 털이 면 스트립에 부착되어 제거된다. 온 왁스의 경우는 온도 체크를 반드시 하고 나서 시술에 들어가는 것이 중요하다.

① 온 왁스 준비 사항

- 침대
- 정리대(Trolley)
- 고객 가운
- 관리사 가운
- 알코올
- 화장 솜
- 족집게
- 타월
- 수술용 장갑
- 탈컴 파우더(Talcum Powder)
- 휴지통
- 클렌저
- 솜
- 눈썹 가위
- 눈썹 정리용 칼
- 진정 로션 및 젤
- 면봉
- 왁스 용해를 위한 가열 기구-왁스 중탕기(Wax Warmer)
- 나무 주걱(Wooden Spatula-왁스를 펴 바르는 데 사용)
- 면 부직포(7cm×20cm)
- 수건(小)

② 온 왁스 시술 순서

- 제모할 부위를 알코올을 이용해서 소독한다.
- 제모할 부위의 털이 긴 경우는 적당한 길이인 1~1.5cm로 자른다.
- 탈컴 파우더를 털의 반대 방향으로 발라 준다.
- 종이컵에 나무 스파튤러를 이용해서 왁스를 덜어 가지고 온 뒤에 반드시 손목 안쪽 온도를 체크한다.
- 털이 난 방향대로 스파튤러를 45° 각도로 얇고 고르게 발라 준다.
- 부직포를 왁스 바른 피부 위에 올려놓고 털이 난 방향으로 압을 주며 쓸어 준다.
- 시술자의 한 손은 피부를 당겨 주면서 다른 한 손은 털이 난 반대 방향으로 부직포를 빠르게 떼어 낸다.
- 제모 후에 즉시 진정 젤이나 로션을 제모 부위에 발라서 진정시킨다.
- 1차 제모 후에 제모되지 않은 털은 소독된 족집게를 이용해서 한 개씩 제거한다.
- 제모한 털은 휴지통에 버리지 않고, 감독관에게 확인시킨 후 버린다.

(2) 냉 왁스

왁스를 데워서 녹이지 않고 바로 사용 가능하지만 굵은 털은 온 왁스에 비해서 잘 제거되지 않는 단점이 있다.

4. 화학적 제모(크림 타입) 시술 방법

화학 성분이 들어간 크림을 도포하여 털의 연화 작용에 의해서 제모하는 방법이다. 제모제가 강한 알칼리성이므로 피부 자극에 유의해야 하며 얼굴 부위에는 피하는 것이 좋다.

① 피부가 청결하게 건조된 상태에서 적정량을 바르며, 주변 피부에는 바셀린을 발라서 피부를 보호한다.

② 크림을 바른 뒤에 5~10분 정도 경과한 다음, 제모제와 털을 온수로 씻어낸다.

③ 산성 화장수로 피부를 정리하고 진정 젤이나 로션을 발라서 흡수시킨다.

2. 영구적 제모(전기침에 의한 제모)

직류 전기를 이용하여 영구적으로 모근까지 제거하는 방법이다. 영구 제모의 방법으로는 전기 분해 요법과 갈바닉 트위저가 있으며 주로 피부과나 성형외과에서 행해지고 있다. 레이저의 경우는 최소 5~6회 정도 시술 후에 영구 제모가 이루어지며 고가의 비용이므로 대중화되지는 못했다.

1. 전기 분해술

전기를 이용해서 털을 영구적으로 모근까지 제거하는 방법이다. 털 하나에 침을 일일이 꽂아야 하므로 시간이 많이 걸리며, 만족도를 높이기 위해서는 여러 번의 시술이 필요하다.

2. 전기 응고술

단파(Short Wave)에서 나오는 높은 열로 모근의 세포를 가열한 뒤에 응고시켜 털을 없애는 방법이다. 전기 분해술보다 털을 빠르게 제거하는 장점이 있으며 미세한 침을 이용하여 제모 시 0.5mm 정도 찌른 후에 몇 초 동안 전기를 흘렸다가 끊는 방법이다.

3. 레이저 제모

① 안전하며 사용이 편리하고 효율적이다.

② 레이저 에너지가 털에 흡수된 후에 열 에너지로 확산되어 털을 만드는 세포를 영구적으로 파괴시키는 방법이다.

4. 왁싱 후 주의할 점

① 민감한 피부의 경우에는 피부가 잘 짓무르고 세균 감염의 위험이 있으므로 항균 로션을 사용하여 사후 관리를 잘 하도록 한다.

② 왁싱 후 24시간 이후에 사우나, 수영, 목욕, 땀을 흘리는 운동, 선탠을 한다. 그리고 왁싱 부위에 향수나 스프레이의 사용을 금한다.

③ 심하게 조이는 팬티스타킹이나 옷은 입지 않는다.

제9장 전신 관리

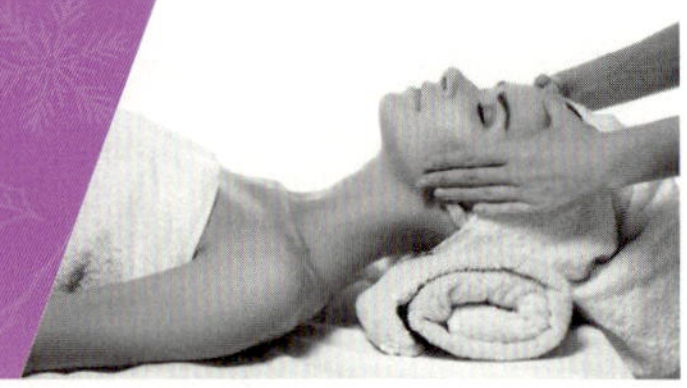

Check Point

이 장에서는 전신관리의 목적 및 효과를 숙지하고, 종류에 따른 방법을 이해합니다. **2~3문제 출제**됩니다.

1. 전신 관리 목적 및 효과

전반적인 신체 관리로 전신의 근육을 이완시키고, 혈액 순환 및 림프 순환을 원활하게 하여 노폐물을 배출시키며 피부의 탄력을 높여 준다. 신진대사 활성화와 심리적 안정을 주며 스트레스 해소와 아름다운 체형에 도움을 준다.

2. 전신 관리의 종류 및 방법

1. 전신 관리를 위한 매뉴얼 테크닉

① 손을 이용한 다양한 동작으로 피부의 신진대사를 활발하게 해서 피부의 기능을 증진시켜 준다.

② 근육의 긴장을 풀어 주며 심리적인 안정을 주는 효과가 있다.

③ 매뉴얼 테크닉 기본 5동작 : 쓰다듬기(경찰법), 문지르기(강찰법), 떨기(진동법), 반죽하기(유연법), 두드리기(고타법)

2. 림프 드레나쥐(Lymph Drainage)

1. 림프의 정의

림프란 인체에 존재하는 체액의 일종이며 모세 혈관에서 빠져나온 조직액이 림프관을 통해 회수되는 것을 말한다. 림프액은 맑고 투명하며 물·글로불린·당·알부민·무기염류 등으로 구성되어 있고 혈장과 유사하지만 림프구가 많이 존재한다. 림프도 응고 작용은 하지만 혈소판이 존재하지 않으므로 매우 느리게 응고된다.

2. 림프계의 구조

림프계(Lymph System)는 제2의 순환계라고 할 수 있으며 혈관과 같이 거의 온몸에 퍼져 있다. 구조는 정맥계와 모세혈관과 유사하며 림프절은 비장·흉선·편도선과 같은 림프 조직은 면역에 밀접한 관련이 있는 백혈구인 림프구를 생산한다. 또한, 모세 림프관은 과다한 간질액을 흡수해서 림프관으로 운반하고 정맥으로 내보낸다.

3. 림프계의 구성

(1) 림프(Lymph)

죽은 세포·지방·물·단백질·백혈구 등으로 림프 기관 안으로 들어온 물질을 이동시키는 기능이 있으며, 또한 질병에 대항하여 신체를 보호하는 중요한 역할을 한다.

(2) 림프관(Lymphatic Vessel)

근막과 피부 사이에 존재하는 천부 림프관과 근막 아래의 심부 림프관은 림프액을 운반하는 관을 말한다.

(3) 림프절(Lymph Node)

임파선이라고도 하며 일정 부위에 모여서 집단을 이루면서 주변의 림프를 모아서 처리한다. 림프구의 생산과 함께 림프액을 걸러 주는 방어 기능과 식균 작용 및 독소 제거 작용을 한다. 복강 부위·겨드랑이·목·서혜부·골반에 위치하며 직경 0.2~0.3mm 정도의 크기로 존재한다.

4. 림프 순환

체액 – 모세 림프관(림프액으로 구성) – 림프관 형성(다른 모세 혈관과 함께) – 림프절(림프액을 여과) – 집합관(림프관 줄기들의 결합) – 쇄골하정맥(심장에 유입)

혈액이 전신을 순환하는 것과는 달리 림프는 조직세포강질에서 말초의 모세 림프관으로 흘러들어가 노폐물과 물을 흡수한다. 여기서 흡수된 림프는 림프관, 림프선, 림프절로 유입된다. 림프절은 림프의 이물질을 여과시키며 면역소, 항체, 림프구를 생성한다. 이런 과정을 거쳐 깨끗해진 림프는 쇄골 아래에 위치한 두정맥을 통해서 혈액 순환에 유입된다. 이러한 림프 순환이 원활하지 못하면 림프 조직에 염증이 생기며 쉽게 피로해지고 질병에 걸리기 쉽다.

5. 림프 드레나쥐

림프 드레나쥐는 제2의 순환계인 림프계의 순환을 촉진시켜 노폐물 및 세포의 대사물질 배출을 용이하게 해주고, 영양 대사를 도와 인체의 부종과 통증을 완화시켜 주며 피부의 문제점을 개선해 아름다운 피부로 가꿀 수 있도록 미용적 효과를 증진시켜 주는 관리이다.

6. 역사 및 특징

1930년 덴마크의 물리 치료사이자 마사지 치료사인 에밀 보더(Emil Vodder)에 의해 창안되었다.

① 림프의 순환을 통한 림프 부종이나 여드름 관리에 적용시킴으로써 그 효능이 입증되었다.
② 일반 매뉴얼 테크닉보다 상대적으로 부드럽고 압이 적은 관리로서 림프의 순환을 촉진시켜 세포의 대사물질 및 노폐물 배출을 원활하게 하는 마사지 기법이다.
③ 피부의 이상 증상이나 통증 감소 등에 효과적이며 정서적으로 안정감을 주는 특징이 있다.

7. 시술방법

① 심장 가까운 부위에서 먼 부위로 시행
② 림프의 흐름과 일치하도록 시행

8. 림프 드레나쥐의 효과

① 면역력을 증강시킨다.
② 마사지를 통해서 척수의 통증 조절 구역을 자극으로 통증을 줄일 수 있다.
③ 림프에 흡수된 세포 대사 작용에서의 각종 노폐물을 배출함과 동시에 생리 기능을 활성화한다.
④ 긴장된 근육을 이완시켜 주며 심한 운동으로 생긴 젖산은 림프관을 통해서 흡수된다.
⑤ 림프관의 기능 활성화는 부종 흡수를 촉진시킨다.
⑥ 자율 신경계를 적절히 자극해서 교감 신경계에 진정 작용을 하며 말초신경을 진정시킨다.

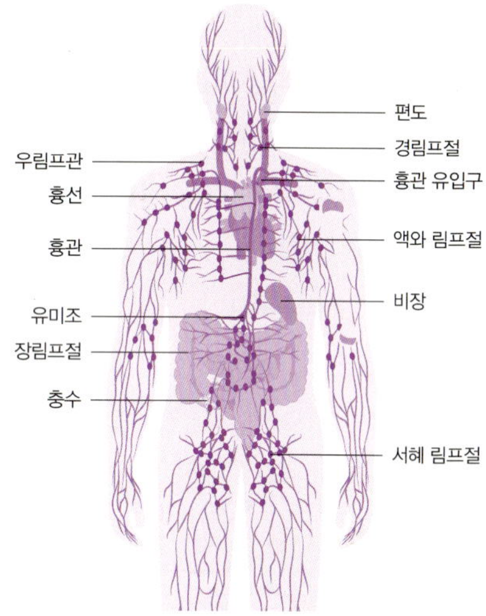

〈림프절의 위치〉

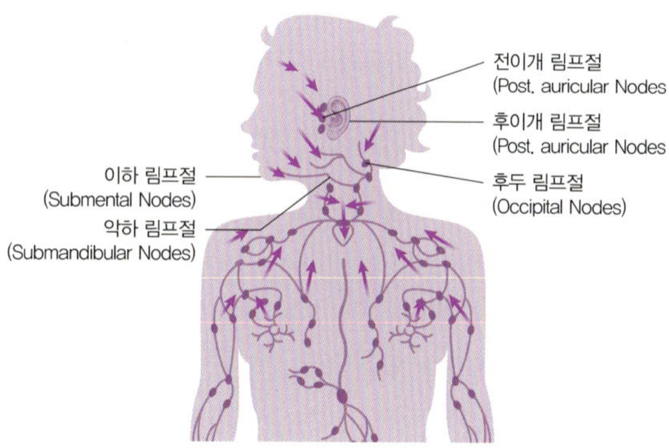

〈얼굴 림프 흐름〉

9. 림프 드레나쥐 적용 피부

① **셀룰라이트** : 혈액 및 림프의 순환이 원활하지 못하므로 순환을 촉진시킨다.
② **수술 이후** : 상처 회복을 빨리 해준다.
③ **민감성 피부** : 피부 진정이나 민감한 피부에 효과적이다.

④ **부종** : 조직에 쌓인 부종을 빼 준다.
⑤ **알레르기 피부** : 수포 형성을 억제하며 알레르기로 인한 부흥을 완화시킨다.
⑥ **여드름 피부** : 여드름 균에 의한 염증을 가라앉히며 독소 배출을 통해 피부를 진정시켜 준다.
⑦ **색소 침착** : 색소 침착 부위에 적용하여 피부를 맑게 해주는 효과가 있다.
⑧ **노화 피부** : 피부 세포 유효 성분의 흡수가 느린 노화 피부에 기능을 향상시켜 준다.

10. 림프 드레나쥐 비적용 피부

갑상선 기능 항진, 결핵, 감염, 저혈압, 천식, 울혈성 심부전증, 임산부, 암과 같은 악성 질환, 혈전증, 심장 기능 부족, 급성 염증 질환

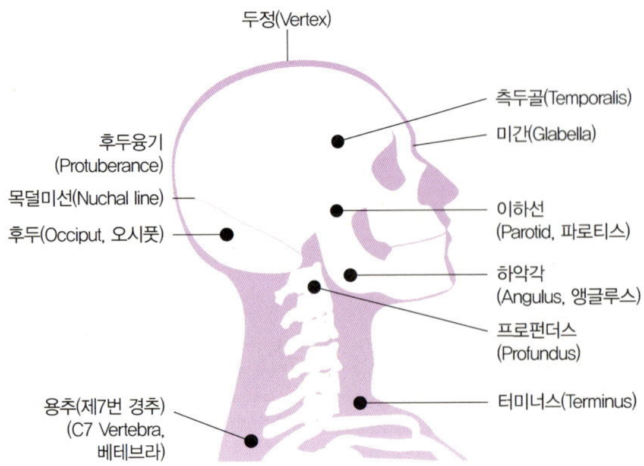

〈얼굴 림프 부위〉

11. 림프 드레나쥐 마사지 적용 방법

① **주기와 리듬** : 1~5초 정도로 한 구역에 5~7회 정도로 반복해서 시행한다.
② **압력과 방향** : 매우 약한 압으로 가장 이상적인 압력은 30~40mgHG 정도이며, 림프의 흐름과 일치하도록 시행한다.

12. 림프 드레나쥐의 기본 동작

① **고정원 동작**(Stationary Circle)

손을 피부에 밀착시켜서 림프의 방향으로 압을 부드럽게 해서 적용 부위에 원을 그리며 피부를 신장시킨다. 주로 서혜부, 목, 얼굴, 겨드랑이 등에 적용한다.

② **로터리 동작**(Rotary Technique)

엄지 및 나머지 네 손가락을 이용하여 피부를 늘린 뒤에 옆으로 최대한 신장하여 회전시키는 동작이며 주로 몸통에 적용한다.

③ **펌프 동작**(Pump Technique)

엄지 및 나머지 네 손가락을 움켜쥐듯이 잡고 손목을 움직이면서 림프의 방향대로 펌핑해 주는 동작으로 주로 다리나 팔에 적용한다.

④ 퍼 올리기(Scoop Technique)

림프가 흐르는 직각 방향으로 손바닥을 놓고 신장시킨 후에 위로 퍼 올려 주면서 손을 나선형으로 움직이는 동작이며 주로 팔 다리에 적용한다.

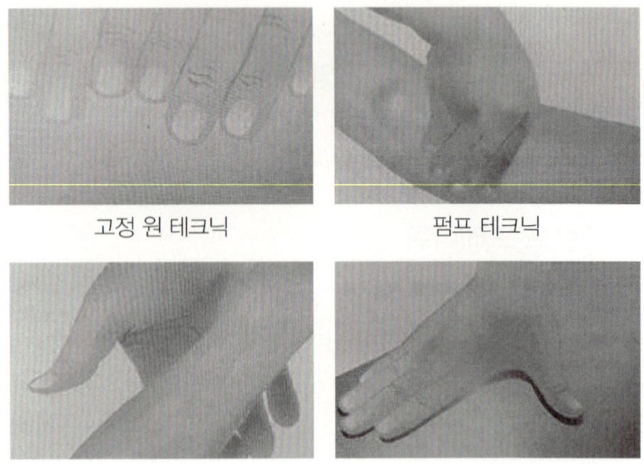

〈림프 드레나쥐 테크닉 동작〉

Check Point

림프 드레나쥐의 효과
- 면역력 증강
- 생리기능 활성화
- 부종 완화
- 통증 감소
- 젖산 흡수
- 말초신경의 진정

림프 드레나쥐 비적용 피부
- 갑상선 기능 항진
- 감염
- 천식
- 암, 심장병 환자
- 결핵
- 저혈압
- 임산부

1 피부 미용의 정의로 틀린 것은?

① 화학적·물리적 방법을 이용하여 피부의 생리 기능을 높여 준다.
② 얼굴 피부만을 곱고 건강하게 유지시키는 일이다.
③ 인체의 모든 기능을 정상적으로 유지시키는 과정이다.
④ 인체를 아름답게 가꾸기 위해 노력하는 작업이다.

[해설]
피부 미용은 얼굴을 포함한 전신을 아름답게 유지·관리하는 일이다.

2 피부 미용의 설명으로 바르지 않은 것은?

① 전문 의약품을 사용한다.
② 화장품을 사용한다.
③ 위생적이어야 한다.
④ 과학적이어야 한다.

[해설]
피부 미용은 과학적인 피부 분석 및 상담을 통해 위생적인 관리를 하며, 고객에게 맞는 피부 유형의 화장품을 선택하여 관리한다.

3 우리나라에서 정식적으로 피부 미용이라는 직종이 도입된 연도는?

① 1979년 ② 1981년
③ 1982년 ④ 1988년

[해설]
우리나라의 피부 미용은 1981년 YWCA에서 처음으로 도입했다.

4 우리나라에서 피부 미용 교육을 처음으로 시작한 곳은?

① YWCA
② YMCA
③ 미용 전문 학원
④ 전문대학

[해설]
YWCA에서 처음 피부 미용을 시작했다.

5 팩 사용 시 주의사항으로 옳지 않은 것은?

① 적용 시간이 길면 길수록 효과가 좋아진다.
② 팩 재료가 머리카락에 묻지 않도록 주의한다.
③ 팩 도포나 제거 시 눈, 코, 입에 들어가지 않도록 한다.
④ 건조되는 팩은 눈이나 입술 가까이 바르지 않는다.

[해설]
팩의 적용 시간은 5~10분 사이가 적절하다.

6 다음 중 팩의 기본적 기능으로 옳지 않은 것은?

① 클렌징
② 혈액 순환 촉진
③ 영양 공급
④ 필링

[해설]
필링은 피부 관리사의 영역이 아닌 병원에서의 의사들의 영역이다.

7 수포 현상이 있는 피부에 가장 적절한 팩은?

① 머드
② 석고
③ 효소
④ 젤

[해설]
수포 현상이 있는 피부는 자극이 적은 젤 타입의 팩이 적당하다.

8 알갱이가 함유된 세안제로 노화 각질 제거에 효과적인 타입은?

① 파우더 타입
② 효소 타입
③ 크림 타입
④ 스크럽 타입

[해설]
스크럽은 알갱이가 있어서 코메도가 생성되기 쉬운 T존 부위에 사용하면 효과적이며, 건성 피부와 민감성 피부는 피하는 것이 좋다.

정답 1. ② 2. ① 3. ② 4. ① 5. ① 6. ④ 7. ④ 8. ④

9 물에 잘 지워지지 않는 짙은 색조 화장 및 포인트 메이크업을 지울 수 있고 건성, 민감, 수분 부족 피부에 적합한 타입은?

① 젤 타입
② 밀크 타입
③ 오일 타입
④ 워터 타입

[해설]
오일은 주로 친수성 오일로 자극이 적은 특징이 있으며, 건성·민감·수분 부족 피부에 적합한 타입이다.

10 일반적인 클렌징 단계 중 가장 먼저 해야 할 것은?

① 지압
② 포인트 메이크업 제거
③ 토너 정리
④ 피부 분석

[해설]
클렌징에서 처음 하는 것은 포인트 메이크업 제거이다.

11 클렌징제의 종류와 피부 유형이 잘못 연결된 것은?

① 거품 타입 – 모든 피부
② 스크럽 타입 – 건성 피부
③ 크림 타입 – 건성 피부
④ 젤 타입 – 지성 피부

[해설]
스크럽 타입은 건성 피부는 피하는 것이 좋고 지성 피부에 적합하다.

12 딥 클렌징의 효과에 대한 설명 중 바르지 않은 것은?

① 모공 속 피지 제거 효과
② 노화된 각질 제거 효과
③ 유효 성분의 흡수를 용이하게 하는 효과
④ 근육 이완 효과

[해설]
근육을 이완시켜 주는 효과는 매뉴얼 테크닉의 효과이다.

13 딥 클렌징의 설명으로 잘못된 것은?

① 고마쥐 : 과일산을 이용한 산성분의 딥 클렌징으로 피지 및 노폐물 제거에 효과적이다.
② 전기 세정 : 지성이나 복합성 피부에 알맞은 방법이다.
③ 효소 : 온도와 습도를 맞춰 주어야 한다.
④ 스티머 : 수증기가 분무되어 모공을 열어 주고 신진대사를 촉진시키는 효과가 있다.

[해설]
고마쥐는 동·식물성 각질 분해 효소를 함유하고 있으며 예민한 부위를 제외하고 근육 결에 따라 손가락으로 문질러서 제거한다.

14 다음 중 예민 피부에 가장 알맞은 성상은?

① 젤상
② 클레이상
③ 왁스상
④ 머드상

[해설]
• 지성 피부 – 클레이상, 머드상
• 건성, 노화 피부 – 왁스상, 크림상

15 워시 오프 타입이 아닌 것은?

① 크림 타입
② 왁스 타입
③ 거품 타입
④ 젤 타입

[해설]
워시 오프 타입에는 젤, 클레이, 크림, 거품 등이 있다.

16 다음 중 팩의 목적으로 옳지 않은 것은?

① 영양 공급
② 신진대사 촉진
③ 상처 치료
④ 피부 진정

[해설]
치료는 병원에서 이루어지는 것이다.

정답 9. ③ 10. ② 11. ② 12. ④ 13. ① 14. ① 15. ② 16. ③

17 피부 미용사의 행동으로 적합하지 않은 것은?

① 직업에 자부심을 갖는다.
② 고객에게 예의바르고 친절하게 한다.
③ 청결 및 위생에 최선을 다한다.
④ 농담하며 큰소리로 대화하며 친근감을 표시한다.

[해설]
피부 관리실 내부에서 필요 이상의 농담은 고객을 불쾌하게 한다.

18 다음 중 전신 매뉴얼 테크닉의 방법으로 옳은 것은?

① 심장에서 먼 곳부터 한다.
② 3가지 동작을 반복하여 한다.
③ 고객의 몸 상태는 상관하지 않는다.
④ 빠른 속도와 강한 압 및 리듬감을 사용한다.

[해설]
손의 밀착감·연속성·압의 세기에 유의하며, 고객의 몸 상태를 파악하며 심장에서 먼 곳부터 실시한다.

19 다음 중 전신 매뉴얼 테크닉의 목적으로 옳지 않은 것은?

① 체내의 노폐물 배설
② 혈액 순환 원활
③ 신진대사 기능 강화
④ 근육 수축

[해설]
전신 매뉴얼 테크닉은 근육의 이완을 돕는다.

20 다음 중 매뉴얼 테크닉 시 사용하기에 가장 효과적인 것은?

① 파우더
② 오일
③ 세럼
④ 무스

[해설]
오일 타입은 피부에 밀착력 및 부드러움을 주며 리듬감과 관리의 흐름을 좋게 도와 준다.

21 다음 중 매뉴얼 테크닉을 할 때 피부 미용사의 준비 자세로 틀린 것은?

① 손톱은 짧게 관리하며 따뜻하게 하고 나서 관리에 들어간다.
② 복장은 몸에 꽉 조이는 것으로 입는다.
③ 몸에서 냄새가 나지 않도록 깨끗이 관리한다.
④ 머리는 머리카락이 흘러내리지 않도록 최대한 단정하게 한다.

[해설]
복장은 편안하게 해서 몸의 움직임을 자유롭게 하여야 한다.

22 셀룰라이트에 대한 설명이 옳지 않은 것은?

① 피하지방이 비대해져 뭉쳐있는 상태
② 오렌지 껍질처럼 피부에 울퉁불퉁하게 나타나는 현상
③ 경직된 근육이 딱딱하게 굳어진 현상
④ 노폐물과 피하지방이 정체되어 있는 상태

[해설]
셀룰라이트는 림프순환의 저하로 노폐물과 피하지방이 과잉 축적되어 뭉친 현상으로 피부가 오렌지 껍질처럼 울퉁불퉁해진다.

23 다음 중 다리 마사지 방법으로 옳은 것은?

① 오른쪽 다리 전면부터 실시한다.
② 오른쪽 다리 후면부터 실시한다.
③ 왼쪽 다리 전면부터 실시한다.
④ 왼쪽 다리 후면부터 실시한다.

[해설]
다리 뒷면 오른쪽 → 왼쪽 → 둔부 → 등 순으로 한다.

24 다음 중 전신 매뉴얼 테크닉(Massage)의 효능에 대한 설명으로 옳은 것은?

① 혈액 순환과 림프 순환을 돕는다.
② 몸에 혈액을 만들어 준다.
③ 노화를 촉진시킨다.
④ 암을 치료한다.

[해설]
전신 관리는 혈액 순환과 림프 순환을 좋게 해준다.

정답 17. ④ 18. ① 19. ④ 20. ② 21. ② 22. ③ 23. ② 24. ①

25 다음 중 피부 미용 관리 시 마무리 단계에서 냉습포를 사용하는 이유로 옳은 것은?

① 모공을 확장시켜 주기 위해
② 깨끗이 닦아 내기 위해서
③ 모두 끝났다는 표시로 고객에게 알리기 위해
④ 이완된 피부를 수축시키기 위해

[해설]
관리 중에는 피부가 이완되었다가 마무리 단계에서는 피부를 수축시켜 탄력을 준다.

26 다음 중 외출할 때 마무리 단계로 꼭 발라야 하는 것은?

① 자외선 차단 크림　② 영양 크림
③ 재생 크림　④ 아이 크림

[해설]
자외선은 피부를 노화시키므로 반드시 차단 크림을 바르는 것이 좋다.

27 냉습포를 사용하는 단계는?

① 클렌징 후
② 마사지 후
③ 딥 클렌징 후
④ 과일산으로 딥 클렌징을 한 이후

[해설]
과일산을 사용하여 딥 클렌징한 이후와 팩 마무리 시에 반드시 냉습포를 사용한다.

28 피부 미용사의 준비 및 위생으로 틀린 것은?

① 정리대에 있는 화장품이나 도구들은 늘 깨끗해야 한다.
② 사용하는 타월은 위생적으로 사용한다.
③ 며칠 사용할 미용 솜을 미리 만들어서 물에 적셔 둔 후에 사용한다.
④ 타월은 반드시 깨끗하게 세탁 후 사용한다.

[해설]
많은 양의 미용 솜을 만들어 놓고 물에 적셔 둘 경우에는 오염되기 쉽다.

29 포인트 메이크업 클렌징의 설명이 아닌 것은?

① 눈썹은 눈썹 결의 방향으로 강하게 쓸어서 닦아 낸다.
② 아이라인은 면봉을 이용하여 눈꼬리 쪽으로 가볍게 닦아 준다.
③ 아이섀도는 눈썹 꼬리 방향으로 가볍게 눌러서 닦아 낸다.
④ 윗입술은 위에서 아래로 아랫입술은 아래에서 위로 닦아 낸다.

[해설]
눈썹은 눈썹 머리에서 눈썹 꼬리 방향으로 지그시 눌러서 닦아낸다.

30 딥 클렌징에 대한 설명 중 올바른 것은?

① 딥 클렌징은 날마다 하는 것이 좋다.
② 딥 클렌징 후에 다음 단계를 위하여 토너를 사용해야 한다.
③ 화학적 방법은 위험할 수 있으므로 시술하지 않는다.
④ 딥 클렌징 후에 토너를 사용하지 않는 것이 덜 자극적이다.

[해설]
모든 단계가 끝난 후에는 토너로 피부를 정리해 주는 것이 좋다.

31 스크럽 제품 사용방법 중 틀린 것은?

① 민감한 피부는 피한다.
② 일광 화상을 입은 피부에는 사용하지 않는다.
③ 화농된 여드름 부위에 사용한다.
④ 알갱이가 눈과 코에 들어가지 않도록 유의한다.

정답 25. ④　26. ①　27. ④　28. ③　29. ①　30. ②　31. ③

32 딥 클렌징의 물리적 방법들 중 잘못 설명한 것은?

① 스티머는 수증기로 인하여 모공을 열어 주고 혈액 순환을 도와서 수분을 공급해 준다.
② 전기 세정은 직류를 이용하여 반드시 (+)극에서 딥 클렌징 전문 앰플을 사용하며 세정 작용을 한다.
③ 스크럽은 알갱이가 있는 세안제로 모공 속의 피지 및 노폐물을 제거해 준다.
④ 프리마톨은 브러싱으로 마사지와 각질 제거에 효과적인 방법이다.

[해설]
전기 세정은 직류를 이용하며 (–)극에서 딥 클렌징 앰플을 사용하며 세정 작용을 한다. 주로 지성 피부에 적합하다.

33 직류의 (–)극을 이용하여 세정 작용을 하는 딥 클렌징 방법은?

① 전기 세정
② 중저주파
③ 확대경
④ 저주파

[해설]
직류 전류를 이용하는 디스인크러스테이션(전기 세정)은 (–)극, 이온화된 앰플을 흡수시켜 주는 것은 (+)극, 이온토포레시스다.

34 화장수의 설명으로 틀린 것은?

① 피부의 각질층에 수분을 공급한다.
② 클렌징, 딥 클렌징, 매뉴얼 테크닉, 팩 관리후 피부 정리정돈의 단계별 마무리를 위해 사용한다.
③ 클렌징 후 피부에 남아있는 더러움이나 노폐물을 미용솜에 적셔 닦아서 제거한다.
④ 피부 유두층과 망상층까지 영양을 공급한다.

35 다음 중 피부유형에 따른 화장수의 선택이 바르게 짝지어진 것은?

① 여드름 피부 – 약산성 화장수
② 지성 피부 – 유연화장수
③ 건성 피부 – 수렴화장수
④ 아토피 피부 – 수렴화장수

36 클렌징 목적으로 올바른 설명은?

① 피지 및 잔여물 제거
② 각질 제거와 미백 효과
③ 자외선으로부터 피부 보호
④ 보습, 진정 효과

[해설]
클렌징은 피부를 청결히 하는 것이고, 딥 클렌징은 모공 속 노폐물 제거 및 노화 각질 제거이다.

37 클렌징의 목적과 가장 거리가 먼 것은?

① 피부 표피의 청결과 위생
② 혈액순환 촉진
③ 피부표면의 더러움 제거
④ 유효성분 침투 용이

38 클렌징의 효과로 바르지 않은 것은?

① 혈액 순환을 촉진시킨다.
② 제품의 피부 흡수를 돕는다.
③ 미백 효과로 얼굴의 명도가 높아진다.
④ 피지, 먼지, 메이크업의 제거로 피부를 청결히 한다.

[해설]
미백에 대한 설명은 기능성 화장품의 효과이다.

39 다음 중 매뉴얼 테크닉의 효과를 높이기 위한 방법으로 옳지 않은 것은?

① 배농을 돕기 위해 따뜻한 차를 마시게 한다.
② 편안한 음악을 틀어 준다.
③ 고객의 갈증을 대비하여 시원한 물을 많이 마시게 한다.
④ 온습포를 사용하여 몸을 이완시켜 준다.

[해설]
전신 관리 후 따뜻한 물을 마시게 해서 노폐물을 배출시킨다.

정답 32. ② 33. ① 34. ④ 35. ① 36. ① 37. ④ 38. ③ 39. ③

40 다음 중 림프관에 물리적인 자극을 주어서 림프의 흐름을 촉진 시키는 마사지는?

① 딥 티슈
② 시아추
③ 아로마테라피
④ 림프 드레나쥐

[해설]
딥 티슈 : 근육이완, 시아추 : 경혈 자극, 아로미테라피 : 심리적 안정

41 피부 분석 시 사용되는 방법으로 가장 거리가 먼 것은?

① 고객에게 피부 상태를 물어본다.
② 스패튤러(Spatula)를 이용하여 피부에 자극을 주어 민감상태를 본다.
③ 세안 전에 피부상태를 측정한다.
④ 세안 후 일정시간이 지난 후 유·수분 측정기를 이용하여 피부를 분석한다.

[해설]
세안 후 우드램프로 측정한다.

42 다음 중 피부 분석의 효과에 대한 설명 중 옳은 것은?

① 피부 분석을 통해 병력이 있을 경우에는 치료할 수 있는 방법을 연구한다.
② 신뢰감을 주기 위해서 반드시 의료 기구를 사용한다.
③ 고객의 경제력 수준에 따라 화장품을 판매할 수 있다.
④ 고객 피부 유형에 따라 피부 타입별 관리를 가능하게 한다.

[해설]
피부 분석을 통해 고객의 상태를 파악하여 개개인에 맞는 정확한 관리를 함으로써 더 좋은 효과를 볼 수 있다.

43 건성 피부의 특성으로 가장 거리가 먼 것은?

① 잔주름이 나타난다.
② 각질층의 수분 함량이 10~20% 정도이다.
③ 피지선이 발달되어 있지 않으므로 모공이 매우 작다.
④ 세안 후 피부가 심하게 당긴다.

[해설]
건성 피부는 각질층의 수분이 정상 수분 함유량이 아닌 10% 이하이다.

44 지성 피부 관리법으로 적합하지 않은 것은?

① 유분기와 노폐물을 제거하기 위하여 저녁 세안 시 비누로 여러 번 세안한다.
② 모공 수축작용을 하는 수렴화장수를 사용한다.
③ 알코올 함유량이 매우 높은 화장수는 피한다.
④ 왁스와 오일이 과량 함유된 화장품의 사용을 피한다.

45 실핏선 피부의 특징이라고 볼 수 없는 것은?

① 혈관의 탄력이 떨어져 있는 상태이다.
② 피부가 대체로 얇아 혈관이 비친다.
③ 지나친 온도 변화에 쉽게 붉어지고 예민하다.
④ 모세혈관의 수축으로 혈액의 흐름이 원활하지 못하다.

46 다음 중 견진에 대한 설명으로 옳은 것은?

① 피부를 세심하게 구석구석 만져 본다.
② 피부를 살짝 눌러 보아 민감도를 알아본다.
③ 확대경을 이용하여 모공의 크기를 먼저 살펴본다.
④ 여러 질문을 통해 관리에 필요한 자료를 모은다.

[해설]
견진은 육안이나 확대경으로 피부를 판별하는 방법이다.

47 피부분석 시 피부표면을 살짝 집는 촉진법으로 진단하여 알 수 있는 피부상태는?

① 민감성 유무　② 혈액순환상태
③ 진피의 건강상태　④ 수분상태

정답 40. ④ 41. ③ 42. ④ 43. ② 44. ① 45. ④ 46. ③ 47. ①

48 다음 피부 타입에 대한 설명 중 틀린 것은?

① 건성 피부 – 탄력이 없고 건조
② 지성 피부 – 피지선의 발달로 모공의 크기가 크며 여드름 발생이 쉬움
③ 정상 피부 – 탄력이 있고 피부결과 색이 고른 피부
④ 민감성 피부 – 한 부위가 2가지 이상의 피부 상태를 갖고 있는 피부

[해설]
민감성 피부는 피부 표면의 조직이 얇으며, 외부의 자극에 민감한 반응을 보인다.

49 피부관리 시 주의해야 할 사항이 아닌 것은?

① 피부 유형을 정확하게 분석해야 한다.
② 관리 계획에 따른 제품을 적용해야 한다.
③ 홈케어 제품 사용을 통한 시너지효과를 위하여 비싼 제품 사용을 권한다.
④ 고객의 피부상태에 따른 관리의 목적을 따른다.

50 다음 중 피부 분석의 목적으로 옳은 것은?

① 고객의 사생활을 파악할 수 있다.
② 고객의 경제력을 판단하여 고가 타깃팅(targeting)을 할 수 있다.
③ 다양한 화장품을 판매할 수 있다.
④ 정확한 피부 타입을 알 수 있다.

[해설]
정확한 피부 분석을 통해 피부 관리의 효과를 높일 수 있다.

51 다음 중 전신 매뉴얼 테크닉 방법으로 맞는 것은?

① 무조건 강하게 해준다.
② 심장에서 가까운 곳부터 시작한다.
③ 손의 밀착감, 연속성, 압에 유의한다.
④ 5가지 동작 중 고객이 좋아하는 한 가지 동작만 사용하면 된다.

[해설]
피부 미용사의 체중을 실어 손을 밀착시키고, 연속성 있게 압을 조절하면서 심장에서 먼 곳부터 5가지 동작을 적절히 사용한다.

52 클렌징의 목적으로 틀린 것은?

① 피부 노폐물과 오염을 제거한다.
② 피부 호흡을 원활히 돕는다.
③ 화장을 청결하게 제거한다.
④ 피부 피지막을 제거한다.

53 클렌징제에 대한 설명 중 옳은 것은?

① 자극이 적은 크림 타입은 여드름 피부에 적합하다.
② 화장을 진하게 하는 사람에게는 워터 타입 클렌징제가 적합하다.
③ 밀크 타입은 저자극성이므로 민감·건성 피부에 적합하다.
④ 오일 타입은 지성 피부에 적합하다.

[해설]
지성·여드름 피부에는 피지 흡착력이 우수한 젤 타입, 진한 화장의 경우에는 크림 타입이나 오일 타입이 적합하다.

54 클렌징 밀크(로션타입 클렌징)에 대한 알맞은 설명은?

① 3차 세안 시 비누세안을 안해도 무방하다.
② 물보다 오일이 많이 함유된 제형이다.
③ 진한 화장을 지우는 용도로 적합하다.
④ 민감성 피부에도 적합하다.

55 클렌징에 대한 설명 중 바른 것은?

① 메이크업을 하지 않았을 경우, 클렌징을 하지 않고 바로 마사지한다.
② 2/4박자 정도의 가벼운 동작으로 신속하게 클렌징한다.
③ 클렌징은 4/4박자 정도로 리듬감 있게 한다.
④ 마사지 동작과 따로 구분하지 않아도 된다.

[해설]
클렌징은 마사지 동작과는 달리 2/4박자로 한다. 메이크업 유무에 관계없이 클렌징은 반드시 실시한다.

정답 48. ④ 49. ③ 50. ④ 51. ③ 52. ④ 53. ③ 54. ④ 55. ②

56 클렌징 과정에서 제일 먼저 클렌징을 해야 할 부위는?

① 볼　② 눈
③ 목　④ 턱

57 다음 중 산소 라디칼 방어에서 가장 중심적인 역할을 하는 효소는?

① SOD　② 알부틴
③ 마줄렌　④ 콜라겐

[해설]
SOD는 산소 라디칼로부터 세포를 보호하는 효소이다

58 효소의 설명으로 옳지 않은 것은?

① 크림 타입과 파우더 타입의 두 가지가 있다.
② 동·식물성 각질 분해 효소를 함유하고 있다.
③ 시간, 온도, 습도를 적절히 조절해야 한다.
④ 글리콜산으로 죽은 각질 세포를 녹인다.

[해설]
글리콜산은 AHA로 과일산의 일종이다.

59 딥 클렌징 중 AHA의 사용에 적합한 피부가 아닌 것은?

① 노화 피부
② 지성 피부
③ 예민 피부
④ 기미 피부

60 다양한 속도로 회전하는 작은 솔로 되어 있고, 노화 각질과 피부 표면에 붙어 있는 먼지 등을 제거해 주며 마사지 효과를 가지고 있는 딥 클렌징 방법은?

① 이온토포레시스
② 전기 세정
③ 프리마톨
④ 고마쥐

[해설]
프리마톨은 회전 속도가 다양한 작은 솔로 되어 있으며 브러싱으로 피부 표면에 붙어 있는 먼지 및 노폐물 등을 제거하고 마사지와 각질 제거에 효과적인 딥 클렌징이다.

61 끈적임이 없으며 건성 피부에 적합한 클렌징은?

① 거품 타입
② 크림 타입
③ 밀크 타입
④ 워터 타입

[해설]
• 크림 타입 – 정상, 건성 피부
• 밀크 타입 – 민감성, 노화 피부
• 워터 타입 – 지성 피부
• 거품 타입 – 모든 피부

62 물리적인 방법과 화학적인 방법이 있으며 모공 속의 피지 제거 효과가 있는 시술로 알맞은 것은?

① 딥 클렌징
② 림프 드레나쥐
③ 아로마테라피
④ 클렌징

[해설]
딥 클렌징의 종류로는 화학적 방법과 물리적 방법이 있다.

63 고마쥐의 사용 방법으로 바른 것은?

① 과일산이며, 면봉으로 도포한다.
② 민감한 부위는 부드럽게 문지른다.
③ 알갱이가 들어 있으며, 강하게 문지른다.
④ 근육 결에 따라 손가락으로 문질러서 제거한다.

[해설]
동·식물성 각질 분해 효소를 함유하고 있으며 근육 결에 따라 문질러서 제거하고 예민한 부위는 문지르지 않고 제거한다.

64 클렌징제의 선택 요건이 아닌 것은?

① 무엇보다 클렌징이 잘 되어야 한다.
② 충분하고 큰 거품이 일어나는 제품을 선택해야 한다.
③ 피부의 산성 막을 손상시키지 않아야 한다.
④ 피부 유형에 따라 적절한 제품을 선택해야 한다.

[해설]
거품 발생보다는 클렌징이 잘 되는 것이 중요하다.

정답 56. ② 57. ① 58. ④ 59. ③ 60. ③ 61. ③ 62. ① 63. ④ 64. ②

65 젤 타입의 클렌징제가 적합한 피부는?

① 지성 피부
② 복합성 피부
③ 민감 피부
④ 수분 부족 피부

[해설]
젤 타입은 피지 흡착력이 우수하므로 지성 피부나 여드름 피부에 적합하다.

66 클렌징 젤에 대한 올바른 설명이 아닌 것은?

① 피부자극이 거의 없다.
② 유성 성분이 함유되어 있지 않다.
③ 여드름 피부와 민감 피부에 적합하다.
④ 사용감이 끈적임이 느껴진다.

67 친수성을 띄며 피부 자극이 적고, 민감·노화·건성 피부에 알맞은 클렌징 타입은?.

① 오일 타입 ② 거품 타입
③ 젤 타입 ④ 밀크 타입

[해설]
• 오일 타입 – 두꺼운 화장에 적합
• 젤 타입 – 피지 흡착력이 우수하며 여드름, 지성 피부에 적합

68 다음 딥 클렌징제의 종류 중 피부미용 샵에서 사용하기에 적합하지 않은 것은?

① 스크럽
② 효소
③ AHA
④ 크리스탈 필링

[해설]
크리스탈 필링은 의료영역에서 사용한다.

69 딥 클렌징과 거리가 먼 것은?

① 엑스폴리에이션(exfoliation)
② 프리마톨(Frimator)
③ 더마스코프(dermascope)
④ 디스인크러스테이션(disincrustation)

70 딥 클렌징의 종류 중 물리적 방법을 이용한 것이 아닌 것은?

① 프리마톨
② 스크럽
③ 스티머
④ AHA

[해설]
AHA는 화학적 방법이다.

71 딥 클렌징 방법 중 화학적 방법이 아닌 것은?

① 효소
② BHA
③ 스크럽
④ AHA

[해설]
• 물리적 방법 : 프리마톨, 스티머, 스크럽, 고마쥐
• 화학적 방법 : 효소, 전기 세정, AHA

72 다음 중 딥 클렌징 제품이 아닌 것은?

① AHA
② 스크럽
③ 효소
④ 밀크 클렌징

[해설]
딥 클렌징 제품에는 스크럽, 효소, 고마쥐, AHA 등이 있으며 밀크 클렌징은 일반 클렌징 제품이다.

73 딥 클렌징의 주된 효과가 아닌 것은?

① 주름 개선 효과
② 모공 속의 피지 제거 효과
③ 혈액 순환 촉진 효과
④ 노화된 각질 제거 효과

[해설]
딥 클렌징은 모공 속의 피지 제거, 혈액 순환 촉진, 노화되고 각화된 각질 제거와 다음 단계 화장품의 흡수를 용이하게 한다.

정답 65. ① 66. ④ 67. ④ 68. ④ 69. ③ 70. ④ 71. ③ 72. ④ 73. ①

74 피부미용의 관점에서 딥 클렌징의 목적이 아닌 것은?

① 다음 단계 사용제품의 영양물질 흡수의 효과를 높인다.
② 피지와 노후된 각질을 제거 한다.
③ 모든 피부에 따라 주 1~2회 정도 실시한다.
④ 화학·물리적에 의한 화상을 입혀서 각질 제거와 함께 피부 재생 효과를 도모한다.

75 다음 중 디스인크러스테이션(Desincrustation)에 대한 설명으로 옳은 것은?

① 근육 결에 따라 밀어 주는 것이다.
② 브러시를 사용해야 한다.
③ 면봉을 이용, 균일하게 도포해야 한다.
④ 갈바닉 전기를 이용하여 노폐물을 제거한다.

디스인크러스테이션은 갈바닉 전기인 직류 전류를 이용하여 (−)극에서 딥 클렌징 앰플을 사용하여 세정 작용을 하는 것이다.

76 효소의 작용을 위해 필요한 조건이 아닌 것은?

① 온도　② 용량
③ 시간　④ 습도

[해설]
효소는 시간, 습도, 온도를 적절히 조절해야 한다.

77 효소 딥 클렌징제에 대한 설명으로 바르지 않은 것은?

① 건성 피부도 사용할 수 있다.
② 효소의 작용을 촉진하기 위해 온도와 습도를 유지시킨다.
③ 도포 후 약 10분 후에 젖은 해면을 이용하여 닦아낸다.
④ 효소 딥 클렌징제는 꼭 냉습포로 닦아준다.

78 효소필링을 적용할 수 없는 피부는?

① 피부표면이 건조하여 당기는 피부
② 주근깨가 있는 피부
③ 블랙헤드가 있는 지성 피부
④ 자외선에 의해 손상된 피부

79 효소 필링제의 사용법으로 옳은 것은?

① 도포한 후 약간 덜 건조된 상태에서 알갱이를 이용해 문지르는 동작으로 각질을 제거한다.
② 도포한 후 효소의 작용을 원활하게 하기 위해 스티머나 온습포를 사용한다.
③ 완전하게 건조된 후 제거한다.
④ 도포한 후 피부 근육 결 방향으로 문질러 털어낸다.

80 온습포의 사용 목적으로 옳지 않은 것은?

① 혈액 순환을 촉진시킨다.
② 모공을 확장시킨다.
③ 근육을 이완하여 피부 탄력에 도움을 준다.
④ 피지선을 자극한다.

[해설]
근육 이완은 매뉴얼 테크닉의 효능이다.

81 제모의 순서로 올바른 것은?

① 소독하기 → 부직포 붙이기 → 떼어 내기 → 왁스 바르기 → 떼어 내기
② 소독하기 → 파우더 바르기 → 왁스 바르기 → 부직포 붙이기 → 떼어 내기
③ 파우더 바르기 → 부직포 붙이기 → 떼어 내기 → 소독하기 → 왁스 바르기
④ 소독하기 → 부직포 붙이기 → 왁스 바르기 → 파우더 바르기 → 떼어 내기

[해설]
소독하기 → 파우더 바르고 왁스를 바른 후 부직포 붙이고 떼어낸다.

82 다음 제모의 종류 중 피부 미용의 영역이 아닌 것은?

① 모근까지 제거　② 전기 분해술
③ 모간까지 제거　④ 일시적 방법

[해설]
전기 분해술은 전기를 이용해서 털을 영구적으로 모근까지 제거하는 방법으로 피부 관리사의 영역이 아닌 의사의 영역이다.

정답 74. ④ 75. ④ 76. ② 77. ④ 78. ④ 79. ② 80. ③ 81. ② 82. ②

83 다음 제모 방법에서 성격이 다른 것은?

① 왁스
② 족집게
③ 전기 응고술
④ 일시적 방법

[해설]
전기 응고술은 영구 제모이며, 단파(Short Wave)에서 나오는 높은 열로 모근의 세포를 가열한 뒤에 응고시켜 털을 없애는 방법이다.

84 제모에 대한 설명으로 옳은 것은?

① 탈컴 파우더는 털이 난 방향대로 바르는 것이다.
② 털이 난 방향을 체크하고 겨드랑이는 모류의 방향에 따라 나누어 제모한다.
③ 제모하기 적당한 길이는 3cm이므로 털이 긴 경우에는 3cm로 자르고 시술한다.
④ 털이 난 반대로 가능한 고르게 왁스를 바른다.

[해설]
제모하기 적당한 털의 길이는 1cm~1.5cm이고, 털이 난 방향으로 왁스를 고르게 도포해야 하며, 제모 부위를 진정시키기 위해 진정 젤을 발라준다.

85 다음 중 제모 방법으로 바르지 않은 것은?

① 털이 난 반대로 부직포를 빠르게 떼어 낸다.
② 털이 난 방향으로 45° 각도로 왁스를 고르게 바른다.
③ 파우더는 털이 난 반대 방향으로 발라 준다.
④ 부직포를 떼어낸 후에 마사지해 준다.

[해설]
부직포를 떼어 낸 후에 냉습포를 얹어 통증을 경감시킨다.

86 다음 중 제모 후 주의 사항으로 맞는 것은?

① 제모를 한 뒤에 바로 더운 나라로 여행을 떠난다.
② 24시간 이내에 선탠을 하지 않는다.
③ 제모한 부위를 마사지한다.
④ 제모한 부위에 향수를 뿌린다.

[해설]
24시간 내 마사지, 향수, 사우나, 목욕, 선탠 등은 피한다.

87 털의 구조에 대한 설명으로 옳지 않은 것은?

① 모유두 – 입모근을 싸고 있으며 유두 모양이다.
② 모근 – 피부 속 모낭 안에 있는 부분을 말한다.
③ 모낭 – 모근을 싸고 있다.
④ 모간 – 피부 표면 밖으로 나와 있는 부분을 말한다.

[해설]
모유두는 모구와 맞물려지는 부분이며, 모세 혈관이 있어서 산소와 영양 공급이 이루어지며 자율 신경이 분포되어 있다.

88 다음의 피부 미용 관리 순서로 바른 것은?

① 자극 – 청결 – 보호 – 침투
② 자극 – 침투 – 청결 – 보호
③ 청결 – 침투 – 자극 – 보호
④ 청결 – 자극 – 침투 – 보호

[해설]
관리 순서는 청결 – 자극 – 침투 – 보호

89 다음 중 여드름 피부 관리 중요 요소로 틀린 것은?

① 박테리아 억제
② 각질 제거
③ 피지 제거
④ 모공 수축

[해설]
여드름 피부 관리 중요 요소 – 피지 제거, 각질 제거, 박테리아 억제

90 다음 중 피지 흡착 효과가 매우 뛰어나며 안색 정화 및 여드름·지성 피부에 효과적인 팩의 성상은?

① 크림상
② 파우더상
③ 클레이상
④ 젤상

[해설]
클레이상은 피지 흡착 효과가 매우 뛰어나고 안색 정화 효과가 있어서 여드름 및 피지 분비 조절이 필요한 지성 피부나 여드름 피부에 효과적이다.

정답 83. ③ 84. ② 85. ④ 86. ② 87. ① 88. ④ 89. ④ 90. ③

91 피부 유형에 대한 설명 중 틀린 것은?

① 민감성 피부 : 물리적 자극에 반응이 미미하고 모공이 거의 없으며 각질의 지나친 탈락으로 피부결이 거칠다.
② 수분부족 건성 피부 : 피부표면에 잔주름이 많으며, 피부층이 얇다.
③ 유분부족 건성 피부 : 피지선의 기능이 저하, 영양분이 부족하고 피부층이 얇다.
④ 복합성 피부 : 세안 후 볼과 눈주위가 당기며 건조하다.

92 다음 중 피부 유형과 화장품 연결이 잘못된 것은?

① 건성 피부 : 건조한 부위에 호호바오일, 아보카드오일, 올리브오일 등의 영양 성분이 다량 함유된 제품을 사용한다.
② 지성 피부 : 아침에는 스킨토너와 에센스를 바르고, 저녁에는 세안 후 오일이 많이 함유된 영양 유액을 바른다.
③ 민감성 피부 : 자극이 적은 자외선 산란제를 사용한다.
④ 복합성 피부 : T-존과 U-존으로 구분하여 화장품을 선택한다.

93 피부 유형과 화장품류의 선택이 적절한 것은?

① 건성 피부 – 썰파 마스크
② 지성 피부 – 머드 마스크
③ 민감 피부 –클레이 팩
④ 여드름 피부 – 파라핀 마스크

94 유분이 많은 화장품보다는 수분공급에 효과적인 화장품을 선택하여 사용하고, 피지 제거 기능과 모공 수축 효과가 있는 화장수를 사용하여야 할 피부 유형은?

① 노화 피부
② 쿠퍼로스 피부
③ 중성 피부
④ 여드름 피부

95 다음 중 석고 마스크를 하기에 부적합한 피부는?

① 탄력이 없는 피부
② 붉은 피부와 모세 혈관 확장 피부
③ 늘어진 피부로 이중턱이 된 피부
④ 주름이 많고 건조한 피부

[해설]
모세 혈관 확장 피부나 붉고 예민한 피부는 진정 전용 크림 팩이나 콜라겐 시트 마스크가 적합하다.

96 팩에 대한 설명으로 바른 것은?

① Wash off Type(워시 오프 타입) – 약 10~15분 후에 물로 씻어 준다.
② Peel off Type(필 오프 타입) – 크림, 거품, 젤 타입 등의 종류가 있다.
③ Peel off Type(필 오프 타입) – 예민하고 민감한 피부에 적당하다.
④ Wash off Type(워시 오프 타입) – 팩이 건조되면서 피부 표면에 막을 형성한다.

[해설]
필 오프 타입(Peel off type) – 팩이 건조되면서 피부 표면에 필름막을 형성하여 적당히 마른 후 필름막을 떼어 내는 타입으로 예민하고 민감한 피부는 피하는 것이 좋다.

97 팩이 건조되면서 얇은 필름막을 형성하며 피부에 긴장감을 주는 것으로 떼어서 제거하는 타입은?

① 필 오프 타입(peel off type)
② 워시 오프 타입(wash off type)
③ 왁스 타입(wax type)
④ 티슈 오프 타입(tissue off type)

98 필 오프 타입(peel off type) 마스크의 특징이 아닌 것은?

① 젤 또는 액체형태의 성상으로 도포 후 건조 되면서 필름 막을 형성한다.
② 피부타입에 맞추어 일주일에 1~2회 사용한다.
③ 팩 제거 시 피지나 죽은 각질 세포가 함께 제거되는 피부청정 효과를 부여한다.
④ 영양분의 흡수를 위해 두껍게 바를수록 좋다.

정답 91. ① 92. ② 93. ② 94. ④ 95. ② 96. ① 97. ① 98. ④

[해설]
흡수를 위한 목적이 아니라 죽은 각질 및 피지제거의 목적으로 사용

99 워시오프 타입(wash off type)의 설명으로 옳은 것은?

① 팩 도포 후 일정시간 경과하면 물로 씻어 제거하는 타입
② 팩을 벗겨서 떼어내고 죽은 각질이 함께 제거되는 타입
③ 피부관리 전문가용으로만 사용됨
④ 크림타입 및 젤 타입이 있음

100 팩 도포 후 일정시간이 지난 후 티슈로 닦아내는 타입은?

① 습포 오프 타입(compress off type)
② 워시 오프 타입(wash off type)
③ 필 오프 타입(peel off, film type)
④ 티슈 오프 타입(tissue off type)

101 다음 중 파우더 타입의 팩에 대한 설명으로 옳지 않은 것은?

① 사용 시 화장수나 정제수로 혼합한다.
② 호일이나 적외선 등을 이용하여 흡수력을 촉진시킨다.
③ 피부의 수분과 지방을 흡수하는 성질을 가지고 있다.
④ 예민, 민감성 피부에 적합하다.

102 다음 중 팩을 바르기 전에 팩의 효과를 높이기 위한 방법으로 옳은 것은?

① 마사지를 하는 것은 필수 사항이다.
② 팩을 한 후에는 냉습포를 하여 피부를 긴장시킨다.
③ 팩을 하기 전에 온습포를 하여 모공을 열어 준다.
④ 클렌징을 하지 않아도 된다.

[해설]
팩을 하기 전에는 온습포를 하여 모공을 열어 주어 각질 제거 및 보습 효과를 높인다.

103 다음 중 팩의 기능에 대한 설명으로 바른 것은?

① 멜라닌 색소 제거
② 각질 제거
③ 주름 제거
④ 건성 피부만 사용

[해설]
팩제 속에 함유된 성분들이 영양 공급 및 보습 효과를 주며, 모공 속 노폐물을 제거해 준다.

104 콜라겐 시트 마스크의 특징이 아닌 것은?

① 콜라겐 등의 영양 성분을 건조시킨 종이 형태의 마스크이다.
② 정제수를 적셔서 사용한다.
③ 재생을 필요로 하는 피부에 효과적이다.
④ 부직포로 되어있는 시트이다.

105 다음 중 모세 혈관 확장 피부의 관리 방법으로 옳은 것은?

① 미백 관리
② 진정 및 보습
③ 모공 수축
④ 주름 개선

[해설]
모세 혈관 확장 피부는 모세혈관 강화, 진정 및 보습, 자외선이나 기타 열과 자극으로부터 피부를 보호해 줘야 한다.

106 다음 중 모세혈관이 확장되어 심각하게 얼굴이 붉어지는 질환은?

① 단순포진
② 구진
③ 주사
④ 기미

[해설]
주사는 혈관을 확장시키는 요인으로 얼굴이 심각하게 붉어지는 질환을 말한다.

정답 99. ① 100. ④ 101. ④ 102. ③ 103. ② 104. ④ 105. ② 106. ③

107 다음 중 건강한 피부를 구분하는 기준이 될 만큼 중요한 것은?

① 보습과 내부 기관 장애
② 피부 조직과 호르몬 장애
③ 피부결과 피지 분비 상태
④ 피지 분비와 내부 기관 장애

[해설]
피부를 구분하는 중요한 기준은 피부 결과 피지 분비 상태로 측정한다.

108 다음 중 예민 피부 관리 방법으로 바른 것은?

① 알코올 함유량이 높은 토닉을 자주 사용한다.
② 피부 온도차를 줄이도록 한다.
③ 뜨거운 습포와 차가운 습포를 자주 번갈아 사용하면서 피부에 탄력을 준다.
④ 사우나나 찜질방을 자주 간다.

[해설]
얇은 피부 결을 가진 사람은 예민한 경우가 많기 때문에 온도차를 줄인다.

109 다음 중 민감성 피부에 대한 설명으로 바른 것은?

① 세안을 자주한다.
② 민감성 피부는 마사지를 해서는 안 된다.
③ 강한 필링을 한다.
④ 자극에 민감하므로 진정 및 보습을 시켜 준다.

[해설]
민감성 피부는 잦은 세안이나 강한 필링을 할 경우에 더 예민해지고 건조해질 수 있으며 부드러운 마사지를 하는 것이 효과적이다.

110 민감성 피부관리 방법으로 적합한 것은?

① 강한 마찰은 피하고 화학성분이 과다한 화장품을 피한다.
② 각질제거를 자주한다.
③ 뜨거운 물을 이용하여 세안을 자주한다.
④ 혈액순환을 촉진시켜주는 팩을 한다.

111 민감성 피부가 피해야 할 마스크류는?

① 수중유형 타입 마스크
② 젤 마스크
③ 콜라겐 벨벳 마스크
④ 석고 모델링 마스크

112 다음 중 여드름 피부의 관리 목적이 아닌 것은?

① 염증 완화
② 지속적으로 과다한 유분 공급
③ 피지 분비 조절
④ 증식된 각질 제거

[해설]
여드름 관리의 목적은 피지 분비 조절, 염증 완화, 각질 제거이다.

113 건성 피부에 효과적인 성분으로 옳지 않은 것은?

① 황토 ② 비타민 A
③ 비타민 C ④ 콜라겐

114 다음 중 문진에 의한 피부 분석 방법으로 적절치 않은 것은?

① 직업
② 약물 복용 여부
③ 수술 경험
④ 가족 관계

[해설]
고객의 직업, 약물 복용 여부, 수술 경험, 연령, 가족력, 성격, 식생활 등에 관해 상세히 기록한다.

115 다음 중 촉진으로 판별하는 것이 아닌 것은?

① 피부 보습 여부
② 모공 크기
③ 피부 탄력도
④ 자극에 대한 민감도

[해설]
촉진으로 알 수 있는 것은 피부 보습 여부, 탄력도, 자극에 대한 민감도 등이며 모공의 크기는 견진에 의해서 판별한다.

정답 107. ③ 108. ② 109. ④ 110. ① 111. ④ 112. ② 113. ① 114. ④ 115. ②

116 혈관이 확장되어 얼굴이 붉어지는 질환은?

① 여드름 ② 주사
③ 피부염 ④ 주근깨

[해설]
주사는 혈관이 확장되어 얼굴이 붉어지는 질환이다.

117 다음 중 견진에 대한 설명이 아닌 것은?

① 고객이 눈이 부시므로 형광등을 켜지 않는다.
② 확대경이나 우드 램프를 이용할 수 있다.
③ 많은 피부 경험에 의해 올바른 분석이 가능하다.
④ 문진과 병행하면 훨씬 효과적이다.

[해설]
견진은 어두운 조명이 아닌 형광등을 켜고 정확히 파악한다.

118 건성 피부의 원인으로 거리가 먼 것은?

① 외부 자극
② 환경 오염
③ 자외선
④ 생리 불순

[해설]
피부는 대기 오염, 자외선, 외부 자극, 수면 부족, 의약품, 계절적 요인 등에 의해 건성화되기 쉽다.

119 건성 피부에 페이스 파우더를 많이 하지 않는 게 좋은 이유는?

① 수분을 빼앗아가기 때문이다.
② 알레르기 반응이 나타나기 때문이다.
③ 각질이 많이 생기기 때문이다.
④ 자외선으로부터 보호해 주기 때문이다.

120 다음의 피부 분석 방법에서 다양한 질문을 통해 이루어지는 분석 방법은?

① 시진 ② 문진
③ 견진 ④ 촉진

[해설]
문진은 고객의 병력, 직업, 나이, 가족력, 성격, 식생활, 습관과 생활 리듬 등에 관한 부분을 자세하게 기록한다.

121 피부 유형에 대한 설명이 아닌 것은?

① 민감성 피부 – 각질이 보이며 피부가 두껍게 보인다.
② 중성 피부 – 유수분 균형이 잘 잡혀 있다.
③ 지성 피부 – 모공이 크고 표면이 매끈하지 못하다.
④ 노화 피부 – 선명하게 자리 잡은 노화 주름이 보인다.

[해설]
민감성 피부는 얇고 섬세한 부위가 있으며, 피부에 알레르기 반응이 일어나기 쉽다.

122 다음 중 피부 분석 방법의 종류로 바르지 않은 것은?

① 압진 ② 문진
③ 촉진 ④ 견진

[해설]
피부 분석 방법으로 문진, 촉진, 견진이 있다.

123 피부 조직의 탄력 및 피부 두께와 피부 수분량을 판독하는 방법은?

① 촉진 ② 문진
③ 견진 ④ 사진

[해설]
촉진은 민감도와 탄력성 및 보습도를 판독한다.

124 얼굴에 유분기가 적고, 모공이 거의 보이지 않으며 피부 결이 거친 피부는 어떤 유형인가?

① 건성 피부
② 여드름 피부
③ 정상 피부
④ 지성 피부

[해설]
건성 피부는 수분과 피지가 부족하여 건조하고 모공이 거의 보이지 않게 작으며 당김이 있다.

정답 116. ② 117. ① 118. ④ 119. ① 120. ② 121. ① 122. ① 123. ① 124. ①

125 **피지와 수분이 부족하여 당김이 있는 건조한 피부는?**

① 지성 피부
② 복합성 피부
③ 민감성 피부
④ 건성 피부

[해설]
건성 피부는 피지와 수분이 부족하다.

126 **진피성 수분부족 피부의 특징이 아닌 것은?**

① 피부 당김이 내부에서부터 심하게 느껴지고 수분 크림을 발라도 효과가 미미하다.
② 눈밑, 입가, 뺨, 턱 부위에 늘어짐이 심하다.
③ 피부표면이 거칠고 활력이 없어 보인다.
④ 잘못된 관리로 일시적으로 유발될 수 있다.

127 **다음 노화의 원인 중 내적 요인에 해당하는 것은?**

① 지나친 냉난방 시설
② 바람
③ 햇빛
④ 호르몬

[해설]
- 내적 요인 : 생리적 질병, 호르몬 변화(갱년기), 스트레스 등
- 외적 요인 : 공기, 햇빛, 바람 등

128 **다음 중 피부 분석을 하는 가장 중요한 목적은?**

① 고객에게 화장품을 판매하기 위해
② 고객의 피부 타입을 알기 위해
③ 고객의 평소 잘못된 습관을 알기 위해
④ 고객에게 관리 용품의 부작용을 알아보기 위해

[해설]
올바른 피부 관리의 시작은 정확한 피부 분석을 통해 적합한 화장품 사용과 관리를 실시하여 문제를 예방하고 피부 상태를 개선시키는 것이다.

129 **피지 분비가 과다하고 번들거리는 피부 타입은?**

① 지성 피부 ② 건성 피부
③ 노화 피부 ④ 정상 피부

[해설]
- 지성 피부 – 피지 분비 과다, 번들거림
- 정상 피부 – 피지 및 수분 적당
- 건성 피부 – 피지, 수분 부족
- 노화 피부 – 건조, 주름 발생, 탄력 저하

130 **우드 램프나 확대경을 사용하여 피부를 판별하는 방법은?**

① 시진 ② 촉진
③ 견진 ④ 문진

[해설]
견진은 피부 조직의 입자, 피부의 투명도, 모공 넓이, 건조 상태, 여드름, 모세혈관의 상태를 육안이나 확대경으로 판단하는 방법이다.

131 **우드 램프에 의한 피부의 분석 결과 연결이 바르지 않은 것은?**

① 흰색 – 죽은 세포와 각질
② 연한 보라색 – 건조한 피부
③ 오렌지색 – 여드름, 피지
④ 암갈색 – 모세혈관 확장증

132 **다음 중 피부 분석 시 주의 사항으로 맞는 것은?**

① 피부 분석을 하기 전에 반드시 손을 깨끗이 소독한다.
② 직업이나 약물 복용 등 개인적인 질문은 하지 않는다.
③ 분석 결과는 고객에게 설명하지 않고 관리실에 잘 보관한다.
④ 먼저 가벼운 마사지를 한 뒤에 피부 분석을 실시한다.

[해설]
촉진을 할 경우에 미용사의 손은 청결하게 소독해야 하며 약물 복용이나 직업 등을 파악하여 악화 요인이나 주의할 점을 미리 아는 것이 중요하다. 또한, 분석 결과를 고객에게 알려줌으로써 신뢰감을 확보한다.

정답 125. ④ 126. ④ 127. ④ 128. ② 129. ① 130. ③ 131. ④ 132. ①

133 다음 중 피부 분석표의 작성 방법으로 옳은 것은?

① 피부 분석표 작성은 고객이 직접 하도록 한다.
② 분석표와 피부 타입은 일치하지 않아도 상관이 없다.
③ 제품의 주요 성분까지는 적지 않아도 된다.
④ 고객 시술에 대해 전체적인 소견 및 가정 관리 조언을 기록한다.

[해설]
피부 분석표는 피부 타입과 일치해야 하며 관리자가 작성하도록 하고 제품의 주요 성분을 기록하며 촉진·견진·문진에 의해 작성한다.

134 여드름성 피부의 근본적인 원인에 대한 설명 중 옳지 않은 것은?

① 유전이 여드름 피부의 원인이 된다.
② 느린 각화 과정 주기의 과각질화 현상이 여드름의 원인이 된다.
③ 스트레스, 내분비계의 이상, 월경전 시기 등의 호르몬 이상이 여드름을 유발한다.
④ 손으로 피부를 자주 만지거나 직업병으로 인하여 여드름이 유발된다.

135 여드름 피부의 제품 선택 방법으로 틀린 것은?

① 유분을 함유하고 있는 W/O 제형의 영양 크림
② 진정 및 항염 성분의 제품
③ 알코올 성분의 토너
④ 재생 성분을 함유하고 있는 제품

[해설]
여드름 피부는 W/O 제형보다는 O/W 제형의 화장품 사용이 적합하며, 피지 제거에 효과적인 알코올 성분의 토너를 사용하는 것이 좋다.

136 다음 중 피부 미용 관리의 순서가 옳은 것은?

① 피부 분석 → 피부 관리 → 피부 관리 설명 → 다음 관리와 예약
② 피부 관리 → 피부 분석 → 피부 관리 설명 → 다음 관리와 예약
③ 피부 분석 → 피부 관리 설명 → 피부 관리 → 다음 관리와 예약
④ 피부 관리 설명 → 피부 분석 → 피부 관리 → 다음 관리와 예약

[해설]
고객의 상담이 끝나면 피부 분석을 하고, 피부 관리에 대해 설명 후 피부 관리를 실시한다.

137 피부의 피지막은 정상적인 상태에서 어떤 유화 상태로 존재하는가?

① W/O유화
② O/W 유화
③ W/S 유화
④ S/W 유화

138 유분이 부족한 건성 피부의 제품 선택으로 옳지 않은 것은?

① 영양, 보습 성분이 있는 W/O 제형의 고농축 에센스
② 클렌저는 밀크 타입이나 유분기가 있는 크림 타입
③ 보습 기능이 있는 토너
④ 알코올 성분 토너

[해설]
알코올 성분의 토너는 여드름성 피부에 사용한다.

139 다음 중 건성 피부의 세안방법으로 적당하지 않은 것은?

① 비누세안은 가급적 피한다.
② 피지막을 보호해주는 클렌징 제품을 선택한다.
③ 뜨거운 물로 자주 세안한다.
④ 아침에는 미온수로 세안을 하는 것이 좋다.

정답 133. ④ 134. ④ 135. ① 136. ③ 137. ① 138. ④ 139. ③

140 다음 중 건강한 피부 유지를 위한 방법으로 틀린 것은?

① 고온 사우나 ② 피부 청결
③ 수분 섭취 ④ 충분한 영양 섭취

[해설]
고온은 모세 혈관 확장과 탄력을 저하시킨다.

141 다음 중 피부 표면이 매끈하지 못하며 주름과 노화 현상이 빨리 오는 피부는?

① 건성 피부 ② 복합성 피부
③ 민감성 피부 ④ 지성 피부

[해설]
- 지성 피부 – 모공이 넓고 피지 분비가 활발
- 복합성 피부 – T존과 U존의 각기 다른 2가지 이상의 피부 상태 보유
- 민감성 피부 – 피부 조직이 얇고, 외부 자극에 민감

142 다음 중 건성 피부 관리 방법이 아닌 것은?

① 마사지를 하여 피지 분비를 원활하게 한다.
② 세정력이 강한 제품은 피한다.
③ 보습 효과가 우수한 제품을 사용한다.
④ 알코올이 함유된 제품을 사용한다.

[해설]
알코올이 함유된 제품은 지성 피부에 적합하다.

143 다음 중 피부 상태를 결정하는 요인이 아닌 것은?

① 피하 지방 ② 피부 보습
③ 색소 침착 ④ 모공 크기

[해설]
피하 지방은 체형 결정 요소이다.

144 다음 피부 유형 중 유분이 많은 화장품(W/O 제형)을 사용하지 말아야 할 피부는?

① 민감성 피부 ② 지성 피부
③ 건성 피부 ④ 중성 피부

[해설]
지성 피부는 피지 분비의 과다로 유분이 적게 함유된 제품을 사용해야 한다.

145 다음 중 지성 피부의 관리 방법으로 틀린 것은?

① 효소 등을 이용해 주 1회 정도 각질을 제거해 준다.
② 클레이 제품으로 주 1회 정도 피지를 흡착시켜 준다.
③ 피부 트러블을 막기 위해서 알코올 함유량이 높은 화장수만 바른다.
④ 진정 작용과 피지 제거 효과가 있는 팩을 사용한다.

[해설]
지성 피부에 맞는 전용 화장품을 쓰는 것이 중요하며, 지성이라고 해서 스킨만을 사용하는 것은 바람직하지 않다. 지성 피부의 특징은 모공이 넓고 피부가 거칠며 화장이 잘 받지 않고 잘 지워질뿐만 아니라 각질층으로 인해 피부가 두껍게 보인다.

146 다음 매뉴얼 테크닉의 기본동작 중 흔들어 주는 동작으로 옳은 것은?

① Effleurage
② Friction
③ Tapotement
④ Vibration

[해설]
문지르기(Friction), 흔들어주기(Vibration), 쓰다듬기(Effleurage), 두드리기(Tapotement)

147 매뉴얼 테크닉 전 준비 사항으로 옳지 않은 것은?

① 항상 마스크를 착용한다.
② 주변 환경을 깨끗이 한다.
③ 활기 차고 신나는 음악을 튼다.
④ 손은 항상 따뜻하고 부드럽게 유지한다.

[해설]
매뉴얼 테크닉 시에는 고객이 심리적 안정감을 취할 수 있도록 조용한 음악을 튼다.

정답 140. ① 141. ① 142 . ④ 143. ① 144. ② 145. ③ 146. ④ 147. ③

148 다음 설명 중 매뉴얼 테크닉 시 주의할 점으로 올바른 것은?

① 매뉴얼 테크닉의 동작을 절대로 반복해서는 안 된다.
② 매뉴얼 테크닉 전 관리자의 손을 따뜻하게 하여 고객에게 안정감을 준다.
③ 매뉴얼 테크닉의 동작을 빠르게 진행할수록 효과가 상승된다.
④ 매뉴얼 테크닉의 동작은 근육의 결 반대 방향으로 시행한다.

149 다음 중 유연법의 효과는?

① 켈로이드 생성을 억제시켜 준다.
② 근육의 노폐물 제거 효과가 있다.
③ 결체 조직의 탄력 증진 효과가 있다.
④ 지방 축적 방지 효과가 없다.

[해설]
• 경찰법 – 켈로이드 생성 억제
• 진동법 – 피부의 탄력 증진
• 고타법 – 지방 축적 방지

150 다음 매뉴얼 테크닉의 기본 동작 중 쓰다듬기는?

① Effleurage
② Vibration
③ Friction
④ Tapotement

151 다음 중 얼굴의 표정근을 강하고 탄력 있게 하는 매뉴얼 테크닉의 기본 동작은?

① 쓰다듬기
② 문지르기
③ 흔들어 주기
④ 반죽하기

[해설]
• 흔들어 주기 – 근육 이완
• 쓰다듬기 – 림프 배농
• 반죽하기 – 근육의 노폐물 배출

152 다음 중 매뉴얼 테크닉의 기본 동작의 설명으로 틀린 것은?

① 경찰법 : 매뉴얼 테크닉의 처음과 끝에 주로 쓰는 방법
② 강찰법 : 피부에 강한 자극을 주며 원을 그리는 방법
③ 유연법 : 피부를 반죽하듯 주무르는 방법
④ 고타법 : 피부를 흔들어 진동시키는 방법

153 다음 중 매뉴얼 테크닉 시 처음과 마무리에 꼭 들어가는 기본 동작은?

① 경찰법
② 강찰법
③ 고타법
④ 유연법

[해설]
경찰법은 쓰다듬기 동작으로 처음과 끝날 때 실시한다. 매뉴얼 테크닉은 노화의 예방을 목적으로 한다.

154 클렌징 시 준비로 잘못된 것은?

① 클렌징 시 헤어밴드로 귀까지 감싼다.
② 헤어밴드 밖으로 머리카락이 나오지 않도록 한다.
③ 클렌징으로 들어가기 전에 손을 소독할 알코올을 반드시 준비한다.
④ 깨끗한 타월로 고객을 덮어 준다.

[해설]
클렌징 시 헤어밴드로 귀를 덮지는 않는다.

155 스티머의 설명으로 옳은 것은?

① 모공 수축 효과가 있다.
② 초미립자 수증기가 분무되어 모공을 열어 준다
③ 직류 전류를 이용하여 세정 작용을 한다.
④ 신진대사를 촉진시켜 주며 마사지 효과가 있다.

[해설]
스티머는 모공을 열어 주고 혈액 순환을 도와서 적당한 수분을 공급하여 신진대사를 촉진시켜 주며 죽은 각질을 부드럽게 제거시킨다.

정답 148. ② 149. ② 150. ① 151. ② 152. ④ 153. ① 154. ① 155. ②

156 올바른 클렌징 방법은?

① 신속하고 강하게 문질러서 지운다.
② 강한 자극을 주면서 동작을 반복한다.
③ 맥박 뛰는 속도로 리듬감 있게 한다.
④ 가볍고 신속하게 클렌징한다.

[해설]
클렌징은 가볍고 신속하게 문질러서 지운다.

157 비교적 짙은 화장에 효과적이며 정상·건성 피부에 알맞은 클렌징 타입은?

① 크림 타입
② 밀크 타입
③ 스크럽 타입
④ 젤 타입

- 젤 타입 – 세정력이 우수하여 지성 피부에 적합
- 밀크 타입 – 친수성이 우수하고 부드러운 클렌저로 피부에 자극이 적고 민감성, 건성, 노화 피부에 적합

158 다음 중에서 딥 클렌징에 대한 설명 중 틀린 것은?

① 제품의 잔여물이 남지 않도록 닦아야 한다.
② 다음 단계를 위하여 토너를 사용해야 한다.
③ 온습포 및 해면 사용을 올바르게 해야 한다.
④ 피부 타입과는 상관없이 올스킨 타입으로 한 가지만 사용한다.

[해설]
딥 클렌징은 고객의 피부 타입에 따라서 달리 사용해야 한다. 딥 클렌징은 디스인크러스테이션·고마쥐·브러시 등과 관련된다.

159 매뉴얼 테크닉의 기본 동작 중 쓰다듬기는?

① 유연법 ② 고타법
③ 경찰법 ④ 진동법

[해설]
- 진동법 – 흔들어 주기
- 유연법 – 반죽하기
- 고타법 – 두드리기

160 다음 중 매뉴얼 테크닉의 기본 동작 중 두드리기는?

① Vibration
② Tapotement
③ Petrissage
④ Friction

[해설]
Tapotement는 고타법이다.

161 다음 중 얼굴을 매뉴얼 테크닉의 부위별 동작으로 틀린 것은?

① 고타법 – 볼
② 강찰법 – 턱, 입
③ 강찰법 – 코
④ 유연법 – 눈

162 매뉴얼 테크닉의 효과가 아닌 것은?

① 혈액 순환 촉진 ② 피부 윤택
③ 근육 긴장 ④ 모세 혈관 강화

[해설]
매뉴얼 테크닉은 경직된 근육의 긴장을 풀어 준다.

163 매뉴얼 테크닉의 기본 동작이 아닌 것은?

① 문지르기 ② 쓰다듬기
③ 펴올리기 ④ 두드리기

[해설]
매뉴얼 테크닉의 기본 동작 – 쓰다듬기, 흔들어 주기, 반죽하기, 두드리기, 문지르기

164 다음 매뉴얼 테크닉의 기본 동작 중 반죽하기는?

① Vibration ② Effleurage
③ Petrissage ④ Friction

[해설]
쓰다듬기(Effleurage), 문지르기(Friction), 두드리기(Tapotement), 흔들어주기(Vibration), 반죽하기(Petrissage)

정답 156. ④ 157. ① 158. ④ 159. ③ 160. ② 161. ④ 162. ③ 163. ③ 164. ③

165 진동법에 대한 설명으로 틀린 것은?

① 피부 탄력 저하
② 혈액 순환 및 림프 순환 촉진
③ 근육 이완
④ 바이브레이션이라고도 한다.

[해설]
진동법은 피부 조직의 탄력을 증진시킨다.

166 경찰법(쓰다듬기)의 효과는?

① 근육 경직
② 피부 조직 강화
③ 조직 혈액 순환 촉진
④ 진정 효과

[해설]
경찰법은 진정, 림프 배액 촉진, 노화, 각질 제거, 세정 효과, 켈로이드 생성 억제 효과가 있다.

167 매뉴얼 테크닉 기본 동작 중에서 눈 주위에 가장 적합한 방법은?

① 쓰다듬기
② 흔들어 주기
③ 문지르기
④ 주무르기

[해설]
눈 주위 조직은 얇고 예민하므로 자극이 적은 쓰다듬기로 한다.

168 다음 매뉴얼 테크닉의 기본동작 중 문지르기는?

① Vibration
② Effleurage
③ Petrissage
④ Friction

[해설]
문지르기는 Friction이다.

169 매뉴얼 테크닉 시 피부 미용사의 자세로 바른 것은?

① 양팔은 편안한 상태로 손목에 힘을 주어 마사지 한다.
② 발은 어깨 너비만큼 벌리고 손목에 힘을 빼고나서 실시한다.
③ 허리를 살짝 구부린 상태로 한다.
④ 발은 모으고 허리를 살짝 구부린 상태로 한다.

[해설]
허리를 곧게 펴고, 발은 어깨 너비만큼 벌리고, 양팔은 편안한 상태로 손목에 힘을 뺀다.

170 다음 중 매뉴얼 테크닉 시 아래 턱의 지방 조직이 두꺼울 때 사용하는 동작은?

① 반죽하기와 문지르기
② 두드리기와 쓰다듬기
③ 쓰다듬기와 두드리기
④ 두드리기와 반죽하기

[해설]
• 두드리기 – 과잉 지방 축적 방지
• 반죽하기 – 근육의 혈행을 도와서 노폐물 제거

171 다음 중 고타법의 가장 큰 효과는?

① 지방 축적 방지 ② 피지 분비
③ 노폐물 제거 ④ 진정 작용

[해설]
• 피지 분비 – 강찰법
• 노폐물 제거 – 유연법
• 진정 작용 – 경찰법

172 매뉴얼 테크닉의 효과가 아닌 것은?

① 조직의 노폐물을 제거한다.
② 탄력성을 떨어뜨린다.
③ 근육의 긴장을 풀어준다.
④ 혈액 순환 및 림프 순환을 촉진시킨다.

[해설]
매뉴얼 테크닉의 효과
• 조직의 노폐물 제거
• 근육의 긴장감 완화
• 탄력 증진
• 심신의 안정감
• 혈액 순환 및 림프 순환 촉진

정답 165. ① 166. ④ 167. ① 168. ④ 169. ② 170. ④ 171. ① 172. ②

173 매뉴얼 테크닉하는 동안 고객에게 가장 좋은 환경은?

① 다양한 장르의 음악을 듣게 해준다.
② 많은 대화를 나눈다.
③ 긴장을 풀도록 해준다.
④ 시원하고 서늘하게 해준다.

[해설]
매뉴얼 테크닉하는 동안 편안하고 긴장이 완화되도록 한다.

174 다음 중 매뉴얼 테크닉의 준비 사항으로 <u>틀린 것</u>은?

① 고객의 기분 전환을 위해 신나는 음악을 튼다.
② 크림 타입의 화장품을 덜 경우에 반드시 스패튤러를 사용한다.
③ 반드시 마스크를 착용한다.
④ 고객의 눈이 피로하지 않도록 은은한 조명을 활용한다.

[해설]
매뉴얼 테크닉 시에는 조용한 음악으로 고객을 편안하게 해준다.

175 매뉴얼 테크닉의 효과에 영향을 주는 요소로 옳은 것은?

① 속도와 리듬 – 처음엔 빠르고 강하게 시작한 후 마무리는 부드럽고 천천히 한다.
② 시간 – 얼굴 관리는 상태에 따라 20분 정도가 적당하다.
③ 횟수 – 일반적으로 정기적으로 한주에 1~2회가 적당하다.
④ 방향 – 얼굴 관리 시 내리는 동작은 강하게, 올리는 동작은 끌어올리듯이 한다.

[해설]
얼굴 관리 시 내리는 동작은 가볍게 해주며, 올리는 동작은 끌어올리듯이 한다.

176 피부 노폐물을 배출해주는 강한 동작으로 어깨, 등, 팔과 다리 등의 피부를 집어서 반죽하는 동작은?

① 유연법 ② 강찰법
③ 진동법 ④ 고타법

177 다음 매뉴얼 테크닉 기본 동작 중 반죽하기의 효과로 옳은 것은?

① 근육의 혈행 촉진
② 피부 탄력 증가
③ 진정 작용
④ 피지 배출 효과

[해설]
유연법은 반죽하듯 주물러서 근육의 혈행을 좋게 한다.

178 매뉴얼 테크닉의 기본 동작에 대한 설명으로 옳은 것은?

① 유연법은 근육의 혈행을 좋게 하고, 근육의 피로와 통증 완화에 효과적이다.
② 고타법은 경직된 근육의 이완, 림프와 혈액의 순환을 촉진시킨다.
③ 경찰법은 림프 배액 촉진 효과가 있어서 중간 단계에 가장 많이 쓰인다.
④ 강찰법은 시작과 마무리 단계에서 쓰인다.

[해설]
• 고타법 : 지방 과잉 축적 방지, 근육 위축, 신진대사 촉진, 신경 조직의 기능 활성화
• 경찰법 : 피부 표면을 쓰다듬는 동작으로 매뉴얼 테크닉의 처음과 마무리 단계에 쓰인다.
• 강찰법 : 경찰법보다 조금 더 깊은 조직에 영향, 혈행 촉진

179 눈 주위를 매뉴얼 테크닉 하기 위한 동작으로 옳은 것은?

① 경찰법 ② 유연법
③ 강찰법 ④ 고타법

[해설]
강찰법(문지르기)는 경찰법(쓰다듬기)보다 약간 더 깊은 조직에 효과가 있으므로 주름이 생기기 쉬운 눈가나 입가 등에 주로 실시한다.

정답 173. ③ 174. ① 175. ③ 176. ① 177. ① 178. ① 179. ③

180 다음 중 매뉴얼 테크닉의 설명으로 옳지 않은 것은?

① 그리스어로 'Masso'라거 한다.
② 혈액 순환 촉진
③ 피부 기능의 활성화
④ 주름 제거

[해설]
매뉴얼 테크닉은 주름을 치료하거나 제거하는 개념이 아닌 예방하는 것이다.

181 진정 효과와 림프 촉진 효과가 있는 매뉴얼 테크닉 동작은?

① 경찰법　② 강찰법
③ 진동법　④ 고타법

[해설]
- 경찰법 – 진정 작용, 림프 배액 촉진
- 진동법 – 경직된 근육 이완, 탄력 증진 효과
- 고타법– 근육 위축, 지방 과잉 축적 방지
- 강찰법 – 조직의 혈행 촉진, 결체 조직 강화, 모공 피지 배출 효과

182 다음 중 쓰다듬기 동작의 설명으로 옳지 않은 것은?

① 림프 배액 촉진 효과
② 진정 효과
③ 노화 각질 제거 효과
④ 탄력 증진 효과

[해설]
결체 조직의 탄력 증진 – 흔들어 주기

183 매뉴얼 테크닉 방법 중 두드리기의 효과에서 가장 거리가 먼 것은?

① 피부진정
② 혈액순환 촉진
③ 신경 조직 활성화
④ 피부의 탄력성 증대

[해설]
탄력의 효과가 있는 테크닉은 문지르기와 두드리기이다.

184 다음 매뉴얼 테크닉(Massage)의 기본 5동작 중 신경을 자극하여 혈액 순환을 촉진시키고 피부 탄력 증가에 가장 효과적인 기법은?

① 문지르기
② 쓰다듬기
③ 두드리기
④ 반죽하기

[해설]
신경 조직의 기능을 활성화하여 혈액 순환 및 탄력 증가를 활성화하는 동작은 두드리기이다.

185 다음 설명 중 진동법의 효과가 아닌 것은?

① 주름지기 쉬운 부분에 효과적이다.
② 혈액과 림프의 순환을 원활하게 한다.
③ 경직된 근육을 이완시키는 효과가 있다.
④ 신진대사를 원활하게 한다.

186 매뉴얼 테크닉 중 처음과 마지막 동작으로 이용되는 매뉴얼 테크닉의 종류는?

① 쓰다듬기
② 두드리기
③ 반죽하기
④ 문지르기

187 다음 중 얼굴 관리 마무리 단계에 대한 설명으로 틀린 것은?

① 냉습포를 이용하여 모공을 수축시켜 주고 마무리한다.
② 광 노화를 막기 위해 자외선 차단제를 꼭 바른다.
③ 제품은 피부 타입별로 사용한다.
④ 온습포를 이용하여 혈액 순환을 촉진한다.

[해설]
마무리에서는 온습포가 아닌 냉습포를 사용한다.

정답 180. ④ 181. ① 182. ④ 183. ① 184. ③ 185. ① 186. ① 187. ④

188 매뉴얼 테크닉(Massage)에 대한 설명으로 틀린 것은?

① 매뉴얼 테크닉의 횟수는 일주일에 1~2회 정도가 적당하다.
② 쓰다듬기부터 시작하여 맥박 속도로 리듬감 있게 한다.
③ 얼굴 매뉴얼 테크닉의 시간은 60분 이상 해야 한다.
④ 피부와 근육의 방향대로 마사지한다.

[해설]
얼굴 매뉴얼 테크닉(Massage)은 고객의 피부 상태에 따라 10~15분 정도가 적당하다.

189 다음 중 매뉴얼 테크닉 시 가장 적당한 방법은 어느 것인가?

① 강 – 약 – 강
② 약 – 강 – 약
③ 강 – 약 – 약
④ 약 – 약 – 약

[해설]
매뉴얼 테크닉은 부드럽게 쓰다듬기로 시작하여 점점 강하게 진행하다가 마무리도 쓰다듬기로 부드럽게 마무리한다.

190 매뉴얼 테크닉의 적용 대상으로 올바른 것은?

① 임산부의 복부, 가슴 매뉴얼 테크닉
② 당뇨환자의 상처가 심한 경우
③ 오랫동안 서있는 자세로 인한 다리의 부종
④ 생리 시작일에 갑자기 복통이 있는 경우

191 다음 중 전신 매뉴얼 테크닉 중에서 가장 가볍고 자극이 없으며, 부종이나 노폐물 배출에 효과적인 것은?

① 림프 드레나쥐
② 스웨디시
③ 한국형
④ 시아추

[해설]
림프 드레나쥐는 부종 완화와 노폐물 배출에 효과가 있다.

192 전신 매뉴얼 테크닉의 효과로 틀린 것은?

① 근육의 이완
② 혈액 순환 촉진
③ 내분비 기능의 조절
④ 노화 각질 탈락 억제

[해설]
전신 매뉴얼 테크닉 시 노화 각질 탈락이 활성화된다.

193 다음 중 전신 매뉴얼 테크닉의 설명으로 옳지 않은 것은?

① 관리하는 동안 근육 운동을 시켜 준다.
② 몸의 긴장을 풀어 주어 심신의 편안함을 제공한다.
③ 신진대사의 기능이 떨어진다.
④ 노폐물 배출을 돕는다.

[해설]
전신 매뉴얼 테크닉은 전신의 근육 운동을 시켜 주며, 그에 따라 신진대사의 기능이 높아져서 체내의 노폐물 배출을 돕는다.

194 전신 매뉴얼 테크닉의 관리 방법에 대한 설명이 옳은 것은?

① 전신 매뉴얼테크닉은 모든 고객에게 시행할 수 있다.
② 손을 밀착시키고 가능하면 최대한 강하게 한다.
③ 관리 시 심장에서 말초를 향해 관리한다.
④ 테크닉 시 허리를 펴고 관리사는 체중을 실으며 관리 부위와 테크닉에 따라 몸을 움직여준다.

195 다음 중 전신 매뉴얼 테크닉의 유의 사항으로 볼 수 없는 것은?

① 생리 중일 때는 피한다.
② 피부에 상처가 있는 경우에는 피한다.
③ 피부나 근육 및 골격에 질병이 있는 경우에는 피한다.
④ 매뉴얼 테크닉은 강한 압과 오랜 시간을 두고 하는 것이 효과적이다.

[해설]
강한 압을 주는 것은 바람직하지 않다.

정답 188. ③ 189. ② 190. ③ 191. ① 192. ④ 193. ③ 194. ④ 195. ④

196 일반적으로 가장 널리 이용되는 전신 매뉴얼 테크닉은?

① 림프
② 아율베딕
③ 시아추
④ 스웨디시

[해설]
전신 매뉴얼 테크닉에는 스웨디시가 가장 널리 쓰이고 있다.

197 전신 매뉴얼 테크닉의 방법으로 옳은 것은?

① 피부 미용사는 몸에 상처가 난 경우에는 무시하고 바로 관리에 들어가도록 한다.
② 반드시 고객의 병력을 체크한다.
③ 손을 밀착하고 압은 매우 강하게 한다.
④ 매뉴얼 테크닉은 심장에서 가장 가까운 쪽부터 시작한다.

[해설]
충분한 상담을 통하여 고객의 병력을 확인하고 몸 상태를 파악한다. 심장에서 먼 곳부터 한다.

198 림프 드레나쥐의 올바른 적용 대상이 아닌 것은?

① 셀룰라이트 과다 피부
② 모세 혈관 확장 피부
③ 결핵 환자
④ 민감성 피부

[해설]
림프 드레나쥐를 시행해서는 안 되는 피부 – 갑상선 기능 항진증, 천식, 결핵, 임신부 등
림프 드레나쥐는 노폐물과 독소 물질을 림프절로 운반하는 작용을 한다.

199 다음 중 매뉴얼 테크닉이 제한되는 경우는?

① 탄력이 부족한 사람
② 비만인 사람
③ 수술한 지 얼마 되지 않은 사람
④ 셀룰라이트가 과다한 사람

[해설]
수술 바로 직후에는 매뉴얼 테크닉을 피하는 것이 좋다.

200 다음 중 왁스를 이용한 제모의 설명으로 옳지 않은 것은?

① 선택 직후에는 제모를 하지 않는다.
② 매끄러운 피부를 위해서 털을 제거하는 것이다.
③ 외관상 아름답지 못한 털을 제거하는 것이다.
④ 모간만 제거하는 것이다.

[해설]
왁스를 이용한 제모는 일시적으로 모근까지 제거한다.

201 일시적인 제모에 대한 설명으로 옳은 것은?

① 전기 분해술과 전기 응고술이 있다.
② 면도는 모근까지 제거하는 방법이다.
③ 제모용 크림은 사용하지 않는다.
④ 족집게나 왁스를 사용한다.

[해설]
전기 분해술과 전기 응고술은 영구적 제모에 속한다. 일시적인 제모는 면도나 제모용 크림을 사용하여 모간만을 제거하는 방법과 왁스나 족집게를 사용하여 모근까지 제거하는 방법이다.

202 다음 중 왁스를 바를 때 올바른 스패튤러 각도는?

① 180°
② 35°
③ 45°
④ 15°

[해설]
왁스를 피부에 밀착해서 도포하기 좋은 각도는 45°이다.

203 다음 중 왁싱의 설명으로 옳은 것은?

① 피부 표면에서 털을 끊는 방법
② 털을 모근까지 제거하는 방법
③ 전기를 이용해 제거하는 방법
④ 가는 털만 남겨 두는 방법

[해설]
왁싱은 모근까지 제거한다.

정답 196. ④ 197. ② 198. ③ 199. ③ 200. ④ 201. ④ 202. ③ 203. ②

204 다리 왁싱에 관한 설명으로 옳은 것은?

① 60° 정도의 왁스를 이용한다.
② 왁스가 완전히 굳은 후 떼어낸다.
③ 왁스를 바른 부위에 부직포를 대고 문질러서 밀착시킨 후 털의 반대 방향으로 떼어낸다.
④ 왁싱 후 사우나를 해서 청결을 유지한다.

205 제모관리 중 왁싱(온 왁스와 하드왁스)에 대한 내용으로 틀린 것은?

① 겨드랑이 및 인중 부위의 털을 제거 시에는 하드 왁스를 사용하는 것이 효과적이다.
② 냉 왁스(cold wax)는 온 왁스(warm wax)에 비해 제모효과가 떨어진다.
③ 왁싱은 모유두의 모모세포를 퇴행시키지 않는다.
④ 다리와 팔과 같이 넓은 부위는 온 왁스를 사용하여 제모한다.

206 다음 중 털의 구조에 대한 설명으로 옳은 것은?

① 모간 – 피부 속 모낭 안에 있는 부분을 말한다.
② 모근 – 피부 표면 밖으로 나와 있는 부분을 말한다.
③ 모낭 – 모근을 싸고 있다.
④ 입모근 – 눈썹이나 코털 부위에 있다.

[해설]
- 모간 – 피부 표면 밖에 있다.
- 모근 – 피부 속 모낭 안에 있다.
- 입모근 – 눈썹이나 코털에는 존재하지 않는다.

207 제모를 피해야 하는 사람으로 옳지 않은 것은?

① 임산부
② 선탠 직후의 사람
③ 노출을 원하는 사람.
④ 하지정맥류가 있는 사람.

[해설]
제모는 많은 노출이 되는 부위의 외관상 아름답게 보이기 위해서 실시한다.

208 다음 중 영구적인 제모 방법으로 옳은 것은?

① 면도 ② 전기 분해술
③ 왁스 ④ 족집게

[해설]
전기 분해술은 영구 제모이다.

209 다음 중 제모 부위로 부적당한 곳은?

① 팔 ② 눈썹
③ 다리 ④ 겨드랑이

[해설]
예민한 눈썹 부위는 제모를 하지 않는 것이 좋다.

210 제모의 효과로 옳은 것은?

① 피부 염증 완화
② 아기 피부처럼 고운 피부와 외관상 아름답게 보이기 위해
③ 피부 탄력
④ 주름 개선

[해설]
노출 부위에 털로 인해서 피부 결이 거칠거나 외관상 아름답지 못할 때 실시한다.

211 모근까지 제거하는 제모 방법은?

① 제모용 크림
② 면도
③ 제모 왁스
④ 자르기

[해설]
제모 크림, 면도, 자르기는 모간만 제거한다.

212 제모 후 관리에 대해 바르지 않은 것은?

① 제모 후에 남은 왁스를 깔끔하게 제거한다.
② 왁스 제거 후 마무리를 청결히 한다.
③ 제모는 위생에 많은 신경 쓰지 않아도 된다.
④ 제모 부위를 위생적으로 처리한다.

[해설]
남은 왁스를 깔끔하게 제거하며, 제모 부위를 위생적으로 처리해야 한다. 제모 왁스 제거 후 마무리를 청결하게 해야 한다.

정답 204. ③ 205. ③ 206. ③ 207. ③ 208. ② 209. ② 210. ② 211. ③ 212. ③

213 다음 중 제모의 방법에 대한 설명으로 옳지 않은 것은?

① 제모 후에 목욕 시 피부염 등을 유발할 수 있으므로 자제한다.
② 제거되지 않고 남아 있는 털은 족집게로 제거한다.
③ 부직포를 떼어낼 때는 털이 난 반대 방향으로 재빠르게 떼어 낸다.
④ 제모 후 피부를 진정시키기 위해 차가운 손으로 피부를 문지른다.

[해설]
제모 후에는 피부가 민감한 상태이므로 진정 로션 및 젤 등을 발라서 제모 부위를 진정시킨다.

214 노화 피부에 가장 효과적인 팩의 타입은?

① 머드 타입
② 크림 타입
③ 젤 타입
④ 로션 타입

[해설]
크림 타입은 보습, 진정, 영양, 효과가 있어서 노화 피부에 적합하다.

215 크림 팩의 작용으로 옳지 않은 것은?

① 피부의 각질 제거 효과
② 수분 공급 효과
③ 모공 확장 효과
④ 보습효과

[해설]
크림 팩의 효과는 각질 제거와 보습이다.

216 다음 중 피부 타입에 맞는 팩의 사용으로 옳지 않은 것은?

① 크림 – 건성 피부
② 클레이 – 노화 피부
③ 젤 – 지성 피부
④ 머드 – 여드름 피부

[해설]
노화 피부에는 크림 타입이 좋다.

217 팩의 주성분 중 피막제 및 점증제로 사용되는 성분은?

① 계면활성제
② PVA(폴리비닐알코올), 잔탄검
③ 솔비톨, 프로필렌글리콜
④ 이산화티탄, 산화아연

[해설]
PVA(폴리비닐알코올), 잔탄검, 한천과 카보머

218 팩 사용 시 주의 사항으로 옳지 않은 것은?

① 팩의 효능에 대해 고객이 기대 효과를 가질 수 있도록 고객에게 전달하는 것은 매우 중요하다.
② 팩의 적용 시간은 약 10~15분 정도로 한다.
③ 얇게 건조되는 팩은 입술과 눈 가까이는 도포하지 않는다.
④ 천연 팩은 사용의 편리함을 위해 미리 만들어 놓는다.

[해설]
천연 팩은 변질이 쉽게 되므로 반드시 사용 직전에 만들어서 바로 사용한다.

219 다음 중 팩의 사용 방법으로 옳은 것은?

① 팩의 효과를 좋게 하기 위해서 팩은 무조건 많이 발라 준다.
② 눈 가까운 부분은 건조하므로 팩을 두껍게 충분히 발라 준다.
③ 피부 타입에 따라 2가지 이상 팩을 선택하여 사용한다.
④ 예민한 부분은 팩을 특히 두껍게 바른다.

[해설]
팩은 많이 바르는 것이 좋은 것이 아니라 적당량을 사용해야 하며, 예민한 피부는 패치 테스트를 한 후에 사용하고 눈 가까운 주위는 피하도록 한다.

정답 213. ④ 214. ② 215. ③ 216. ② 217. ② 218. ④ 219. ③

220 다음 중 팩의 사용 시 주의 사항으로 옳은 것은?

① 팩재를 덜 때는 손을 사용하여 사용할 양만 덜어 낸다.
② 덜어 낸 팩재가 남았을 경우에는 다시 용기에 넣어 사용한다.
③ 팩재를 사용한 이후에는 안정성에 문제가 생기지 않도록 뚜껑을 잘 닫아 놓는다.
④ 팩재를 보관할 때 직사광선에 노출되어도 쉽게 변하지 않으므로 보관상의 문제가 없다.

[해설]
사용하고 남은 팩재는 팩 용기에 다시 담지 않으며, 적당량을 사용하며, 직사광선을 피해 보관하는 것이 바람직하다.

221 콜라겐 벨벳 마스크에 대한 설명으로 <u>틀린 것</u>은?

① 피부의 수분을 공급하여 잔주름을 예방한다.
② 필링 후 사용하여 피부를 진정시키고 재생효과가 있다.
③ 천연 콜라겐을 냉동 건조시켜 만들었다.
④ 효과를 높이기 위해 아로마 블랜딩 오일을 흡수시킨 후 실시한다.

[해설]
벨벳마스크는 수용성이므로 사용 전 유성성분이 많은 제품을 사용하면 흡수가 방해가 된다.

222 천연 팩에 대한 설명 중 옳지 <u>않은 것</u>은?

① 한꺼번에 만들어 냉장고에 보관후 매회 관리시 필요량을 꺼내서 편리하게 사용한다.
② 신선한 과일이나 야채를 이용한다.
③ 사용 재료의 특성을 잘 파악한 후 피부타입에 적절하게 사용하여야 한다.
④ 만드는 방법과 사용법을 잘 숙지한 다음 만든다.

223 다음 중 팩을 바르고 닦을 때 준비물이 <u>아닌 것</u>은?

① 솜, 볼, 붓, 스패튤러
② 거즈, 아이패드, 붓, 해면
③ 헤어밴드, 토너, 냉습포, 거즈
④ 팩제, 스티머, 붕대

[해설]
팩의 준비물은 팩 제, 붓, 스파츌러, 거즈, 아이패드, 해면, 헤어밴드, 토너, 습포, 솜, 등

224 체내의 노폐물과 독소 등 과도한 체액 배출 효과에 가장 적합한 테크닉의 종류는?

① 아유르베다 마사지
② 한국형 매뉴얼테크닉
③ 림프 드레나쥐
④ 아로마 관리

225 바디 팩과 랩핑(wrapping)에 관한 설명으로 옳지 <u>않은 것</u>은?

① 랩핑은 주로 바디 팩 후에 사용한다.
② 바디 팩은 관리 목적에 따라 알개, 허브(Herb), 시나몬, 비타민 등 다양한 영양 성분이 들어 있다.
③ 비닐을 감쌀 때는 가능한 타이트하게 조여서 꼭 싼다.
④ 랩핑은 독소 제거 및 노폐물 배출 증진과 순환 증진을 위해서 사용된다.

[해설]
팩 도포 후 비닐을 관리 부위에 조이지 않게 밀착되게 붙여서 감싸준다

226 아로마 마사지 방법에 대한 설명으로 올바른 것은?

① 가볍고 부드러운 동작을 사용하여 천천히 릴렉스 시켜주는 방법으로 시행한다.
② 효과를 상승시키기 위해 한가지 오일만 지속적으로 사용한다.
③ 속도는 빠르게 하는 것이 좋다.
④ 뭉친 근육을 풀어주기 위해서 강한 압으로 관리한다.

정답 220. ③ 221. ④ 222. ① 223. ④ 224. ③ 225. ③ 226. ①

227 수요법(water trerapy, hydrotherapy) 시 지켜야 할 수칙으로 적절하지 <u>않은 것</u>은?

① 식사 직후에 행한다.
② 수요법은 대개 길어도 30분을 넘지 않도록 한다.
③ 수요법 중에 어지러우면 잠깐 쉬도록 한다.
④ 수요법 후에는 물을 마시도록 한다.

228 림프 드레나쥐의 대상으로 적당한 사람은?

① 천식 질환자
② 결핵 투병자
③ 부종이 있는 자
④ 암 환자

[해설]
천식 질환자, 결핵, 감염성 피부, 갑상선 기능 항진증, 천식, 심부전증, 색전증, 혈전증, 임산부 등은 피한다.

229 모공 깊은 곳에 있는 분비물이나 오래된 각질을 제거하거나 영양 공급이나 보습의 효과를 가져다 주는 것은 다음 중 무엇인가?

① 팩
② 포인트 메이크업
③ 매뉴얼 테크닉
④ 클렌징

[해설]
팩은 모공 깊숙한 곳에 있는 분비물이나 오래된 각질을 제거해주며 보습 효과를 준다. 그리고 팩의 원료 성분의 특성이나 재료에 따라 진정, 수렴, 세포 재생, 염증 완화 작용 등의 효능을 가지고 있다.

230 제모 방법으로 <u>틀린 것</u>은?

① 제모하기 전에 털이 긴 경우에는 적당한 길이로 자른다.
② 털이 난 반대로 왁스를 두껍게 바른다.
③ 탈컴 파우더는 털의 반대로 얇게 바른다.
④ 털이 난 반대 방향으로 부직포를 빠르게 떼어 낸다.

[해설]
왁스를 도포할 때는 얇게 바르며 털이 난 방향으로 도포한다.

231 다음 중 온 왁스를 바를 때 사용하는 도구는?

① 나무 주걱
② 금속 주걱
③ 은 주걱
④ 플라스틱 주걱

[해설]
온 왁스를 바를 때 열전도가 없는 나무 주걱이 좋다.

232 다음 중 여러 제모 방법과 비교하여 볼 때 왁싱의 장점은?

① 가장 빠른 방법이다.
② 영구 제모가 가능하다.
③ 재사용이 가능하다.
④ 통증이 전혀 없다.

[해설]
왁싱은 가장 빠른 제모 방법으로 털을 일시적으로 제거한다. 재시용할 수 없고, 어느 정도의 통증을 동반한다.

233 다음 중 제모의 목적으로 옳은 것은?

① 피부의 털을 모두 없애는 것이다.
② 피부의 불필요한 털을 없애는 것이다.
③ 피부에 존재하는 흉터를 감추어 준다.
④ 몸의 굵은 털만 없애 준다.

[해설]
몸의 불필요한 털을 제거하는 것이다.

234 제모에 대한 설명으로 옳은 것은?

① 외관상 털이 많아서 아름답지 못할 때 실시한다.
② 당뇨 환자는 제모를 반드시 해야 한다.
③ 몸에 털이 없어야 더욱 피부가 좋아진다.
④ 선탠 직전에 하는 것이 이상적이다.

[해설]
• 제모는 외관상 털로 인해서 아름다워 보이지 않을 때 실시한다.
• 당뇨병이 심한 환자나 선탠 직후나 직전에는 제모를 피하는 것이 좋다.

정답 227. ① 228. ③ 229. ① 230. ② 231. ① 232. ① 233. ② 234. ①

235 눈썹 정리용 도구로 사용되지 않은 것은?

① 족집게
② 해면
③ 눈썹 정리용 가위
④ 알코올

[해설]
눈썹 정리용 도구에는 알코올, 족집게, 브러시, 가위, 미용 솜 등이 있다.

236 다음 중 수분 및 이산화탄소가 통과되지 않는 팩은?

① 티슈 오프 타입
② 크림 타입
③ 석고 마스크 타입
④ 워시 오프 타입

[해설]
석고 마스크는 수분 및 이산화탄소가 통과되지 않는다.

237 팩의 효과로 옳지 않은 것은?

① 노화 지연
② 민감 유발
③ 세포 재생
④ 영양 공급

[해설]
팩은 노화 지연, 진정 작용, 세포 재생, 영양 공급의 효과가 있다.

238 현행 공중위생법 제도 안에서 피부 미용의 직무 범위는?

① 머리카락을 제외한 몸 전체
② 다리를 제외한 몸 진체
③ 손톱을 제외한 몸 전체
④ 등을 제외한 몸 전체

[해설]
피부 미용은 머리카락을 제외한 몸 전체를 직무 범위로 한다.

239 인간이 생명을 유지하는 데 소요되는 최소한의 열량을 무엇이라 하는가?

① 순환대사량 ② 기초대사량
③ 생명대사량 ④ 최대 대사량

240 다음 중 피부 미용의 업무에 속하지 않는 것은?

① 각질 제거
② 마스크
③ 클렌징
④ 메디컬 필링

[해설]
피부 미용의 업무는 미용 기기나 화장품을 이용하며 제모, 눈썹 손질, 피부 관리, 클렌징, 각질 제거, 팩, 화장품의 효과적인 흡수를 돕는 등의 관리를 하는 것을 말한다.

241 다음 중 매뉴얼 테크닉의 정신적인 효과는?

① 발열 효과
② 젖산 분비 증가 효과
③ 긴장 이완 효과
④ 심리적인 부담

[해설]
정신적인 효과는 스트레스를 감소시켜 긴장 이완과 생기를 갖게 한다.

242 다음 중 매뉴얼 테크닉 시의 주의 사항으로 틀린 것은?

① 손은 항상 고객 피부와 부드럽게 밀착되게 한다.
② 심하게 예민해진 피부는 매뉴얼 테크닉을 강하게 하여 진정시킨다.
③ 매뉴얼 테크닉 시 고객과 되도록 많은 대화를 하지 않는다.
④ 매뉴얼 테크닉할 때 크림이 눈, 코, 입 등에 들어가지 않게 한다.

[해설]
상처가 있거나 예민해진 피부, 모세 혈관 확장 피부는 매뉴얼 테크닉을 피한다.

정답 235. ② 236. ③ 237. ② 238. ① 239. ② 240. ④ 241. ③ 242. ②

말도 안 되는 위대한 상상을 해라.
그리고 행동하라
그러면 꿈이 현실이 된다.

강헌구

제2과목 피부학

안진미

제1장 피부의 구조와 기능

Check Point 이 장에서는 피부의 구조와 기능을 이해합니다. 3문제 출제됩니다.

1. 피부의 정의

1. 피부 미용의 정의

피부는 신체의 표면을 둘러싸고 있는 가장 넓은 장기로써 생화학적인 기능과 함께 외부의 유해한 환경으로부터 신체를 보호하는 역할을 한다. 피부의 어른 평균 표면적은 1.6~2m²(10세 어린이의 경우 1.0m²)이며 중량은 체중의 약 16%로 체내의 모든 기관 중 가장 크다. 피부는 크게 표피, 진피, 피하지방 3개의 층으로 나누어져 있으며, 피부의 두께가 가장 두꺼운 곳은 손바닥과 발바닥이며 가장 얇은 곳은 눈가이다.

2. 피부의 구조

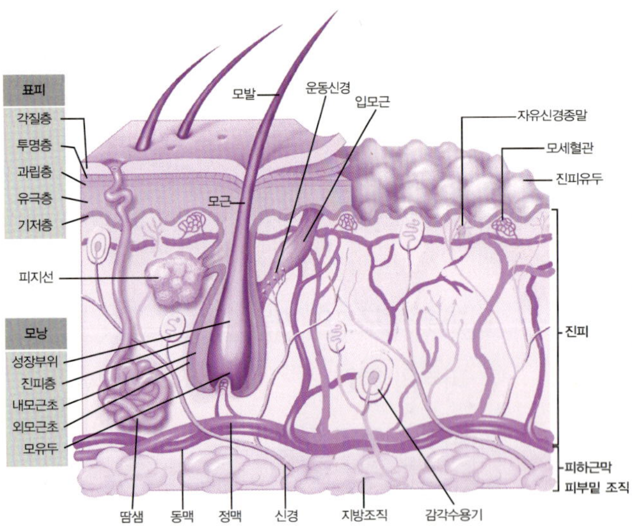

그림 1-1 피부의 구조

1. 표피

1. 표피의 특징

① 외배엽에서 유래하며 피부의 가장 상층부에 위치한다.
② 혈관과 신경이 없는 중층 편평 상피 세포로 구성되어 있다.
③ 표피의 평균 두께는 2mm이며 외측에서부터 각질층 → 투명층 → 과립층 → 유극층 → 기저층의 총 5개의 층으로 나뉜다.
④ 세균 및 유해물질과 자외선으로부터 피부를 보호하는 방어막 역할을 한다.

2. 표피의 구조

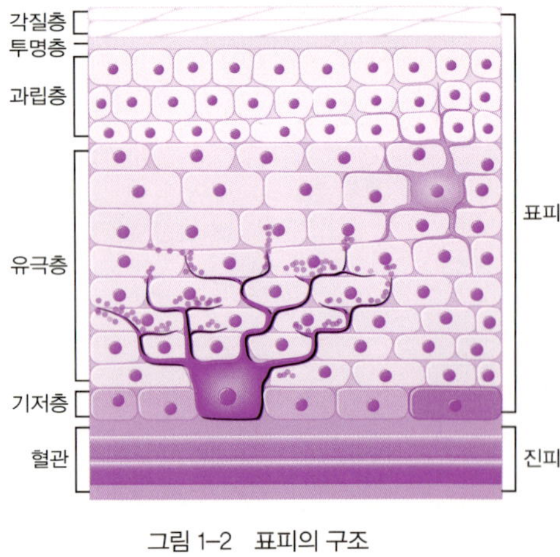

그림 1-2 표피의 구조

분류	정의와 특징
각질층	• 표피의 가장 바깥층으로 외부자극으로부터 피부 보호 • 납작한 무핵세포로 구성된 15~20개 층의 각질 세포층 • 10~20%의 수분을 함유함 • 라멜라(Lamella) 구조로 피부의 수분 증발을 억제 • 각화 과정을 통하여 비듬이나 때처럼 죽은 세포들의 박리작용 • 케라틴 58%, NMF(천연보습인자) 31%, 지질 11%로 구성
투명층	• 2~3층의 투명하고 편평한 무핵의 세포로 구성 • 반유동성 물질의 엘라이딘(elaidin)이 함유됨 • 피부가 두꺼운 손 · 발바닥에 주로 분포 • 수분에 의한 팽윤성이 적음
과립층	• 3~5개 층의 평평한 마름모형의 유핵 세포로 구성 • 케라토히알린(Keratohyaline)과 같은 각화 유리질이 과립으로 존재 • 수분의 침투와 증발을 막아 주는 레인 방어막(Rein membrane)이 존재
유극층	• 표피 중 가장 두꺼운 층 • 5~10개 층의 살아 있는 유핵세포로 구성 • 세포 표면에 가시가 돋친 모양의 돌기가 있어서 가시층이라고도 함 • 림프액의 흐름으로 노폐물 배출과 물질 교환이 왕성 • 면역 기능을 담당하는 랑게르한스 세포가 존재
기저층	• 표피 중 가장 아래층 • 단층으로 된 유핵의 원추형 세포로 구성 • 모세 혈관으로부터 영양분을 공급받아 피부줄기세포(Epidermal Stem Cell)가 분열, 새로운 세포 생성 • 각질형성세포(Keratinocyte), 색소형성세포(Melanocyte), 머켈 세포(Merkel)가 존재

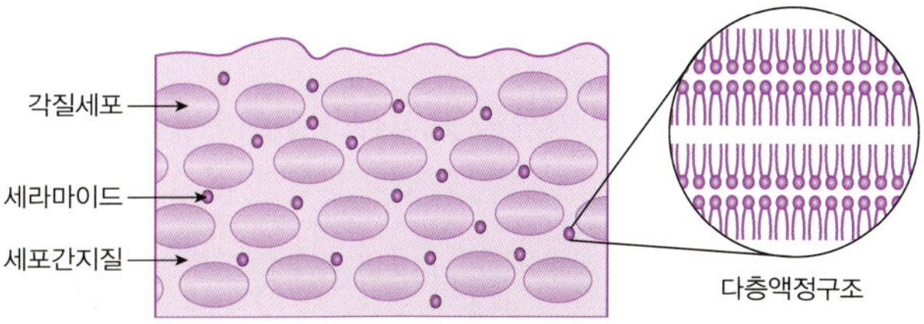

그림 1-3 리멜리 구조

Check Point

- **세포간 지질** : 세라마이드 50%, 불포화지방산 30%, 콜레스테롤 15% 등으로 구성된 층상의 라멜라 구조로서 각질층을 결합시키고 있다.
- **라멜라 구조** : 친수성 층과 친유성 층이 교대로 규칙적인 배열을 하고 있는 구조를 하고 있다.
- 친수성에는 다량의 물을 보유하고, 친유성 층은 물의 이동을 막아 피부 속에 수분을 가둬 둠으로써 피부 내의 보습력을 유지하고, 수분 증발을 막아서 체내 세포들의 생명 유지에 필요한 수분을 유지하도록 도와 주는 역할을 한다.
- **세라마이드** : 한쪽의 긴 사슬이 층간에 고정핀의 기능을 하여 세포와 세포를 단단하게 결합시켜 줌으로서 라멜라 구조를 튼튼하게 유지시켜 주는 역할을 한다.
- **NMF(천연보습인자)** : Natural Moisturizing Factor의 약자로 각질층의 수용성 저분자이다. 아미노산과 젖산염 및 피롤리돈카르본산(Pyrrolidone carboxylic acid)과 요소 등을 함유하고 있다.

3. 표피층의 구성세포

(1) 각질형성세포(Keratinocyte, 각화세포)

① 단백질의 일종인 케라틴(keratin)을 만들어 낸다.
② 기저층에 위치하며 표피 세포의 약 80%를 차지한다.
③ 기저층에서 형성되어 상층으로 이동하며 각화 과정을 거친다.

(2) 멜라닌 세포(Melanocyte, 색소세포)

① 표피에 기저층에 존재하며 표피세포의 약 5~10%를 차지한다.
② 피부의 색을 결정하는 멜라닌 색소를 생성한다.
③ 자외선을 흡수하거나 산란시켜 자외선으로부터 피부를 보호한다.
④ 피부의 활성 산소를 감소시킨다.

(3) 랑게르한스 세포(Langerhans Cell, 면역세포)

① 표피세포의 약 5%를 차지하며, 유극층에 존재한다.
② 주로 피부면역을 담당한다.
③ 침투된 항원(이물질)을 T림프구로 전달한다.

(4) 머켈세포(Merkel Cell, 촉각세포)

① 기저층에 존재한다.
② 신경섬유의 말단과 연결되어 있어 촉각을 감지한다.

Check Point

각화 과정

- 피부세포가 기저층 → 유극층 → 과립층 → 각질층으로 올라가면서 세포분열을 통하여 죽은 각질세포가 되어 피부 표면에서 떨어져 나가는 과정이다.
- 각화 주기는 약 4주(평균 28일)이며, 피부재생 주기(skin turn over time)라고도 한다. 기저층에서 각질층까지 올라오는 데는 약 14일, 각질층에 머물다 탈락되기까지 약 14일이 소요된다.

멜라닌 색소와 피부색

- 멜라닌 세포 수는 피부색과 관계없이 일정하다.
- 피부색을 결정하는 요소는 멜라닌 세포가 생성하는 멜라닌 소체(황갈색)의 양과 비례하며, 이외에도 카로틴(황색)이나 헤모글로빈(붉은색) 등에 의해 결정된다.

2. 진피

1. 진피의 특징

① 표피 두께의 10~40배의 두께로 피부의 90%를 차지한다.
② 교원섬유(콜라겐)와 탄력섬유(엘라스틴) 및 기질 등의 섬유성 단백질로 구성되어 강한 탄력성을 지닌다.
③ 교감 신경과 부교감 신경이 지나가고 모세 혈관과 림프관이 있어 표피에 영양분을 공급한다.

2. 진피의 구조

(1) 유두층

① 진피층의 가장 상단에 유두 모양의 탄력 조직인 돌기가 표피쪽으로 물결 모양을 이루고 있다.
② 다양한 세포 성분과 기질 성분이 있으며 혈관과 신경이 존재하여 표피에 영양분을 공급한다.

(2) 망상층

① 유두층 아래에 불규칙하고 치밀한 그물 모양의 결합 조직으로 진피의 대부분을 차지한다.
② 탄력섬유와 서로 얽히며 망상 구조를 형성하고 피하 지방층과 연결되어 있다.
③ 혈관, 림프관, 피지선, 한선, 유선, 모낭, 신경총 등이 분포되어 있다.

3. 진피의 구성물질

(1) 교원섬유(Collagen)

① 진피의 90%를 차지하는 굵은 다발의 섬유성 단백질로 피부의 기둥 역할을 한다.
② 섬유아세포에서 생성되며 탄력섬유와 그물 모양으로 교차되어 있어서 피부에 탄력성과 신축성을 준다.
③ 피부 노화로 콜라겐의 양이 감소하면 탄력 감소 및 주름이 형성된다.
④ 수분보유력이 우수하여 피부 관리 제품의 원료로 많이 사용된다.

(2) 탄력섬유(Elastic Filber)

① 가늘고 긴 섬유단백질로 섬유아세포에서 생성된다.
② 신축성과 탄력성이 좋아 피부의 스프링 역할을 한다.
③ 관절의 인대, 피부의 이완과 주름에 관여한다.

(3) 기질(Ground Substance)

① 진피 내의 진피와 결합섬유(Collagen, Elastin)를 채우고 있는 젤 상태의 바탕 물질이다.
② 수분 친화력이 높은 친수성 다당체로 뮤코 다당체라고도 한다.
③ 기질의 대부분은 히알루론산(Hyaluronic Acid)이 40% 이상이며, 황산콘드로이친(Chondroition Sulfate), 프로테오글리칸(Proteoglycan) 등으로 이루어져 있다.

4. 진피의 구성 세포

(1) 섬유아세포

① 진피의 주된 구성세포로 진피의 윗부분에 많이 분포되어 있다.
② 콜라겐과 엘라스틴의 합성에 관여한다.

(2) 대식세포

피부에 침투한 세균을 포식하여 없애는 선천적 면역세포이다.

(3) 비만세포

염증 반응과 알레르기 반응에 중요한 역할을 하는 면역세포이다.

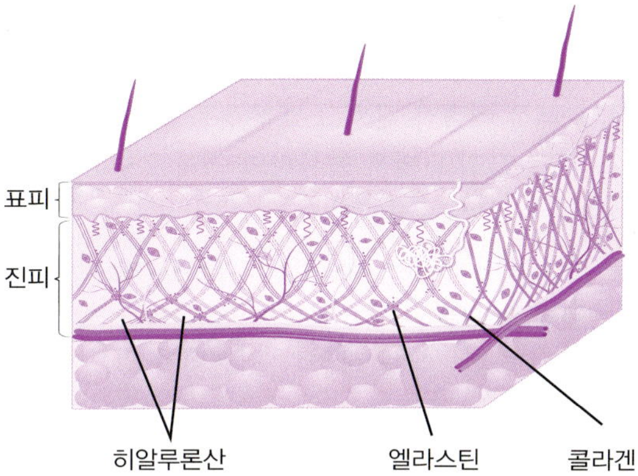

그림 1-4 진피의 구조

3. 피하조직

1. 피하조직의 특징

① 피부의 최하층으로 진피와 근육 사이에 위치한다.
② 벌집 모양의 수많은 지방세포로 구성되어 있으며, 체지방의 비율로 비만의 정도가 결정된다.
③ 여성 호르몬과 관련되어 남성보다 여성이 더 발달되어 있으며, 신체의 곡선미를 연출한다.

2. 피하조직의 기능

① 열손실을 막아 주고, 차단하여 우리 몸의 체온 조절을 한다.
② 과잉 섭취한 영양분을 저장하였다가 에너지원으로 사용할 수 있게 한다.
③ 신체의 탄력성을 제공하며, 외부 충격을 흡수하여 인체 내부를 보호한다.

Check Point

셀룰라이트

- 신체의 대사 과정에서 배출되는 노폐물과 체액이 지방과 결합되어 배출되지 못하고 피부조직에 남아 축적된 상태이다.
- 순환장애가 원인으로 세포질이 두껍고 질긴 형태로 형성되어 잘 분해되지 않는다.
- 주로 허벅지·복부·엉덩이에 발생하고, 유자 껍질처럼 울퉁불퉁하게 나타난다.

3. 피부의 기능

1. 피부의 기능과 작용

1. 보호 기능

① 피하지방이 외부충격이나 압력 등으로부터 완충 작용을 한다.
② 겹겹이 쌓인 각질층이 외부의 물리적 자극으로부터 방어 역할을 한다.
③ 피부표면의 케라틴 단백질이 약산성을 띠며 세균 및 미생물로부터 보호 기능을 한다.
④ 멜라닌 색소가 자외선을 차단하여 피부를 보호한다.

2. 체온조절 작용

① 땀 분비 및 피부 혈관의 확장과 수축을 통하여 체온을 조절한다.
② 체지방은 체온을 유지하기 위한 절연체의 역할을 한다.

3. 감각 기능

① 인체에 중요한 감각 수용기가 있다.
② 통각, 촉각, 온각, 냉각, 압각이 있다.
③ 통각은 피부의 감각기관 중 가장 많이 분포되어 있다.
④ 촉각은 손가락·입술·혀끝 등이 예민하고, 발바닥이 가장 둔감하다.
⑤ 온각과 냉각은 혀끝이 가장 예민하다.

4. 흡수 기능

① 피부는 물질의 흡수를 제한적으로 투과시킨다.
② 각질층을 통하거나, 모낭·피지선·한선을 통해 진피까지 흡수된다.
③ 대부분 물질의 입자가 작고 지용성 성분이 흡수가 잘 된다.

5. 분비 및 배출 작용

피지와 땀의 분비로 체내의 노폐물을 배출한다.

6. 비타민 D 합성 기능

피부 과립층에 존재하는 프로비타민 D가 자외선 조사에 의해 비타민 D로 생성된다.

7. 호흡 기능

산소를 흡수하고 신진대사 후에 발생한 이산화탄소를 방출하면서 에너지를 생성한다.

8. 저장 기능

피부는 수분·에너지와 영양분·혈액을 저장하며, 10~15kg의 지방을 저장할 수 있다.

9. 면역 기능

병원체 등의 외부의 해로운 이물질이 침입 시 피부의 생체방어기전에 관여하는 세포들이 면역 반응을 일으켜서 인체를 보호한다.

Check Point

- 피부의 pH : 피부 표면의 피지막의 산과 알칼리의 정도를 나타내는 것으로 피부의 가장 이상적인 상태는 pH5.5~6.5의 약산성이다. 일반적인 상태는 약 pH4.5~5.5 정도이다.
- 피부의 감각점의 분포

감각점	통점	압점	촉점	냉점	온점
밀도(개/cm^2)	100~200	50	25	6~23	3

4. 피부의 부속기관

1. 한선(Sweet Gland)

1. 한선의 특징과 기능

① 진피와 피하지방 조직의 경계 부위에 위치하는 외분비 조직이다.
② 땀을 만들어 피부 표면에 분비하며, 땀샘이라고도 한다.
③ 땀을 많이 흘리면 영양분과 미네랄을 잃는다.
④ 우리 몸의 체온 조절과 노폐물 배출을 돕는다.
⑤ 피지와 함께 유수분 보호막을 형성한다.

2. 한선의 종류

① 에크린선(Ecrin, 소한선)
　㉠ 입술과 생식기를 제외한 전신에 분포하며 손바닥·발바닥·이마에 가장 많이 분포되어 있다.
　㉡ 나선형 한공을 가지고 있으며 진피 내에 존재한다.
　㉢ 노폐물 배출과 체온 조절 기능을 한다.
　㉣ 무색, 무취의 맑은 약산성의 액체를 분비한다.
② 아포크린선(Apocrin, 대한선)
　㉠ 겨드랑이, 유두, 배꼽 주변, 생식기와 항문 주변에 분포되어 있다.
　㉡ 나선형 한공으로 모공과 연결되어 있으며, 에크린선보다 크다.
　㉢ 사춘기 이후에 주로 발달하며, 성별과 인종에 따라 분비량이 달라진다.
　㉣ 단백질 함유량이 많은 우윳빛의 점성이 있는 액체로 특유의 짙은 체취를 낸다.

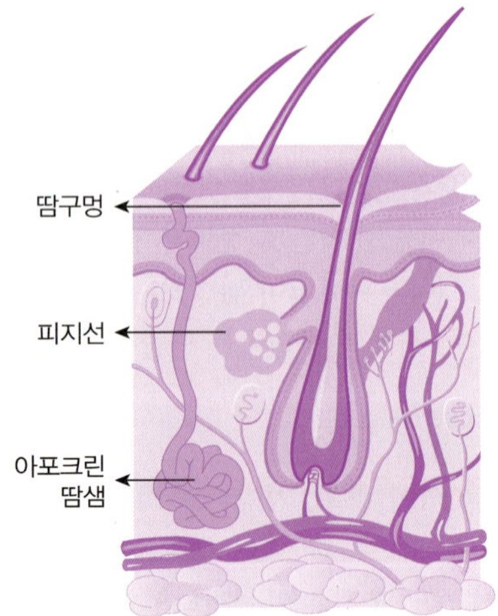

그림 1-5　한선과 피지선

2. 피지선(Sebaceous Gland)

1. 피지선의 특징

① 진피의 망상층에 존재하는 작은 포도송이 모양의 분비선이다.
② 모낭과 연결되어 모공을 통해 피지를 배출한다.
③ 손·발바닥을 제외한 전신에 분포되어 있으며, 머리, 코 주변, 가슴 등에 다량 존재한다.
④ 모낭이 없는 입술, 눈꺼풀, 귀두, 유두 등에는 독립 피지선으로 존재한다.

2. 피지선의 기능

① 피부와 모발을 보호하며, 윤택함을 부여한다.
② 땀과 함께 피부를 pH5.5의 약산성으로 유지시켜 살균작용을 한다.
③ 피지를 분출하여 피부 표면의 천연 보호막을 형성한다.
④ 피부의 수분 증발과 미량물질의 유출을 막아 준다.

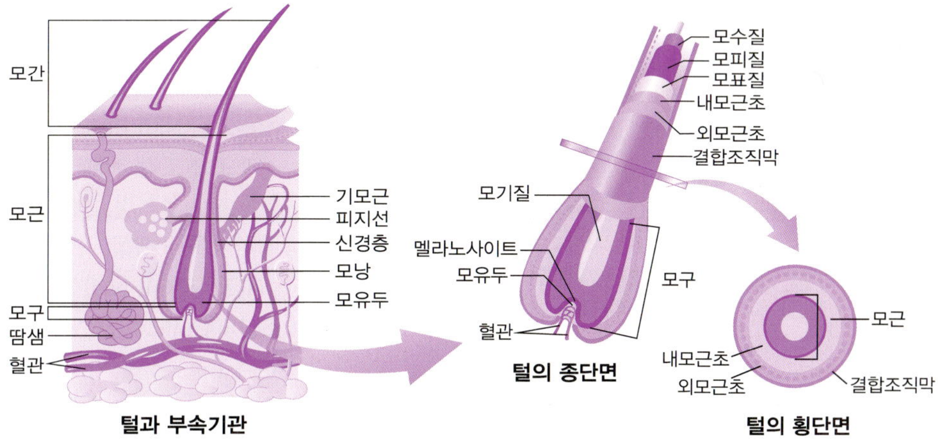

그림 1-6 모발의 구조

3. 모발

1. 모발의 특징

① 손·발바닥과 입술 및 외생식기를 제외하고, 전신에 분포되어 있다.
② 경단백질인 케라틴이 주성분이며, 멜라닌 색소와 지질 및 수분 등으로 구성되어 있다.
③ 하루에 0.2~0.5mm 성장하며, 모발의 평균수명은 3~6년이다.

2. 모발의 기능

① **보호 기능** : 체온 조절과 물리적·화학적 자극으로부터 피부를 보호한다.
② **지각 기능** : 감각(촉각)을 전달한다.
③ **장식 기능** : 외모의 미용적 기능을 한다.

3. 모발의 구조

① **모간** : 피부 표면에 돌출된 모발 부분
② **모근** : 피부 내부의 모낭 속에 존재
③ **모낭** : 모근을 싸고 있는 조직으로 피지선과 연결되어 있다.
④ **모구** : 모낭의 아랫부분의 전구 모양으로 존재, 털이 성장하는 기관이다.
⑤ **모유두** : 모낭 끝의 작은 돌기 조직으로 모발의 영양을 관장하는 혈관과 신경세포가 분포되어 있다.
⑥ **모모세포** : 모유두에 접하여 세포의 분열과 증식 작용을 통해 새로운 모발을 생성한다.
⑦ **기모근** : 자율신경의 지배를 받아 추위나 공포를 느낄 때 반사적으로 근육을 수축하여 털을 세워 체온 조절을 한다. 속눈썹, 눈썹, 겨드랑이, 코털을 제외한 전신에 분포되어 있다.

4. 모발의 횡단면

① **모표피** : 투명한 얇은 비늘 모양으로 모발의 가장 바깥 부분에 존재
② **모피질** : 두발의 85% 이상을 차지하며, 과립상의 멜라닌 색소와 섬유질 및 간층물질로 구성되어 있다.
③ **모수질** : 구멍이 난 벌집 형태의 모양으로 모발의 가장 중심부에 위치하며, 멜라닌 색소를 함유한다.

Check Point

모발의 색을 결정하는 멜라닌
- 유멜라닌(Eumelanin) : 검정색과 갈색의 중합체의 어두운색 모발
- 페오멜라닌(Pheomelanin) : 적갈색과 황색의 중합체의 밝은색 모발

5. 모발의 성장주기(Hair cycle)

(1) 성장기

① 분포율 : 전체 모발의 80~90%
② 기간 : 남성 3~5년, 여성 4~6년
③ 모발이 생성되고 성장이 왕성한 단계

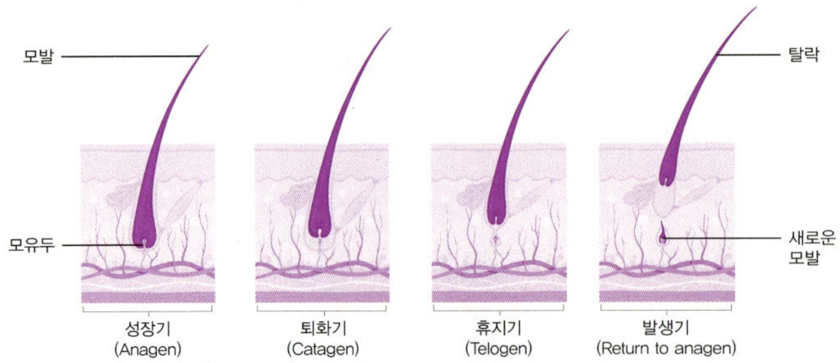

그림 1-7 모발의 성장주기(Hair cycle)

(2) 퇴화기

① 분포율 : 전체 모발의 1~2%
② 기간 : 약 2~4주
③ 모유두와 모구가 분리, 모발의 성장이 정지

(3) 휴지기

① 분포율 : 전체 모발의 11~15%
② 기간 : 약 3~4개월
③ 고착력이 약해져서 쉽게 탈모가 되는 단계

Check Point

Hair cycle
- 모발은 일정한 성장주기에 의해 탈모가 되고, 다시 새로운 모발이 자라기를 반복한다.
- 정상적인 모발 탈락은 하루에 약 80~100개 정도이다.

6. 조갑(손 · 발톱)

(1) 조갑의 특징

① 케라틴과 아미노산으로 이루어진 단단한 형태의 피부 부속기관이다.
② 수분의 함량이나 각질 조성에 따라 조갑의 경도가 달라진다.
③ 손톱은 1일 평균 0.1mm 정도 자라며, 발톱은 손톱보다 성장이 느리다.
④ 손·발톱이 정상적으로 대체되는 데에는 약 6개월 정도 걸린다.

(2) 조갑의 기능

① 손과 발의 끝을 보호한다.
② 물건을 잡을 시 받침대 역할을 한다.
③ 외적인 장식의 기능을 한다.
④ 방어와 공격의 기능을 한다.

(3) 조갑의 구조

① **조근**(Nail Root) : 손·발톱의 뿌리 부분
② **조체**(조갑, Nail Body) : 손·발톱의 몸통
③ **조모**(조기질, Matrix) : 세포 분열을 통해 손·발톱을 생성
④ **조상**(Nail bed) : 손·발톱을 받치고 있는 피부
⑤ **조상피**(Cuticle) : 손톱의 뿌리를 덮고 있는 부드러운 피부
⑥ **조반월**(Lunula) : 손톱의 아래에서 아직 각질화되지 않은 반달 모양의 흰 부분
⑦ **자유연**(Free Edge) : 손·발톱의 끝부분

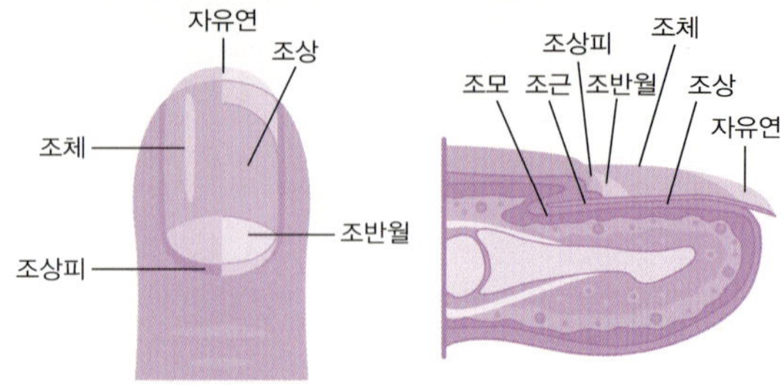

그림 1-8 손톱의 구조

(4) 건강한 손 · 발톱의 조건

① 조체에 광택이 흐르며 연한 핑크 빛을 띠고 있어야 한다.
② 바닥(조상)에 강하게 부착되어 있어야 한다.
③ 아치 모양을 하고 있으며, 단단하고 탄력이 있어야 한다.
④ 수분이 함유되어 있으며, 세균에 감염되지 않아야 한다.
⑤ 뿌리 부분의 조반월이 또렷한 흰색 반달 모양을 형성하고 있어야 한다.

Check Point

- 상조피(eponychium) : 조갑의 위쪽 조갑연 각질층의 위·아래를 말한다.
- 큐티클(cuticle) : 손톱의 뿌리에 있는 부드러운 껍질로 상조피의 각질층이 확장된 것이다.
- 하조피(hyponychium) : 손가락의 연한 실이 연장된 조갑판의 끝부분이 두꺼워진 것이다.

제2장

피부와 영양

Check Point

이 장에서는 영양소가 피부에 미치는 영향과 기능을 이해합니다. **1문제 출제**됩니다.

1. 영양과 영양소

1. 영양소의 개요

1. 영양소의 정의

인간은 생명 유지와 성장을 하기 위해서 세포의 지속적인 활동이 필요하며, 외부로부터 세포들의 정상적인 대사 작용을 위하여 영양물질이 반드시 공급되어야 한다. 인체의 영양을 유지하고, 에너지원으로 쓰일 수 있도록 식품에 들어 있는 양분을 영양소라고 한다.

2. 영양소의 종류와 기능

열량 영양소	에너지원으로 쓰이는 필수 3대 영양소 (탄수화물, 단백질, 지방)
구성 영양소	신체조직을 구성하고 유지 (단백질, 무기질, 물)
조절 영양소	채내의 생리 기능 조절과 대사 조절 (단백질, 무기질, 비타민, 물)

2. 피부와 영양

1. 피부와 영양

균형 있는 영양 상태는 체내의 정상적인 대사 작용을 하여 건강한 신체를 유지시켜 줄 뿐만 아니라 인체의 가장 큰 조직인 피부를 건강하고 아름답게 만들어 준다.

2. 3대 영양소

1. 탄수화물(당질)

(1) 기능 및 특징

① **에너지 공급원** : 1g당 4kcal으로 혈당을 유지
② 혈당을 유지하며 주로 에너지원으로 사용
③ 소화흡수율이 좋고 장에서 포도당과 과당 및 갈락토오스로 흡수됨
④ 필요 이상 섭취 시 지방으로 전환되어 간과 근육에 글리코겐 형태로 저장

(2) 탄수화물의 구성

① **단당류** : 포도당, 과당, 갈락토오스
② **이당류** : 맥아당, 자당, 유당
③ **다당류** : 전분, 글리코겐, 셀룰로오스

(3) 섭취량에 따른 영향

① **과잉 섭취** : 부종과 비만 및 당뇨병이 되기 쉽다. 혈액의 산도를 높이고, 피부의 저항력을 감소시켜 피부의 염증을 초래
② **부족 섭취** : 신진대사 기능이 저하되며, 발육부진이나 체중감소 및 기력부족이 생김

2. 단백질

(1) 기능 및 특징

① **에너지 공급원** : 1g당 4kcal의 열량
② 근육, 피부, 뼈, 손톱, 모발, 혈액 등의 신체조직의 구성 성분

③ 효소와 호르몬 합성, 면역 항체 형성, pH 평형 유지

(2) 단백질의 분류

① **필수 아미노산** : 체내에서 합성되지 않고, 반드시 음식을 통해 흡수된다. 페닐알라닌, 트립토판, 로이신, 발린, 트레오닌, 메티오닌, 히스티닌, 리신, 아르기닌, 이소로이신

② **불필수 아미노산** : 체내에서 합성이 가능하다. 글라이신, 알라닌 프롤린 타이로신, 세린, 시스테인, 아스파테이트, 글루타메이트, 아스파라긴, 글루타민

(3) 피부에 미치는 영향

① 케라틴으로 표피의 각질세포와 손톱, 발톱, 털의 주성분이다.

② 콜라겐과 엘라스틴은 단백질로 구성되어 있다.

③ 피부의 재생 작용에 관여한다.

(4) 섭취량에 따른 영향

① **과잉 섭취** : 색소 침착의 원인이 될 수 있다.

② **부족 섭취** : 피부의 탄력 저하, 잔주름 유발, 여드름 생성

3. 지방

(1) 기능 및 특징

① **에너지 공급원** : 1g당 9kcal의 열량

② 체온 유지 및 물리적 충격의 신체 보호

③ 지용성 비타민의 흡수를 촉진

④ 혈액 내 콜레스테롤의 축적을 방해

(2) 지방의 분류

① **포화 지방산** : 상온에서 고체(육류, 버터), 심혈관계 질환 예방

② **불포화 지방산** : 상온에서 액체(식용유, 생선), 콜레스테롤 억제, 항노화

③ **필수 지방산** : 음식을 통해 섭취(리놀산, 리놀렌산, 아리카돈산), 성장과 발육

(3) 피부에 미치는 영향

① 피부에 수분과 윤기, 탄력을 부여한다.

② 필수 지방산이 세포 활성화로 피부에 산소를 공급한다.

③ 피지 분비량을 늘려서 건조를 방지한다.

④ 피하지방이 부족하면 피부 노화를 초래할 수 있다.

3. 비타민

1. 비타민의 기능과 특징

① 세포의 성장 촉진 및 생리 작용을 돕는다.

② 체내 기능과 대사를 원활하게 조절해 준다.

③ 면역 기능을 높여 주고, 신경 안정을 돕는다.

④ 피부의 기능 및 피부 미용에 중요한 역할을 한다.

⑤ 체내에서 합성되지 않기에 음식물로 섭취하여야 한다.

2. 비타민의 종류

(1) 지용성 비타민

① 지방에 녹는 비타민으로 필요 이상 섭취 시 체내에 축적되어 과잉증 유발

② 필요량을 매일 공급할 필요가 없으며, 결핍 증세가 서서히 나타남

종류	기능 및 특징	결핍증
비타민 A (레티놀)	• 피부의 각질층의 연화 작용, 각화의 정상화 • 망막세포구성인자로 시력을 보호 • 신진대사를 원활하게 하여 피부노화를 방지하고, 면역력과 재생력을 높임 • 급원 식품 : 해조류, 간, 버터, 달걀, 녹황색 채소	• 야맹증, 안구 건조, 성장부진, 피부 건조 및 과각질화
비타민 D (칼시페롤)	• 자외선을 통해 피부에 합성가능 • 칼슘과 인의 흡수를 도와서 뼈 생성을 촉진 • 급원 식품 : 간, 난황, 등푸른 생선	• 골연화증, 골다공증, 구루병, 구순염, 구각염
비타민 E (토코페롤)	• 항산화 작용으로 노화 방지 • 호르몬 생성 및 생식 기능 강화 • 혈액순환 촉진 및 피부 안색 정화 • 급원 식품 : 식물성 기름, 두부, 유색 채소	• 불임증, 피부노화
비타민 K (필로퀴논)	• 혈액응고 촉진, 피부염과 습진 • 급원 식품 : 녹황색 채소, 간, 콩	• 혈액응고 장애(출혈)

(2) 수용성 비타민

① 물에 녹는 비타민으로 과잉 섭취해도 체내에 축적되지 않는다.

② 필요량을 매일 공급해야 하며, 결핍 증세가 빠르게 나타남

종류	기능 및 특징	결핍증
비타민 B_1 (티아민)	• 당질 대사의 보조 효소 • 신경전달물질의 합성 보조 효소 • 급원 식품 : 콩류, 쌀의 배아, 돼지고기	• 피부 부종, 각기병, 식욕부진, 피로
비타민 B_2 (리보플라빈)	• 영유아의 성장 촉진 • 구강의 점막 보호, 구강질병에 도움 • 피부 보습과 탄력 증가 • 급원 식품 : 유제품, 생선, 달걀흰자, 녹색 채소	• 구순구각염, 설염, 백내장, 피부병
비타민 B_3 (니아신)	• 에너지 대사, 피부 염증 완화 • 채내에서 필수 아미노산인 트립토반으로부터 합성 • 급원 식품 : 육류, 땅콩, 생선, 버섯	• 펠라그라병
비타민 B_6 (피리독신)	• 피부염 방지, 단백질 대사의 조효소 • 급원식품 : 닭고기, 돼지고기, 계란, 콩	• 비듬, 피부염, 면역력 저하
비타민 B_9 (엽산)	• 세포의 재생과 증식에 관여 • 아미노산 합성 촉진 • 급원 식품 : 현미, 콩류, 녹색채소, 과일	• 성장장애, 빈혈
비타민 B_{12} (코발라민)	• 세포조직 형성 및 엽산 대사 과정 촉진 • 급원 식품 : 소고기, 굴, 조개, 녹색 채소	• 빈혈, 신경장애
비타민 C (아스코르브산)	• 모세 혈관 강화, 콜라겐 형성 촉진 • 항산화 작용, 노화방지 • 멜라닌 색소 형성 억제 • 급원 식품 : 토마토, 딸기, 감귤류, 양배추	• 빈혈, 괴혈병, 잇몸 출혈
비타민 H (비오틴)	• 지방 및 당질 대사에 관여 • 염증 완화, 탈모 방지 • 급원 식품 : 달걀노른자, 유제품, 간, 땅콩	• 탈모, 피부염
비타민 P (바이오플라보노이드)	• 모세 혈관 강화, 비타민 C의 상승제 • 급원 식품 : 감귤류, 녹색 채소	• 출혈

4 무기질

1. 무기질의 기능과 특징

① 에너지원을 되지 않으나 체내 대사의 중요한 촉매제 역할이다.

② 신체의 골격과 치아 형성에 관여한다.

③ 체액의 삼투압 및 산·알칼리를 조절한다.

④ 효소·호르몬 작용의 촉진, 산소 운반, 에너지 대사 역할

2. 무기질의 종류

(1) 다량무기질

종류	기능 및 특징	결핍증
칼슘(Ca)	• 골격과 치아를 형성한다 • 근육의 수축과 이완, 신경전달에 관여 • 급원 식품 : 유제품, 뼈째 먹는 생선	• 구루병, 골다공증, 골연화증
인(P)	• 산과 알칼리의 균형 유지 • 칼슘과 함께 골격과 치아를 형성 • 급원 식품 : 추유, 달걀 노른자, 육류, 어류	• 골격 약화
마그네슘(Mg)	• 골격과 치아 구성 성분, 삼투압 조절 • 급원 식품 : 녹색 채소, 고기, 땅콩	• 안면근경련
나트륨(Na)	• 근육의 탄력 유지, 삼투압 유지 • 급원 식품 : 소금	• 심장병, 고혈압, 근육경련
칼륨(K)	• 항알레르기 작용, 근육 및 신경 조절 • 급원 식품 : 우유, 고기, 채소	• 신경장애, 근육 기능 저하

(2) 미량무기질

종류	기능 및 특징	결핍증
철분(Fe)	• 헤모글로빈의 구성성분, 혈액에 산소운반 • 급원 식품 : 시금치, 간, 육류, 조개	• 빈혈, 면역 기능 저하
아연(Zn)	• 염증 억제, 상처 재생 • 성장, 생식, 식욕 촉진 • 급원 식품 : 육류, 생선, 달걀 노른자, 버섯	• 성장 지연, 면역 기능 저하, 탈모
구리(Cu)	• 뼈와 적혈구 생성 • 급원 식품 : 아몬드, 브로콜리, 연어, 버섯	• 백혈구 감소, 빈혈
요오드(I)	• 갑상선 호르몬 성분, 모세 혈관 기능 정상화 • 급원 식품 : 해산물, 마늘, 시금치, 버섯	• 갑상선종, 크레틴병

5. 체형과 영양

1. 체형과 영양

현대사회에서 서구화가 진행됨에 따라 생활과 식사 패턴에 변화가 생기면서 운동부족, 영양과다 등으로 인하여 비만체형이 많이 나타나게 되고 현대인 질병의 한 원인이 되고 있다. 따라서 올바른 생활 습관과 적절한 운동을 통하여 건강하고 아름다운 체형으로 변화를 도모할 수가 있다.

① **식이요법** : 개인의 영양상태를 평가하여 이에 과부족이 없도록 필요한 영양을 인체에 균형있게 잘 공급하는 것을 말한다. 특히 개개인의 몸 상태에 따른 정확한 식이요법을 시행하여야 하며 특정 음식이나 식품에 지나치게 집중하거나 잘못된 식이 요법은 비만, 동맥경화, 당뇨병 등 또 다른 질병을 유발할 수 있다.

② **운동요법** : 질병이나 재활을 신체의 운동을 통하여 치료하는 요법으로 근력을 증강시키고, 지구력, 내구력을 높여 관절의 운동범위가 제한될 경우 개선시키는 방법이다. 개인의 상태에 따라 적절한 운동 방법을 선택하여 적용할 수 있다.

③ 식이요법이나 운동요법 이외에도 지방을 제거하는 수술요법, 약물을 이용한 약물요법 등이 있다.

제3장 피부 장애와 질환

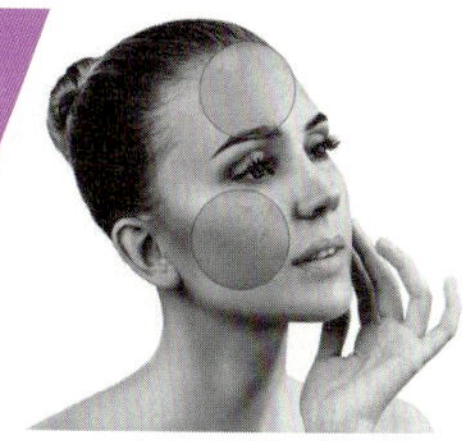

Check Point

이 장에서는 피부 장애와 질환을 이해하고 피부 관리방법을 숙지합니다. 2~3문제 출제됩니다.

1. 피부 장애

인체의 내·외적 원인에 의해 유발된 피부에 나타나는 모든 병변을 발진이라고 하며, 건강한 피부에 나타나는 1차적 장애를 원발진이라고 한다. 원발진이 계속 진행되거나 회복이나 외상 및 외적 요인에 의해 변화된 병변을 속발진이라고 한다.

1. 피부 장애 분류

1. 원발진(Primary Lesions)

(1) 반점(Macule)

① 여러 형태의 크기로 경계가 뚜렷한 원형 또는 타원형의 피부색조 변화이다.
② 피부 표면에 융기나 함몰이 없다.
③ 기미, 주근깨, 노인성 반점, 자반, 오타 모반, 몽고반점, 백반 등이 있다.

(2) 홍반(Erythema)

① 모세 혈관의 울혈 작용에 의하여 피부가 발적한 상태를 말한다.
② 시간의 경과에 따라서 크기가 변할 수 있다.

(3) 팽진(Wheal)

① 가려움이 동반되는 표재성의 일시적인 부종이다.
② 크기와 형태가 변하고, 두드러기·벌레 물림·알레르기 증상 등이 있다.

(4) 구진(Papule)

① 경계가 뚜렷한 직경 1cm 미만의 피부가 솟아올라가 있다.
② 농을 포함한 작은 융기이며, 주변보다 약간 붉은색을 띤다.

(5) 결절(Nodule)

① 구진보다 더 크고 단단한 염증성 질환이다.
② 진피나 피하지방층에 발생하고, 생성 시에 통증을 수반하기도 한다.

(6) 농포(Pustule)

① 표피 또는 진피나 한선 내에 형성된 가시적인 고름 주머니이다.
② 여드름과 같이 농을 포함하고 있다.

(7) 소수포(Vesicles)

① 표피 내부에 직경 1cm 미만의 맑은 액체를 포함한 수포이다.
② 화상, 포진, 접촉성 피부염 등에서 발생한다.

(8) 대수포(Bulla)

① 표피 내부에 직경 1cm 이상의 맑은 액체를 포함한 수포이다.
② 혈액성 내용물을 포함하고 표피 아래에 깊게 발생한다.

(9) 종양(Tumor)

① 직경 2cm 이상의 피부 증식물의 덩어리이다.
② 다양한 형태를 띠며 악성과 양성으로 구분된다.

(10) 낭종(Cyst)

① 직경 1~5cm의 크기로 진피에 자리 잡고 있으며 통증이 동반된다.

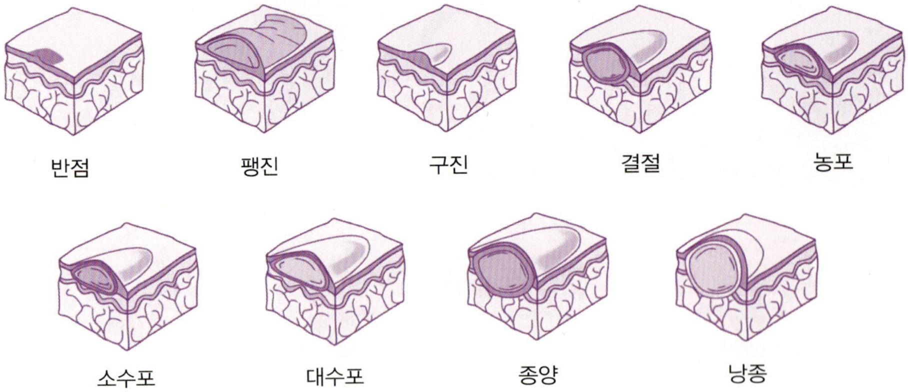

그림 3-1 원발진

② 여드름의 4단계에서 생성되는 것으로 치료 후에 흉터가 남는다.

2. 속발진(Secondary Lesions)

(1) 인설(Scale)

① 표피 표면으로부터 죽은 표피세포가 가루나 덩어리로 떨어져 나간다.

② 각질화 과정의 이상으로 표피의 각질들이 과각질화 되어 있다.

(2) 찰상(Excoriation)

① 기계적인 자극이나 손톱으로 지속적으로 긁어서 생긴 질환이다.

② 표피의 결손이 된 상태로 대부분 흉터 없이 치유된다.

(3) 미란(Erosion)

① 표피만 파괴되어 떨어져 나간 피부 조직 결손 상태를 말한다.

② 표피의 손상으로 출혈이 없고 흉터 없이 치유된다.

(4) 궤양(Ulcer)

① 진피 또는 피하지방층의 염증성 괴사에 의해 생긴다.

② 피부 깊숙이 생긴 조직 결손으로 치유 후에 반흔을 남긴다.

(5) 가피(Crust)

① 상처나 염증 부위에 혈청, 농, 표피 부스러기 등이 건조된 덩어리이다.

② 딱지라고도 하며, 출혈이 없고 치유 후에 반흔을 남기지 않는다.

(6) 균열(Fissure)

① 장기간의 질병이나 건조로 인해 표피가 선상으로 갈라진 상태를 말한다.

② 출혈과 통증이 동반될 수 있으며, 구순염이나 무좀 등이 있다.

(7) 반흔(Scar)

① 흉터를 말하며 심부에 생긴 조직 결손이 새로운 결합조직으로 대치된 상태이다.

② 정상치유 과정으로 더 이상 세포 재생이 되지 않는다.

③ 태선화(Lichenification)

④ 표피 전체와 진피의 일부가 단단해지며 딱딱해지는 현상이다.

⑤ 아토피 피부염이나 결절성 양진 등의 만성 소양성 질환에서 흔히 볼 수 있다.

(8) 위축(Atrophia)

① 표피와 진피층의 변성으로 피부가 얇게 되는 상태이다.

② 혈관이 비칠 수 있고, 피부가 탄력을 잃어서 주름이 생긴다.

2. 피부 질환

1. 여드름(Acne)

(1) 여드름의 개요

① 피지의 과다 분비 및 과도한 각질 세포 증식과 모공공 폐쇄에 의한 피지선의 만성 염증성 질환이다.

② 면포·구진·농포·결절·낭종이 발생하며, 반흔이 나타날 수 있다.

③ 성 호르몬의 영향으로 사춘기에 시작될 수 있다.

④ 얼굴, 목, 가슴 등의 피지 분비가 많은 부위에서 발생한다.

이 동반되며 흉터가 남는다.

- 낭종 : 결절이 심화된 상태로 진피층까지 손상되어 치료 후에도 흉터가 남는다.

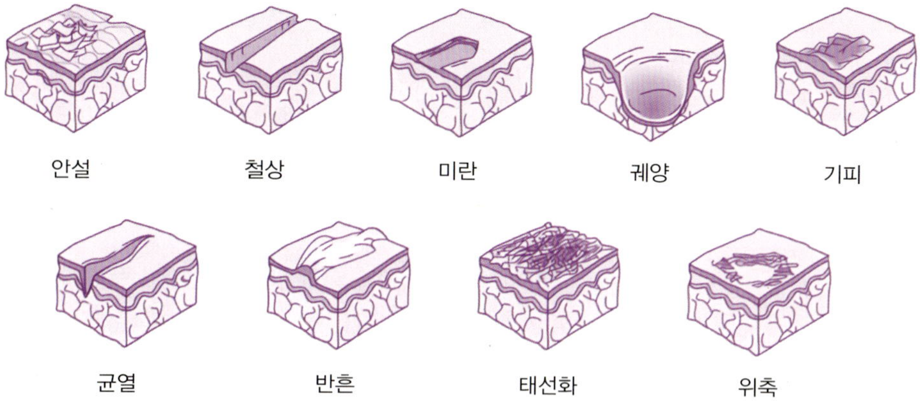

그림 3-2 속발진

(2) 여드름의 원인

① 내적 요인

- 80% 이상이 유전에서 비롯된다.
- 남성 호르몬인 테스토스테론과 여성 호르몬인 황체호르몬
- 스트레스로 인한 코르티솔(Cortisol)의 분비가 과도한 피지를 생성
- 월경·임신·피임약 등의 호르몬 불균형과 변비, 다이어트, 잘못된 식습관

② 외적 요인

- 계절, 기후, 자외선 등의 환경적 요인
- 화장품 및 의약품에 의한 자극
- 면도나 피부 미용 시술과 같은 물리적인 마찰과 압력

(3) 여드름의 분류

① 비염증성 여드름(Non-inflammatory acne)

- 폐쇄성 면포 : '화이트헤드'라고도 하며, 좁쌀 모양의 흰색 피지가 모낭 속에 가득차 피부 표면으로 융기되어 있다.
- 개방형 면포 : '블랙 헤드'라고도 하며, 피부 표면에 돌출된 피지가 공기나 자외선에 의하여 산화되어 검은 고형으로 변한 것이다.

② 염증성 여드름(Inflammatory acne)

- 구진 : 여드름균에 의해 붉게 발진이 일어난 상태로 통증과 열을 동반한다.
- 농포 : 구진성 여드름이 악화되어 고름이 생긴 상태로 통증이 없다.
- 결절 : 모낭벽이 파손돼 염증이 확산된 상태로 통증

(4) 여드름의 발생기전

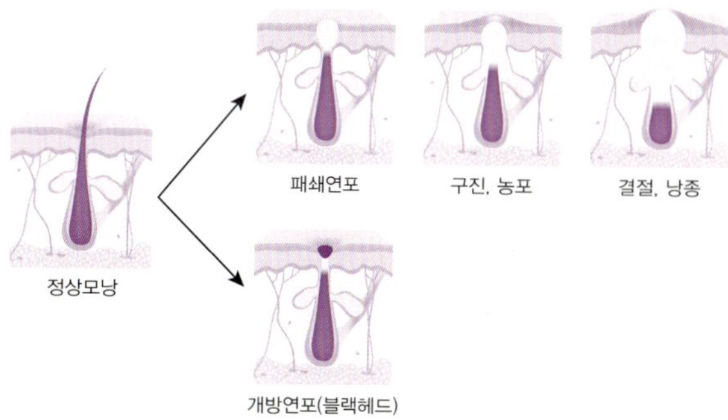

그림 3-3 여드름의 발생기전

2. 열 및 온도에 의한 피부질환

(1) 화상(Burn)

열(전기방사능, 화학물질, 뜨거운 액체, 선광, 전기)에 의한 피부 조직의 손상으로 손상 정도에 따라 1~4도 화상으로 나뉜다.

① **1도 화상** : 표피층에만 침범한 홍반성 화상으로 통증을 수반

② **2도 화상** : 지피층까지 손상되어 혈관확장 및 부종·통증·물집이 형성

③ **3도 화상** : 피부 전 층과 피하조직의 일부가 손상되어 감각이 없고 흉터를 남김

④ **4도 화상** : 피하의 신경, 근육, 골조직까지 손상되어 영구적 흉터가 남고 피부 이식이 필요

(2) 땀띠(Miliaria)

① 땀관이 폐쇄되어 땀이 배출되지 못하고 축적되어 발생한다.
② 각질 아래 직경 1mm 정도의 투명한 물집이 생성된다.
③ 땀샘이 많이 분포되어 있는 곳과 접히는 부위에 주로 발생한다.

(3) 동상(Frostbite)

① 한랭에 노출된 피부가 연조직이 얼어 혈액 공급이 없어진 상태로 온도나 노출 시간에 따라 정도가 달라진다.
② 경미할 경우는 몇 시간 내에 정상으로 회복되고, 심한경우는 조직의 괴사나 수포가 일어난다.
③ 코, 귀, 뺨, 손가락, 발가락 등 쉽게 노출되는 부위에 잘 발생한다.

3. 기계적 손상에 의한 피부질환

(1) 굳은살(Hardened Skin)

① 압력에 의해 생겨나는 국소적인 과다 각화증이다.
② 압력이 제거되면 자연적으로 소실될 수 있다.

(2) 티눈(Corn)

① 압력과 물리적 자극에 의해 발생되는 국소적인 각질 비후증이다.
② 발바닥과 발가락의 사이에 발생하며 통증을 동반한다.

(3) 욕창(Decubitus Ulcer)

① 지속적인 압력에 의하여 혈액의 순환이 안 되어 발생하는 궤양이다.
② 주로 뼈 돌출부에 잘 생기며 대부분 하체에서 발생한다.
③ 빈번한 자세 변화를 하며, 세균의 2차적 감염이 되지 않도록 주의한다.

Check Point

물리적 요인에 의한 피부질환
- 열에 의한 질환
- 한랭에 의한 질환
- 기계적 자극에 의한 질환

4. 접촉에 의한 피부질환(접촉성 피부염)

(1) 원발성 접촉 피부염

① 원인물질 자체의 자극에 의해 피부에 생기는 염증이다.
② 급성으로 홍반, 구진, 소양증, 부종, 소수포 등이 동반된다.
③ 마찰에 의하거나 화학물질 또는 습기 등에 의해 발생한다.

(2) 알레르기성 접촉 피부염

① 접촉 물질에 알레르기가 있는 특정인에게만 생기는 피부염이다.
② 소양증, 구진, 홍반과 함께 피부가 건조해지며 딱딱해진다.
③ 먼지, 화장품, 약품, 옻, 니켈, 합성섬유 등에 노출된 경우에 생긴다.

5. 색소에 의한 피부질환

(1) 과색소 침착(멜라닌 색소 증가)

① 기미(Melasma)
- 후천적인 과색소 질환이며, 주로 안면부에 발생한다.
- 경계가 뚜렷한 연한 갈색이나 흑갈색으로 다양한 크기와 불규칙한 모양으로 나타난다.
- 자외선 과다 노출, 임신, 경구피임약 복용, 내분비장애, 선탠기기 등이 발생 요인이다.
- 중년 여성에게 잘 나타나며, 표피형·진피형·혼합형으로 나뉜다.

② 주근깨(Freckle)
- 선천적인 과색소 침착증이며, 주로 코나 뺨 주변에 많이 생긴다.
- 피부 경계가 뚜렷한 다갈색이나 암갈색의 작은 좁쌀 형태이다.
- 유전적인 요인에 의해 소아기에 발생하거나, 자외선의 노출에 의하여 발생한다.

③ 오타 모반(Ota Nervus)
- 이마·코·광대뼈 부분에 나타나는 갈색 혹은 푸른색의 얼룩진 반점이다.
- 선천적인 경우가 대부분이며, 남성보다 여성의 피부에 많이 발생한다.

④ 흑자(Lentigo)
- 표피의 멜라닌 세포 증가에 의한 색소반이다.
- 단순성 흑자, 노인성 흑자, 악성 흑자가 있다.

⑤ 몽고반
- 다양한 크기의 청회색 반이 엉덩이 부위에 출생시부터 존재한다.
- 멜라닌 세포가 진피 내에 존재하며 수년 내에 보통 자연 소실한다.

⑥ 악성 흑색종
- 일광 노출 부위 혹은 기타 부위에 멜라닌 색소가 악성으로 변형되어 생기는 질환이다.
- 색소가 변하여 갑자기 커지고 불규칙해지거나 진물이 나며 궤양이 형성된다.

(2) 저색소 침착(멜라닌 색소 감소)

① 백색증(Albinism)
- 선천적으로 멜라닌 색소가 결핍되어 나타나는 질환이다.
- 멜라닌 세포의 수는 정상이나 색깔이 없는 멜라닌을 생성한다.
- 전신 혹은 눈, 피부의 일부, 모발 탈색 등의 다양한 형태로 나타난다.

② 백반증(Vitiligo)
- 후천적으로 발생하는 저색소 질환이다.
- 멜라닌 색포의 결핍으로 인하여 여러 크기 및 형태의 백색 반들이 피부에 나타나는 것이다.

6. 감염성 피부질환

(1) 바이러스성 피부질환

① 단순포진(Herpes simplex)
- 직접 접촉으로 감염되며, 주로 입술 주변에 생기는 급성 수포성 질환이다.
- 대부분 흉터가 남지 않으며, 자연치유가 된다.

② 대상포진(Herpes zoster)
- 신경절에 잠복해 있던 수두 바이러스의 재활성화로 발생하는 질환이다.
- 신경 분포를 따라 피부에 편측성인 수포성 발진과 심한 통증을 수반한다.
- 치료에 휴식과 안정이 중요하며, 발진 소실 후에도 통증이 지속되기도 한다.

③ 수두(Varicella)
- 비교적 흔하게 소아에게 발생되며 전염력이 매우 강하다.
- 발열·오한·소양감이 동반되며, 발진이 수포로 변하였다가 가피를 형성한다.

④ 홍역(Measles)
- 소아에게서 주로 발병되며, 전염력이 매우 강한 바이러스이다.
- 10일 정도의 잠복기를 거쳐서 반점이 나타나고 발진이 전신에 확산된다.
- 홍반, 발진과 함께 고열, 기침, 콧물, 결막염 등이 동반된다.

⑤ 전염성 연속종(Molluscum contagiosum)
- Pox 바이러스에 의해 발생하며 보통 물사마귀로 불린다.
- 아토피 피부염이나 면역 결핍증 환자는 병변이 악화될 수 있다.
- 성인보다 소아에게 많이 발병되며, 전염성이 강하다.

⑥ 사마귀(Wart)
- 피필로마(Papilloma) 바이러스에 의해 유발되는 양성 종양이다.
- 발생 부위와 형태에 따라 여러 가지 종류가 있다.
- 전염성이 강하여 타인뿐만 아니라 자신의 신체에도 다발적으로 전염시킨다.

(2) 세균성 피부질환

① 농가진(Impetigo)
- 전염성이 매우 강하며, 황색포도상구균에 의한 감염성 질환이다.
- 유·소아에게서 많이 발생하며, 자연치유가 될 수 있다.
- 두피·안면·손·발 등에 수포를 형성하고, 진물이 나며 딱지가 앉는다.

② 절종(Furuncle)
- 황색포도상구균이 모낭에 침입하여 발생한 질환이다.
- 모낭 주위조직 깊숙이 발생한 급성 화농성 염증이다.
- 두 개 이상의 절종이 융합되어 보다 크고 깊어지면 옹종으로 발전한다.

③ 봉소염(Cellulites)

- 연쇄상구균이나 포도상구균이 피하조직에 침투하여 발생한다.
- 홍반이나 소수포가 발생하고 점차로 큰 판을 형성하며 번진다.
- 림프절의 비대나 전신적인 발열과 통증이 동반될 수 있다.

(3) 진균성 피부질환

① 조갑백선(Tinea Unguium)

- 손톱이나 발톱에 발생하는 무좀으로 피부사상균에 의해 발생한다.
- 조갑이 두터워지며 혼탁해지고 쉽게 부스러진다.
- 국소 치료만으로는 효과가 적어서 항진균제를 바르거나 내복하여 치료한다.

② 족부백선(Tinea Pedis)

- 흔히 무좀이라고 불리는 질환이다.
- 피부사상균이라는 곰팡이균에 의해 발생한다.
- 발가락 사이가 짓무르고 소양감이 심하거나, 각질이 두터워져서 인설이 떨어진다.

③ 두부백선(Tinea cqpitis)

- 두피에 피부사상균이 감염되어 발생하는 질환이다.
- 발생한 모낭성 염증이 심해질 경우에는 부분적인 탈모나 동통이 동반된다.

④ 칸다디증(Candidiasis)

- 진균의 일종인 칸디다 알비칸스(*Candida albicans*)균이 원인이다.
- 구강, 피부, 손·발톱 등에 다양한 증상으로 발생한다.
- 가렵고 붉은 반점이 생기며 면역력이 저하되면 쉽게 유발할 수 있다.

7. 기타 피부질환

(1) 아토피 피부염

① 만성적인 염증성 질환으로 주로 소아에게서 많이 발생한다.
② 유전적 요인, 알레르기, 면역력, 환경 요인 등의 다양하고 복잡한 원인들이 있다.
③ 소양증이 심하며, 피부가 거칠어지고 태선화로 발전되기도 한다.
④ 건조한 계절에 증상이 악화되며, 알레르기성 비염과 천식을 동반하기도 한다.

(2) 지루성 피부염

① 피지 분비 활동이 과다한 부위에 발생하는 피부염으로 홍반과 노란 인설이 형성된다.
② 두피에 비듬 형태로 나타나고 전신으로 나타날 수 있다.
③ 호전과 악화를 되풀이하는데, 발병기전이 명확하지 않다.

(3) 비립종

① 직경1~2mm의 크기의 각질 세포로, 둥근 백색상 피낭종이다.
② 눈꺼풀 및 눈 아래 모공과 이마 등 땀구멍에 주로 발생한다.

(4) 건선

① 정상적인 각질화가 진행되지 않아 세포분열이 아주 빠르게 일어나는 만성 피부질환이다.
② 증상이 좋아졌다가 악화되는 것이 반복된다.
③ 원인이 불분명하며 유전적인 영향을 받으며, 전염되지 않는다.

제4장 피부와 광선

Check Point

이 장에서는 자외선의 종류와 특성을 구분하여 이해합니다. **1문제 출제**됩니다.

1. 태양광선과 자외선

1. 태양광선의 정의

자외선·적외선·가시광선·X−ray·Gamma Ray로 구성된 광선의 혼합체로 모든 생물체의 에너지의 근원이다. 성질이 다른 광선은 파장의 길이에 따라 적외선, 자외선, 가시광선으로 구분된다.

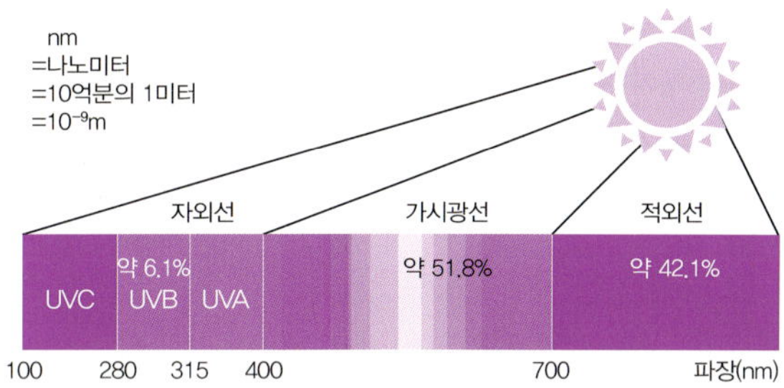

그림 4-1 태양광선의 파장

Check Point

nm＝나노미터＝10억분의 1미터＝10^{-9}m

2. 자외선(Uitraviolet Rays)

1. 자외선의 특징

① 200~400nm의 단파장으로 태양광선 중 6%를 차지한다.
② 체내의 비타민 D를 합성하여 구루병 및 골다공증을 예방한다.
③ 혈액 순환을 도와서 신진대사를 촉진시킨다.
④ 살균 작용과 면역력을 강화를 돕는다.
⑤ 피부에 자극적인 화학반응을 일으킨다.
⑥ 광노화와 일광화상을 일으킨다.
⑦ 광 알레르기나 피부암을 유발할 수 있다.

2. 자외선의 분류

1. UVA : 장파장, 320~400nm

① 진피층의 하부까지 도달하여 광노화를 유발한다.
② 창문을 투과하여 실내에 침투할 수 있다.
③ 색소 침착, 잔주름, 탄력 저하를 일으킨다.

2. UVB : 중파장, 290~320nm

① 진피층의 상부까지 도달하여 홍반 및 일광화상을 유발한다.
② 기미나 주근깨 등의 색소 침착을 유발한다.
③ 비타민 D를 합성한다.
④ 각질세포의 변형을 유발하며 통증, 수포를 발생시킨다.

3. UVC : 단파장, 200~290nm

① 대부분 오존층에 의해 흡수되어 지표면에 도달하지 않는다.
② 살균 효과와 소독작용을 한다.
③ 피부암이나 알레르기를 유발한다.

Check Point

자외선의 파장 길이	자외선의 에너지 강도
UVA ＞ UVB ＞ UVC	UVC ＞ UVB ＞ UVA

3. 자외선에 의한 피부 반응

(1) 일광 화상

① 자외선 B에 4시간 이상 노출되면 발생하는 급성 반응이다.
② 피부가 붉어지고 부풀어 오르며 통증을 동반한다.
③ 표피가 얇게 벗겨지며, 심한 경우에는 물집·오한·발열 등이 동반된다.
④ 발생하고 며칠이 경과하면 피부가 칙칙해지고 검게 된다.

(2) 홍반 반응

① 자외선에 1시간 이상 노출되면 처음으로 나타나는 급성 반응이다.
② 피부가 붉어지고 심하면 부종, 물집, 발열이 동반될 수 있다.
③ 피지 분비가 감소하여 피부가 건조해진다.

(3) 색소 침착

① 자외선에 노출된 후 멜라닌의 광화학 반응으로 피부 색깔이 검어진다.
② 홍반의 정도에 따라 색소 침착의 크기와 정도가 다르다.
③ 멜라노좀의 합성을 증가시켜 새로운 멜라닌 생성을 유도한다.

(4) 광노화

① 세포의 상장과 관계없이 자외선에 장기간 노출 시에 나타나는 노화이다.
② 피부의 조직학적 변화 현상을 말한다.
③ 기저층의 각질형성세포 증식이 빨라져서 표피층이 두꺼워진다.
④ 콜라겐과 엘라스틴의 감소로 탄력 저하와 주름이 생성된다.
⑤ 수분이 부족하여 건조증이 생기며, 표면이 거칠어진다.
⑥ 기미, 주근깨, 검버섯 등 색소 침착이 발생한다.

Check Point

멜라닌 생성 과정
- 멜라노사이트 내의 티로신이 티로시나아제의 산화로 도파로 변하고 다시 도파퀴논으로 산화되어 멜라닌이 생성되는 것이다. 생성된 멜라닌은 각질세포를 따라 피부 표면으로 이동된다.

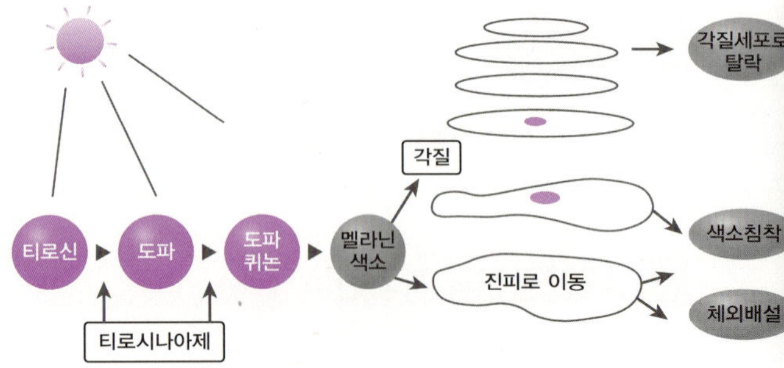

그림 4-2 멜라닌 생성 과정

4. 자외선 차단제

(1) 자외선 흡수제(화학적 차단제)

① 자외선을 흡수하여 화학적인 방법으로 피부를 보호한다.
② 파라아미노벤조산 유도체, 벤즈이미다졸 유도체, 벤조페논 유도체, 파라메톡시신남산 유도체, 디벤조일메탄 유도체, 신남산 유도체 등이 사용된다.

(2) 자외선 산란제(물리적 차단제)

① 분말 상태의 안료가 자외선을 반사시켜 피부 속 침투를 막는다.
② 산화아연, 탈크, 이산화티탄 등이 사용된다.

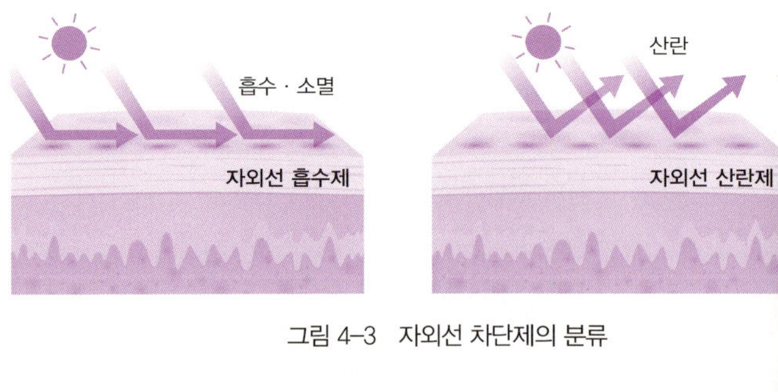

그림 4-3 자외선 차단제의 분류

5. 자외선 차단지수

(1) SPF(Sun Protecting Factor)

① 홍반을 일으키는 UVB의 차단지수로 제품 사용 시 피부가 보호할 수 있는 정도를 수치로 나타낸 것

$$SPF = \frac{\text{자외선 차단 제품을 사용했을 때의 최소 홍반량}}{\text{자외선 차단 제품을 사용하지 않았을 때의 최소 홍반량}}$$

(2) PA(Protect A)

① UVA의 차단 지수로, +, ++, +++, ++++로 표기한다.

② +가 많을수록 보호되는 정도가 크다.(4개까지 있음)

③ + : 차단 정도가 낮음
++ : 차단 정도가 보통(일상, 실내)
+++ : 차단 정도가 높음(일상)
++++ : 차단 정도가 매우 높음

Check Point

올바른 자외선 차단제 사용 방법

- UVB를 차단해 주는 SPF와 UVA를 차단해 주는 PA가 함께 표기된 것을 사용한다.
- 외부환경, 땀, 피부 타입, 건강 상태 등을 고려하여 2시간마다 덧발라 주는 것이 좋다.
- 자외선 차단제를 외출하기 30분 전에 미리 발라 준다.
- UVB가 너무 강한 시간인 12시에서 2시 사이에는 가급적 노출을 피한다.
- UVA는 유리를 투과하므로 실내에서도 자외선 차단제를 바른다.
- 자외선이 강할 시 모자, 선글라스, 양산 등으로 자외선 차단을 돕는다.

3. 적외선(Infrared Rays)

1. 적외선의 특징

① 눈에 보이지 않는 광선으로 약 650~1400nm의 장파장에 속한다.

② 가시광선의 적색 외측에 있어 적외선이라고 한다.

③ 강한 열을 운반하므로 열선이라고도 한다.

④ 피부 표면에 자극 없이 인체 깊숙이 도달한다.

⑤ 진피까지 침투하는 근적외선과 표피까지 침투하는 원적외선이 있다.

2. 적외선이 미치는 영향

① 혈관 확장으로 혈액순환 및 신진대사를 원활히 한다.

② 근육이 이완되고 통증을 완화 시킨다.

③ 혈액량 증가로 식균 작용에 도움을 준다.

④ 피부 온도 상승으로 영양분 흡수를 돕는다.

3. 적외선 램프 이용 효과 및 주의 사항

① 온열작용을 통해 화장품 및 영양물질의 흡수를 용이하게 한다.

② 건성 및 비듬성 피부와 노화 피부의 주름에 효과적이다.

③ 시술자는 보호안경을, 고객은 아이패드를 적용한다.

④ 화상에 주의하며 램프와 60cm 정도의 일정거리를 유지한다.

제5장 피부 면역

Check Point

이 장에서는 우리 몸의 면역과 면역작용을 이해합니다. **1문제 출제**됩니다.

1. 면역의 정의와 종류

1. 면역의 정의

① 외부로부터 침입하는 이물질에 대한 인체의 저항 능력이다.
② 미생물, 화학물질, 먼지 등 인체 내부로 들어오는 외부 인자를 '항원'이라고 한다.
③ 인체 내부에 항원이 침입하면 이에 대항하기 위에 생성되는 물질을 '항체'라고 한다.

2. 면역의 종류

(1) 선천적 면역(자연면역, 비특이성 면역)

① 선천적으로 태어나면서부터 가지고 있는 자연면역
② 병원체 종류를 가리지 않고 무작위로 대항하는 면역
③ 감염 즉시 신속하고 빠르게 방어작용을 한다.
④ 피부와 점막, 기침, 점액, 위산, 소화효소, 염증반응 등이 있다.
⑤ 식세포 면역 반응인 백혈구의 이물질 식균작용

(2) 후천적 면역(획득면역, 특이성 면역)

① 특정 병원체에 감염 후 갖게 되는 획득면역이다.
② 감염된 병원체를 기억하여 선별적으로 방어하는 면역 작용이다.
③ 미리 예방접종을 통하여 항원을 기억하여 방어할 수 있다.
④ **T림프구** : 혈액 내 림프구의 80%를 차지하고 있다. 세포성 면역을 담당하며, 세포와의 접촉으로 직접 항원을 공격한다.
⑤ **B림프구** : 면역 글로불린 항체를 생성하려 항원을 방어하는 체액성 면역이다.

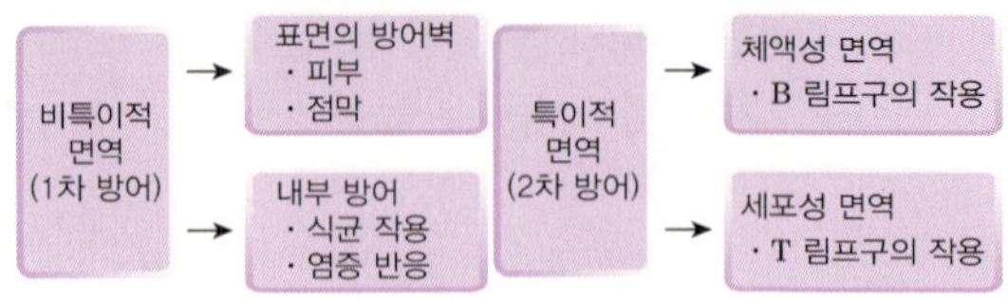

그림 5-1 우리 몸의 방어 작용

2. 피부의 면역 작용

1. 물리적 방어

① **피부의 층구조** : 표피층의 겹겹이 쌓은 층구조는 외부 미생물의 침입을 막는다.
② **피부 표면** : 건조한 피부 표면은 미생물의 안착이 어렵다.
③ **각질 탈락** : 각질생성주기로 인하여 박리된 각질은 이물질에 방어할 수 있다.

2. 화학적 방어

피부 표면의 천연 유수분 보호막은 약산성으로 미생물의 생존과 번식이 어렵다.

3. 피부 면역세포

① **랑게르한스 세포** : 표피층에 존재하는 면역세포이며, 항원에 노출되면 림프구에 항원을 전달한다.
② **대식세포** : 피부 조직 내의 항원을 포식하며, 면역정보를 림프구에 전달한다.

제6장

피부 노화

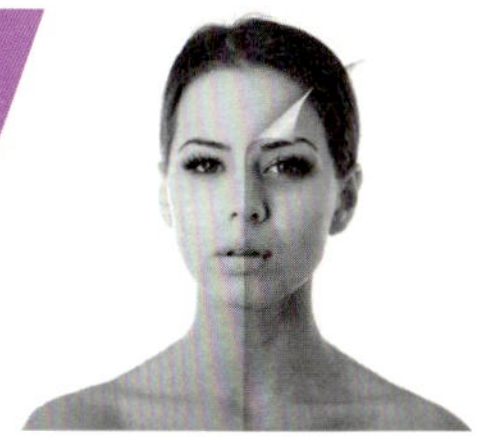

Check Point

이 장에서는 피부 노화를 이해하고 내인성 노화와 외인성 노화를 구분하여 숙지합니다. **1문제 출제**됩니다.

1. 피부 노화의 원인

1. 노화의 정의

시간이 지남에 따라 인체의 실질적인 기능이 감소하고 내재적이고 점진적인 퇴행성 변화로, 사망에 이를 때까지 진행된다.

2. 피부 노화의 원인

① 출생 시 유전자상의 정보에 의해 세포 노화가 나타난다.
② 활성산소에 의해 체내의 세포가 손상되어 노화가 일어난다.
③ 신진대사의 과정에서 발생되는 독소에 의하여 노화가 일어난다.
④ 세포분열의 과정에서 텔로미어가 단축되어 노화가 일어난다.

Check Point

- 텔로미어(telomere) : 염색체 양끝에 반복적으로 존재하며 염색체의 손상을 방지하다. 세포가 한번 분열할 때마다 그 길이가 점점 짧아지며 일정한 횟수를 넘어서면 세포분열을 멈추고 죽게 된다.

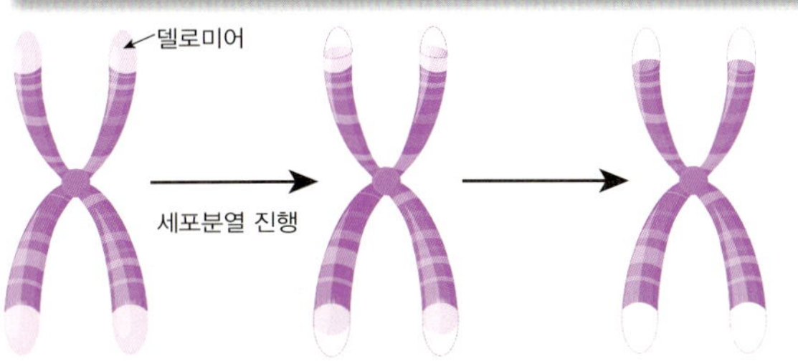

그림 6-1 텔로미어

2. 피부 노화의 종류

1. 내인성 노화(자연노화)

나이가 들며 자연적으로 노화 유전자의 영향을 받아서 발생하는 노화 현상이다.
① 표피와 진피가 얇아진다.
② 랑게르한스 세포 수의 감소로 피부의 면역 기능이 감소된다.
③ 피부 수분 함유량의 감소로 피부 건조와 잔주름이 증가된다.
④ 멜라닌 세포의 감소로 색소 침착이 유발된다.
⑤ 콜라겐과 엘라스틴의 감소로 인한 주름 증가 및 피부 처짐이 생긴다.
⑥ 진피 내의 혈관 반응과 혈류량이 감소하여 안색이 탁해진다.
⑦ 한선의 수와 안드로겐의 감소로 피지 분비가 줄어서 피부 건조증이 발생한다.

2. 외인성 노화(광노화)

시간의 흐름과 상관없이 햇볕 노출에 의한 자외선의 축적으로 유발되므로 '광노화'라고도 한다.
① 각질층이 두꺼워지며 색소 침착이 보인다.
② 수분 감소로 인해 피부가 건조하고 잔주름이 많아진다.
③ 태양광선에 의한 멜라닌세포의 이상 항진으로 과색소 침착이 나타난다.
④ 진피내의 모세 혈관 확장이 유발된다.
⑤ 콜라겐과 엘라스틴의 손상으로 탄력 저하와 굵고 깊은 주름이 발생한다.
⑥ 광노화는 자외선 B와 자외선 A, 모두가 영향을 준다.
⑦ 햇빛에 노출이 많을수록 광노화가 빨리 진행된다.

1 다음 중 피부의 기능이 아닌 것은?

① 보호작용
② 체온조절작용
③ 순환작용
④ 비타민 D 합성작용

[해설]
피부의 기능 : 보호작용, 체온조절작용, 분비 및 배설의 작용, 비타민 D 합성기능, 흡수작용, 재생작용, 면역 기능, 저장 기능 등을 한다.

2 다음 중 진피와 표피의 경계에 있는 층은?

① 기저층
② 망상층
③ 유극층
④ 과립층

[해설]
기저층은 진피층 바로 위에 경계를 이루는 표피층의 최저부에 있으며, 진피의 영양분을 공급받는다.

3 다음 중 피부에서 세포 분열을 하여 새로운 세포를 생성하는 층은?

① 각질층
② 과립층
③ 유극층
④ 기저층

[해설]
기저층은 모세 혈관으로부터 영양분을 공급받아 세포 분열을 한다.

4 성인의 경우에 체중에서 피부가 차지하는 비중은?

① 7~10%
② 10~15%
③ 15~17%
④ 17~20%

[해설]
성인의 경우 피부가 차지하는 비중은 체중의 약 16% (15~17%)이다.

5 다음 중 피부의 색상을 결정짓는 주요 색소는?

① 카로틴 ② 케라틴
③ 멜라닌 ④ 헤모글로빈

[해설]
멜라닌은 피부의 색을 결정짓는 가장 주요한 색소이다.

6 다음 중 피지의 역할로 옳지 않은 것은?

① 피부 수분 증발을 막아 준다.
② 피부에 윤택함을 부여한다.
③ 체온 조절 기능이 있어서 몸의 온도를 낮춘다.
④ 피부 표면을 약산성으로 유지하여 살균작용을 돕는다.

[해설]
땀은 우리 몸의 체온을 조절하며 몸의 온도를 낮춘다.

7 피부 중 가장 두꺼운 부분은?

① 입술
② 손바닥, 발바닥
③ 눈꺼풀
④ 목

[해설]
손바닥 발바닥은 피부 중 가장 두꺼운 부분이며, 가장 얇은 곳은 눈가이다.

8 표피의 각화과정을 순서대로 나열한 것은?

① 각질층 → 과립층 → 투명층 → 기저층
② 각질층 → 과립층 → 유극층 → 기저층
③ 기저층 → 유극층 → 과립층 → 각질층
④ 기저층 → 투명층 → 과립층 → 각질층

[해설]
피부세포가 기저층 → 유극층 → 과립층 → 각질층으로 올라가면서 세포 분열을 통하여 각질로 떨어져 나가는 과정이 각화 과정이다.

정답 1. ③ 2. ① 3. ④ 4. ③ 5. ③ 6. ③ 7. ② 8. ③

9 다음 중 표피에서 면역작용을 담당하는 세포는?

① 각질형성세포
② 섬유아세포
③ 머켈 세포
④ 랑게르한스 세포

[해설]
랑게르한스 세포는 표피의 유극층에 존재하며 면역작용을 한다.

10 다음 중 표피의 구조에서 랑게르한스 세포가 존재하는 층은?

① 기저층 ② 투명층
③ 각질층 ④ 유극층

[해설]
랑게르 한스 세포는 면역을 담당하며 표피의 유극층에 존재한다

11 콜라겐(교원섬유)에 대한 설명으로 맞는 것은?

① 가늘고 긴 섬유단백질로 섬유아세포에서 생성된다.
② 관절의 인대에 관여한다.
③ 나이가 들수록 점점 양이 증가한다.
④ 진피의 90%를 차지하는 굵은 다발의 섬유 조직이다.

[해설]
섬유아세포에서 생성되며, 피부의 스프링 역할과 관절의 인대에 관여하는 것은 엘라스틴이다.

12 피하조직에 대한 특징이 아닌 것은?

① 외부로부터 충격을 흡수하여 인체 내부를 보호한다.
② 영양분을 저장한다.
③ 수분의 증발과 침투를 막아 준다.
④ 열 손실을 막고, 체온을 유지한다.

[해설]
표피의 과립층에는 수분의 증발과 침투를 막아 주는 레인 방어막이 존재한다.

13 피부의 기능으로 옳지 않은 것은?

① 물질을 제한적으로 흡수하는 흡수기능이 있다.
② 생체방어기전에 관여하는 면역 세포들이 있다.
③ 비타민 A의 합성 기능을 한다.
④ 피부 표면은 pH4.5~5.5의 약산성으로 미생물로부터 보호한다.

[해설]
자외선 조사에 의해 비타민 D를 합성한다.

14 피부의 감각에서 가장 둔감하게 느끼는 것은?

① 냉각(冷覺) ② 온각(溫覺)
③ 통각(痛覺) ④ 압각(壓覺)

[해설]
통각 > 압각 > 촉각 > 냉각 > 온각

15 피부의 가장 이상적인 pH의 범위는 어느 것인가?

① pH 6.5~7.5 ② pH 5.5~6.5
③ pH 4.5~5.5 ④ pH 3.5~4.5

[해설]
피부의 가장 이상적인 상태는 pH 4.5~5.5이다.

16 피부구조에 관한 설명으로 맞는 것은?

① 과립층 – 모세 혈관으로터 산소와 영양을 공급받는다.
② 유극층 – 표피 중 가장 두꺼운 층으로 림프액이 흐른다.
③ 각질층 – 피부의 가장 바깥층으로 납작한 유핵세포로 구성되어 있다.
④ 기저층 – 케라틴 단백질이 뭉쳐 케라토 히알린을 생성한다.

[해설]
유극층은 표피의 가장 두꺼운 층으로 영양분이 풍부하며, 림프액과 면역세포가 존재한다.

17 다음 중 각화유리질과립이 존재하는 층은?

① 각질층 ② 기저층
③ 유극층 ④ 과립층

[해설]
과립층 : 케라토 히알린과 같은 각화유리질이 과립으로 존재, 수분의 침투와 증발을 막는 레인 방어막이 존재

정답 9. ④ 10. ④ 11. ④ 12. ③ 13. ③ 14. ② 15. ③ 16. ② 17. ④

18 피부세포의 각화 과정의 일반적인 각화주기는?

① 약 2주 ② 약 3주
③ 약 4주 ④ 약 5주

[해설]
각화주기는 기저층에서 각질층까지 약 2주, 각질층에서 머물다 탈락되기까지 약 2주, 약 4주(28일)가 소요된다.

19 세포간 지질에 대한 설명으로 옳지 않은 것은?

① 피부의 각질층에 존재한다.
② 층상의 라멜라구조를 띄고 있다.
③ 구성의 대부분이 지방산이다.
④ 각질층을 결합시킨다.

[해설]
세포간 지질 : 세라미드 50%, 불포화지방산 30%, 콜레스테롤 15% 등으로 구성

20 천연보습인자(N.M.F)의 구성 성분이 아닌 것은?

① 아미노산
② 젖산염
③ 세라미드
④ 피롤리돈카르본산

[해설]
천연보습인자(N.M.F) : 아미노산 40%, 피롤리돈카르본산 12%, 젖산염 12%, 요소 7% 등을 함유한다.

21 천연 보습 인자의 구성 성분 중 40%를 차지하는 중요 성분은?

① 요소 ② 젖산염
③ 무기염 ④ 아미노산

[해설]
천연 보습 인자에서 40% 차지하는 것은 아미노산이다. 무기염 18.5%, 젖산염 12%, 피롤리돈 카르본산 12%이다.

22 피부의 부속 기관에 해당되는 것은?

① 조갑 ② 콜라겐
③ 엘라스틴 ④ 기질

[해설]
피부의 부속 기관은 피지선, 한선, 모발, 조갑 등이 있다.

23 다음 중 피부에서 콜라겐과 엘라스틴이 존재하는 피부층은?

① 피하 조직
② 유극층
③ 진피층
④ 투명층

[해설]
진피의 구성 물질로 콜라겐, 엘라스틴, 기질이 있다.

24 다음 중 표피층을 외측에서부터 순서대로 나열한 것은?

① 각질층, 유극층, 투명층, 과립층, 기저층
② 각질층, 투명층, 과립층, 유극층, 기저층
③ 각질층, 기저층, 과립층, 투명층, 유극층
④ 각질층, 투명층, 기저층, 과립층, 유극층

[해설]
표피는 외측으로부터 각질층 → 투명층 → 과립층 → 유극층 → 기저층으로 존재한다.

25 기저층의 설명으로 맞는 것은?

① 콜라겐과 엘라스틴으로 구성되어 있다.
② 표피 중 가장 바깥쪽에 위치한다.
③ 새로운 세포가 생성된다.
④ 다중으로 된 유핵세포로 분열하지 않는다.

[해설]
콜라겐과 엘라스틴은 진피층에 위치한다.

26 다음 중 각질층에 대한 설명이 바른 것은?

① 다각형의 세포들이 바깥쪽으로 갈수록 편평해진다.
② 짙은 띠 모양으로 나타난다.
③ 편평하고 반투명한 비늘 같은 모양의 세포들로 구성된다.
④ 진피의 유두층과 접촉하여 존재한다.

[해설]
각질층은 표피의 가장 바깥층으로 매우 편평한 극히 작은 비늘 같은 모양의 세포들로 구성된다.

정답 18. ③ 19. ③ 20. ③ 21. ④ 22. ① 23. ③ 24. ② 25. ③ 26. ③

27 다음 중 과립층에 대한 설명으로 옳은 것은?

① 천연보습인자가 존재한다.
② 가시모양의 돌기가 있어 인접 세포와 연결되어 있다.
③ 색소형성 세포가 존재한다.
④ 케라틴 단백질이 뭉쳐있는 케라토히알린이 있다.

[해설]
각질층에 천연보습인자가 존재하고, 기저층엔 멜라닌 세포가 존재한다. 유극세포는 가시모양의 돌기가 있다.

28 멜라닌 세포에 대한 설명 중 옳지 않은 것은?

① 자외선으로부터 피부를 보호한다.
② 과립층의 멜라노 사이트에서 생성된다.
③ 아미노산인 티로신이 티로시나아제에 의해 도파, 도파퀴논으로 산화되어 생긴다.
④ 멜라닌 합성에 영향을 주는 요인으로 유전, 자외선 노출, 식습관 등이 있다.

[해설]
멜라닌 세포는 기저층에 존재한다.

29 다음 중 랑게르한스 세포의 설명으로 올바른 것은?

① 표피의 가장 바깥층에 존재한다.
② 각질층을 통과한 항원을 인지할 수 있다.
③ 교소체가 존재한다.
④ 진피에만 항상 존재한다.

[해설]
랑게르한스 세포는 표피의 중간층이나 깊은 층에 있으며, 교소체가 없어 자유롭게 움직이는 세포이다.

30 피부의 감각기능에 대한 설명으로 틀린 것은?

① 통각, 촉각, 온각, 냉각, 압각이 있다.
② 통각은 피부의 감각기관 중 가장 많이 분포되어 있다.
③ 촉각은 손가락, 입술, 혀끝 등이 가장 예민하다.
④ 감각의 밀도는 통각이 가장 낮고, 온각이 가장 높다.

[해설]
피부의 감각점 분포 크기 : 통각 > 압각 > 촉각 > 냉각 > 온각

31 조갑의 구조 중 세포 분열을 통하여 조체의 성장에 관여하는 곳은?

① 조상피 ② 조모
③ 조상 ④ 조근

[해설]
조판의 성장과 재생을 지배하는 곳은 조모(조기질)이다.

32 다음 중 아포크린선에 관한 질환으로 옳은 것은?

① 소한증
② 다한증
③ 땀띠
④ 액취증

[해설]
아포크린선(대한선)은 단백질 함유량이 많아 세균에 의해 분해되어 독특한 냄새가 난다.

33 멜라닌 세포가 분포되어 있는 곳은?

① 과립층
② 기저층
③ 투명층
④ 유극층

[해설]
기저층에는 각질형성세포와 멜라닌 세포가 분포되어 있다.

34 피부의 색소와 관계가 없는 것은?

① 멜라닌
② 헤모글로빈
③ 엘라이딘
④ 카로틴

[해설]
엘라이딘은 투명층에 존재하는 반유동성 물질이다. 피부색은 멜라닌(흑갈색), 헤모글로빈(빨간색), 카로틴(노란색)의 양과 비례하여 결정된다.

정답 27. ④ 28. ② 29. ② 30. ④ 31. ② 32. ④ 33. ② 34. ③

35 다음 중 피부의 색소침착을 완화시키며 기미, 주근깨 등의 치료에 주로 효과가 있는 영양소는 무엇인가?

① 비타민 A ② 비타민 B
③ 비타민 C ④ 비타민 D

[해설]
비타민 C는 강한 항산화제로써 기미, 주근깨, 잡티 등 과색소 침착된 색을 퇴색시킨다.

36 단백질의 일종인 케라틴을 만들어 내는 세포는?

① 머켈 세포
② 섬유아세포
③ 각질형성세포
④ 멜라닌 세포

[해설]
피부의 각질(케라틴)을 만들어 내는 세포는 각질형성세포이다.

37 모발의 성장주기에서 세포가 가장 활발하게 분열하는 시기는?

① 성장기 ② 퇴행기
③ 휴지기 ④ 퇴화기

[해설]
모기질 세포는 성장기, 퇴행기, 휴지기 순으로 활발하게 증식 분화한다.

38 모발의 기능으로 옳지 <u>않은 것</u>은?

① 보호 기능 ② 장식 기능
③ 지각 기능 ④ 호흡 기능

[해설]
모발의 기능 : 보호 기능, 지각 기능, 장식 기능

39 다음 중 피지선의 특징으로 <u>틀린 것</u>은?

① 망상층에 존재하는 분비선이다.
② 피부 표면을 산성으로 유지시켜 준다.
③ 손, 발바닥을 제외한 전신에 분포되어 있다.
④ 피부의 수분 증발을 억제하고 항세균 작용을 한다.

[해설]
피부를 pH5.5의 약산성으로 유지시켜 살균 작용을 한다.

40 땀샘에 대한 설명으로 <u>틀린 것</u>은?

① 에크린선은 입술을 포함하여 전신 피부에 분포되어 있다.
② 에크린선에서 분비되는 땀은 무색, 무취이다.
③ 아포크린선에서 분비되는 땀은 소량이지만 나쁜 냄새의 요인이 된다.
④ 아포크린선에서 분비되는 땀은 표피에 배출된 후에 세균의 증식으로 부패되면서 냄새가 나는 것이다.

41 에크린선에 대한 설명으로 <u>틀린 것</u>은?

① 전신에 분포되어 있다.
② 단백질 함유량이 많아 액취증을 유발한다.
③ 나선형 한공으로 진피 내에 존재한다.
④ 무색 · 무취의 땀을 분비한다.

[해설]
단백질 함유량이 많은 유백색 액체로 세균에 의해 분해되면서 액취증을 유발하는 것은 아포크린선(대한선)이다.

42 모발의 가장 중심부에 있으며, 멜라닌 색소를 함유하는 곳은?

① 모피질
② 모수질
③ 모구
④ 모표피

[해설]
모수질 : 구멍 난 벌집 형태의 모양으로 모발의 가장 중심부에 위치하며, 멜라닌 색소를 함유한다.

43 손톱의 아래에서 각질화되지 않은 흰색의 반달 모양은 무엇인가?

① 조체 ② 조근
③ 자유연 ④ 조반월

[해설]
• 조체 : 손톱의 몸통
• 조근 : 손톱의 뿌리
• 자유연 : 손톱의 끝부분
• 조반월 : 손톱의 아래 흰 반달 부분

정답 35. ③ 36. ③ 37. ① 38. ④ 39. ② 40. ① 41. ② 42. ② 43. ④

44 표피의 구성 세포 중 면역 반응에 관여하는 것은?

① 섬유아 세포 ② 비만 세포
③ 랑게르한스 세포 ④ 멜라닌 세포

[해설]
랑게르한스 세포는 이물질을 T림프구에 전달하는 면역 세포이다.

45 모발에 대한 내용으로 옳지 않은 것은?

① 모간은 피부 내부의 모낭 속에 존재한다.
② 모발의 영양과 발육을 관장하는 곳은 모낭의 모유두이다.
③ 세포 분열을 통해 모발을 생성하는 곳은 모모세포이다.
④ 모표피는 모발의 가장 바깥 부분의 투명한 비닐처럼 존재한다.

[해설]
모간은 피부 표면에 돌출된 모발 부분이다. 피부 내부의 모낭 속에 존재하는 것은 모근이다.

46 모발에 대한 내용으로 옳지 않은 것은?

① 모간은 피부 내부의 모낭 속에 존재한다.
② 모발의 영양과 발육을 관장하는 곳은 모낭의 모유두이다.
③ 세포 분열을 통해 모발을 생성하는 곳은 모모세포이다.
④ 모표피는 모발의 가장 바깥 부분의 투명한 비닐처럼 존재한다.

[해설]
모간은 피부 표면에 돌출된 모발 부분이다. 피부 내부의 모낭 속에 존재하는 것은 모근이다.

47 다음 중 기모근(입모근)에 대한 설명으로 틀린 것은?

① 평활근이다.
② 모낭 아래에 위치하고 있다.
③ 세움근이라고도 한다.
④ 부교감 신경체계이다.

[해설]
기모근은 교감신경체계 지배를 받는다.

48 건강한 손톱의 설명으로 옳지 않은 것은?

① 피부에 강하게 부착되어 있어야 한다.
② 유분과 수분을 적정하게 함유하고 있어야 한다.
③ 단단하고 세로결이 나타나야 한다.
④ 매끄럽게 광택이 흐르고 연한 핑크 빛을 띠어야 한다.

[해설]
건강한 손톱은 단단하고 매끄러워야 한다.

49 세포간지질의 구성 중 가장 많이 차지하는 것은?

① 콜레스테롤
② 세라미드
③ 지방
④ 케라틴

[해설]
각질층에 존재하는 세포간지질은 세라미드 50%, 불포화지방산 30%, 콜레스테롤 15% 등으로 구성되어 있다.

50 다음 중 진피의 구성성분이 아닌 것은?

① 콜라겐
② 천연보습인자
③ 엘라스틴
④ 기질

[해설]
진피는 피부의 90%를 차지하며 콜라겐(교원섬유), 엘라스틴(탄력섬유), 기질 등의 섬유성 단백질로 구성되어 있다.

51 진피에 대한 설명으로 틀린 것은?

① 진피란 세포와 세포외 기질로 구성된 상피조직이다.
② 혈관과 림프가 있어 표피에 영양을 공급을 원활하게 한다.
③ 표피를 지지해 주는 역할을 한다.
④ 표피와 피하지방층 사이에 존재한다.

[해설]
진피는 결합조직이다.

정답 44. ③ 45. ① 46. ① 47. ④ 48. ③ 49. ② 50. ④ 51. ①

52 추위나 공포에 근육을 수축하여 털을 세우는 곳은?

① 모근
② 한선
③ 기모근
④ 모간

[해설]
기모근(입모근)은 모낭에 연결되어 있으며, 털을 세워 체온 조절을 한다.

53 피지선에 대한 설명으로 옳지 않은 것은?

① 진피의 망상층에 존재한다.
② 손·발바닥을 제외한 전신에 분포되어 있다.
③ 피부와 모발에 윤택함을 부여한다.
④ 땀과 함께 피부 표면을 산성으로 유지시켜 준다.

[해설]
피지를 분출하여 땀과 함께 피부 표면을 pH5.5의 약산성으로 유지시켜 살균 작용을 한다.

54 모발의 색을 나타내는 색소 중 검정색을 나타나게 하는 멜라닌은?

① 유멜라닌
② 멜라노 사이트
③ 페오멜라닌
④ 티로신

[해설]
유멜라닌은 검정색과 갈색의 어두운 모발을 나타내고, 페오멜라닌은 적갈색과 황색의 밝은색 모발을 나타낸다.

55 레인 방어막에 대한 설명으로 틀린 것은?

① 과립층에 존재한다.
② 외부 물질의 침투를 막아 준다.
③ 수분의 증발을 막는다.
④ 멜라닌 세포의 증식을 억제한다.

[해설]
레인 방어막(Rein Membrane)은 표피의 과립층에 존재하며 외부 물질의 침투와 수분의 증발을 막아서 피부를 보호한다.

56 주로 손바닥과 발바닥에 존재하는 피부층은?

① 각질층 ② 투명층
③ 유극층 ④ 과립층

[해설]
투명층은 피부가 두꺼운 손·발바닥에 주로 분포되어 있다.

57 진피의 구성 물질 중 수분 보유력이 우수하여 화장품의 원료로도 많이 사용되는 것은?

① NMF
② 콜라겐
③ 엘라스틴
④ 세라미드

[해설]
콜라겐은 진피의 90% 이상을 차지하며, 보습 작용이 매우 우수하다.

58 피부에서 독립 피지선이 존재하는 곳은?

① 손바닥
② 두피
③ 눈꺼풀
④ 귓불

[해설]
독립 피지선은 눈꺼풀, 유두, 윗입술, 구강점막 등에 존재한다.

59 모발의 구조에서 모발에 영양을 관장하는 부분은?

① 모근 ② 모낭
③ 모모세포 ④ 모유두

[해설]
모유두는 모낭 끝의 작은 돌기 조직으로 모발의 영양을 관장하는 혈관과 신경이 분포되어 있다.

60 피부의 표피층에서 가장 두꺼운 층은?

① 기저층 ② 유극층
③ 투명층 ④ 과립층

[해설]
유극층은 표피 중 가장 두꺼운 층으로 림프관이 존재하여 영양을 공급하고 면역 기능을 담당한다.

정답 52. ③ 53. ④ 54. ① 55. ④ 56. ② 57. ② 58. ③ 59. ④ 60. ②

61 다음 중 과립층에 대한 설명으로 옳지 않은 것은?

① 수축된 케라틴섬유와 핵을 가진 편평한 과립세포가 3–5층을 형성한다.
② 피부건조와 염증을 예방한다.
③ 빛을 굴절시켜 피부를 맑게 보이게 한다.
④ 세포가 가시모양의 형태를 띄고 있어 가시층이라 불린다.

[해설]
유극층의 세포 모양이 가시모양으로 가시층이라고도 불린다.

62 다음 중 교감 신경과 부교감 신경이 위치하고 있는 곳은?

① 기저층　　② 망상층
③ 피하조직　　④ 각질층

[해설]
진피에는 유두층과 망상층으로 이루어져 있으며 교감 신경, 부교감 신경, 혈관, 림프관, 피지선, 한선, 유선, 모낭, 신경총 등이 분포되어 있다.

63 표피의 구조에서 살아있는 유핵이 있는 층은?

① 투명층
② 유두층
③ 유극층
④ 망상층

[해설]
유극층 :
• 표피 중 가장 두꺼우며 살아 있는 유핵세포로 구성되어 있다.
• 림프액의 흐름으로 영양 공급과 노폐물 배출이 왕성하다.
• 면역 기능을 담당하는 랑게르한스 세포가 존재한다.

64 케라틴으로 구성된 피부의 보호막 역할을 하는 층은?

① 피하조직　　② 과립층
③ 투명층　　④ 각질층

[해설]
각질층은 표피의 가장 바깥층으로 피부를 보호하며 케라틴, 천연보습인자, 지질로 구성되어 있다.

65 우리 몸의 대사 과정에서 생성되는 노폐물, 독소 등이 배설되지 못하고 피부조직에 남아 울퉁불퉁하게 보이며 림프 순환이 원인인 피부 현상은?

① 피부건선　　② 켈로이드
③ 알레르기　　④ 셀룰라이트

66 셀룰라이트에 대한 설명으로 옳지 않은 것은?

① 주로 허벅지, 복부, 엉덩이 부위에 많이 발생한다.
② 남성보다 여성에게 더 많이 발생한다.
③ 세포질이 얇고 부드럽게 형성되어 쉽게 분해된다.
④ 노폐물과 체액이 지방과 결합되어 축적된 것이다.

[해설]
셀룰라이트는 순환장애가 원인으로 세포질이 두껍고 질긴 형태로 형성되어 잘 분해되지 않는다.

67 셀룰라이트의 발생 원인으로 틀린 것은?

① 지방세포의 과다 축적
② 근조직의 뭉침
③ 림프관과 혈관의 압박
④ 혈액순환의 저하

68 표피에 분포되어 있는 세포가 아닌 것은?

① 각질형성세포
② 머켈 세포
③ 색소형성세포
④ 대식세포

[해설]
표피의 기저층에 각질형성세포, 머켈 세포, 색소형성세포와 유극층에 랑게르한스 세포가 존재한다.

69 진피에 존재하는 세포가 아닌 것은?

① 섬유아세포
② 머켈 세포
③ 대식세포
④ 비만세포

[해설]
진피에는 섬유아세포, 대식세포, 비만세포가 존재한다.

정답　61. ④　62. ②　63. ③　64. ④　65. ④　66. ③　67. ②　68. ④　69. ②

70 각질층을 안정적으로 결합하는 층상 구조는?

① 케라틴 구조 ② 라멜라 구조
③ 지질 구조 ④ 메트릭스 구조

[해설]
각질층의 라멜라 구조는 친수성과 친유성 층이 규칙적으로 배열된 층상 구조로 안정적인 결합을 하고 있다.

71 다음 중 피부의 부속기관들이 위치하는 곳은?

① 피하조직 ② 표피
③ 진피 ④ 근육

[해설]
진피층에는 혈관, 림프관, 한선, 피지선, 교감 신경, 부교감 신경 등이 분포되어 있다.

72 다음 단백질의 주 기능으로 옳은 것은?

① 신체의 골격과 치아를 구성한다.
② 인체 조직의 성장과 재생에 관여한다.
③ 지용성 비타민의 흡수를 돕는다.
④ 에너지를 저장한다.

[해설]
단백질의 가장 중요한 기능은 인체 조직의 성장과 재생이다.

73 무기질에 대한 설명으로 옳지 않은 것은?

① 골격과 치아의 형성을 관여한다.
② 효소나 호르몬 작용을 촉진한다.
③ 체액의 삼투압을 조절한다.
④ 혈당을 유지한다.

[해설]
혈당 유지, 포도당 합성은 단백질의 기능이다.

74 다음 비타민의 특징에 대한 설명으로 옳은 것은?

① 비타민은 체내에서 합성된다.
② 지용성 비타민은 필요량을 매일 공급해야 한다.
③ 지용성 비타민은 비타민 A, D, E, H가 있다.
④ 수용성 비타민은 과잉 섭취 시 체내에 저장되지 않고 배출된다.

[해설]
수용성 비타민은 물에 녹는 비타민으로 과잉 섭취 시 체내에 축적되지 않고 배출된다.

75 비타민 C가 피부에 미치는 영향이 아닌 것은?

① 항산화 작용
② 모세 혈관 강화
③ 멜라닌 색소 증식
④ 탄력 증진

[해설]
비타민 C 기능 : 멜라닌 색소 증식 억제, 콜라겐 형성 촉진, 항산화 작용, 모세 혈관 강화

76 다음 중 단백질이 피부에 미치는 영향으로 맞는 것은?

① 혈액의 삼투압 조절 및 체내의 수분량을 유지시킨다.
② 생리작용의 조절과 성장유지를 돕는다.
③ 피부조직의 재생 작용을 돕는다.
④ 소화작용과 산소운반을 도우며 에너지 대사에 관여한다.

[해설]
비타민은 효소나 조효소로 작용하여 생리작용의 조절과 성장유지에 관여하고, 무기질은 혈액의 삼투압 조절 및 체내 수분량 유지 및 소화, 산소운반, 에너지 대사에 관여한다.

77 다음 혈액 응고의 기능을 하는 비타민은?

① 비타민 A
② 비타민 B
③ 비타민 D
④ 비타민 K

[해설]
비타민 K는 혈액응고 촉진, 피부염과 습진에 관여하며 녹황색 채소, 간, 콩 등에 함유되어 있다.

78 다음 중 탄수화물에 대한 설명이 아닌 것은?

① 과잉 섭취 시 비만과 당뇨병이 될수 있다.
② 신체의 중요한 에너지원이다.
③ 체온을 유지한다.
④ 소화흡수율이 높다.

[해설]
체온 유지의 기능은 지방이다.

정답 70. ② 71. ③ 72. ② 73. ④ 74. ④ 75. ③ 76. ③ 77. ④ 78. ③

79 필수 아미노산에 대한 설명으로 옳은 것은?

① 체내에서 합성이 가능하다.
② 글라이신, 알라닌, 프롤린, 타이로신, 세린, 시스테인 등이 있다.
③ 반드시 음식을 통해 흡수된다.
④ 혈액 내 콜레스테롤의 축적을 방해한다.

[해설]
필수아미노산은 체내에서 합성되지 않고 반드시 음식을 통해 흡수된다. 이소로신, 로이신, 페닐알라닌, 트립토판, 발린, 트레오닌, 라이신, 알라닌 등이 있다.

80 모세 혈관 기능과 갑상선 기능에 도움을 주는 영양소는?

① 철분
② 아연
③ 구리
④ 요오드

[해설]
요오드는 갑상선 호르몬 성분으로 모세 혈관 기능이 정상화하는 데 도움을 준다.

81 다음 중 혈액에 산소를 운반해 주는 기능의 성분은?

① 아연(Zn)
② 구리(Cu)
③ 철분(Fe)
④ 요오드(I)

[해설]
철분(Fe)은 헤모글로빈의 구성 성분으로 혈액에 산소를 공급한다.

82 토코페롤에 대한 설명으로 옳은 것은?

① 항산화 작용으로 노화 방지를 한다.
② 과잉 섭취 시 체내에 축적되지 않는다.
③ 자외선을 통하여 피부에 합성한다.
④ 비타민P로 녹색 채소에 함유되어 있다.

[해설]
토코페롤(비타민E)은 지용성 비타민으로 항산화 작용을 하여 노화를 방지한다.

83 비타민 C에 관한 설명으로 옳지 않은 것은?

① 아스코르브산이다.
② 결핍 시 빈혈, 괴혈병 등이 있다.
③ 항산화 작용으로 노화방지를 한다.
④ 피부 염증을 완화한다.

[해설]
비타민 C(아스코르브산)는 모세 혈관 강화, 콜라겐 형성 촉진, 항산화 작용, 멜라닌 색소 형성 억제의 기능을 한다. 피부 염증을 완화는 비타민 B_3(니아신)의 기능이다.

84 결핍증으로 야맹증, 안구건조증, 피부건조 및 과각질화가 나타나는 비타민은?

① 비타민 D
② 비타민 C
③ 비타민 K
④ 비타민 A

[해설]
비타민 A(레티놀)는 피부 각질층의 연화, 노화 방지, 피부 재생, 시력 보호 등의 기능이 있다.

85 옥수수를 주식으로 하는 지역에서 발생률이 높으며 아미노산(트립토판)과 나이아신 부족으로 생기는 질병은?

① 각기병
② 골다공증
③ 구루병
④ 펠라그라병

86 무기질의 기능으로 옳지 않은 것은?

① 골격과 치아 형성
② 인체의 에너지원
③ 체액의 산·알칼리 조절
④ 호르몬 작용의 촉진

[해설]
무기질은 체내 대사의 중요한 촉매제 역할을 하나, 에너지원은 되지 않는다.

정답 79. ③ 80. ④ 81. ③ 82. ① 83. ④ 84. ④ 85. ④ 86. ②

87 체 조직을 구성하는 영양소에 대한 설명으로 틀린 것은?

① 지질은 체지방의 형태로 에너지를 저장한다.
② 불포화 지방산은 인체 구성 성분으로 중요한 위치를 차지하므로 필수 지방산 이라고도 한다.
③ 불포화 지방산은 상온에서 고체 상태이다.
④ 필수 지방산은 식물성 지방을 위주로 섭취하는 것이 좋다.

88 다음 중 불포화 지방산은?

① 리놀산 ② 리놀렌산
③ 버터 ④ 식용유

[해설]
불포화 지방산 : 콜레스테롤을 억제하며 상온에서 액체인 식용유나 생선 등이 있다.

89 피부 미백에 가장 도움을 주는 비타민은?

① 비타민 A ② 비타민 H
③ 비타민 D ④ 비타민 C

[해설]
비타민 C는 멜라닌 색소 형성을 억제하여 색소 침착을 방지한다.

90 다음 중 5대 영양소에 해당되지 않는 것은?

① 단백질 ② 비타민
③ 무기질 ④ 물

[해설]
5대 영양소 : 단백질, 탄수화물, 비타민, 지방, 무기질

91 구루병이나 골다공증 예방에 도움을 주는 비타민은?

① 비타민 C ② 비타민 D
③ 비타민 K ④ 비타민 H

[해설]
비타민 D는 칼슘과 인의 흡수를 돕는 기능이 있어 구루병이나 골다공증 예방의 역할을 한다.

92 생리대사를 돕고 성장촉진, 면역강화, 신경안정에 도움을 주는 영양소는?

① 지방 ② 비타민
③ 탄수화물 ④ 단백질

93 결핍증세로 괴혈병, 잇몸출혈, 빈혈이 나타나는 것은?

① 비타민 A ② 비타민 B_2
③ 비타민 C ④ 비타민 K

94 비타민의 기능으로 바른 것은?

① 비타민 C – 세포재생을 촉진시킨다.
② 비타민 B – 자외선을 통해 피부에 합성 가능하다.
③ 비타민 K – 출혈 시 혈액응고를 도와 멈추게 한다.
④ 비타민 E – 근육을 형성한다.

[해설]
비타민 K는 혈액응고를 촉진시켜 출혈에 관여하며, 피부염과 습진에 도움을 준다.

95 면역 기능을 높여 주고 신경안정과 성장촉진, 생리작용을 돕는 영양소는?

① 탄수화물
② 비타민
③ 단백질
④ 무기질

[해설]
- 탄수화물과 단백질은 주로 열량을 제공하고 인체를 구성한다.
- 무기질은 체내 대사의 촉매제이며, 골격과 치아 형성에 관여한다.

96 소화를 통한 탄수화물의 최종 분해 산물은?

① 무기질 ② 아미노산
③ 포도당 ④ 지방산

[해설]
탄수화물의 최종 분해 산물은 당류(포도당)이다.

정답 87. ③ 88. ④ 89. ④ 90. ④ 91. ② 92. ② 93. ③ 94. ③ 95. ② 96. ③

97 다음 중 천연보습인자에 대하여 바르게 설명한 것은?

① 피부내에 존재하는 엘라이딘이 분해되어 생성된다.
② 다양한 아미노산으로 구성되어 있다.
③ 진피층에 존재한다.
④ 건성 피부는 천연보습인자를 많이 함유하고 있다.

[해설]
천연보습인자는 프로필라그린, 필라그린으로 변하게 되는데 이것이 분배되어 여러 가지 아미노산 등으로 구성된 천연보습인자가 되는 것이다.

98 NMF에 대한 설명으로 옳지 않은 것은?

① 세라미드와 함께 진피층에 존재한다.
② Natural Moisturizing Factor의 약자로 천연보습인자이다.
③ 아미노산이 40%를 차지하고 있다.
④ 강력한 수용성 성분이다.

[해설]
NMF(천연보습인자)와 세라미드는 각질층에 존재하는 수용성 성분이다.

99 기미나 주근깨 등 피부의 색소 침착에 많이 쓰이는 비타민은?

① 비타민 P
② 비타민 A
③ 비타민 C
④ 비타민 D

[해설]
- 에너지원으로 쓰이는 열량 영양소(3대 영양소) : 탄수화물, 단백질, 지방
- 철분은 무기질로 체내 대사를 조절한다.

100 다음 중 에너지 공급원이 아닌 영양소는?

① 지방
② 탄수화물
③ 철분
④ 단백질

101 지방이 피부에 미치는 영향이 아닌 것은?

① 탄력 부여
② 노화 방지
③ 여드름 생성 억제
④ 피부 표면 윤기 부여

[해설]
지방은 피지 분비량을 늘려서 피부 건조를 방지한다. 피지 분비량이 늘면 여드름의 생성은 촉진된다.

102 손톱, 발톱, 모발의 주성분인 것은?

① 글리코겐
② 케라틴
③ 무기질
④ 헤모글로빈

[해설]
케라틴은 단백질로 표피세포, 손톱, 발톱, 털의 주성분이다.

103 속발진장애에 관한 설명 중 옳지 않은 것은?

① 인설 – 비듬과 같은 죽은 각질 세포로 각질화 과정의 이상 현상이다.
② 가피 – 표피 전체와 진피의 일부가 단단해지며 딱딱해지는 현상이다.
③ 궤양 – 진피, 피하지방층이 염증으로 치유 후에 반흔을 남긴다.
④ 균열 – 질병이나 건조로 표피가 선상으로 갈라진 상태이다.

[해설]
가피는 염증 부위에 혈청, 농, 표피 부스러기 등이 건조된 것으로 딱지라고도 한다.

104 다음 중 속발진에 해당하는 것은?

① 미란 ② 팽진
③ 농포 ④ 결절

[해설]
팽진, 농포, 결절은 원발진에 해당한다.

정답 97. ② 98. ① 99. ③ 100. ③ 101. ③ 102. ② 103. ② 104. ①

105 속발진의 종류로 옳지 않은 것은?

① 찰상 ② 미란
③ 가피 ④ 구진

[해설]
구진은 농을 포함한 선홍색 작은 융기로 원발진에 속한다.

106 바이러스성 피부 질환으로 옳은 것은?

① 수두
② 비립종
③ 욕창
④ 백반증

[해설]
수두는 소아에게 발열과 함께 발진, 수포, 가피를 형성하는 전염력이 매우 강한 바이러스성 피부 질환이다.

107 전염성 피부질환인 두부 백선의 병원체는?

① 바이러스 ② 효모균
③ 사상균 ④ 원생동물

108 선천적 멜라닌 색소의 결핍 증상으로 나타나는 질환은?

① 오타 모반
② 주근깨
③ 백반증
④ 백색증

[해설]
백색증은 색깔이 없는 멜라닌을 생성하는 선천적으로 멜라닌 색소가 결핍되어 나타나는 증상이다. 백반증은 백색 반들이 피부에 나타나는 증상으로 후천적 저색소 질환이다.

109 바이러스성 피부 질환에 해당되는 것은?

① 비립종, 수두
② 홍역, 사마귀
③ 단순포진, 피부염
④ 홍역, 아토피

[해설]
바이러스성 피부 질환으로는 단순포진, 대상포진, 수두, 홍역, 전염성 연속종, 사마귀 등이 있다.

110 대상포진에 대한 설명이 바른 것은?

① 지각신경 분포를 따라 군집 수포성 발진이 나타나며 통증을 일으킨다.
② 바이러스를 갖고 있지 않다.
③ 전염성을 갖고 있지 않다.
④ 주로 손가락에 나타나는 전염성 비대 증식현상이다.

111 다음 중 원발진으로만 짝지어진 것은?

① 홍반, 소수포
② 궤양, 반점
③ 팽진, 반흔
④ 미란, 낭종

[해설]
원발진 : 반점, 홍반, 팽진, 구진, 결절, 농포, 소수포, 대수포, 종양, 낭종

112 다음 중 색소에 의한 피부 질환이 아닌 것은?

① 오타 모반
② 두부백선
③ 백반증
④ 기미

[해설]
두부백선은 두피에 피부사상균이 감염되어 모낭성 염증이 나타나는 진균성 피부 질환으로 심하면 탈모와 동통이 동반된다.

113 피부에 나타나는 기미의 관리방법이 잘못된 것은?

① 흐리거나 비가 오는 날도 자외선 차단제를 사용한다.
② 주 2회 이상 필링으로 피부톤을 밝게 한다.
③ 티로시나아제의 활성을 억제하는 화이트닝 제품의 사용으로 홈케어를 한다.
④ 피부의 물리적 자극을 최소화한다.

정답 105. ④ 106. ① 107. ③ 108. ④ 109. ② 110. ① 111. ① 112. ② 113. ②

114 다음 중 감염성 질환이 아닌 것은?

① 수두
② 농가진
③ 대상포진
④ 오타 모반

[해설]
오타 모반은 선천적인 과색소 침착에 의한 피부 질환으로 이마, 코, 광대 부분에 나타나는 갈색 혹은 푸른색의 얼룩진 반점이다.

115 비염증성이며 모공이 닫혀 있고 좁쌀 모양의 흰색 피지가 모낭 속에 가득 차 있는 여드름의 종류는?

① 개방형 면포
② 농포
③ 폐쇄성 면포
④ 블랙 헤드

[해설]
- 폐쇄성 면포 – 화이트 헤드, 모공이 닫힘, 좁쌀 모양의 흰색 피지
- 개방형 면포 – 블랙 헤드, 모공이 열림, 피지가 산화되어 검게 고형으로 변함

116 모공이 열려 있고 피지의 끝 부위가 검게 보이는 여드름의 종류?

① 구진
② 농포
③ 닫힌 면포
④ 열린 면포

117 바이러스성 질환 중 심한 통증을 유발하며 고령층에서 발생빈도가 높은 것은?

① 대상포진
② 단순포진
③ 습진
④ 수두

[해설]
대상포진은 높은 연령층에서 발생빈도가 높으며 신경 분포를 따라 피부에 발진과 심한 통증을 동반한다.

118 접촉성 피부염에 관한 설명으로 옳지 않은 것은?

① 알레르기성 접촉피부염의 원인물질은 항원이라고 한다.
② 먼지에 의하여 접촉피부염이 일어날 수도 있다.
③ 자극이나 마찰에 의해 피부에 생기는 염증이다.
④ 원인물질 노출에 생기는 만성 피부 반응이다.

[해설]
접촉성 피부염은 급성으로 홍반, 구진, 소양증, 부종, 소수포 등이 동반된다.

119 다음 중 세균에 의한 피부 질환이 아닌 것은?

① 농가진
② 비립종
③ 절종
④ 칸다디증

[해설]
비립종은 각질 세포로 눈 주변에 생기는 백색상피낭종이다.

120 물리적 요인에 의한 피부질환이 아닌 것은?

① 색소에 의한 질환
② 열에 의한 질환
③ 한랭에 의한 질환
④ 기계적 자극에 의한 질환

[해설]
색소에 의한 질환은 유전적 요인, 호르몬 이상, 멜라닌 색소 증가에 의한 질환이다.

121 압력에 의해 생겨나는 과다 각화증이며, 압력이 제거되면 자연 소실되는 질환은?

① 욕창
② 티눈
③ 굳은살
④ 절종

[해설]
굳은살은 압력에 의한 국소적인 과다 각화증이다. 압력이 제거되면 자연 소실될 수 있다.

정답 114. ④ 115. ③ 116. ④ 117. ① 118. ④ 119. ② 120. ① 121. ③

122 기미(Melasma)에 대한 설명으로 옳지 않은 것은?

① 선천적인 경우가 대부분이다.
② 중년 여성에게 잘 나타난다.
③ 임신, 경구피임약, 내분비장애도 원인이 된다.
④ 표피형, 진피형, 혼합형으로 나뉜다.

[해설]
기미는 후천적인 과색소 질환이다.

123 주로 소아기에 잘 발생하는 선천적 과색소 침착증은?

① 기미
② 오타 모반
③ 흑자
④ 주근깨

[해설]
주근깨는 유전적인 요인에 의해 소아기에 발생하거나, 자외선의 노출에 의하여 발생하는 선천적 과색소 침착증이다.

124 아토피 피부염에 대한 설명으로 옳지 않은 것은?

① 만성적인 염증성 질환이다.
② 다양하고 복잡한 원인들이 있다.
③ 주로 고령층에서 많이 발생한다.
④ 알레르기성 비염을 동반하기도 한다.

[해설]
아토피 피부염은 주로 소아기에서 많이 발생한다.

125 바이러스성 질환으로 입술 주위에 수포가 발생하며 흉터 없이 자연치유가 되는 것은?

① 전염성 연속증
② 단순포진
③ 대상포진
④ 습진

[해설]
단순포진(Herpes simplex)은 직접 접촉으로 감염되며 주로 입술 주변에 생기는 수포성 질환이다. 대부분 흉터없이 치유되나 재발이 잘 된다.

126 여드름의 원인이 아닌 것은?

① 피지의 과다 분비
② 호르몬 불균형
③ 콜라겐의 감소
④ 스트레스

[해설]
콜라겐의 감소는 피부의 탄력 저하, 피부 처짐, 피부 건조를 발생시킨다.

127 여드름의 발생기전의 순서로 옳은 것은?

① 구진 → 농포 → 낭종 → 결절
② 농포 → 구진 → 낭종 → 결절
③ 구진 → 농포 → 결절 → 낭종
④ 농포 → 결절 → 구진 → 낭종

[해설]
여드름의 발생기전 : 폐쇄면포로 인한 구진 → 농포 → 결절 → 낭종

128 다음 중 각화과정의 이상증상으로 나타나는 피부 병변이라 볼 수 없는 것은?

① 건선
② 모공 각화증
③ 지루성 피부염
④ 인설

[해설]
각화과정의 이상증상으로는 건선, 모공 각화증, 지루성피부염 등이 있다.

129 다음 중 지루성 피부염에 대한 설명이 아닌 것은?

① 피지분비 활동이 과다한 부위에 발생한다.
② 두피에 발병 시 비듬 형태로 나타난다.
③ 호전과 악화를 되풀이 한다.
④ 알레르기성 비염이 동반되기도 한다.

[해설]
지루성 피부염은 피지분비 활동이 과다한 부위에 발생하는 발병기전이 명확하지 않은 피부염이다. 알레르기성 비염과 천식을 동반하는 것은 아토피 피부염이다.

정답 122. ① 123. ④ 124. ③ 125. ② 126. ③ 127. ③ 128. ④ 129. ④

130 원발진에 관한 설명이 아닌 것은?

① 건강한 피부에 나타나는 1차적 장애이다.
② 반점, 홍반, 팽진, 구진 등이 있다.
③ 회복 후 변화된 병변을 포함한다.
④ 외적 요인에 변화된 병변은 원발진이 아니다.

[해설]
원발진이 계속 진행되거나 외상, 회복 및 외적 요인에 변화된 병변은 속발진이다.

131 표피와 진피의 일부가 거칠고 딱딱해지는 현상으로 아토피 피부염이 심하면 나타날 수 있는 질환은?

① 찰상 ② 태선화
③ 결절 ④ 가피

[해설]
태선화는 아토피 피부염과 같은 만성 소양성 질환에서 흔히 볼 수 있다.

132 여드름의 발생기전의 4단계에서 생성되는 것으로 치료 후 흉터가 남는 것은?

① 농포 ② 종양
③ 낭종 ④ 결절

[해설]
낭종은 여드름의 4단계에서 생성되며 치료후 흉터가 남는다. 직경 1~5cm의 크기로 진피에 자리 잡고 있으며 통증이 동반된다.

133 UVB에 대한 설명으로 옳은 것은?

① 유리를 투과한다.
② 진피층 하부까지 도달한다.
③ 피부 노화의 주범이다.
④ 일광 화상을 유발한다.

[해설]
UVB는 중파장으로 주로 표피층이나 진피층 상부에 도달하며 일광 화상을 일으킨다.

134 장기간 긁거나 지속적인 마찰로 표피가 건조하고 가죽처럼 두껍게 변하는 질환은?

① 가피 ② 낭종
③ 태선화 ④ 미란

135 다음 중 자외선 산란제 성분이 아닌 것은?

① 벤조페논 유도체
② 산화아연
③ 탈크
④ 이산화티탄

[해설]
자외선을 물리적으로 차단하는 산란제는 분말 상태의 안료로 산화아연, 탈크, 이산화티탄, 규산염 등이 있다.

136 자외선의 특징으로 옳지 않은 것은?

① 비타민 D 합성하여 골다공증을 예방한다.
② 파장의 길이에 따라 UVA, UVB, UVC로 구분된다.
③ 눈에 보이지 않는 광선으로 장파장이다.
④ 광노화와 일광 화상을 일으킬 수 있다.

[해설]
적외선은 눈에 보이지 않는 광선으로 약 700~1400m의 장파장에 속한다.

137 자외선 차단지수를 표기하는 약어는?

① FDA
② UVA
③ UVC
④ SPF

[해설]
SPF는 Sun Protection Factor로 자외선 차단지수를 나타낸다.

138 살균작용을 하며, 오존층에서 거의 흡수되어 지표면에 도달하지 않는 파장은?

① UVA
② 적외선
③ 가시광선
④ UVC

[해설]
자외선의 UVC는 단파장으로 대부분에 오존층에 흡수되어 지표면에 도달하지 않는다. 살균 효과가 있으며 피부암 및 알레르기를 일으킬 수 있다.

정답 130. ③ 131. ② 132. ③ 133. ④ 134. ③ 135. ① 136. ③ 137. ④ 138. ④

139 태양광선 중 피부에 Burn을 일으킬 수 있는 것은?

① 적외선
② 자외선
③ 가시광선
④ 근적외선

[해설]
자외선은 피부에 자극적인 화학반응을 일으킨다.

140 다음 중 자외선을 통하여 피부에 합성되는 것은?

① 비타민 A ② 비타민 B
③ 비타민 C ④ 비타민 D

[해설]
비타민 D는 자외선을 통해 피부에서 합성된다.

141 다음 중 UV-A의 파장 범위로 옳은 것은?

① 320 ~ 400nm
② 290 ~ 320nm
③ 200 ~ 290nm
④ 400 ~ 490nm

142 자외선의 파장 길이를 바르게 나타낸 것은?

① UVA > UVB > UVC
② UVB > UVA > UVC
③ UVA > UVC > UVB
④ UVC > UVB > UVA

[해설]
UVA(장파장, 320~400nm) > UVB(중파장, 291~320nm) > UVC(단파장, 200~290nm)

143 자외선이 피부에 미치는 긍정적인 영향은?

① 멜라닌 색소 증가
② 일광 알레르기
③ 비타민 D 형성
④ 피부 홍반

[해설]
자외선이 피부에 미치는 긍정적인 영향으로 비타민 D 형성, 살균 효과, 강장 효과 등이 있다.

144 자외선에 의한 피부반응으로 옳은 것은?

① 콜라겐의 감소와 엘라스틴의 증가
② 자외선 A에 4시간 이상 노출되면 일광 화상이 일어날 수 있다.
③ 자외선에 노출되고 며칠이 경과하면 홍반이 발생할 수 있다.
④ 수분이 감소하여 건조증이 생긴다.

[해설]
일광 화상은 자외선 B와 관련이 있으며, 자외선에 노출되면 처음으로 나타나는 급성 반응은 홍반이다.

145 UVB에 대한 설명으로 옳은 것은?

① 진피층의 하부까지 도달한다.
② 유리를 투과한다.
③ 홍반 및 일광 화상을 유발한다.
④ 비타민 A를 합성한다.

[해설]
UVB는 중파장으로 표피, 진피의 상부까지 도달하여 홍반 및 일광 화상을 유발한다.

146 적외선이 미치는 영향이 아닌 것은?

① 혈액 순환 및 신진대사를 원활히 한다.
② 혈액량 증가로 식균작용에 도움을 준다.
③ 근육을 수축하여 통증을 완화시킨다.
④ 피부 온도를 상승시켜 영양물질의 흡수를 돕는다.

[해설]
근육을 이완하여 통증을 완화시킨다.

147 자외선 차단제의 설명으로 옳지 않은 것은?

① 자외선을 흡수하는 화학적 차단제가 있다.
② 자외선을 산란하는 물리적 차단제가 있다.
③ PA는 UVA의 차단지수이다.
④ SPF는 자외선C의 차단지수이다.

[해설]
SPF는 홍반을 일으키는 UVB의 차단지수이다.

정답 139. ② 140. ④ 141. ① 142. ① 143. ③ 144. ④ 145. ③ 146. ③ 147. ④

148 실내에서 창문을 통하여 피부에 노출될 수 있는 것은?

① 가시광선 ② 자외선 A
③ 자외선 B ④ 자외선 C

[해설]
자외선 A는 장파장으로 유리를 통과할 수 있다.

149 광노화에 대한 설명으로 옳은 것은?

① 유전으로 인한 노화이다.
② 세포의 성장으로 나타나는 노화이다.
③ 기저질환으로 형성되는 노화이다.
④ 자외선의 장기간 노출로 나타나는 노화이다.

[해설]
광노화는 세포의 성장과 관계 없이 자외선의 장기간 노출로 나타나는 노화이다.

150 다음 중 광노화의 현상이 아닌 것은?

① 피부의 조직학적 변화
② 탄력 저하와 주름 발생
③ 피지 분비 감소와 홍반
④ 색소 침착

[해설]
피지 분비 감소와 홍반은 자외선에 1시간 이상 노출되면 처음으로 발생하는 급성 반응이다.

151 다음 중 T림프구가 담당하는 면역으로 옳은 것은?

① 세포성 면역 ② 체액성 면역
③ 선천적 면역 ④ 비특이성 면역

[해설]
T림프구 : 림프구의 80%를 차지한다. 세포성 면역을 담당하며 세포와의 접촉으로 직접 항원을 공격한다.

152 면역에 대한 설명으로 옳지 않은 것은?

① 이물질에 대한 저항 능력이다.
② 이물질 등 외부 인자를 항체라고 한다.
③ 미생물, 화학물질, 먼지 등으로부터 인체를 보호한다.
④ 이물질이 침입하면 대항하는 물질이 생성된다.

[해설]
- 항원 : 인체 내부로 들어오는 이물질 등 외부 인자
- 항체 : 항원이 침입하면 대항하기 위해 생성되는 물질

153 면역 글로불린이라는 항체를 생성하는 면역은?

① T 림프구 ② B 림프구
③ 세포성 면역 ④ 비특이적 면역

[해설]
B 림프구는 체액성 면역으로 면역 글로불린 항체를 생성하여 항원을 방어한다.

154 혈액 내 80%를 차지하고 있는 림프구는?

① T 림프구
② B 림프구
③ 체액성 림프
④ 특이적 림프

[해설]
T 림프구는 혈액 내 80%를 차지한다. 세포성 면역을 담당하며 세포와의 접촉으로 직접 항원을 공격한다.

155 특정 병원체에 감염 후 갖게 되는 면역은?

① 비특이성 면역
② 자연면역
③ 후천적 면역
④ 선천적 면역

[해설]
후천적 면역(특이성 면역)은 특정 병원체에 감염된 후 갖게 되는 획득면역이다.

156 피부의 면역에 관한 설명으로 옳은 것은?

① 피부에 존재하는 각질 형성 세포는 면역과 관계가 없다.
② T 림프구는 항원 전달 세포에 해당한다.
③ B 림프구는 면역 글로불린이라고 불리는 항체를 생성한다.
④ 면역은 감염병 감염으로는 형성되지 않는다.

정답 148. ② 149. ④ 150. ③ 151. ① 152. ② 153. ② 154. ① 155. ③ 156. ③

157 선천적 면역에 대한 설명이 아닌 것은?

① 태어나면서부터 가지고 있는 자연면역이다.
② 빠른 방어작용을 한다.
③ 기침, 소화효소, 점막, 염증반응 등이 있다.
④ 항원을 기억하여 선별적으로 방어한다.

[해설]
항원을 기억하여 선별적으로 방어하는 것은 후천적 면역이다.

158 피부의 면역작용 중 화학적 방어는?

① 표피층의 층구조
② 대식세포와 랑게르한스 세포
③ 각질 탈락
④ 천연 유수분 보호막

[해설]
피부 표면의 천연 유수분 보호막은 약산성으로 미생물의 생존과 번식이 어렵다.

159 다음 중 피부의 면역세포는?

① 텔로미어
② 머켈 세포
③ 랑게르한스 세포
④ 각질형성세포

[해설]
랑게르한스 세포는 표피층에 존재하는 면역세포로 항원을 림프구에 전달한다.

160 획득면역에 대한 설명이 아닌 것은?

① 예방접종으로 항원을 기억하여 방어할 수 있다.
② 백혈구가 식균작용을 통해 이물질을 방어한다.
③ 후천적 면역이다.
④ 감염된 병원체를 기억하여 선별적으로 방어한다.

[해설]
선천적 면역(자연면역)은 식세포인 백혈구가 이물질을 방어한다.

161 비특이적 면역의 방어가 아닌 것은?

① 피부의 점막
② 염증 반응
③ B 림프구의 작용
④ 식균작용

[해설]
특이적 면역의 방어 : B 림프구의 작용, T 림프구의 작용

162 피부의 면역에 대한 설명으로 옳은 것은?

① T림프구는 면역 글로불린이라는 항체를 생성한다.
② 세포성 면역은 세포와의 접촉을 통해 직접 항원을 공격한다.
③ B림프구는 식균작용을 한다.
④ 비특이성 면역은 예방접종을 통해 방어할 수 있다.

[해설]
- T림프구 : 세포와의 접촉을 통해 직접 항원을 공격
- B림프구 : 면역 글로불린이라는 항체를 생성
- 특이성 면역 : 예방접종, 획득면역
- 비특이성 면역 : 식균작용

163 면역에 대한 설명으로 옳지 않은 것은?

① 크게 선천적 면역과 후천적 면역으로 나눈다.
② 항원에 대항하기 위해 생성되는 물질을 항체라고 한다.
③ B림프구는 체액성 면역이다.
④ 예방접종을 통하여 후천적 면역을 획득할 수 있다.

[해설]
B림프구는 세포성 면역으로 체액성 면역은 T림프구이다.

164 피부의 면역작용이 아닌 것은?

① 표피층의 물리적 방어
② 흡수작용에 의한 방어
③ 면역세포에 의한 방어
④ 피부표면의 화학적 방어

[해설]
피부의 면역작용 : 물리적 방어, 화학적 방어, 면역세포

정답 157. ④ 158. ④ 159. ③ 160. ② 161. ③ 162. ② 163. ③ 164. ②

165 다음 중 피부의 면역작용에 해당되는 것은?

① 자외선 흡수 ② 피부의 호흡
③ 피부의 층구조 ④ 피부의 지방조직

[해설]
피부의 면역작용 : 층구조, 산성 막, 각질 탈락, 면역세포

166 내인성 노화로 인한 피부 변화로 옳지 않은 것은?

① 랑게르한스 세포 수 감소
② 콜라겐과 엘라스틴 감소
③ 모세혈관 확장
④ 피지 분비 감소

[해설]
내인성 노화는 혈관 반응과 혈류량의 감소로 안색이 탁해지며, 외인성 노화는 진피 내의 모세혈관이 확장한다.

167 광노화의 설명으로 옳지 않은 것은?

① 모세 혈관 확장 ② 각질층의 비후
③ 탄력 저하 ④ 얇고 가는 주름 증가

[해설]
잔주름이 발생히는 자연노화에 비해 광노화는 깊고 굵은 주름이 발생한다.

168 피부 노화 현상으로 옳지 않은 것은?

① 광노화는 표피 두께가 두꺼워진다.
② 피부 노화는 진피의 두께가 얇아진다.
③ 광노화는 광 알레르기로 야기된다.
④ 피부 노화는 세포의 성장에 따른 자연노화이다.

[해설]
광노화는 햇빛 노출, 자외선에 의하여 야기된다.

169 다음 중 피부의 노화원인과 거리가 먼 것은?

① 항산화제
② 활성산소
③ 텔로미어 단축
④ 노화 유전자와 세포노화

[해설]
항산화제는 항노화제로 쓰이고 있다.

170 내인성 노화의 현상으로 옳은 것은?

① 표피가 얇아진다.
② 진피가 두꺼워진다.
③ 랑게르한스 세포 수가 증가한다.
④ 혈류량이 증가한다.

[해설]
내인성 노화는 표피와 진피가 얇아진다.

171 외인성 노화의 현상으로 옳지 않은 것은?

① 각질층이 두꺼워진다.
② 과색소 침착이 나타난다.
③ 모세 혈관이 수축한다.
④ 굵고 깊은 주름이 발생한다.

[해설]
진피 내의 모세 혈관 확장이 유발된다.

172 다음 중 피부 노화의 원인이 아닌 것은?

① 텔로미어의 단축
② 출생 시 유전자상의 정보
③ 항산화제
④ 활성산소

[해설]
항산화제는 노화를 방지한다.

173 피부 노화 예방법으로 적절하지 않은 것은?

① 피부를 청결하게 관리
② 충분한 수면
③ 스트레스 조절
④ 충분한 당류 섭취

[해설]
피부 노화 예방에 좋은 식품은 유해산소 억제 성분(항산화 효소, SOD 등)이 풍부한 과일과 채소이다.

정답 165. ③ 166. ③ 167. ④ 168. ③ 169. ① 170. ① 171. ③ 172. ③ 173. ④

174 야외 운동선수가 실내 운동선수보다 피부 노화가 비교적 빠르게 나타나는 원인은?

① 근육의 움직임이 과다해서
② 체온 유지가 어려워서
③ 햇볕에 많이 노출되어서
④ 땀이 바람에 잘 말라서

[해설]
광노화는 피부 조기노화의 원인이다.

175 내인성 노화의 조직학적 현상이 아닌 것은?

① 수분 소실 ② 혈관 확장
③ 잔주름 증가 ④ 탄력 저하

[해설]
내인성 노화는 자연노화로 혈관 반응이 감소한다. 혈관 확장은 광노화의 영향이다.

176 다음 중 내인성 노화의 원인으로 옳은 것은?

① 스트레스 ② 자외선
③ 나이 ④ 알코올

[해설]
내인성 노화는 외적 환경에 의한 것이 아니고 세포의 성장으로 나이가 들어가면서 나타나는 노화를 말한다.

177 광노화의 예방법으로 적절한 것은?

① 자외선이 강한 낮 3시 이후는 가급적 자외선 노출을 피한다.
② 자외선 차단제는 SPF가 높고, PA는 낮은 것을 사용한다.
③ 외출하기 10분 전에 자외선 차단제품을 바른다.
④ 자외선 차단제품은 2~3시간마다 덧발라 준다.

[해설]
자외선 차단제품 : SPF와 PA지수가 충분한 것, 외출하기 30분 전 사용, 2~3시간마다 덧바름

178 피부의 턱선이 늘어지며 건조해지고 주름이 생기는 현상은?

① 피부의 면역현상
② 알레르기 증상
③ 피부의 노화현상
④ 피부의 염증현상

179 피부에 주름이 생기는 원인과 거리가 먼 것은?

① 자외선의 지속적인 노출
② 흡연과 음주
③ 과도한 다이어트
④ 과다한 피지

[해설]
피지 생성의 감소는 피부가 건조해지므로 주름이 생길 수 있다.

180 자외선이 강한 해수욕장에 방문 후의 피부 증상이 아닌 것은?

① 피부가 따갑거나 약하게 간지럽다.
② 피부의 껍질이 얇게 벗겨진다.
③ 피부에 붉은 홍반이 나타난다.
④ 피지가 계속 올라온다.

[해설]
땀의 배출로 각질층의 수분이 감소하여 피부가 건조해진다.

181 세포의 성장에 의한 피부 노화는?

① 광노화
② 내인성 노화
③ 외인성 노화
④ 후천성 노화

[해설]
내인성 노화(자연 노화)는 세포의 성장으로 나이가 들면서 생기는 자연적인 노화이다.

정답 174. ③ 175. ② 176. ③ 177. ④ 178. ③ 179. ④ 180. ④ 181. ②

시간과 정성을 들이지 않고
얻을 수 있는 결실은 없다.

그라시안

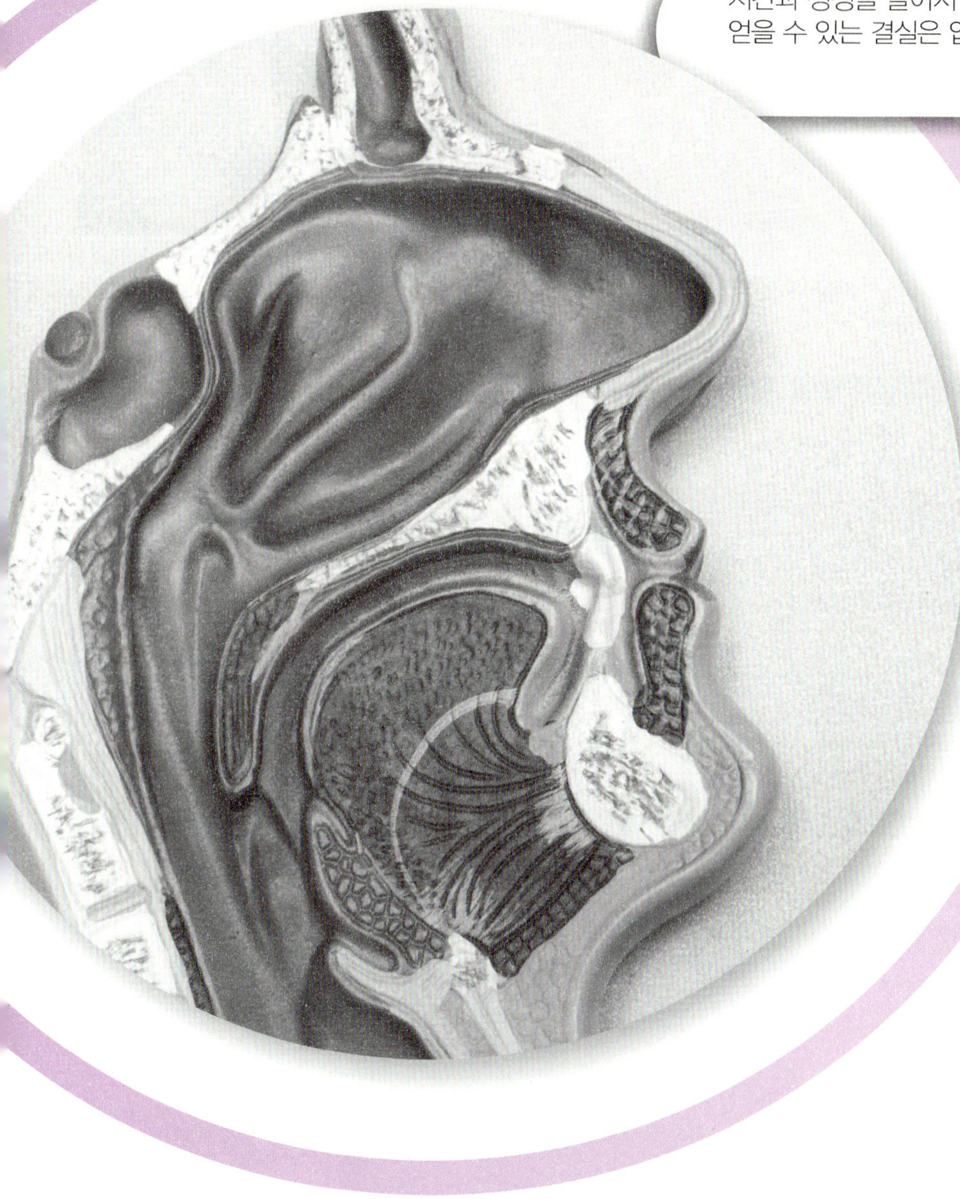

제3과목 해부생리학

오희영

Chapter

제1장 세포와 조직

Check Point

이 장에서는 인체를 구성하는 세포와 조직을 숙지하고 각 단위의 특성과 역할을 이해합니다. **1~2문제 출제**됩니다.

1. 해부생리학의 정의

동·식물, 특히 인체의 내외적 구조 인체를 구성하는 다양한 구조들을 연구하고 기능과 활성화 과정을 연구하는 학문이다.

해부생리학의 정의

① **해부학** : 해부학은 '잘라서 해부하다'라는 라틴어이며 인체의 조직이나 기관의 구조를 연구하는 학문이다.

② **생리학** : 생리학은 라틴어로 '자연'과 '과학'의 합성어로 조직과 기관의 기능과 작용을 연구하는 학문이다.

2. 인체의 구성

세포(cell)－조직(tissue)－기관(organ)－계(system)－인체(body)

① **세포** : 생물체의 구조적, 기능적 기본 단위이다.

② **조직** : 세포가 분화하여 기능의 연계성을 가진 조직으로 형성된다.

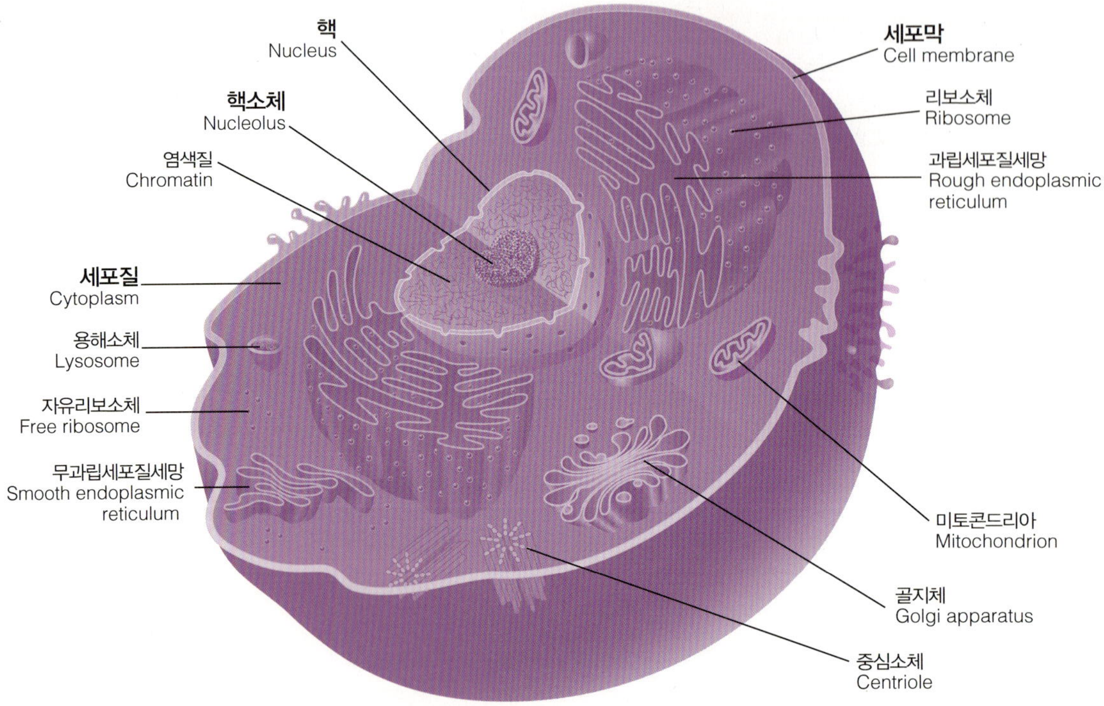

그림 1-1 세포의 구조

③ 기관 : 조직이 모여 특수한 기능을 수행하는 기관을 이룬다.
④ 계 : 기관이 모여 계통을 형성한다.
⑤ 인체 : 계통이 모여 인체를 형성한다.

1. 세포

우리 몸의 약 60조 개 이상 존재하는 생체 활동의 최소 단위이며 핵, 세포질, 세포막으로 구분된다.

1. 핵

① 세포질의 중앙에 위치하며 핵막에 둘러싸여 있다.
② 다량의 DNA와 RAN를 포함하고 있어 개인의 유전적 형질을 결정한다.
③ 세포 전체의 대사활동을 조절하고 단백질 합성에 관여한다.

2. 세포질

① 세포막과 핵 사이에 위치한다.
② 세포의 막과 핵 사이에 있는 원형질을 말한다.
③ 세포의 성장과 재생에 필요한 물질을 함유한다.

세포질 구성 내용	역할
미토콘드리아	• 세포 내의 호흡 · 이동 · 생식 등을 위해 필요한 에너지 생산 • 영양물질을 세포에서 쓸 수 있는 ATP(아데노신 3인산)로 바꾸는 역할
소포체	• 형질내세망으로 불리며 단백질을 합성
리보솜	• RNA를 많이 가지고 있으며 세포 복구 및 DNA 유전정보에 따른 단백질 생성을 도움
리소좀	• 용해소체라고도 하며 세포내 소화기관
중심체	• 세포의 생식에 관여하며 세포 고유의 속성을 유지하는데 중요함.
골지체	• 작고 납작한 액포들이 포개진 형태이며, 분비 기능과 관계가 있음.

3. 세포막

① 세포를 둘러싸고 있는 막으로써 형태를 유지시킨다.
② 세포와 세포 외부의 경계를 짓는다.
③ 단백질·지질·당으로 구성되어 있다.
④ 물질을 운반한다.
⑤ 선택적 투과에 의한 물질교환을 한다.

물질교환의 종류	정의
확산	• 물질의 농도가 높은 곳에서 낮은 곳으로 이동하는 현상(예: 향수나 옷장 속의 나프탈렌)
삼투	• 용질의 농도를 맞추어 이동하는 현상(예: 김장김치 절이기)
여과	• 특정 크기 이상의 물질을 걸러 내는 과정
능동수송	• 필요한 물질을 적극적으로 세포 내로 끌어들이거나 배출시키는 과정

2. 조직

조직의 종류	기능	예시	
상피 조직	인체의 주요 장기나 표면을 둘러싸고 있는 세포층	편평 상피	혈관, 림프관, 구강, 식도, 항문 등에 분포하는 비늘모양의 상피
		입방 상피	한선, 피지선, 자궁내막, 기관지에 분포하는 주사위모양의 상피
		원주 상피	남성의 요도해면체나 요도, 항문, 점막, 기도 등에 분포하는 기둥모양의 상피
		이행 상피	방광, 신우, 요관 등에 분포하는 신축성이 있는 상피
결합 조직	• 인체에서 가장 넓게 분포하는 조직 • 조직과 기관 사이를 채우고 유지하며 지지하는 역할	연골, 인대, 지방, 혈액	
신경 조직	인체의 정보전달에 관여하는 조직	뉴런	• 신경조직의 최소단위 • 신호를 전달함
		시냅스	• 신경세포의 신경돌기 말단이 다른 신경세포에 접하는 부위 • 충격을 전달 이동함
		신경 교세포	• 신경세포에 정보를 공급 • 영양을 제공 • 노폐물을 제거함
근육 조직	인체 근육의 수축·이완에 관여하는 조직	심근	• 심장의 근육 • 불수의근, 빗살무늬 모양
		골격근	• 골격에 붙어 운동을 담당하는 근육 • 수의근, 빗살무늬 모양
		내장근	• 심장을 제외한 혈관이나 장기의 근육 • 모양이 평평하고 자율신경에 따라 움직임

제2장

골격계

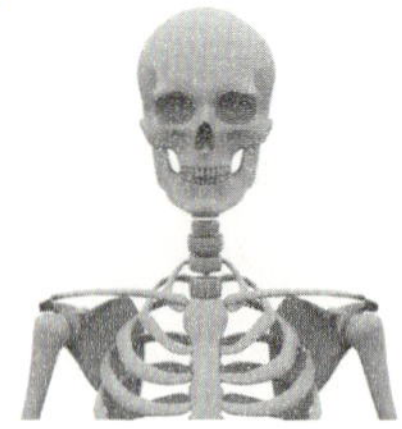

Check Point

이 장에서는 골격계의 기능을 숙지하고 골격의 특징과 구조를 이해합니다. **1문제 출제**됩니다.

1. 골격계의 정의

인체는 약 206개의 뼈와 연골로 이루어져 있다. 뼈는 장기를 보호해 주고 골격근의 운동에도 관여하며 골수에서 혈액을 만드는 등 중요한 역할을 하고 있다.

2. 골격계의 기능 및 특징

1. 골격계의 기능

① **지지 기능**: 신체를 지지하며 외형을 결정짓는다.
② **보호 기능**: 신체 내의 장기를 보호한다.
③ **조혈 작용**: 골 내부의 적골수에서 혈액이 만들어진다.
④ **운동 기능**: 근육의 지렛대 역할을 하며 운동을 일으킨다.
⑤ **저장 기능**: 칼슘과 인을 저장한다.

2. 골의 특징

① 인체는 총 206개의 뼈와 이와 관련된 연골로 구성되어 있다.
② 무기질(칼슘이나 인)45%, 유기질(콜라겐)35%, 물20%로 구성되어 있다.
③ 뼈와 인대 등은 결합조직에 의해 유기적으로 연결되어 있다.

3. 골의 구조

(1) 골수강

① 가장 안쪽에 위치한다.
② 골수는 조혈기관으로 적혈구와 백혈구를 생산한다.
③ 골수는 적골수와 황골수로 나눌수 있으며 적골수는 조혈작용을 하고, 황골수는 지방 저장소의 역할을 한다.

(2) 골조직

① 골수강과 골막의 사이에 위치하는 실질적인 뼈조직이다.
② **치밀골**: 단단한 부분으로 뼈의 상층에 층상판으로 배열되어 있다.
③ **해면골**: 해면질로 된 뼈로써 심층부에 위치한다.

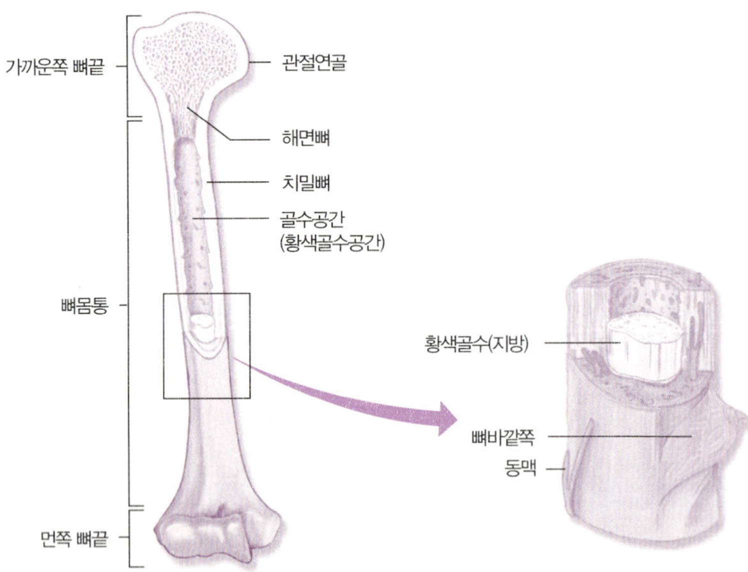

그림 2-1 뼈의 구조

(3) 골막

① 골막은 골외막과 골내막으로 구분된다.

② 골외막은 뼈의 외면을 덮는 막이며, 결합조직으로 구성되어 있다.

③ 뼈를 보호하고 신경과 혈관이 통과하고 있어서 신진대사와 성장이 이루어진다.

④ 근육이나 힘줄이 붙는 자리이며 골절 시 회복, 재생 기능을 한다.

⑤ 골내막은 골수강을 덮는 얇은 섬유막이다.

4. 골의 분류

골의 분류	골의 종류	내용	예시
구조별 분류	장골	• 길이가 긴 관 모양의 뼈	대퇴부·상지·하지
	단골	• 넓이와 길이가 비슷한 짧은 뼈 • 골단과 골간의 구분이 없음.	손바닥의 수근골·족수골
	편평골	• 넓고 평평한 얇은 뼈	견갑골·두정골
	불규칙골	• 모양이 불규칙한 뼈	척추
	종자골	• 근육의 건과 관절낭 속에 있는 작고 둥근 뼈	무릎·관절
발생학적 분류	막내화골	• 얇은 섬유성 결합조직이 골로 변화한 것	두개골·편평골
	연골내 화골	• 연골 모형이 형성되었다가 골로 변화한 것	대부분 뼈의 형성 과정. 대표적으로 장골.

3. 전신 골격

1. 인체의 골격

체간 골격		체지 골격	
두개골	뇌두개골 8개	상지대	쇄골 2개
	안면골 14개		견갑골 2개
이소골	6개	자유상지골	척골 2개
설골	1개		요골 2개
척추골	26개		수근골 16개
흉골	1개		중수골 10개
늑골	24개		수지골 28개
		하지대	관골 2개
			천골 1개
			미골 1개
		자유하지골	대퇴골 2개
			비골 2개
			경골 2개
			슬개골 2개
			족근골 14개
			중족골 10개
			족지골 28개
합계 80개		합계 126개	
골격 총 수 206개			

• 척추: 경추 7개+흉추 12개+요추 5개+천추(1개)+미추(1개)=총 26개

2. 관절

뼈와 뼈가 연결되는 부위를 말한다.

관절의 종류	내용	종류
섬유관절	뼈와 뼈사이를 연결하는 결합조직이며 잘 움직이지 않음.	두개골
연골관절	연골조직에 뼈가 연결됨.	척추
윤활관절	윤활액이 있어 잘 움직임.	팔, 다리

3. 연골

① 탄력성이 있어 뼈와 뼈 사이의 충격을 흡수한다.
② 골격계통의 한 부분이며 결합 조직이다.

연골의 종류	내용	종류
초자연골	• 인체의 가장 많은 부분을 차지하는 투명한 연골 • 유리 연골이라고도 함	늑연골, 후두연골, 관절연골
섬유연골	교원섬유를 함유하고 있는 질긴 연골	척추사이
탄력연골	탄력섬유를 다량 함유하여 탄력성이 강한 연골	귓바퀴, 이관, 후두덮개

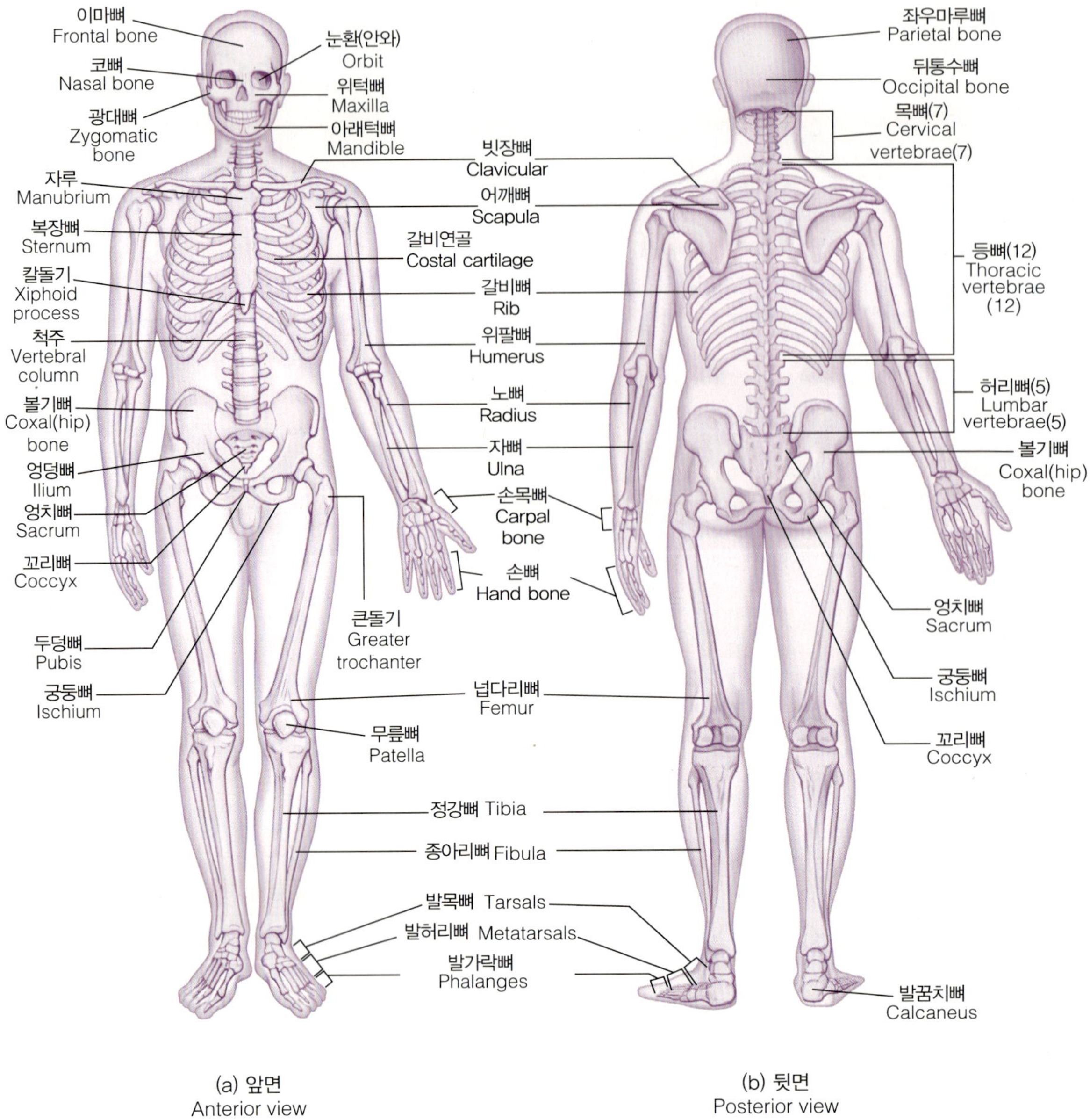

그림 2-2 인체골격의 모식도

제3장 근육계

Check Point

이 장에서는 근육계의 기능을 숙지하고 신체 부위별 근육을 이해합니다. **1문제 출제**됩니다.

1. 근육계의 정의

근육은 몸의 운동을 담당한다.

골격근의 운동뿐만 아니라 심장이나 혈관 등 각종 장기를 이루고 있으며 운동에 의해 신체가 에너지를 생산한다.

2. 근육계의 기능 및 특징

1. 근육의 기능

① 신체 운동의 기능
② 자세 유지
③ 에너지 생산
④ 혈관 수축에 의한 혈액 순환
⑤ 배뇨·배분·음식물 이동

2. 근수축의 종류

① **연축** : 단일근육자극. 짧은 시간에 일어나는 일시적 수축이다.
② **강축** : 연축이 합쳐져서 나타나는 지속적인 큰 수축이다.
③ **긴장** : 근육과 신경에 나타나는 지속적인 약한 수축 상태이다.
④ **강직** : 활동이 일어나지 않고 딱딱히 굳은 상태이다.

3. 근육의 분류

근육의 분류	역할	모양	자율 신경계의 영향
골격근	• 뼈대에 붙어 있는 근육	횡문근 (빗살무늬근)	수의근
내장근	• 내장기관과 혈관벽을 형성하는 근육	평활근 (민무늬근)	불수의근
심장근	• 심장벽을 형성하는 근육	횡문근 (빗살무늬근)	불수의근

3. 전신근육

1. 안면의 근육

① **전두근** : 이마의 주름을 형성하고, 눈썹을 위로 올리는 작용을 한다.
② **안륜근** : 눈을 감고 뜨는 작용을 한다.
③ **추미근** : 미간에 주름을 형성하는 작용을 한다.
④ **구륜군** : 입을 여닫는 작용을 한다.
⑤ **소근** : 입꼬리를 당겨서 보조개를 형성한다.
⑥ **이근** : 턱에 위치하며 턱에 주름이 생기게 한다.
⑦ **교근** : 씹는 작용을 하며 얼굴의 근육 중 가장 두껍고 튼튼하다.

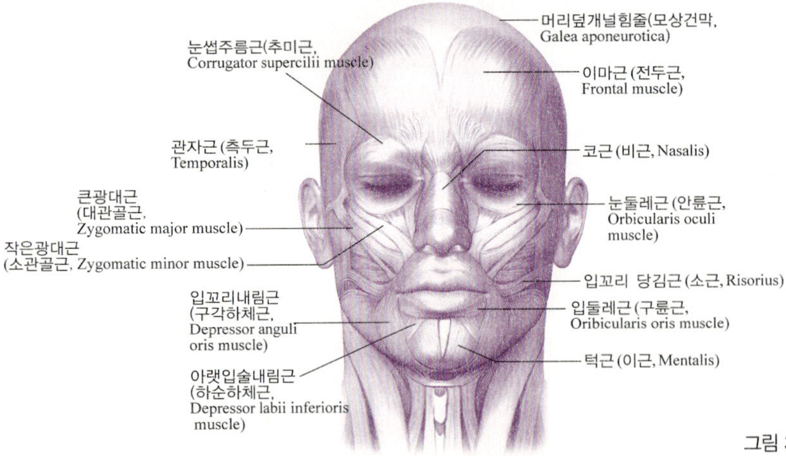

그림 3-1 안면근(전면)

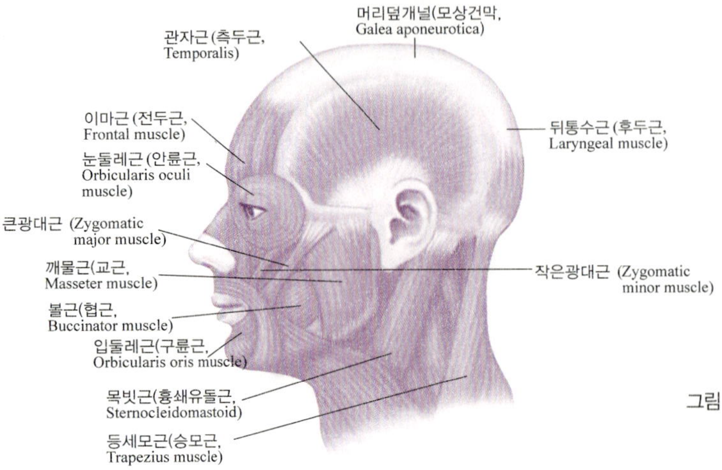

그림 3-2 안면근(외측면)

2 전신의 근육

(1) 목 근육

① **사각근** : 경추의 횡돌기에서 시작하여 늑골에 부착하는 근육으로 굳으면 부종과 흉통이 발생한다.

② **흉쇄유돌근** : 머리를 반대쪽으로 회전시킨다. 굳으면 어지러움증·눈물·이명·인후통 등이 발생한다.

(2) 등 근육

① **승모근** : 머리를 들고 고개를 돌린다. 견갑골을 올리고 회전에 관여한다.

② **광배근** : 넓은 등근이라고도 하며 팔의 운동을 담당한다.

③ **견갑거근** : 어깨를 들어올린다.

④ **척추기립근** : 상체를 지지하는 근육이다.

⑤ **능형근** : 견갑의 수축과 이완을 하며, 어깨를 들어올린다. 견갑골의 안정화를 돕는다.

(3) 흉부 근육

① **횡격막** : 복식호흡을 주관한다.

② **대흉근** : 가슴의 앞 부분에 있으며 팔의 움직임을 도와 준다.

③ **전거근** : 견갑골을 어깨 앞으로 당긴다.

(4) 복부 근육

① **복직근** : 체간의 굴곡을 담당하며 요통·설사·가로 형태의 통증을 유발한다.

② **외복사근** : 배바깥빗근이라고 하며 장기를 보호하고 복압을 상승시킨다.

③ **내복사근** : 배속빗근이라고 하며 장기를 보호하고 척추의 굴곡과 회전을 담당한다.

(5) 상지 근육

① **삼각근** : 어깨에 있는 두꺼운 삼각형 모양의 근육으로 팔의 굴곡과 내측이나 외측 회전에 관여한다.

② **상완근** : 위팔근이라고 하며 위팔의 굴곡을 담당한다.

(6) 하지 근육

① **대둔근** : 큰엉덩이근육으로 고관절과 슬관절의 운동에 관여한다.

② **중둔근** : 주사 맞는 부위로 신경이나 혈관이 없는 부위이다.

③ **봉공근** : 엉덩이에서 하퇴부로 이어지는 근육으로써 가장 긴 근육이다.

④ **비복근** : 종아리 근육이다.

⑤ **가자미근** : 종아리에 넓적하게 분포하는 근육이다.

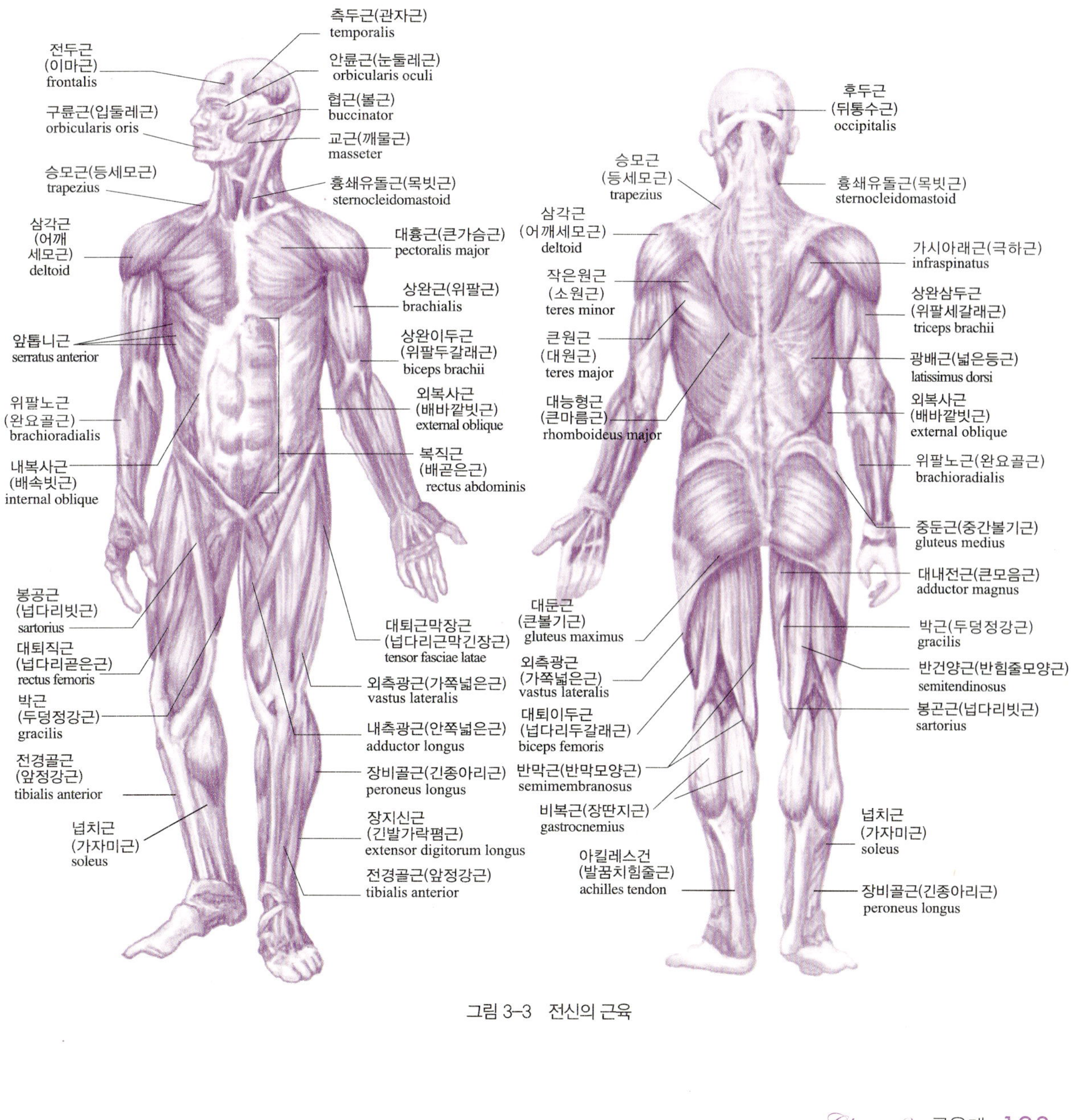

그림 3-3 전신의 근육

제4장 신경계

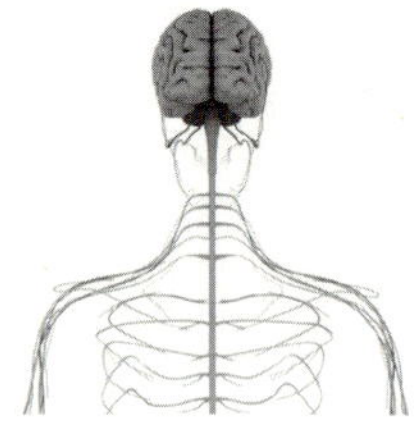

Check Point 이 장에서는 신경계의 구성과 기능을 이해하고 중추신경과 말초신경의 역할을 숙지합니다. **1문제 출제**됩니다.

1. 신경계의 정의

신체의 자극에 대한 반응을 전달하는 신호연결 체계로써 신체 균형을 잡아 주고 효율적으로 작용하게 하는 기관이다. 외부 자극을 빠르게 받아들여서 신경세포를 통해 전달한다.

2. 신경계의 구성 및 기능

1. 뉴런(neuron)

① 신경계를 구성하는 최소 단위이다.
② **세포체** : 핵이 존재한다.
③ **수상돌기** : 외부의 자극을 구심성으로 세포체에 전달한다.
④ **축삭돌기** : 세포로부터 받은 정보를 원심성으로 말초 신경에 전달한다.

2. 신경교세포(神經膠細胞)

- 뉴런을 지지하고 보호하는 작용을 한다.

3. 시냅스(synapse)

- 세포체에서 정보를 받아들이거나 생성된 정보를 다른 세포체에 보낼 때 신경세포의 신경돌기 말단이 다른 신경세포에 접합하는 부위이다.

4. 신경계의 기능

① **감각 기능** : 변화에 대한 감각을 인지한다.
② **운동 기능** : 조직이나 세포가 전신활동을 직접 조절하는 기능을 가진다.
③ **조정 기능** : 중추신경계를 통하여 조절하는 기능을 한다.

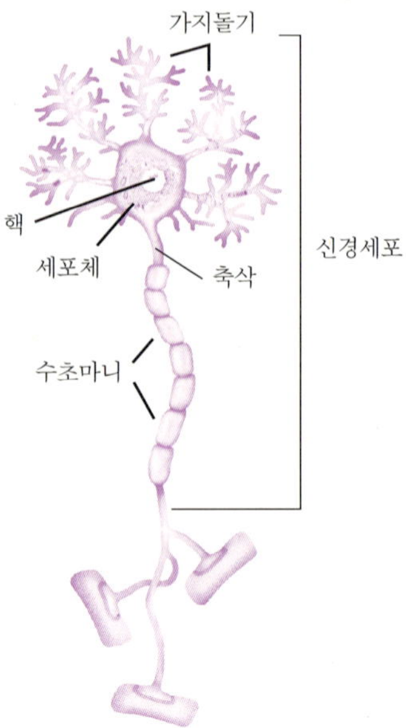

그림 4-1 운동 뉴런의 모형

3. 전신 신경

1. 중추 신경

- 뇌와 척수로 구성되어 있으며 신경계의 통합과 조절 중추 역할을 한다.
- 뇌는 대뇌, 간뇌, 중뇌, 소뇌 및 연수의 5부분으로 구분된다.

(1) 뇌

① **대뇌** : 뇌의 80%를 차지하며 신체의 운동을 주관한다. 감각과 수의운동을 주관하며 기억·학습 판단 등을 주관한다.
② **간뇌** : 대뇌와 중뇌 사이에 위치하며 시상과 시상하부로 구분된다. 시상하부는 자율신경계의 최고 중추이다.
③ **중뇌** : 시각과 청각의 반사 중추이다.
④ **연수** : 일명 숨골로 불리며, 호흡운동·심장박동·하품·구토·재채기 등의 반사 중추이다.
⑤ **소뇌** : 몸의 평형을 유지한다. 말초의 수용체로부터 흥분을 전달받는다.

(2) 척수

① 뇌와 더불어 중추 신경을 이루며 신경정보를 전달하는 통로이다.
② 배뇨·배변·땀분비 및 무릎 반사(슬개건 반사)와 같은 각종 반사중추로 작용한다.

2. 말초 신경

① 뇌 신경과 척수 신경으로 이루어진다.
② 시작부위부터 뇌와 연결된 12쌍의 뇌 신경을 비롯하여 척수와 연결된 31쌍의 척수 신경으로 나뉜다.
③ 기능에 따라 체성 신경계와 자율 신경계로 구분된다.

(1) 체성 신경계

뇌 신경과 척수 신경을 합하여 체성 신경계라고 한다.

① 뇌 신경–뇌로부터 시작하는 말초 신경

뇌 신경	신경	기능
제1 뇌 신경	후신경	• 후각을 조절한다.
제2 뇌 신경	시신경	• 시각을 조절한다.
제3 뇌 신경	동안 신경	• 눈의 움직임을 조절한다.
제4 뇌 신경	활차 신경	• 눈의 하방운동을 조절한다.
제5 뇌 신경	삼차 신경	• 얼굴 · 혀 · 치아의 감각 및 운동을 조절하는 혼합 신경이다.
제6 뇌 신경	외전 신경	• 안구의 외전 운동을 조절한다.
제7 뇌 신경	안면 신경	• 안면 · 두피 · 목 · 귀 · 구개와 혀의 움직임을 조절하는 신경이다.
제8 뇌 신경	청 신경	• 청각을 조절한다.
제9 뇌 신경	설인신경	• 미각을 조절한다.
제10 뇌 신경	미주 신경	• 식도의 움직임 · 발성 · 폐 등의 움직임을 조절한다.
제11 뇌 신경	부 신경	• 목과 어깨의 움직임을 조절한다.
제12 뇌 신경	설하 신경	• 혀의 움직임을 조절한다.

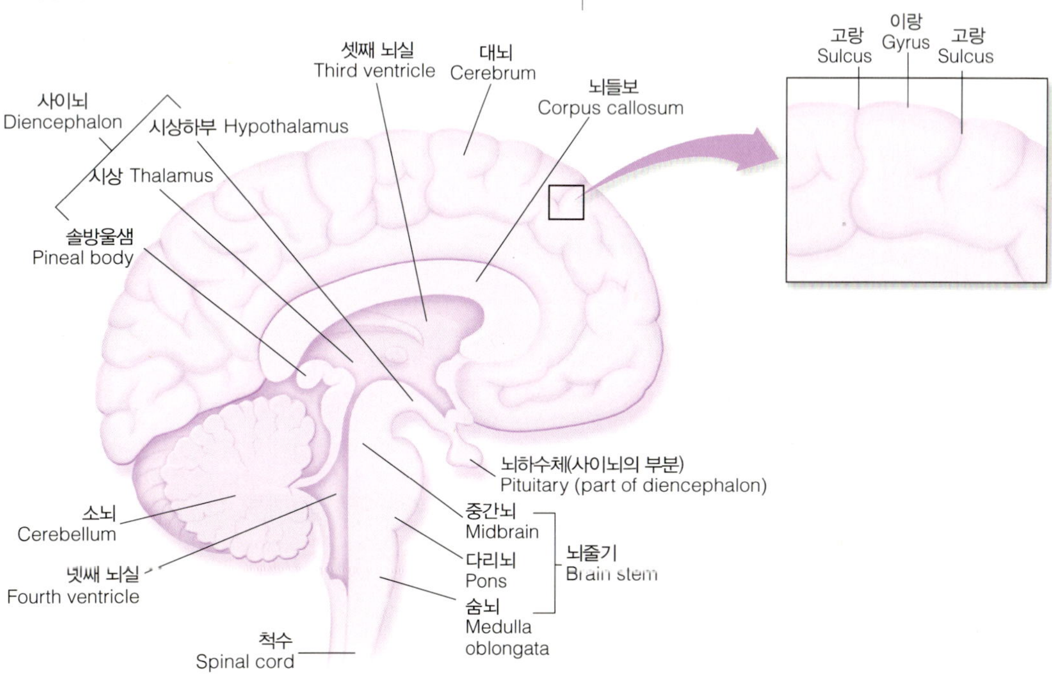

그림 4-2 뇌 구조

② **척수 신경** : 척수에서 시작하여 전신을 지배한다. 경신경(8쌍), 흉신경(12쌍), 요신경(5쌍), 천골 신경(5쌍), 미골 신경(1쌍)으로 총 31쌍으로 구성되어 있다.

(2) 자율 신경계

심장·혈관·소화 등 무의식적인 자율 조절 기능을 한다.

① **교감 신경** : 긴장 상태, 공포, 분노신경으로 주로 낮에 작용한다.

② **부교감 신경** : 휴식신경으로 주로 밤에 작용한다.

구분	교감 신경	부교감 신경
동공	확대	감소
침샘	소량	대량
심박수	증가	감소
혈관	수축	확장
위 운동	억제	증가
위액 분비	억제	증가
기모근	수축	–

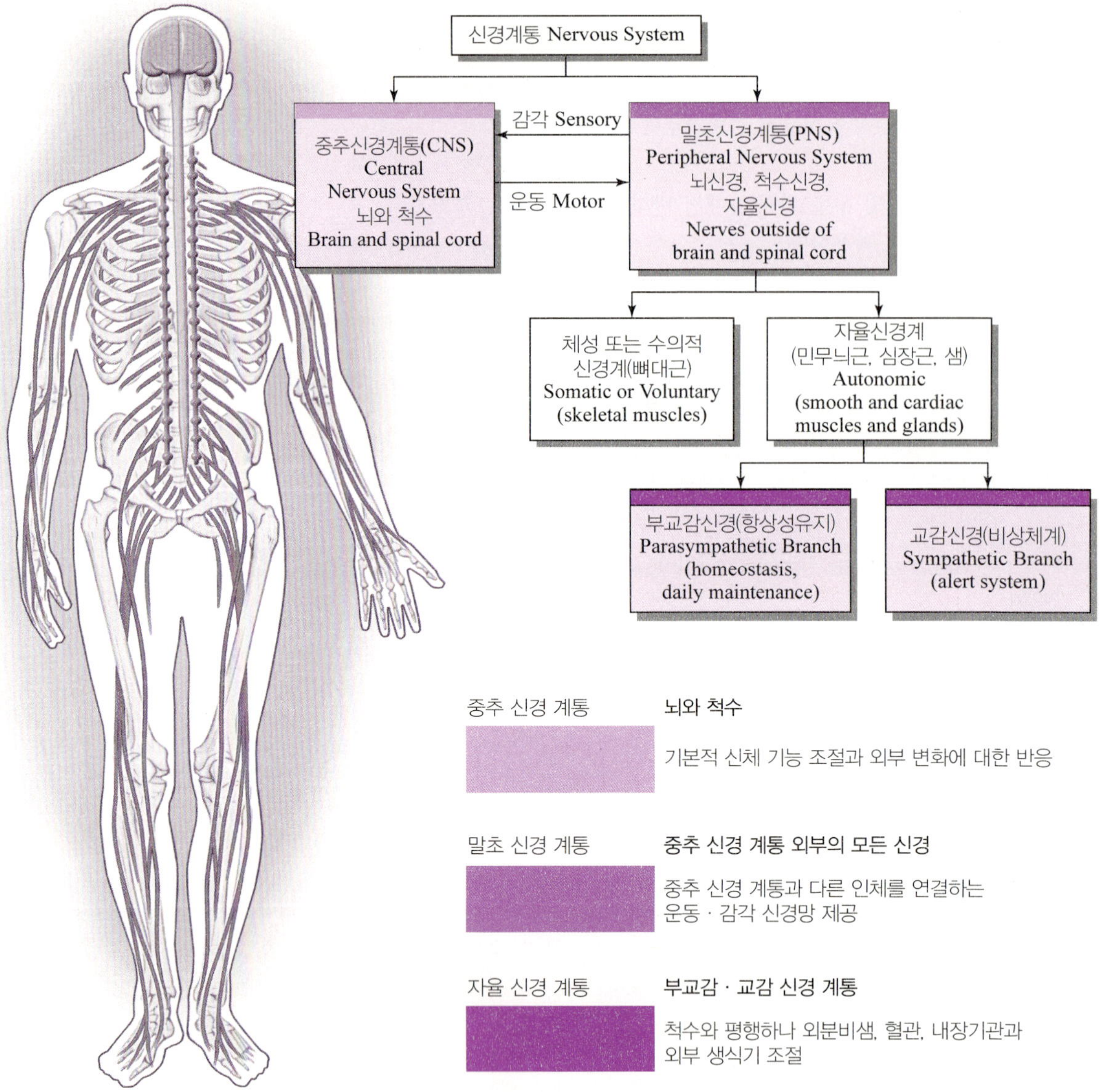

그림 4-3 신경계통

제5장 순환계

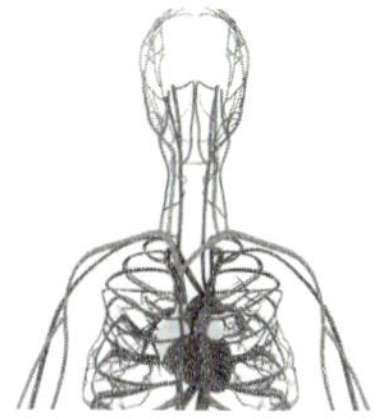

Check Point

이 장에서는 순환계의 구성과 역할을 이해하고 혈액순환의 종류를 숙지합니다. 1문제 출제됩니다.

1. 순환계의 정의

순환계는 심장·혈관·혈액을 통해 영양분과 노폐물의 순환을 돕는 계체이며, 림프관에서 순환계의 보조 역할을 하고 있다.

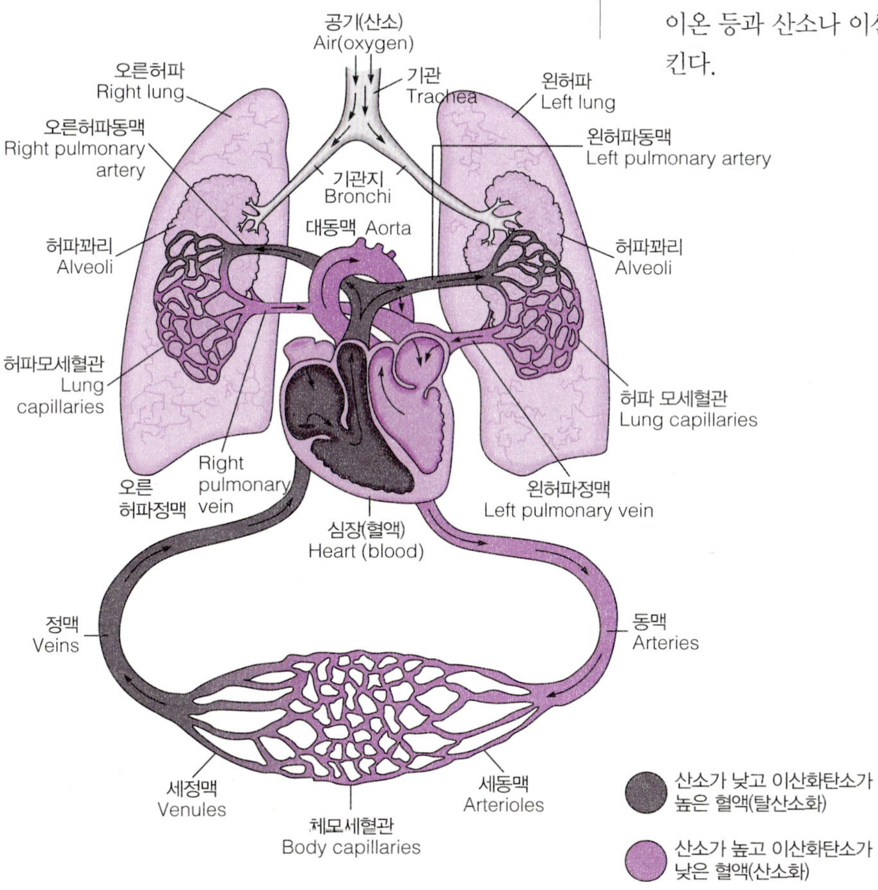

그림 5-1 혈액의 순환

2. 순환계의 구성 및 역할

순환계의 역할

① 순환계는 심장·혈관·혈액·림프관으로 구성된다.
② 체내의 혈관과 림프관을 통해 전신에 호르몬 항체나 이온 등과 산소나 이산화탄소 등을 전달하고 교환시킨다.

2. 순환계의 구성

(1) 심장의 구조와 역할

① 심장은 2개의 폐 사이에 위치하며 왼쪽 뒤편에 위치한다.

② 심중격에 의해 좌우로 구분되며, 판막에 의해 상과 하로 구분된다.

③ 좌심실에서 시작하여 동맥과 정맥을 통하여, 체순환하며 우심방으로 들어와서 마무리한다.

④ 우심실에서 폐동맥과 폐정맥을 통하여 폐순환하고 좌심방으로 들어온다.

⑤ 판막은 혈액의 역류를 막는다.

혈액순환의 종류	순서	산소/이산화탄소 함유량
체순환	좌심실–대동맥–소동맥–모세혈관–소정맥–대정맥–우심방	전신으로 이동하는 동맥에는 산소를, 심장으로 돌아오는 정맥에는 이산화탄소를 다량 함유하고 있음.
폐순환	우심실–폐동맥–폐–폐정맥–좌심방	폐로 이동하는 폐정맥에는 이산화탄소를, 심장으로 돌아오는 폐정맥에는 산소를 다량 함유하고 있음.

(2) 혈관의 구조와 역할

① 동맥
- 심장에서 온몸으로 이동하는 혈액이 흐르는 관이다.
- 높은 압력에서도 견딜 수 있게 벽이 두껍고 탄력성이 강하다.
- 관상동맥이 있어서 심장 자체에 영양분을 공급한다.
- 산소를 다량 함유한다.

② 정맥
- 온몸으로 이동한 혈액을 다시 심장으로 이동시키는 혈관이다.
- 동맥보다 얇고 탄성이 적다.
- 이산화탄소를 다량 함유한다.

③ 모세 혈관
- 동맥과 정맥을 연결하는 얇은 혈관이다.
- 모세 혈관을 통해 조직 사이의 산소와 영양분 및 노폐물이 교환된다.

(3) 혈액의 구조와 역할

① 적혈구
- 산소와 이산화탄소를 운반한다.
- 붉은 혈색소를 가지고 있다.

② 백혈구
- 식균작용을 하여 몸을 방어한다.

③ 혈소판
- 트롬보키나아제(thrombokinase)를 함유하고 있어서 혈액 응고에 관여한다.

④ 혈장
- 혈액의 55%를 차지하는 액체 성분이다.
- 90% 이상이 물이고, 단백질·포도당·아미노산·유지방·요소 등 기타 물질을 포함한다.
- 혈액 응고에 관여한다.

⑤ 혈액의 역할
- 산소와 이산화탄소, 영양분과 노폐물을 운반한다.
- 면역물질을 함유하여 몸을 보호한다.
- 일정한 수분을 유지할 수 있게 pH를 조절한다.
- 혈액응고 작용을 한다.

(4) 림프의 구조와 역할

① 림프액은 혈액에서 유출된 액체로 림프관을 통해 흐르며 말단에서 심장으로 가는 일방적 구조이다.

② 면역 작용을 한다.

③ 체내 수분 균형을 유지한다.

④ 모세 림프관이 모여 림프관을 이루고 림프관이 모여 림프절을 이룬다.

⑤ 림프절은 인체에 500~1000개 분포하며 림프구를 생성하며 항체를 형성하여 여과 및 식균 작용을 한다.

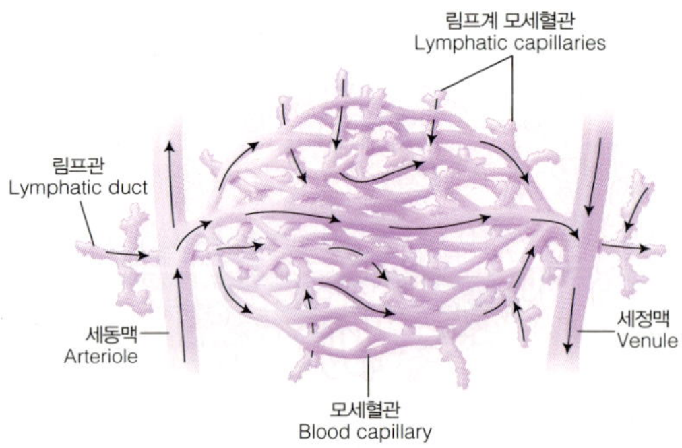

그림 5-2 모세 림프관의 구조

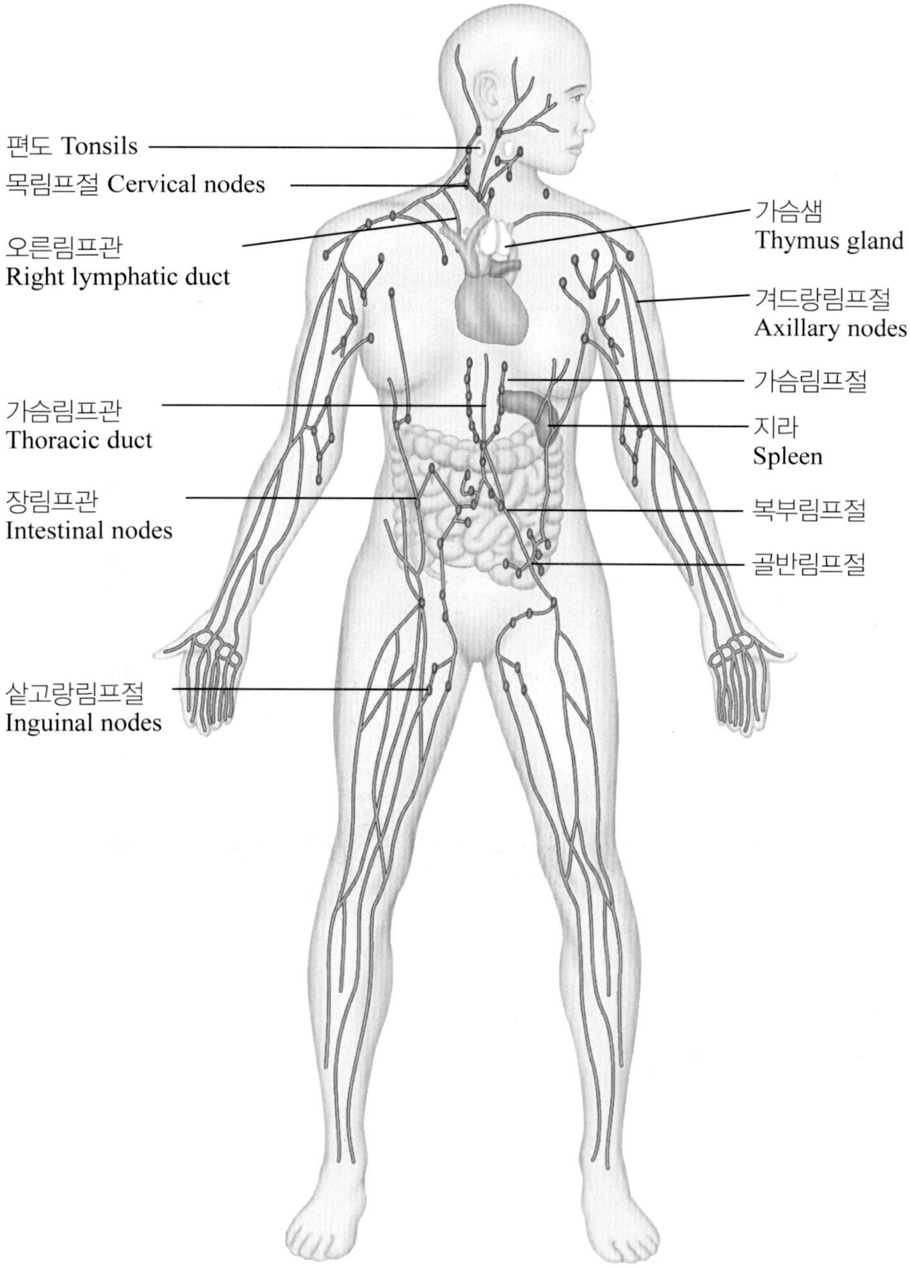

그림 5-3 림프계통의 구조

제6장 소화기계

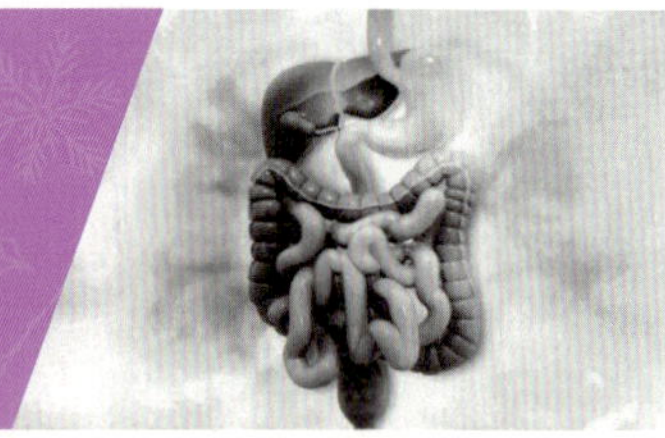

Check Point

이 장에서는 소화기계를 이해하고 부속기관의 특성과 역할을 숙지합니다. 1문제 출제됩니다.

1. 소화기계의 정의

인체가 입에서 시작하여 항문에 이르기까지 영양소를 소화·흡수하고 분해하는 과정을 일컬어서 소화라고 한다. 소화관 외에도 타액선·간·췌장 등에서 소화액을 공급한다.

① 섭취한 음식물을 인체가 사용할 수 있도록 영양소를 작은 단위로 변화시키는 작용을 일컫는다.
② 입 > 인두 > 식도 > 위 > 소장 > 대장 > 항문 등으로 연결되어 있다.
③ 부속기관으로 간, 췌장, 침샘 등이 있다.

2. 소화 작용

① **기계적 소화** : 소화기관의 물리적인 운동을 통해서 음식물을 소화액과 잘 섞이도록 하는 과정으로 저작운동, 연동운동, 분절운동 등이 있다.
② **화학적 소화** : 소화샘에서 분비되는 소화효소에 의해 저분자 물질로 분해시켜서 소장 벽에 흡수 가능하도록 한다.

3. 소화효소

① 주성분은 단백질이며 반응속도를 빠르게 해주는 생체 촉매 역할을 한다.
② 한 가지 효소는 한 종류의 기질에만 작용한다.
③ 소화 작용에 적당한 온도범위가 있다.
④ 작용에 적당한 pH 범위가 정해져 있다.

4. 소화기계의 구성 및 역할

1. 소화기계 주요 구성

소화기관	소화액	소화효소	작용운동	기능
구강	침	아밀라아제	저작 운동	• 씹음으로써 음식을 잘게 부순다.
인두			연하 운동	• 목구멍을 통해 음식이 식도로 들어간다.
식도			연동 운동	• 음식물을 밀어내린다.
위	위액	• 펩신 • 염산	연동 운동	• 단백질을 소화시킨다. • 강산성의 위액이 살균 작용을 한다. • 반유동 상태의 소화된 음식물을 소장으로 옮긴다.
소장	장액	• 장액 • 췌액 • 담즙	분절 운동 연동 운동 융모 운동	• 길이 7m이다. • 흡수 가능한 작은 입자로 분해한다. • 융모돌기에서 영양분을 흡수한다. • 소장 주변의 림프관에서 지방을 흡수한다.
대장			연동 운동	• 소화는 일어나지 않으며 수분 · 전해질 · 비타민을 재흡수한다. • 반고체 상태인 분변을 만들어 일정 시간 이후에 배변시킨다.

2. 소화기계 부속기관

소화기관	소화효소	기능	
간	담즙	영양 물질 합성	탄수화물을 글리코겐 형태로 저장
			지질을 분해하여 에너지 생산
			단백질을 형성하고 분해
			비타민 저장
		해독작용	체내에 들어온 유해물질을 분해함.
		담즙분비	담즙을 생산하여 담낭으로 보냄.
		혈액응고	혈액응고물질과 항응고물질을 생산함.
췌장	트립신	단백질 분해	
	아밀라아제	탄수화물 분해	
	리파아제	지방 분해	
담낭(쓸개)		• 간에서 분비된 담즙을 농축, 저장 • 담즙을 소장으로 배출함. • 지방 분해	

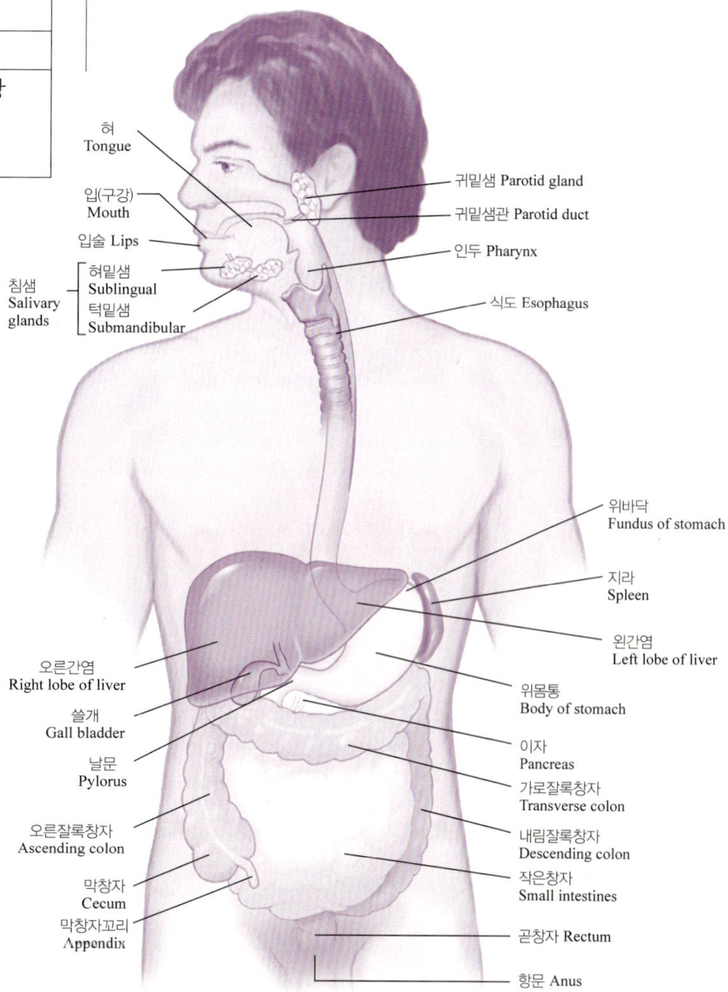

그림 6-1 소화기관의 구조

제7장 내분비계

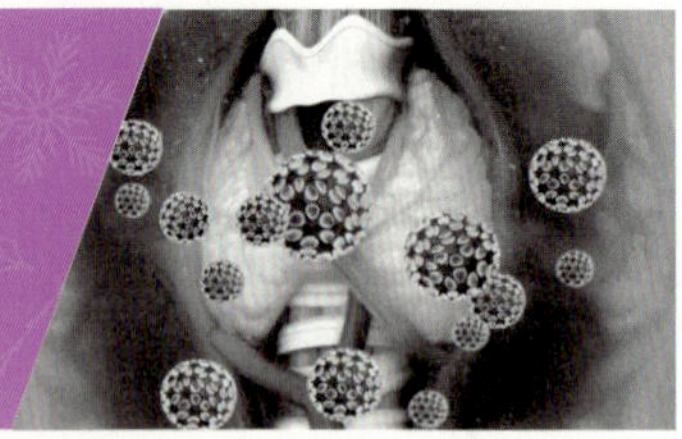

Check Point

이 장에서는 내분비계를 이해하고 각 호르몬이 분비되는 위치와 역할에 대해 숙지합니다. 출제 빈도가 낮습니다.

1. 내분비계의 정의

내분비선은 혈액 중에서 분비하며 인체 내부의 반응을 유도한다. 사람의 성장과 남녀의 구분 및 에너지 발산과 소화기관까지 내분비에 의해 조절된다.

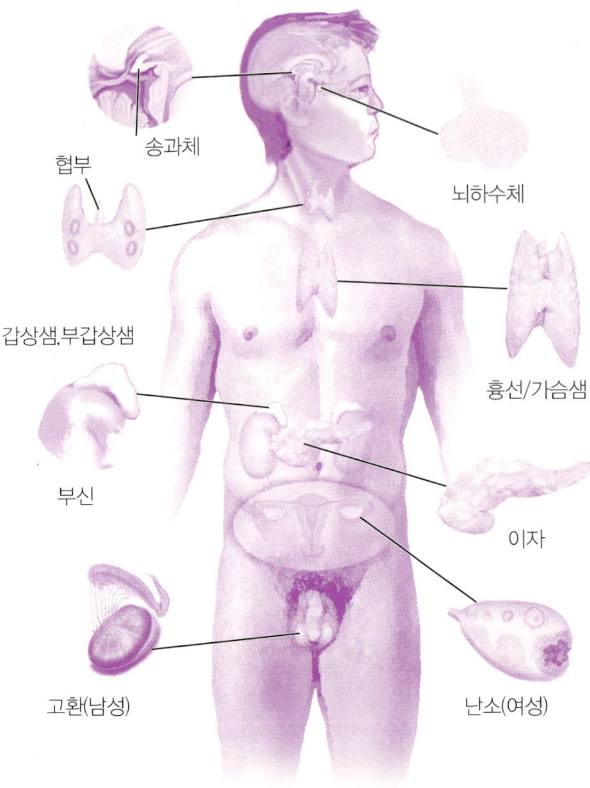

그림 7-1 내분비계통

2. 내분비선의 호르몬

〈뇌하수체 전엽〉	
성장 호르몬	• 어린이의 뼈와 근육의 성장을 촉진
프로락틴	• 여성의 수유 (젖 분비)
부신피질 자극 호르몬	• 부신피질 호르몬의 성장과 분비 촉진
갑성선 자극 호르몬	• 티록신 분비 조절
난포 자극 호르몬	• 남성은 정자 발생, 여성은 난자 성숙 촉진
〈뇌하수체 후엽〉	
항 이뇨 호르몬	• 체내의 수분을 조절하여 혈압을 조절
옥시토신	• 분만을 유도하고 젖 분비를 촉진
〈갑상선〉	
티록신	• 세포의 운동 조절(갑상선 기능 항진/갑상선 기능 저하)
칼시토닌	• 아미노산으로 구성되어 있으며 혈액의 칼슘 이온 농도를 조절
〈부갑상선〉	
파라토르몬 (Parathormone)	• 혈중의 칼슘이온 조절
〈췌장〉	
인슐린	• 혈중 포도당 농도 낮춤
글루카곤	• 혈중 포도당 농도 증가
소마토스타틴 (Somatostatin)	• 위와 혈관 등의 운동을 억제
〈부신피질〉	
코티솔(Cortisol)	• 스트레스에 반응
알도스테론	• 세포 내에 나트륨이나 칼륨 이온의 유지 및 배출
부신피질 안드로겐	• 남성 호르몬을 자극하여 사춘기에 여드름 발생
〈부신수질〉	
아드레날린	• 교감 신경 자극, 지혈 작용
〈난소〉	
에스트로겐	• 여성의 2차 성징
프로게스테론	• 임신 유지
〈고환〉	
테스토스테론	• 남성의 2차 성징

제8장 배설계

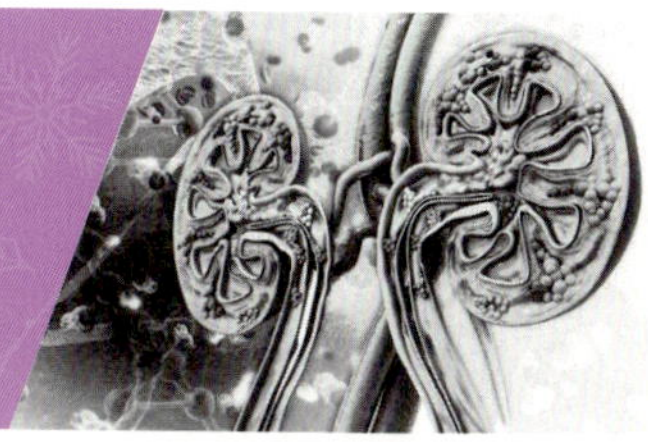

Check Point

이 장에서는 배설계를 이해하고 소변의 형성과정과 배뇨의 순서를 숙지합니다. 출제 빈도가 낮습니다.

1. 배설계의 정의

우리 몸의 필요한 에너지를 대사하고 남는 물질을 몸 밖으로 내보내는 과정이다.

2. 신장의 구조 및 작용

1. 신장

(1) 신장의 구조

① 콩팥이라고 하며 아랫배 뒷부분에 강낭콩 모양을 하고 붙어 있다.

② 피질·수질·신우의 세 부분으로 나누어진다. 제일 바깥을 피질이라고 하며, 안쪽을 수질이라고 한다. 피질에 100만 개의 네프론이 있다.

(2) 신장의 기능

① 신장은 노폐물을 배설시키는 과정 중 물과 암모니아를 소변으로 배설시키는 장기이다.

② 소변은 강한 독성을 가지므로 네프론에서 여과 과정을 거쳐서 배설된다.

2. 네프론(nephron)

(1) 네프론의 구조와 기능

① 네프론은 신장의 기능적·구조적 단위를 이룬다.

② 포도당·아미노산·무기염류 등을 포함하는 모세혈관 실뭉치인 사구체와 이를 감싸는 보먼주머니(Bowman's capsule)가 있으며, 보먼주머니에서 여과 과정을 거쳐서 세뇨관으로 이어진다.

③ 세뇨관에서는 노폐물은 분비되고 일부 물질은 재흡수되게 된다.

④ 최종 노폐물은 오줌이 되어 오줌관을 통해 방광으로 전달된다.

(2) 소변의 형성

신장–사구체–보먼주머니(여과)–세뇨관(분비와 재흡수)–오줌관–방광–요도

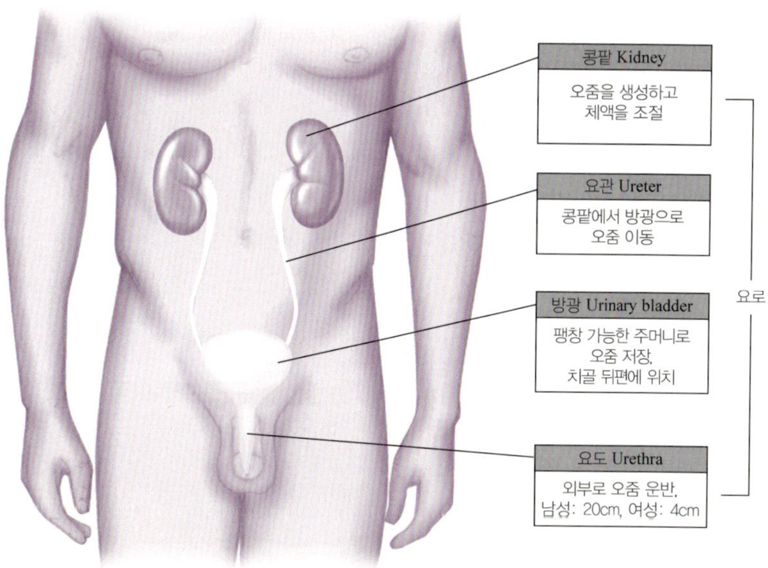

그림 8–1 배설계통

제9장

생식기계

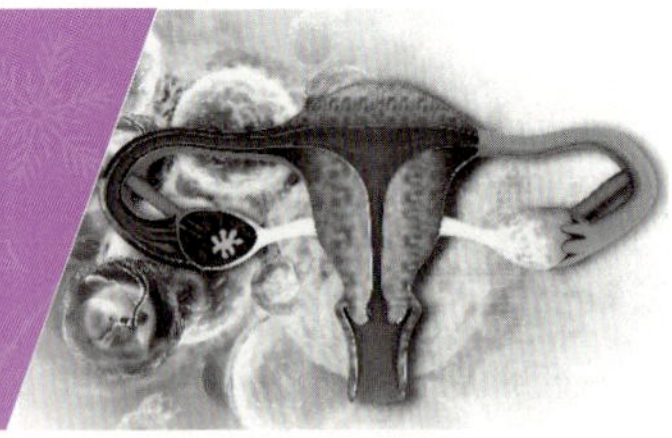

Check Point

이 장에서는 각 생식기계의 역할을 이해하고 남녀의 생식기관을 숙지합니다. 출제 빈도가 낮습니다.

1. 생식기계의 정의

생식이란 양성이 만나서 새로운 개체를 탄생시키는 것으로, 성 호르몬의 영향을 받고 있다. 생식기계는 내생식기와 외생식기로 이루어지며, 남성과 여성에 따라 구분되기도 한다.

2. 남성의 생식기

1. 고환

- 1쌍의 타원형 기관으로 남성 호르몬인 안드로겐과 테스토스테론을 분비한다.

2. 부고환

- 정관과 고환이 연결되는 부위로 정자가 성숙하여 일시적으로 저장되는 장소이다.

3. 정관

- 부고환과 연결이 되며 요도까지 이어지는 관이다.

4. 요도

- 방관 아래의 외부로 이어지는 선이며 소변과 정액을 배출한다.

5. 전립선

- 남성의 방광 아래에 위치한 기관으로, 정액의 정자 운동을 활발하게 하도록 한다.

3. 여성의 생식기

1. 난소

아몬드 모양으로 여성 호르몬인 에스트로겐과 프로게스테론을 분비한다.

2. 난관(나팔관)

난소를 감싸고 있으며 난자가 이동하는 통로이다.

3. 자궁

아기집으로 수정란이 착상하는 자리이며 두껍고 튼튼한 근육으로 이루어져 있으며 신축성이 있다.

4. 질

자궁과 외부를 연결하는 통로이다.

1 인체의 구성 요소를 작은 단위부터 올바르게 이은 것은?

① 인체–계통–기관–조직–세포
② 세포–조직–계통–기관–인체
③ 세포–조직–기관–계통–인체
④ 세포–인체–계통–조직–기관

[해설]
인체의 구성은 세포–조직–기관–계–체이다.

2 세포막의 역할이 아닌 것은?

① 세포를 둘러싸고 있는 막이다.
② 주성분은 지방이 70% 이상이다.
③ 세포의 외부 경계를 지으며 형태를 유지한다.
④ 선택적 투과를 한다.

[해설]
세포막의 주성분은 단백질과 지질이다.

3 세포막의 구성으로 올바른 것끼리 묶은 것은?

① 탄수화물과 지질
② 단백질과 지질
③ 단백질과 탄수화물
④ 단백질과 무기질

[해설]
세포막은 단백질과 지질로 구성되어 세포질을 보호하고 각종 영양물질과 산소 및 노폐물을 선택적으로 투과시키는 필터 역할을 한다.

4 세포에 대한 설명으로 올바르지 않은 것은?

① 인체의 구조적·기능적 최소 단위이다.
② DNA, RNA 유전 정보를 가지고 있다.
③ 인체는 무사분열한다.
④ 단백질로 구성되며 항상성을 유지한다.

[해설]
세포 수가 증가하고 세포질이 갈라지는 것을 유사분열이라고 한다.

5 다음 설명으로 틀린 것은?

① 체강은 두개강, 척주강, 흉강, 복강, 골반강으로 구성된다.
② 세포는 서로 유기적 연관성을 가지며 생명을 유지한다.
③ 세포막은 전기활동을 한다.
④ 체액은 세포내액이 1/3, 세포외액이 2/3로 구성된다.

[해설]
체액은 세포내액이 2/3, 세포외액이 1/3로 혈액, 림프액, 조직액으로 구성된다.

6 세포 내의 물질 중 DNA 유전 정보에 따른 단백질 합성 작용을 하는 것은?

① 미토콘드리아
② 리보솜
③ 리소좀
④ 형질내세망

[해설]
리보솜에서는 DNA 유전 정보에 따른 단백질 합성 작용을 한다.

7 세포 내 기관 중 ATP 저장 장소는?

① 리소좀
② 골지체
③ 중심체
④ 미토콘드리아

[해설]
미토콘드리아는 몸의 에너지를 생산하는 공장의 역할을 한다.

8 세포핵에 속하지 않는 물질은?

① 모양체 ② 미토콘드리아
③ 리보솜 ④ 리소좀

[해설]
세포핵에는 중심체, 미토콘드리아, 용해소체, 골지체 등이 있다.

정답 1. ③ 2. ② 3. ② 4. ③ 5. ④ 6. ② 7. ④ 8. ①

9 인체에 가장 널리 분포하는 조직으로 여러 조직과 기관 사이를 메우며 연결하는 조직은?

① 상피조직　② 근육조직
③ 결합조직　④ 신경조직

[해설]
결합조직은 조직과 기관 사이 및 빈 공간을 채워서 결합하고 지지나 보호 등의 역할을 한다.

10 몸의 운동을 담당하는 근육 조직과 관계없는 것은?

① 상피피부　② 힘줄
③ 건　④ 혈관

[해설]
상피는 몸의 표면이나 장기를 감싸고 보호하는 역할을 하는 조직이다.

11 상피조직의 특징으로 올바른 것은?

① 신체의 표면을 감싸서 보호한다.
② 운동을 책임진다.
③ 체내의 조직과 기관 사이를 메운다.
④ 체내의 정보 전달 기능을 수행한다.

[해설]
상피조직은 신체 표면과 내부 기관을 감싸서 보호한다.

12 향수 냄새가 멀리 퍼지는 현상이 있으며 농도가 높은 곳에서 낮은 곳으로 이동하는 현상은?

① 확산　② 삼투
③ 여과　④ 능동수송

[해설]
확산은 흩어져서 널리 퍼진다는 의미이다.

13 감수분열에 대한 설명으로 맞는 것은?

① 피부의 독소를 제거하는 것이다.
② DNA량이 늘어 난다.
③ 곰팡이나 세균류가 분열할 때에 볼 수 있다.
④ 생식세포의 분열을 말한다.

[해설]
생식세포에서 일어나는 세포분열은 감수 분열이다.

14 조직과 기관을 연결하는 조직은 무엇인가?

① 결합조직　② 근육조직
③ 신경조직　④ 상피조직

[해설]
결합조직은 조직과 기관 사이 및 빈 공간을 채워서 결합하고 지지나 보호 등의 역할을 한다.

15 세포를 둘러싼 이중의 얇은 막은 무엇인가?

① 세포질　② 핵
③ 세포막　④ 미토콘드리아

[해설]
세포는 핵–세포질–세포막으로 구성되어 있다.

16 다음 중 세포기관의 역할이 올바르게 짝지어진 것은?

① 중심소체–포도당과 글리코겐 저장
② 미토콘드리아–ATP 합성 관여
③ 리보소체–DNA 구성
④ 중심소체–가수분해 함유

[해설]
미토콘드리아는 몸의 에너지를 생산하는 공장의 역할을 한다.

17 다음 중 내분비기관의 구성에 속하지 않는 것은?

① 뇌하수체전엽　② 간
③ 갑상선　④ 부신피질

[해설]
뇌하수체–성장호르몬, 갑상선–티록신, 췌장–인슐린과 글루카곤, 부신–아드레날린, 정소–안드로겐, 난소–에스트로겐

18 신체나 장기의 정중앙선을 지나는 면을 무엇이라고 하는가?

① 시상면　② 판막면
③ 정중면　④ 수평면

[해설]
인체를 좌와 우로 구분하는 면을 정중면이라고 한다.

정답 9. ③ 10. ① 11. ① 12. ① 13. ④ 14. ① 15. ③ 16. ② 17. ② 18. ③

19 세포막의 구성 성분은?

① 단백질과 마그네슘 ② 탄수화물과 인
③ 단백질과 지질 ④ 수분과 지질

[해설]
세포막의 주성분은 단백질과 지질이다.

20 인체를 이루는 가장 기본적인 단위는?

① 세포 ② 기관
③ 계 ④ 티슈

[해설]
인체의 구성은 세포-조직-기관-계-체이다.

21 인체를 구성하는 기본조직에 속하지 않는 것은?

① 결합조직 ② 상피조직
③ 근육조직 ④ 계통조직

[해설]
인체는 상피조직, 결합조직, 근육조직, 신경조직으로 이루어진다.

22 신체의 구조적 단계 중 작은 단위부터 알맞은 것은?

① 조직＞세포＞기관＞개체＞계통
② 세포＞조직＞계통＞기관＞개체
③ 세포＞조직＞기관＞계통＞개체
④ 세포＞기관＞조직＞개체＞계통

[해설]
인체의 구성은 세포-조직-기관-계-체이다.

23 다음 중 운동 직후에 일어나는 생리적 변화로 옳은 것은?

① 심박동수의 증가
② 혈압의 저하
③ 말초혈관의 혈류량 감소
④ 소변량 증가

[해설]
운동직후에 소변량이 바로 증가하지는 않는다.

24 세포가 두 개의 똑같은 세포로 나뉘는 세포분열 과정이며 성장과 관련 있는 이 분열은 무엇이라고 하는가?

① 유사분열 ② 후기분열
③ 감수분열 ④ 복제

[해설]
세포수가 증가하고 세포질이 갈라지는 것을 유사분열이라고 한다.

25 세포의 제일 겉면을 둘러싸고 있는 것은?

① 핵막 ② 세포막
③ 세포질 ④ 핵벽

[해설]
세포는 핵-세포질-세포막으로 구성되어 있다.

26 세포 구조 중 개인의 유전 정보인 DNA가 들어 있는 곳은?

① 골지체 ② 리보솜
③ 핵 ④ 중심체

[해설]
세포핵에는 다량의 DNA를 포함하고 있어 유전적 특징을 결정한다.

27 세포내 소기관 중에서 세포 내의 호흡 생리를 담당하고 에너지를 생산하는 기관은?

① 미토콘드리아 ② 리보솜
③ 리소좀 ④ 중심소체

[해설]
미토콘드리아는 몸의 에너지를 생산하는 공장의 역할을 한다.

28 세포 내 소화기관으로 노폐물과 이물질을 처리하는 역할을 하며 세포 내의 쓰레기통이라고 불리는 이 기관은?

① 미토콘드리아 ② 리보솜
③ 리소좀 ④ 골지체

[해설]
리소솜은 용해소체라고 하며, 세포 사이에 있는 진여물을 제거하는 역할을 한다.

정답 19. ③ 20. ① 21. ④ 22. ③ 23. ① 24. ① 25. ② 26. ③ 27. ① 28. ③

29 신체 내에 일어나는 정보를 바르게 전달하는 조직은?

① 상피조직 ② 합체조직
③ 근육조직 ④ 신경조직

[해설]
신경조직은 신체의 정보를 빠르게 전달하는 역할을 한다.

30 농도가 낮은 쪽에서 높은 쪽으로 이동하여 농도를 비슷하게 맞추려는 현상을 무엇이라고 하는가?

① 삼투압 ② 확산
③ 이동 ④ 동화작용

[해설]
농도를 일정하게 유지하기 위해 이동하는 현상을 삼투압이라고 한다.

31 다음은 무엇에 대한 설명인가?

> 연관된 기관들이 협력을 하여 동일 목적을 이루기 위해 모인 체계

① 세포 ② 조직
③ 기관 ④ 계통

[해설]
인체의 구성은 세포–조직–기관–계–체이다.

32 다음 중 해부학의 설명으로 틀린 것은?

① 사람 몸에서 나타나는 현상을 연구하는 분야이다.
② 인체의 구조와 각 조직의 형태 및 상호 위치를 파악하는 것이다.
③ 현미경을 이용해 관찰하는 것을 조직학이라고 한다.
④ 해부학적 자세는 눈은 전방으로 향하고 팔은 몸통에 붙인다.

[해설]
생리학이란 사람의 몸에서 일어나는 현상들을 연구하는 분야이다.

33 외부 환경의 변화에 대하여 인체가 일정한 환경을 계속 유지하려는 현상을 무엇이라고 하는가?

① 순응성 ② 적응성
③ 항상성 ④ 일정성

[해설]
세포가 다양한 자극에 대해서 안정적인 상태를 유지하게 하려는 현상을 항상성이라고 한다.

34 인체의 뼈는 몇 개로 이루어져 있는가?

① 106개 ② 206개
③ 232개 ④ 262개

[해설]
인체의 뼈는 총 206개로 구성되어 있다.

35 뼈의 기능을 모두 고르시오

> ㉠ 지지 기능 ㉡ 보호 기능 ㉢ 조혈 기능
> ㉣ 운동 기능 ㉤ 저장 기능

① ㉠㉡ ② ㉠㉡㉢
③ ㉠㉡㉢㉣ ④ ㉠㉡㉢㉣㉤

[해설]
뼈의 기능은 지지 작용·지렛대 역할·보호 작용·조혈 기능·무기질의 저장 등이 있다.

36 뼈의 영양에 관여하며 신경과 혈관이 통과하고 있어 성장이 이루어지는 부위는?

① 골막 ② 골조직
③ 골수 ④ 해면질

[해설]
골막은 뼈를 보호하고 신경과 혈관이 통과하며 성장이 이루어진다.

37 탄력성이 있어서 뼈와 뼈 사이의 충격을 완화하는 결합조직은 무엇인가?

① 골수 ② 조직
③ 연골 ④ 관절

[해설]
연골은 골과 골 사이의 충격을 흡수한다.

정답 29. ④ 30. ① 31. ④ 32. ① 33. ③ 34. ② 35. ④ 36. ① 37. ③

38 조혈 기능과 관계가 깊은 것은?

① 골막 ② 교질골수
③ 황골수 ④ 적골수

[해설]
골수는 조혈 기관이며 적골수에서는 조혈 작용을 하고 황골수는 지방 저장소이다.

39 처음에는 단단하지 않으나 차츰 단단한 뼈로 바뀌는 것을 무엇이라고 하는가?

① 골막 ② 골화
③ 골수 ④ 골단연골

[해설]
유리연골조직이 골조직으로 변화하는 것을 골화라고 한다.

40 척주의 구성이 올바르게 연결된 것은?

① 경추 8개, 흉추 8개, 요추 6개, 천추 2개, 미추 4개
② 경추 7개, 흉추 12개, 요추 5개, 천추 1개, 미추 1개
③ 경추 7개, 흉추 12개, 요추 3개, 천추 2개, 미추 2개
④ 경추 1개, 흉추 16개, 요추 5개, 천추 1개, 미추 1개

[해설]
척추는 경추 7개, 흉추 12개, 요추 5개, 천추 1개, 미추 1개로 구성되어 있다.

41 척주에 대한 설명이 아닌 것은?

① 척수를 감싸고 외부로부터 보호한다.
② 목뼈, 등뼈, 허리뼈, 엉치뼈로 구성 된다.
③ 머리와 체간을 연결하여 움직임이 가능하게 한다.
④ 척주뼈는 총 26개이다.

[해설]
척주는 목뼈, 등뼈, 허리뼈, 엉치뼈, 꼬리뼈로 구성된다.

42 대퇴골·상완골·요골처럼 길이가 긴 뼈를 무엇이라고 하는가?

① 장골 ② 단골
③ 편평골 ④ 불규칙골

[해설]
뼈는 형태에 따라 장골, 단골, 편평골, 불규칙골 등으로 나눈다.

43 다음중 체간 골격에 해당하는 것은?

① 경골 ② 수근골
③ 늑골 ④ 척골

[해설]
체간골격은 머리 몸통에 속하는 뼈이다.

44 골격계에 대한 설명 중 올바르지 않은 것은?

① 신체의 골격은 약 206개의 뼈로 구성된다.
② 체중의 약 20%를 차지하며 골, 연골, 관절 및 인대를 포함한다.
③ 기관을 둘러싸서 내부 장기를 충격으로부터 보호한다.
④ 뼈에서는 혈액을 생성하지 않는다.

[해설]
골격의 기능은 지지기능, 보호기능, 운동기능, 조혈기능, 저장기능 등이 있다.

45 혈구를 생산하는 곳으로 엉성한 해면골 사이를 메꾸는 조직은?

① 골단 ② 골조직
③ 골화 ④ 골수

[해설]
골수는 조혈 기관이며 적골수에서는 조혈 작용을 황골수는 지방 저장소이다.

46 골막의 기능이 아닌 것은?

① 뼈의 보호 ② 골의 재생
③ 골의 부피 성장 ④ 혈액 생성

[해설]
골수는 조혈 기관이며 적골수에서는 조혈 작용을 황골수는 지방 저장소이다.

47 얼굴 모양을 좋게 하고 측두골과 관골궁을 형성하는 얼굴 뼈는?

① 협골 ② 비골
③ 상악골 ④ 하악골

[해설]
협골은 광내뼈이며 얼굴 축소에 영향을 미친다.

정답 38. ④ 39. ② 40. ② 41. ② 42. ① 43. ③ 44. ④ 45. ④ 46. ④ 47. ①

48 뼈의 형태에 따라 구분한 것 중 잘못 연결된 것은?

① 단골-수근골
② 함기골-측두골
③ 불규칙골-전두골
④ 장골-대퇴골

[해설]
뼈는 형태에 따라 장골, 단골, 편평골, 불규칙골 등으로 나눈다.

49 성장기의 뼈의 길이 성장을 주도하는 곳은?

① 골막 ② 골단판
③ 연골 ④ 해면골

[해설]
성장기에 얇은 연골층으로써 뼈 길이를 성장시키는 곳은 골단판이다.

50 두개골을 구성하는 뼈는?

① 미골 ② 늑골
③ 후두골 ④ 흉골

[해설]
두개골은 머리뼈이며 뇌두개골 8개에 안면골 14개로 구성되어 있다.

51 골격계의 기능이 아닌 것은?

① 보호 기능
② 저장 기능
③ 지지 기능
④ 에너지 생산 기능

[해설]
뼈의 기능은 지지 작용, 지렛대 역할, 보호 작용, 조혈 기능, 무기질의 저장 등이 있다.

52 다음 중 혈액이 형성되는 곳은?

① 신경 ② 간
③ 골수 ④ 췌장

[해설]
골수는 조혈기관이며 적골수에서는 조혈 작용을 하고 황골수는 지방 저장소이다.

53 근육과 뼈를 연결해 주는 부위의 명칭은?

① 인대 ② 골막
③ 연골 ④ 건

[해설]
건은 근육과 뼈를 연결해 준다.

54 연골에 대한 설명으로 틀린 것은?

① 연골세포와 섬유로 구성되어 있다.
② 물렁뼈로서 탄력적인 특성을 가지고 있다.
③ 근육조직에 해당된다.
④ 신경이나 혈관에 분포되어 있지 않다.

[해설]
연골은 결합조직의 한 부분이다.

55 다리의 뼈가 아닌 것은?

① 대퇴골
② 슬개골
③ 장골
④ 경골

[해설]
뼈는 형태에 따라 장골, 단골, 편평골, 불규칙골 등으로 나눈다.

56 장골에서 새로운 적혈구가 생산되는 부분은 어디인가?

① 연골 ② 골단
③ 골수 ④ 골체

[해설]
골수는 조혈 기관이며 적골수에서는 조혈 작용을 하고 황골수는 지방 저장소이다.

57 단일 근육자극으로 짧은 기간 일시적인 수축을 일으키는 것을 무엇이라고 하는가?

① 연축 ② 강축
③ 유축 ④ 긴장

[해설]
일시적인 수축을 이으키는 것은 연축이라고 한다.

정답 48. ③ 49. ② 50. ③ 51. ④ 52. ③ 53. ④ 54.③ 55. ③ 56. ③ 57. ①

58 자율신경의 지배를 받는 근육끼리 올바르게 묶은 것은?

① 소근, 협근
② 견갑근, 광배근
③ 심근, 혈관
④ 전두근, 내장근

[해설]
골격근은 의지대로 움직일수 있는 수의근이며, 심근과 평활근은 자율신경의 지배를 받는 불수의근이다.

59 인체 내에서 근육 수축에 주로 관여하는 단백질은?

① 케라틴과 칼슘
② 액틴과 미오신
③ 테스토스테론
④ 비타민과 아연

[해설]
근육수축에는 액틴과 미오신이라는 물질이 관여 한다.

60 근육을 모양에 따라 구분할 때 종류가 다른 하나는?

① 심장벽　② 기립근
③ 봉공근　④ 장의벽

[해설]
근육은 모양에 다라 횡문근 평활근으로 나눈다.

61 골격근에 대한 설명으로 맞지 않는 것은?

① 전신의 운동에 관여한다.
② 민무늬근이다.
③ 의지에 따라 움직인다.
④ 표정에 관여한다.

62 다음 중 불수의근에 속하는 것은?

① 승모근　② 심장근
③ 횡문근　④ 골격근

[해설]
골격근은 의지대로 움직일 수 있는 수의근이며, 심근과 평활근은 자율신경의 지배를 받는 불수의근이다.

63 운동시 근육과 반대로 움직이려고 하는 근육을 무엇이라고 하는가?

① 삼각근
② 흉쇄유돌근
③ 구륜근
④ 길항근

[해설]
어떤 근육이 움직임을 가질 때 반대 작용을 하는 근육을 길항근이라고 한다.

64 얼굴 근육에 속하지 않는 것은?

① 추미근　② 협근
③ 교근　④ 상완근

[해설]
상완근은 팔에 속하는 근육이다.

65 상체의 근육에 속하지 않는 것은?

① 비복근　② 광배근
③ 기립근　④ 삼각근

[해설]
비복근은 종아리 근육이다.

66 골격근육 운동 시 필요한 에너지원은?

① ATP　② 젖산
③ 글리코겐　④ 세포

[해설]
몸의 에너지를 ATP라고 일컫는다.

67 근육의 기능이 아닌 것은?

① 신체 운동을 담당한다.
② 몸 무게의 80% 이상을 담당한다.
③ 자세를 유지한다.
④ 근육의 운동으로 에너지를 소비하여 체열을 발생한다.

[해설]
근육은 신체 운동, 체열 생산, 자세 유지, 소화 운동 등의 내장 운동에 관여한다.

정답 58. ③ 59. ② 60. ④ 61. ④ 62. ② 63. ④ 64. ④ 65. ① 66. ① 67. ②

68 팔 부위의 예방주사 맞는 부위로 이용되는 근육은?

① 삼각근
② 사각근
③ 승모근
④ 봉공근

[해설]
삼각근은 팔 근육이다.

69 안면근에서 휘파람을 불거나 입을 다무는 작용을 하며 입 주변을 둥글게 감싸고 있는 근육은?

① 구륜근 ② 저작근
③ 안륜근 ④ 전두근

[해설]
구륜근은 입을 감싸고 있는 근육이다.

70 눈살을 찌푸리고 이마에 주름을 짓게 하는 근육은?

① 소근 ② 협근
③ 추미근 ④ 이근

[해설]
눈쌀을 찌푸리고 눈썹사이 세로주름과 이마에 주름을 만드는 근육은 추미근이다.

71 표정 근육이 아닌것은?

① 안륜근 ② 협근
③ 비근 ④ 후두근

[해설]
후두근은 머리에 있는 근육이다.

72 심장근에 대한 설명으로 잘못된 것은?

① 불수의근이다
② 핵이 방추형이다.
③ 횡문근이다
④ 자율 신경계와 연관 있다.

[해설]
골격근은 의지대로 움직일 수 있는 수의근이며, 심근과 평활근은 자율 신경의 지배를 받는 불수의근이다.

73 심장근의 모양과 자율신경계의 영향에 따른 움직임으로 옳은 것은?

① 횡문근, 수의근
② 횡문근, 불수의근
③ 평활근, 수의근
④ 평활근, 불수의근

[해설]
심장근은 가로무늬근(횡문근)이며 불수의근이다.

74 다음 중 바르게 연결되지 않은 것은?

① 골격근-봉공근
② 내장근-심근
③ 골격근-중둔근
④ 민무늬근-혈관

[해설]
내장근은 민무늬근으로 불수의근이다.

75 입가의 표정을 만드는 근육은?

① 추미근 ② 안륜근
③ 구륜근 ④ 측두근

[해설]
구륜근은 입을 감싸고 있는 근육이다.

76 표정근에 속하지 않는 근육은?

① 안륜근 ② 소근
③ 추미근 ④ 흉쇄유돌근

[해설]
흉쇄유돌근은 목에 있는 근육이다.

77 근조직이 횡문근이며 자율 신경계의 영향을 받는 근육인 것은?

① 내장근 ② 골격근
③ 심장근 ④ 평활근

[해설]
골격근은 의지대로 움직일수 있는 수의근이며, 심근과 평활근은 자율신경의 지배를 받는 불수의 근이다.

정답 68. ① 69. ① 70. ③ 71. ④ 72. ② 73. ② 74. ② 75. ③ 76. ④ 77. ③

78 내장근을 무늬 모양과 의지에 따라 분류하면 옳은 것은?

① 횡문근, 수의근
② 횡문근, 불수의근
③ 평활근, 수의근
④ 평활근, 불수의근

[해설]
골격근은 의지대로 움직일 수 있는 수의근이며, 심근과 평활근은 자율 신경의 지배를 받는 불수의근이다.

79 다음 중 기립근과 가장 관련 있는 것은?

① 수분 조절　② 체온 조절
③ 중추 신경 관장　④ 호르몬 조절

[해설]
골격근은 운동으로 에너지를 생산한다.

80 인체의 근육을 3가지 종류로 구분할 때 근육 종류의 이름명이 아닌 것은?

① 골격근　② 내장근
③ 심근　④ 큰근육

[해설]
인체의 근육은 골격근, 내장근, 심근으로 구분된다.

81 인체의 주요 호르몬의 불균형에 따라 나타나는 증상이 아닌 것은?

① 부신피질자극호르몬 : 갑상선 기능저하
② 난포자극호르몬 : 불임
③ 인슐린 : 당뇨
④ 에스트로겐 : 생리불순

[해설]
갑상선 기능저하는 티록신이 관여한다.

82 다음 중 수면과 관련있는 호르몬은?

① 티록신　② 멜라토닌
③ 프로게스테론　④ 안드로겐

[해설]
멜라토닌은 낮과 밤, 계절에 따른 일조시간의 변화를 감지하여 생체리듬에 관여한다.

83 갑상선 자극 호르몬을 분비하는 곳은?

① 연수
② 뇌하수체 전엽
③ 소뇌
④ 시상하부

[해설]
갑상선자극호르몬을 분비는 뇌하수체 전엽에서 분비된다.

84 간에서 글리코겐의 합성을 촉진시키는 호르몬은?

① 황체형성호르몬
② 코티솔
③ 티록신
④ 인슐린

[해설]
티록신은 체내 모든 신진대사를 촉진시키는 호르몬이다.

85 골격근에 대한 설명으로 알맞지 않은 것은?

① 뼈에 부착되어 있다.
② 골격근은 일반적으로 내장벽을 형성한다.
③ 골격근은 횡문근이라고 한다.
④ 골격근은 움직임을 자유롭게 할 수 있는 수의근이다.

[해설]
골격근은 골격에 붙어 있는 운동을 하는 근육이며 빗살무늬 모양을 가지고 있다.

86 내 의지와 관계없이 움직이는 근육이며 내장기관이나 혈관 벽을 형성하는 근육은 무엇인가?

① 평활근
② 골격근
③ 심장근
④ 횡문근

[해설]
골격근은 의지대로 움직일 수 있는 수의근이며, 심근과 평활근은 자율신경의 지배를 받는 불수의근이다.

정답 78. ④ 79. ② 80. ④ 81. ① 82. ② 83. ② 84. ③ 85. ② 86. ①

87 평활근에 관한 것으로 가장 관계 있는 것은?

① 중추 신경 ② 심장
③ 자율 신경 ④ 빗살무늬 모양

[해설]
골격근은 의지대로 움직일 수 있는 수의근이며, 심근과 평활근은 자율 신경의 지배를 받는 불수의근이다.

88 다음 중 수의적 신경의 지배를 받는 근육은?

① 심근
② 내장의 근육
③ 골격근
④ 평활근

[해설]
골격근은 의지대로 움직일수 있는 수의근이며, 심근과 평활근은 자율신경의 지배를 받는 불수의근이다.

89 근육계의 기능과 관계가 먼 것은 무엇인가?

① 체열 생산 ② 혈액 순환
③ 음식물 이동 ④ 항체 생산

[해설]
근육은 신체 운동, 체열 생산, 자세 유지, 소화 운동 등의 내장 운동에 관여한다.

90 신경계를 구성하는 최소단위는?

① 시냅스 ② 세포
③ 말초 신경 ④ 뉴런

[해설]
신경계를 구성하는 최소 단위는 뉴런이다.

91 신경에 대한 설명으로 옳은 것은?

① 축삭돌기는 정보를 중추로 전달한다.
② 호흡·소화·순환 등은 중추 신경에서 조절한다.
③ 외부 자극을 받아 세포체에 정보를 전달하는 것을 수상돌기라고 한다.
④ 중추 신경계는 소뇌와 척수로 이루어져 있다.

[해설]
외부 자극을 받아서 세포체에 전달하는 것을 수상돌기라고 한다.

92 중추 신경계는 어떻게 구성되어 있는가?

① 뇌와 말초 신경 ② 뇌와 척수
③ 대뇌와 소뇌 ④ 척수와 말초 신경

[해설]
중추 신경계는 뇌와 척수로 이루어진다.

93 간뇌의 시상하부의 기능으로 올바르지 않은 것은?

① 자율신경종합중추
② 체온조절
③ 식욕 조절
④ 호흡조절

[해설]
시상하부 기능은 자율신경계 중추, 체온, 수온조절, 본능적 욕구조절, 생식기능조절, 호르몬 합성 기능 등이 있으며 호흡조절은 연수가 주관한다.

94 자율기능의 종합적 중추로써 본능적 욕구를 조절하고 호르몬의 합성기능이 있는 이 부위는?

① 대뇌 ② 시상하부
③ 소뇌 ④ 척수

[해설]
시상하부의 중요한 역할은 서로 다른 기관을 어떤 목적을 위해 협동적으로 통합 한다.

95 다음 중 호흡 조절 중추는?

① 연수 ② 교감 신경
③ 시상하부 ④ 간뇌

[해설]
호흡운동·심장박동·소화기 활동 등을 조절하는 중추는 연수이다.

96 다음 중 뇌 신경과 척수 신경의 수가 옳게 짝지어진 것은?

① 8쌍, 31쌍 ② 10쌍, 21쌍
③ 12쌍, 21쌍 ④ 12쌍, 31쌍

[해설]
뇌와 연접된 12쌍의 뇌 신경과 척수와 연결된 31쌍의 척수 신경으로 구성되어 있다.

정답 87. ③ 88. ③ 89. ④ 90. ① 91. ③ 92. ② 93. ④ 94. ② 95. ① 96. ④

97 다음 중 혀의 운동을 주관하는 신경은?

① 미주 신경
② 설하 신경
③ 3차 신경
④ 동안 신경

[해설]
뇌 신경은 총 12신경으로 이루어져 있다.

98 교감신경을 자극시 말초혈관에 미치는 영향은?

① 반사 ② 수축
③ 평형 ④ 확대

[해설]
교감신경을 자극하면 말초혈관에는 수축이 일어난다.

99 말초 신경에 관한 설명으로 틀린 것은?

① 체성 신경계와 자율 신경계로 구분된다.
② 중추로부터 내려오는 정보를 말단에 전달한다.
③ 자율 신경은 의식적으로 지배할수 있다.
④ 교감 신경이 발달하면 심박수가 증가한다.

[해설]
자율 신경계는 내장·혈관·장기 등에 분포하고 무의식적·반사적으로 조절한다.

100 혈관과 심장근은 어느 신경의 지배를 받는가?

① 자율 신경 ② 중추 신경
③ 뇌 신경 ④ 감각 신경

[해설]
자율 신경계는 내장·혈관·장기 등에 분포하고 무의식적·반사적으로 조절한다.

101 교감 신경의 자극시 나타나는 현상이 아닌 것은?

① 심박수 증가
② 혈관 수축
③ 위액 분비 증가
④ 동공 확대

[해설]
교감 신경은 화나거나 흥분 상태 혹은 주로 낮에 작용하고 부교감 신경은 휴식할 때 주로 밤에 작용한다.

102 교감 신경의 자극이 늘어났을 때 나타나는 현상이 아닌 것은?

① 동공 확장 ② 기립근 수축
③ 위의 운동 촉진 ④ 심박수(心博數) 증가

[해설]
교감 신경은 화나거나 흥분 상태 혹은 주로 낮에 작용하고, 부교감 신경은 휴식할 때 주로 밤에 작용한다.

103 체성 신경계의 구성으로 올바르게 짝지어진 것은?

① 뇌 신경과 척수 신경
② 뇌 신경과 교감 신경
③ 교감 신경과 부교감 신경
④ 척수와 중추 신경

[해설]
체성 신경계는 뇌 신경과 척수 신경으로 구성된다.

104 몸의 평형을 유지하는 뇌의 기관은 무엇인가?

① 대뇌 ② 시상하부
③ 중뇌 ④ 소뇌

[해설]
소뇌는 수의근 조정에 관계한다.

105 자율 신경계의 특징으로 올바르지 않는 것은?

① 혈관을 조절하는 신경계
② 무의식적 행동을 관장하는 신경계
③ 감각과 운동 신경을 자유 자재로 조절
④ 호흡·순환·흡수·대사·배설·생식 등의 무의식적 반사 활동

[해설]
자율 신경계는 내장·혈관·장기 등에 분포하고 무의식적·반사적으로 조절한다.

106 뇌의 구성으로 맞지 않는 것은?

① 중뇌 ② 소뇌
③ 척추 ④ 시상하부

[해설]
뇌는 대뇌·간뇌·중뇌·연수·소뇌로 이루어져 있다.

정답 97. ④ 98. ② 99. ③ 100. ① 101. ③ 102. ③ 103. ① 104. ④ 105. ③ 106. ③

107 말초 신경 중 제3 뇌 신경이며 눈의 움직임을 조절하는 운동 신경은?

① 후 신경 ② 시 신경
③ 동안 신경 ④ 3차 신경

[해설]
뇌 신경은 총 12신경으로 이루어져 있다.

108 뉴런에 대한 설명이 올바른 것은?

① 신경의 기본단위
② 짧은 신경 자극
③ 신경세포와 신경섬유의 접합부위
④ 외부의 자극을 다른 세포체로 연결

[해설]
뉴런은 신경계의 구조, 기능상의 기본단위이며 신경세포체와 그 섬유를 포함한 하나의 신경세포이다.

109 뉴런과 뉴런의 접속 부위는?

① 신경원 ② 수상돌기
③ 시냅스 ④ 축삭돌기

[해설]
신경 세포의 신경돌기 말단이 다른 신경 세포에 접하는 부위를 시냅스라고 한다.

110 원심성 돌기로써 세포의 흥분을 말초 신경계에 전달하는 이것은?

① 수상돌기 ② 축삭돌기
③ 니슬 소체 ④ 신경섬유

[해설]
축삭돌기는 세포로부터 받은 정보를 말초로 전달한다.

111 말초 신경계에 속하지 않는 것은?

① 교감 신경
② 뇌 신경
③ 뇌
④ 척수 신경

[해설]
중추 신경계는 뇌와 척수로 이루어진다.

112 다음 중 각 기관에 대한 설명으로 연결이 올바르지 않은 것은?

① 호흡계 : 폐에서 산소와 이산화탄소를 교환하여 pH를 조절한다.
② 골격계 : 뼈의 골수 부분에서 혈액을 형성한다.
③ 신경계 : 세포 외액량과 구성은 신장에 의해 조절된다.
④ 근육계 : 방광으로부터 뇨의 배설은 근육조직에 의해 조절 된다.

[해설]
세포 외액량과 구성은 신장에 의해 조절되게 하는 것은 림프계이다.

113 신경계에 관한 내용 중 알맞지 않은 것은?

① 뇌와 척수는 중추 신경계이다.
② 31쌍의 뇌 신경은 말초 신경을 이룬다.
③ 대뇌의 주요 부위는 대뇌, 간뇌, 중뇌, 연수이다.
④ 척수는 뇌와 말초 신경 사이의 흥분 전달 통로이다.

[해설]
뇌와 연접된 12쌍의 뇌 신경과 척수와 연결된 31쌍의 척수 신경으로 구성되어 있다.

114 다음 중 신경조직의 기본 단위는?

① 신경세포
② 시냅스
③ 연수
④ 뉴런

[해설]
신경계를 구성하는 최소 단위는 뉴런이다.

115 신경계에 대한 올바르게 설명한 것은?

① 신경세포는 크기가 다양하다.
② 축삭돌기로만 이루어져 있다.
③ 신경교는 혈액 운반의 기능은 없다.
④ 유입된 정보를 통합하여 신경계 자극을 중추에서 말초로 전달한다.

[해설]
신경계는 통합기능이 있다.

정답 107. ② 108. ① 109.③ 110. ② 111. ③ 112. ③ 113. ② 114. ④ 115. ④

116 호흡 조절과 관계 있는 부분은?

① 대뇌　② 소뇌
③ 중뇌　④ 연수

[해설]
호흡 운동·심장박동·소화기 활동 등을 조절하는 중추는 연수이다.

117 호흡계통에 대한 설명으로 옳지 않은 것은?

① 외부로부터 산소 흡입
② 흡기 시 소리를 냄
③ 이산화탄소 배출
④ 입, 후두, 인두, 기도, 폐 등으로 구성되어 있다.

[해설]
날숨(호기) 시 공기가 성대를 지나며 소리를 내게 한다.

118 다음 중 호흡기 설명으로 바르지 않은 것은?

① 인두는 음식물과 공기가 공동으로 이동한다.
② 후두는 기관지로 공기를 이동한다.
③ 기관은 허파로 공기를 이동한다.
④ 허파는 허파꽈리로의 공기 통로이다.

[해설]
허파는 기체교환을 하는 기능이 있으며 허파꽈리로의 공기 통로는 세기관지이다.

119 폐호흡에 의한 가스교환에 관계하는 기관으로 올바르지 않은 것은?

① 비강　② 인두
③ 폐　④ 기관지

[해설]
폐호흡에 의한 가스교환에 관계하는 기관은 비강, 후두, 기관, 기관지, 폐 등이 있다.

120 성인이 1회 호흡 시 정상적인 호흡량은?

① 50ml　② 300ml
③ 500ml　④ 1,200ml

[해설]
성인 1회 호흡량은 500ml이다.

121 다음 중 폐포까지 도달하지 못하고 호흡기도에 머무는 것은?

① 잔기량　② 기도폐쇄
③ 과호흡　④ 무효공간용적

[해설]
호흡기도에 머무르는 것을 무효공간용적이라 한다.

122 혈액의 기능이 아닌 것은?

① 물질의 운반
② 항상성 유지
③ 몸의 신호 전달
④ 혈액응고 기능

[해설]
혈액은 물질의 운반·몸의 보호 항상성 유지, 혈액 응고 기능을 한다.

123 혈액 중 혈관벽을 나와 세균을 혈관으로 끌어들여 무력화하는 식균 작용을 하는 것은?

① 적혈구　② 백혈구
③ 혈소판　④ 혈장

[해설]
백혈구는 식균 작용을 하고 세균을 소화시킨다.

124 다음 중 혈장의 성분이 아닌 것은?

① 알부민　② 글로불린
③ 섬유소원　④ 비타민

[해설]
혈장단백질은 알부민, 글로불린, 섬유소원 등으로 구성되어 있다.

125 심장에 대한 설명으로 틀린 것은?

① 전신에 혈액을 보내 준다.
② 심중격에 의하여 심방과 심실로 나눈다.
③ 판막은 혈액 역류를 방지하고 일정한 방향으로 흐르게 한다.
④ 좌심실은 폐동맥과 연결되어 있다.

[해설]
심장의 좌심실에서 체순환이 시작된다.

정답 116. ④ 117. ② 118. ④ 119. ② 120. ③ 121. ④ 122. ③ 123. ② 124. ④ 125. ④

126 체순환의 순서로 올바른 것은?

① 우심실–폐동맥–폐–모세혈관–폐정맥–좌심방
② 우심실–대동맥–소동맥–모세혈관–소정맥–대정맥–우심방
③ 좌심실–대동맥–소정맥–모세혈관–소정맥–대정맥–우심방
④ 좌심방–대정맥–폐–소동맥–우심실

[해설]
체순환은 좌심실에서 시작하여 우심방으로 들어온다.

127 폐동맥에서 폐를 거쳐 폐정맥에 이르는 순환으로써 이산화탄소를 내보내고 산소를 받아들이는 역할을 수행하는 순환은?

① 폐순환
② 체순환
③ 피부 호흡 순환
④ 림프순환

[해설]
폐순환(소순환)은 폐에서 이산화탄소를 내보내고 산소를 받아들이는 역할을 수행한다.

128 혈관 중 산소와 영양분이 풍부하고 두꺼워서 높은 압력에도 잘 견딜 수 있는 것은?

① 모세혈관 ② 동맥
③ 정맥 ④ 적혈구

[해설]
동맥은 심장에서 온몸으로 나가는 혈관으로 높은 압력에도 견딜 수 있다.

129 모세 혈관의 역할로 올바른 것은?

① 영양소 저장
② 물질 교환
③ 심장으로부터 전신에 혈액 운반
④ 피하조직 생성

[해설]
모세 혈관은 혈액과 조직 사이에 물질들이 교환되는 기능을 한다.

130 다음 중 이산화탄소가 차지하는 비중이 더 많은 혈관은?

① 대동맥 ② 소동맥
③ 폐동맥 ④ 폐정맥

[해설]
폐동맥은 이산화탄소와 노폐물이 차지하는 비율이 높다.

131 림프의 흐름을 방해하는 것은?

① 근육활동 ② 동맥의 맥박
③ 전염, 감염 ④ 소화관의 연동운동

[해설]
림프의 흐름을 방해하는 것은 전염이나 병원균 감염이다.

132 림프에 대한 설명으로 틀린 것은?

① 체액을 순환 담당하는 기관으로 말단에서 심장으로 가는 일방적인 구조이다.
② 림프구 생산에 의한 신체방어 작용에 관여한다.
③ 신체조직의 배출기관이며 정맥계를 도와 주는 보조자 역할이다.
④ 적혈구를 생산한다.

[해설]
림프는 혈관에서 나온 인체액이다.

133 림프절에 대한 설명이 아닌 것은?

① 피하조직을 생성한다.
② 인체에 500~1,000여 개 분포한다.
③ 여과 및 식균 작용을 한다.
④ 림프구를 생산한다.

[해설]
림프는 정맥계의 보조자 역할이며 면역작용을 한다.

134 림프관에 대한 설명으로 틀린 것은?

① 혈관보다 림프관의 벽이 얇다.
② 림프구를 생산한다.
③ 역류를 방지하는 림프판막이 있다.
④ 림프관의 흐름에 따라 일정한 간격의 림프절이 위치한다.

[해설]
림프구는 림프절에서 생산한다.

정답 126. ③ 127. ① 128. ② 129. ② 130. ③ 131. ③ 132. ④ 133. ① 134. ②

135 림프 순환에서 회수되는 부분이 다른 사지와는 다른 경로인 부분은?

① 우측 상지　② 좌측 상지
③ 우측 하지　④ 좌측 하지

[해설]
우측머리와 우측상지는 오른림프관으로 회수되고, 좌측머리와 좌측상지, 좌측하지, 우측하지는 가슴림프관으로 회수된다.

136 혈관 수축 작용으로 혈전을 형성하며, 혈액 응고의 작용을 하는 것은?

① 적혈구　② 백혈구
③ 혈소판　④ 혈장

[해설]
혈소판은 혈액응고에 작용한다.

137 혈장의 기능이 아닌 것은?

① 체중의 20%를 차지한다.
② 흡수 및 운반 작용을 한다.
③ 배설 작용을 한다.
④ 수분을 조절한다.

[해설]
혈액는 체중의 8~9%를 차지한다.

138 폐순환의 올바른 순서는?

① 우심실-좌심실-폐-폐정맥-좌심방
② 우심실-좌심방-폐-폐정맥-폐동맥
③ 우심실-폐동맥-폐정맥-폐-폐동맥
④ 우심실-폐동맥-폐-폐정맥-좌심방

[해설]
폐순환은 폐동맥에서 좌심방으로 흐른다.

139 다음 중 혈액 성분으로 옳게 구성된 것은?

① 혈장, 림프, 백혈구, 적혈구
② 혈소판, 림프, 적혈구, 혈장
③ 적혈구, 백혈구, 림프, 혈소판
④ 적혈구, 백혈구, 혈소판, 혈장

[해설]
혈액은 적혈구, 백혈구, 혈소판, 혈장으로 구성된다.

140 혈액은 체중의 몇 %를 차지하는가?

① 1% 미만
② 5~6%
③ 8~9%
④ 20% 이상

[해설]
혈액는 체중의 8~9%를 차지한다.

141 다음 혈액의 구성 중 식균 작용을 하는 것은?

① 백혈구　② 적혈구
③ 혈소판　④ 혈색소

[해설]
백혈구는 식균 작용을 하고 세균을 소화시킨다.

142 심장에 대한 설명 중 틀린 것은?

① 성인 심장은 무게가 평균 250~300g 정도이다.
② 심방중격에 의해 좌우심방, 심실은 심실중격에 의해 좌우심실로 나누어진다.
③ 심장은 2/3가 흉골 정중선에서 좌측으로 치우쳐 있다.
④ 심장근육은 좌심실보다는 좌심방이 더 튼튼하다.

[해설]
체순환의 시작은 좌심실이다.

143 면역과 관련 있는 혈액의 종류는?

① 백혈구　② 적혈구
③ 골수　④ 혈소판

[해설]
백혈구는 식균 작용을 하고 세균을 소화시킨다.

144 헤모글로빈이 포함되어 있으며 혈액 중 산소를 운반하는 것은?

① 적혈구　② 백혈구
③ 혈장　④ 혈소판

[해설]
적혈구는 산소와 이산화탄소를 운반하고 붉은 색의 혈색소를 가지고 있다.

정답 135. ① 136. ③ 137. ① 138. ④ 139. ④ 140. ③ 141. ① 142. ④ 143. ① 144. ①

145 혈액의 기능이 아닌 것은?

① 지방을 저장한다.
② 호흡 가스를 교환한다.
③ 혈압을 유지하고 조절한다.
④ 체온을 조절한다.

[해설]
혈액은 물질의 운반, 몸의 보호, 항상성 유지, 혈액 응고 기능을 한다.

146 림프의 설명으로 옳지 않은 것은?

① 목에는 림프절이 있다.
② 면역 기능이 있다.
③ 체내의 요오드 성분의 균형을 맞춘다.
④ 혈관에서 흡수나 대사가 되지 않은 물질을 운반한다.

[해설]
림프는 면역과 관계 있으며, 부종과 여드름 관리 및 비만 관리 등에 효과적이다.

147 다음 중 혈액과 림프액은 어떤 조직에 속하는가?

① 결합조직
② 상피조직
③ 근육조직
④ 신경조직

[해설]
혈액과 림프액도 결합조직의 특수한 형태로 볼 수 있다.

148 항체를 생산하는 곳으로써 인체 최대의 림프기관은?

① 간
② 갑상선
③ 림프절
④ 비장

[해설]
비장은 림프구생산, 식균작용, 항체생산, 혈액의 여과 및 저장 기능을 한다.

149 혈관 중 콜라겐 섬유로된 단단한 층이며 벽이 3겹으로 되어 있어서 압력에도 잘 견딜 수 있는 이 혈관의 종류는?

① 동맥　　② 정맥
③ 모세 혈관　　④ 림프관

[해설]
동맥은 심장에서 온몸으로 나가는 혈관으로 높은 압력에도 견딜 수 있다.

150 소화 과정의 순서가 올바른 것은?

① 구강–식도–인두–위–대장–소장–항문
② 구강–인두–식도–위–소장–대장–항문
③ 구강–인두–위–식도–소장–대장–항문
④ 구강–인두–식도–위–대장–소장–항문

[해설]
소화는 구강–인두–식도–위–소장–대장–항문 순이다.

151 다음 소화계통 설명으로 올바르지 않은 것은?

① 섭취된 음식물을 더 작은 분자로 분해한 후 소장에서 흡수한다.
② 소화 흡수과정에 필요한 물질을 생산하여 소화관에 공급하고 있는 것을 소화샘이라 한다.
③ 입에서 시작하여 항문에 이르는 긴 흐름을 소화라 한다.
④ 소화관의 길이는 약 15m에 이른다.

[해설]
소화관의 길이는 약 9m정도이다.

152 다음 설명 중 옳지 않은 내용은?

① 소화란 포도당을 산화하여 에너지를 생산하는 과정이다.
② 소화한 탄수화물은 단당류로, 단백질은 아미노산 등으로 분해하는 과정이다.
③ 소화한 유기물들이 소장에서 흡수할 수 있는 크기로 분해되는 과정을 말한다.
④ 소화계에는 입, 위, 소장과 췌장 등이 포함된다.

[해설]
소화는 음식물을 분해하고 흡수하는 기관이다.

정답 145. ① 146. ③ 147. ① 148. ④ 149. ① 150. ② 151. ④ 152. ①

153 다음 중 연동 운동을 하는 기관이 아닌 것은?

① 인두　　② 식도
③ 위　　④ 소장

[해설]
인두에서는 삼키는 연하 작용이 이루어진다.

154 단백질을 소화시키는 소화 요소끼리 알맞게 묶은 것은?

① 펩신, 리파아제
② 리파아제, 염산
③ 트립신, 펩신
④ 아밀라아제, 염산

[해설]
위에서는 단백질을 소화시키는 펩신과 염산을 분비하고 췌장에서 트립신을 분비한다.

155 다음 중 다당류인 전분을 2당류인 맥아당이나 덱스트린으로 가수분해하는 역할을 하는 타액 내의 효소는?

① 프티알린　　② 리파아제
③ 글루카곤　　④ 말타아제

[해설]
다당류인 전분을 2당류인 맥아당이나 덱스트린으로 가수분해하는 것은 프티알린이다.

156 위액에 대한 설명 중 틀린 것은?

① 강산의 분비로 살균 작용을 한다.
② 단백질을 소화시키는 소화효소를 분비한다.
③ 연동 운동을 한다.
④ 아밀라아제가 분비된다.

[해설]
위에서는 단백질을 소화시키는 펩신과 염산을 분비한다.

157 음식물의 영양분을 흡수하는 소화기관은?

① 대장　　② 소장
③ 위　　④ 췌장

[해설]
소장에서는 영양분을 흡수한다.

158 당을 조절하는 호르몬과 3대 영양소를 분해하는 소화효소를 동시에 분비하는 기관은?

① 췌장
② 간
③ 대장
④ 소장

[해설]
췌장에서는 내분비와 외분비의 호르몬이 동시에 분비된다.

159 소화기관 중 담즙을 만들어 포도당을 글리코겐으로 저장하는 기관은?

① 간
② 소장
③ 위
④ 췌장

[해설]
간의 주요기능은 해독작용, 저장작용, 분해작용, 담즙의 생성과 분비 작용 등이 있다.

160 간의 기능이 아닌 것은?

① 담즙을 분비한다.
② 혈액 응고에 관여한다.
③ 해독 작용한다.
④ 비타민을 형성한다.

[해설]
간에서는 영양물질을 합성하고 해독 작용, 담즙 분비, 혈액 응고에 관여한다.

161 다음 중 담즙을 생산하여 지방대사에 관여하는 기관은?

① 인두
② 췌장
③ 간장
④ 소장

[해설]
담즙은 간세포에서 생산, 분비되고 담낭은 담즙을 저장, 농축하는 기능을 한다.

정답 153. ① 154. ③ 155. ① 156. ④ 157. ② 158. ① 159. ① 160. ④ 161. ③

162 다음 중 효소에 대한 설명으로 틀린 것은?

① 효소는 주로 단백질로 구성되어 있다.
② 효소는 화학적 구조가 맞는 특정물질에만 작용한다.
③ 효소는 수소이온농도(pH)와는 관계가 없다.
④ 효소는 고온에서는 그 기능을 하지 못한다.

[해설]
효소작용에는 알맞은 pH 범위가 정해져 있고 그 범위를 벗어나면 단백질의 변성이 온다.

163 음식물의 수분·전해질·비타민을 재흡수하며 소화효소는 거의 없는 이 장기는?

① 인두 ② 식도
③ 대장 ④ 위

[해설]
대장에서는 강한 연동으로 내용물을 이동시키고 음식물의 수분·전해질·비타민을 재흡수한다.

164 분비되는 소화효소와 장기의 연결이 바르지 않은 것은?

① 아밀라아제-췌장
② 리파아제-췌장
③ 트립신-위
④ 펩신-위

[해설]
위에서는 단백질을 소화시키는 펩신과 염산을 분비하고 췌장에서 트립신을 분비한다.

165 다음 설명 중 틀린 것은?

① 지방은 위에서 흡수된다.
② 대장은 수분을 흡수하고 배설물을 내보낸다.
③ 소화의 기본적인 작용기전은 가수분해이다.
④ 간에서는 담즙을 분비하여 지방 분해를 돕는다.

[해설]
위에서는 단백질을 소화시키는 펩신과 염산을 분비하고 췌장에서 트립신을 분비한다.

166 랑게르한스섬이 있는 장기는 어디인가?

① 신장 ② 간
③ 부신피질 ④ 췌장

[해설]
췌장에서는 내분비와 외분비의 호르몬이 동시에 분비된다.

167 탄수화물이 소화됐을 때 최종 분해물로 맞는 것은?

① 아미노산 ② 포도당
③ 지방산 ④ 요오드

[해설]
아밀라아제는 녹말을 포도당으로 분해한다.

168 리파아제는 어떤 영양소를 소화 분해하는가?

① 지방
② 탄수화물
③ 포도당
④ 비타민

[해설]
췌장에서 나오는 리파아제는 지방을 분해한다.

169 췌장에서 단백질을 분해하기 위해 분비하는 효소는?

① 펩신 ② 트립신
③ 리파아제 ④ 염산

[해설]
위에서는 단백질을 소화시키는 펩신과 염산을 분비하고, 췌장에서 트립신을 분비한다.

170 다음 중 이자액에서 분비되는 소화효소가 아닌 것은?

① 리파아제
② 아밀라아제
③ 무기질
④ 트립신

[해설]
이자액에서 리파아제, 아밀라아제, 트립신을 분비한다.

정답 162. ③ 163. ③ 164. ③ 165. ① 166. ④ 167. ② 168. ① 169. ② 170. ③

171 영양 물질이 대부분 흡수되는 장기는?

① 소장 ② 비장
③ 췌장 ④ 간

[해설]
소장에서는 영양분을 흡수한다.

172 소화 기관과 운동의 연결이 옳지 않은 것은?

① 구강–저작 ② 식도–연하
③ 대장–연동 ④ 인두–연하

[해설]
식도에서는 위로 음식물을 보내주는 연동 운동을 한다.

173 3대 영양소를 소화하는 모든 효소를 가지고 있으며, 인슐린과 글루카곤을 분비하는 내분비 기관은?

① 췌장 ② 간
③ 소장 ④ 대장

[해설]
췌장에서는 내분비와 외분비의 호르몬이 동시에 분비된다.

174 위의 운동으로 올바르지 않은 것은?

① 식도로부터 넘어온 음식물을 소화시킨다.
② 단백질을 주로 소화시킨다.
③ 아밀라아제가 분비된다.
④ 횡격막 바로 아래 복부의 왼쪽 부분에 위치하고 있다.

[해설]
위에서는 단백질을 소화시키는 펩신과 염산을 분비하고, 췌장에서는 트립신을 분비한다.

175 소화기계의 첫 단계에 해당하는 구강에 대한 설명으로 틀린 것은?

① 저작 운동을 한다.
② 아밀라아제를 분비한다.
③ 목젖은 음식을 삼킬 때 공기의 유입을 차단한다.
④ 지방을 분해한다.

[해설]
구강에서는 저작 운동을 하며 아밀라아제를 분비하여 탄수화물을 소화시킨다.

176 갑상선에 분비되는 호르몬은?

① 에스트로겐
② 테스토스테론
③ 프로게스테론
④ 티록신

[해설]
티록신은 세포 운동을 활발하게 한다.

177 다음은 어떤 호르몬에 대한 설명인가?

> 남성 상징을 증가시키고 근육 성장을 촉진시켜 주는 호르몬이다.

① 에스트로겐
② 프로게스테론
③ 안드로겐
④ 테스토스테론

[해설]
남성의 2차 성징을 나타내는 호르몬은 테스토스테론이다.

178 다음 중 신장의 기능이 아닌 것은?

① 혈액 속의 대사 후 노폐물을 소변으로 배출
② 강낭콩 모양으로 횡경막 아래 좌측에 위치
③ 내부에 100만개의 네프론 밀집
④ 체액의 항상성 균형 유지

[해설]
신장은 강낭콩 모양으로 횡경막 아래에 등쪽으로 좌, 우측에 1개씩 양쪽에 위치한다.

179 다음 중 세뇨관을 지나는 동안 모세혈관으로 재 흡수되는 성분이 아닌 것은?

① 포도당, 아미노산
② 요소, 무기염류
③ 수분
④ 크레아틴, 요산

[해설]
크레아틴, 요산은 모세혈관에서 세뇨관으로 분비되는 것들이다.

정답 171. ① 172. ② 173. ① 174. ③ 175. ④ 176. ④ 177. ④ 178. ② 179. ④

180 다음 중 항이뇨호르몬(ADH)이 작용하는 곳은?

① 사구체
② 방광
③ 네프론
④ 원위곡세뇨관

[해설]
항이뇨호르몬(ADH)은 원위곡세뇨관과 집합관에 작용하여 수분의 재흡수를 돕는다.

181 다음 중 임신과 관련한 내용으로 옳지 않은 것은?

① 임신기간은 약 350일이다.
② 수정된 난자가 착상 후 자궁에서 발육하는 것을 임신이라 한다.
③ 임신기간은 평균 40주이다.
④ 태아가 체외로 나오는 것을 출산이라 한다.

[해설]
임신기간은 40주 평균 280일이다.

정답 180. ④ 181. ①

배움을 멈춘 사람은 늙은이다.
계속 배움을 멈추지 않는 사람은
언제나 젊고 아름답다.

헨리 포드

제4과목 피부미용기기학

김영주

Chapter 1. 기기 관리를 위한 기초 과학

2. 피부 분석을 위한 진단 기기

3. 피부미용기기

4. 광선을 이용한 기기

핵심문제 & 해설

제1장 기기 관리를 위한 기초 과학

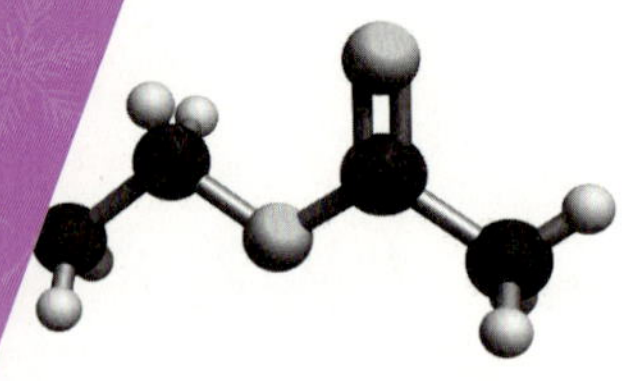

Check Point

이 장에서는 기기 관리를 위한 기초이론을 이해하고 물질의 기본구조를 숙지합니다. **1~2문제 출제**됩니다.

1. 기초 이론

1. 물질의 정의

물질의 기본상태는 일반적으로 고체·액체·기체 상태이며, 이외에도 플라스마 상태와 콜로이드 상태 및 유리 같은 비결정 상태도 존재한다.

2. 물질의 기본 구조

1. 원자

원소는 원자로 구성되어 있으며 원자는 물질을 이루고 있는 더 이상 쪼갤 수 없는 가장 작은 단위이며 각 특징적인 성질을 가지고 화학반응을 한다.

원자는 양성자, 전자, 중성자라는 더 작은 입자로 세분화할 수 있다.

① **원자** : 원자핵(Atomic Nucleus)과 전자(Electron)로 구성되어 있다. 원자핵은 (+)전하를, 전자는 (–)전하를 띤다.

② **원자핵** : 양성자와 전하를 띠지 않는 중성자로 이루어져 있으며, 원자의 중앙에 위치하며 (+)전하를 띤다.

③ **전자** : (–)전하를 띠고 원자핵 주변을 돌며 전자궤도를 형성한다.

- 원자핵의 (+) 전하와 전자의 (–)전하의 양이 같아서 전기적으로 중성이다.
- 원자번호 = 양성자 수 = 전자 수

2. 분자

2개 이상의 원자가 모여서 화학결합에 의한 최소의 구성단위를 갖는 것을 분자라고 한다.

따라서 화합물의 기본 단위는 분자이며 분자는 한 원자가 그대로 분자를 이룬 물질, 즉 단원자 분자, 2원자 분자, 3원자 분자, 다원자 분자 등으로 구분한다.

분자의 성질은 다음과 같다.

① 물질의 성질을 지닌 가장 작은 입자이다.

② 분자가 나뉘어지면 원자가 된다.

③ 분자가 원자로 나뉘어지면 물질의 성질을 잃어버린다.

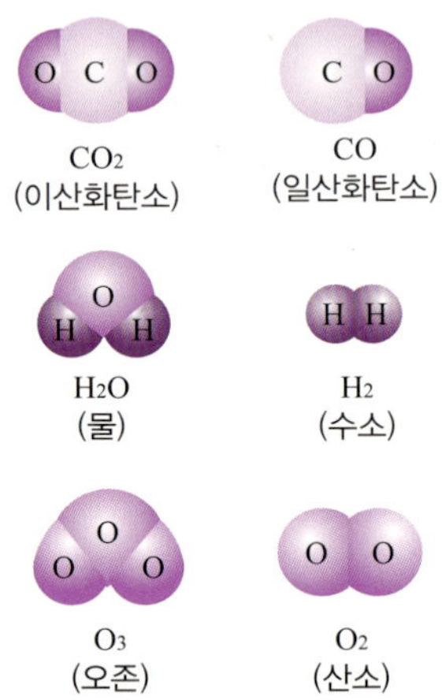

분자의 형태

출처: "대학화학", 지구문화사, 대학화학교재편찬회

3. 이온(Ion)

이온은 원자의 화학변화로 전자를 얻거나 잃게 될 때 전기적으로 중성인 원자가 전하를 띠게 되는 것을 말한다.

① 양(+)이온 : 1개 이상의 전자를 잃게 되면 양(+)전하를 띤 양이온이 된다.

② 음(−)이온 : 1개 이상의 전자를 얻게 되면 음(−)전하를 띤 음이온이 된다.

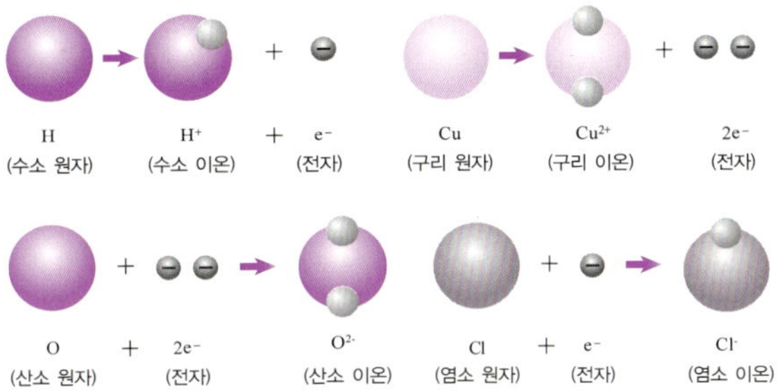

3. 물질의 분류

물질은 그 기본단위인 원자 및 분자로 구성되어 있으며 이들의 구성에 따라서

원소, 화합물, 혼합물로 분류할 수 있다.

물질 ─┬ 혼합물 - 불균일 혼합물, 균일 혼합물
　　　└ 순수한 물질 − 원소, 화합물

1. 원소

한 종류의 원자만으로 구성된 물질을 말한다. 원자란 해당 원소의 특징이 되는 화학적 성질을 가지며 원소를 구성하는 가장 작은 입자이다. 따라서 한종류의 원자만으로 구성된 원소가 109종류로 알려져 있다.

2. 화합물

모든 물질이 원자로 구성되어 있고 두 가지 이상의 원소에 속하는 원자들이 일정 비율로 구성된 물질이다.

예를 들면 물(H_2O)은 수소(H_2)와 산소(O_2)로 구성되어 있으며 각 산소 원자마다 두 개의 수소로 되어 있다. 따라서 물은 수소와 산소의 화합물이다.

3. 혼합물

서로 다른 순수물질이 뒤섞인 것을 혼합물이라고 한다. 혼합물은 이를 구성하는 성분들의 물리적 성질이 뒤섞여 나타낸다.

혼합물은 불균일 혼합물과 균일 혼합물로 구분되어 진다.

- 균일 혼합물 : 각 성분들이 원자단위까지 균일하게 섞여있는 혼합물이다.(소금물, 설탕물, 공기)
- 불균일 혼합물은 개개의 성분들이 섞여 있긴 하지만 별개의 영역에 존재하는 혼합물을 뜻한다.(설탕과 모래의 혼합물, 흙탕물)

4. 물질의 결합

원자는 다른 원자와 전자를 공유하거나 이온화된 원자가 정전기적으로나 전기 인력에 의해 결합한다. 주기율표에 나타난 백여 가지의 원소들은 결합 규칙에 의해 다양한 화합물을 만들어내는데, 이 화합물은 원소의 결합 방법에 따라 이온 결합·공유 결합·금속 결합으로 분류된다.

1. 이온 결합(Ionic Bond)

① 서로 반대 전하를 띤 이온간의 인력에 의해서 양이온과 음이온이 서로 결합되어 작용하는 인력을 말한다.

② 이온 결합은 양이온과 음이온의 반대 전하 간에 작용하는 인력이다.

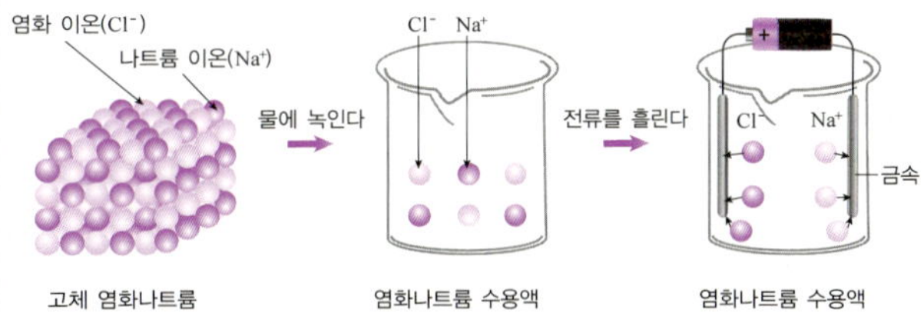

2. 공유 결합(Covalent Bond)

① 두 원자 간에 한쌍의 전자를 공유하는 결합이다. 비금속의 결합으로 2개의 원자가 전자를 공유하면서 결합하는 현상이다.

② 두 원자 사이에 1개의 전자 쌍을 공유하면 단일 결합, 2개의 전자쌍을 공유하면 이중 결합, 3개를 공유하면 3중 결합이라고 한다.

3. 금속 결합(Metalic Bond)

① 금속 원소들의 결합을 말한다.
② 같은 종류의 금속 원자가 수없이 많이 모여서 결정된 물질로서 자유롭게 움직이는 자유 전자와 금속의 양이온 간에 정전기적인 인력으로 이루어진 결합이다.
③ 금속 내의 결합 전자는 자유 전자를 갖기 때문에 높은 전기 전도와 열 전도를 갖는다.

5. 전기의 이해

전기란 전자가 자유롭게 한 원자에서 다른 원자로 이동하는 현상으로 전자이동으로 전하를 발생시키며 이 전하가 움직이는 현상을 전류라고 한다.

전자는 (−)극에서 (+)극으로 이동하고 전류는 (+)극에서 (−)극으로 이동한다.

1. 전기의 발생

전기는 정전기와 동전기로 분류된다.

1. 정전기

움직이지 않고 머물러 있는 전기를 정전기라고 한다.

물체를 이루는 원자의 주변에 전자가 있고 전자들은 마찰에 의해 다른 물체로 이동하는데 이때 다른 극 끼리는 당기고 같은 극 끼리는 밀어내는 힘이 발생하며 두 물체가 대전되어 있는 상태에 마찰전기가 생긴다.

2. 동전기

화학적 반응이나 자기장에 의해 움직이며 전선 같은 도체를 타고 흘러다니는 전기를 동전기라고 한다.

동전기에는 주파수가 있는 교류가 있고 건전지 등과 같은 직류가 있다.

- 동전기 : 직류 − 갈바닉 전류
  교류 − 저주파 전류, 중주파 전류, 고주파 전류

2. 전기의 용어

1. 전류

전자가 이동하는 것이다. 즉, 전하의 흐름을 말한다.
① 전류는 (+)극에서 (−)극으로 이동하며 전류의 세기의 단위는 A(Ampere)를 사용한다.
② 전자는 전지의 (−)극에서 (+)극으로 이동한다.

2. 전압

전류를 발생시키는 데 필요한 압력이며 전기 크기의 척도를 말한다.
① 전압 = 전류의 세기 × 저항
② 단위는 V(Volt)를 쓴다.

3. 저항(Resistance)

전류의 흐름을 방해하는 성질
① 단위는 Ω(Ohm)이다.
② 전류는 전압이 커지면 증가하나 저항이 커지면 감소한다.

4. 전력

전기 사용시 생기는 전류의 양
① 단위는 와트(Watt) 이다.
② 전력 = 전압 × 전류

5. 방전

전류가 흘러서 전기 에너지가 모두 소모된 것

6. 누전

전류가 전선 밖으로 새어 나가는 것

7. 퓨즈

과하게 흐르는 전류를 저절로 끊어지게 차단하는 장치

8. 정류기

교류를 직류로 전환하는 것

9. 변화기

직류를 교류로 전환하는 것

3. 전류의 분류 − 흐르는 방향에 따른 분류

1. 직류 전류(DC)

전류의 흐르는 방향과 크기가 시간이 지남에 따라 변하지 않는 전류를 갈바닉 전류(Galvanic Current)라고 한다. 연속 직류와 단속 직류로 구분할 수 있다.

① **연속 직류** : 시간이 흐름에도 불구하고 전류의 방향과 크기가 일정하게 유지되는 전류로 화학적인 효과로 인하여 이온 도입법(Iontophoresis)에 주로 이용된다.

② **단속 직류** : 시간의 흐름에 따라 전류의 크기가 일정하게 증가되었다가 감소하는 전류이며 전기적 자극에 사용된다.

2. 교류 전류(AC)

전류의 흐르는 방향과 크기가 일정한 시간과 간격으로 주기적으로 변하는 전류로 가정에 들어오는 전류이며 피부 관리로는 정현파 전류를 대부분 이용한다. 정현파 전류, 감응 전류, 격동 전류로 구분할 수 있다.

① **정현파 전류** : 전류의 방향과 크기가 시간의 흐름에 따라 대칭적으로 변하는 전류이며 저주파 및 고주파 기기에 이용된다.

② **감응 전류** : 전류의 방향과 크기가 시간의 흐름에 따라 비대칭적으로 변하는 전류이며 신경근육의 자극에 적용된다.

③ **격동 전류** : 전류나 전압의 크기가 시간의 흐름에 따라 강해졌다가 약해지기를 반복하는 전류로써 통증 관리와 마사지 효과에 활용된다.

주파수에 따른 분류

① 저주파 :1000 Hz 이하

② 중주파 :1000Hz ~10,000Hz

③ 고주파 :100,000 Hz 이상

6. 생물학적으로 미치는 전기의 효과

1. 화학적 효과

① 인체의 체액은 전해질로 구성되어 있어 직류가 흐르면 화학적 변화가 일어난다.

② 직류가 흐르면 조직내의 분자가 이온화되어 반대극의 끌림 현상이 일어난다.

③ 교류는 화학적 효과가 거의 일어나지 않는다.

2. 열 효과

① 직류보다는 교류에서 열 효과가 나타난다

② 고주파 전류에서 열 에너지로 전환되어 인체 조직 내 분자들의 움직임에 의해 열이 발생된다.

3. 생리학적 효과

① 화학적 효과와 열효과로 인한 생리적 효과이다.

② 체온의 변화로 인한 신진대사량과 식균 작용이 증가한다.

③ 인체에 전류가 흐르게 되면 체내 조직 내 전해질의 화학적 변화가 일어난다. 화상은 화학적 효과에 기인한 것이다.

제2장 피부 분석을 위한 진단 기기

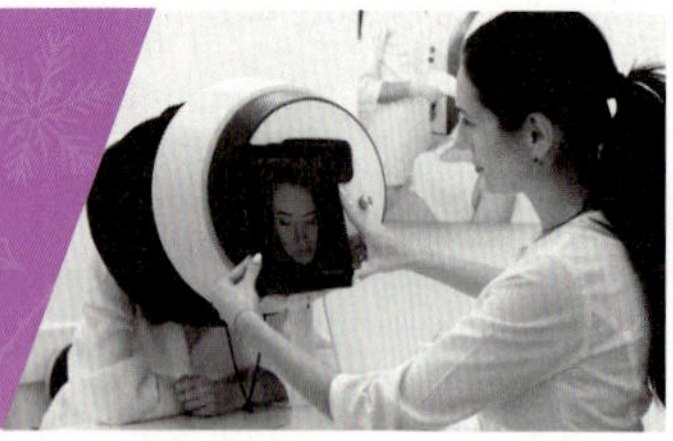

Check Point
이 장에서는 피부 분석 진단기기를 이해하고 종류에 따른 관리방법을 숙지합니다. **1~2문제 출제**됩니다.

1. 확대경

1. 원리 및 효과

① 형광 램프가 부착되어 있어 피부 분석 시 육안으로 찾기 힘든 면포, 색소 침착, 여드름 등을 찾아낼 수 있도록 피부를 밝게 확대해 보여 주는 기기이다.
② 피부 미용에 사용하는 확대경은 육안의 3.5~5배율이 주로 사용된다.

2. 주의 사항

① 확대경의 조명은 차가운 형광 조명을 사용한다.
② 확대경을 이동할 때 고객에게 안정감을 주기 위해 스위치를 끈 후에 이동한다.
③ 피부 진단을 할 때 고객의 눈을 보호하기 위해 반드시 아이 패드(Eye Pad)를 착용한다.
④ 고객의 얼굴 위에서 스위치를 조작하지 않는다.

2. 우드 램프(Wood Lamp)

1. 원리 및 효과

① 미국 내과 의사인 로버트 윌리엄스 우드(Robert Williams Wood)에 의해 발명되었으며 피부 질환을 파악하기 위해 처음 사용되었으나 피부 미용 분야에서는 피부상태를 분석하기 위한 목적으로 사용된다.
② 자외선을 피부에 비추어 피부 상태에 따라 다양한 색조로 나타나는 것을 이용하여 보습, 피지, 여드름, 색소침착, 염증, 민감 상태 등의 피부 상태를 분석할 수 있다.

[우드 램프에 나타나는 피부색과 피부 상태]

피부 상태	우드 램프로 나타내는 반응색
두꺼운 각질층	흰색 형광
피지, 면포	흰 점
정상 피부	청백색
노화 피부	자주색 형광
건조 피부	연 보라색
지성 피부	오렌지색
색소 침착, 검은 점	갈색
보습된 피부	밝은 형광

2. 주의 사항

① 정확한 진단을 위해 깨끗이 클렌징 한 후에 측정한다.
② 실내를 완전히 어둡게 한 후에 실시하는 것이 정확하게 판단하는 데 유리하다.
③ 고객의 얼굴에서 5~6cm 정도의 거리를 두고 측정한다.
④ 우드 램프 사용시 고객의 눈을 보호하기 위해 반드시 아이 패드로 고객의 눈을 가린다.

3. 유분 측정기(Sebum Meter)

1. 원리 및 효과

① 정확한 피부 표피의 유분 정도를 측정하는 것은 피부 분석 시에 중요하다.

② 특수 필름을 이용하여 피부 표면에서 묻은 피지의 빛 투과도를 측정하여 피부 각질층의 유분 함유량을 측정한다.

2. 주의 사항

① 정확한 측정을 위해 무알코올의 클렌징 제품을 사용하여 세안한다.
② 세안하고 1~2시간 이후에 측정한다.
③ 정확한 진단을 위해 15분 간격으로 2~3회 반복 측정한다.
④ 직사광선이나 직접 조명 아래서는 측정을 피하는 것이 좋다.
⑤ 측정 실내의 온도는 20~22℃에 습도는 40~60%가 적당하다

4. 수분 측정기(Corneo Meter)

1. 원리 및 효과

① 피부 각질층의 수분량을 측정하는 피부 측정기
② 피부 타입을 분석함에 있어 수분 함유 정도를 측정하는 것이 매우 중요

2. 주의 사항

① 정확한 측정을 위해 무알코올의 클렌징 제품을 사용하여 세안한다.
② 정확한 진단을 위해 5초의 간격으로 2~3회 반복 측정한다.
③ 운동 직후나 세안 후에는 수분 수치의 변동이 올 수 있으므로 2시간 정도 시간이 경과한 후에 측정하도록 한다.
④ 직사광선이나 직접 조명 아래서는 측정을 피하는 것이 좋다.
⑤ 측정 실내의 온도는 20~22℃에 습도는 40~60%가 적당하다.

5. pH 측정기

1. 원리 및 효과

① 수용액의 수소이온농도(H^+)로 피부의 산도와 염기도를 측정하는 기기로 피부 상태를 파악할 수 있다.
② 측정기의 유리봉을 증류수에 씻은 후에 물기를 제거한 다음, 피부 부위에 수직으로 세워서 접촉하면 pH 수치가 나타난다.

2. 주의 사항

① pH 수치는 외부 환경 요인과 개인의 신체 상태 등의 요인에 영향을 받는다.
② 대기오염 물질이나 화장품 함유 성분 등에 의해서도 그 수치가 달라질 수 있으므로 고려해야 한다.
③ 측정 시 유리봉의 습기가 pH 지수에 영향을 줄 수 있으므로 너무 물기가 많거나 너무 건조하지 않아야 한다.

6. 기타 피부 분석 진단 기기

1. 두피진단기

① 두피, 모공, 모근이나 모발의 상태를 최대 800배까지 확대화여 촬영할 수 있는 기기이다.
② 대체로 200~300배율을 적용하여 관찰하며, 더욱 정확한 판별은 800배율 렌즈로 사용한다.

2. 스킨스코프(Skin Scope)

① 피부와 두피 상태를 고객과 함께 관찰하며 분석할 수 있는 기기
② 피부와 두피는 80배율로 적용하며 모공이나 모근은 200~300배율까지 사용한다.

제3장 피부미용기기

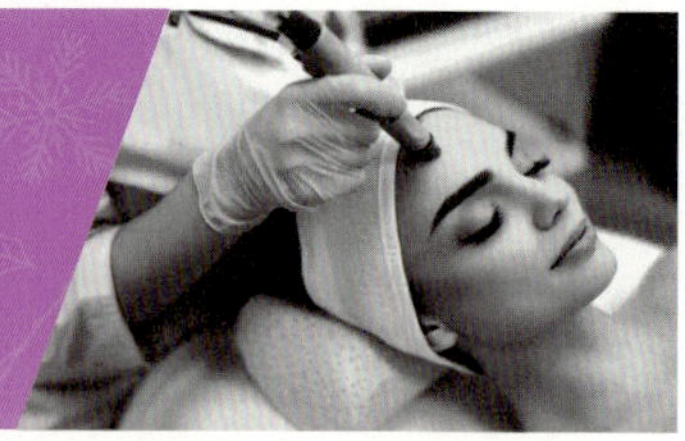

Check Point

이 장에서는 피부미용기기를 이해하고 사용방법과 효과를 숙지합니다. **1~2문제 출제**됩니다.

1. 증기연무기(스티머, 베이퍼라이저)

1. 원리 및 효과

① 여과된 정제수 혹은 증류수를 가열하여 스팀을 발생시켜 얼굴로 전달되도록 함

② 노화 각질 세포를 부드럽게 연화시켜 세포를 탈락시키는 데 도움을 주고 혈액 순환 및 신진대사에 도움을 준다.

③ 오존 발생기가 부착되어 있는 경우에는 살균 효과에 도움을 준다.

2. 사용 방법

① 사용 10분 전에 물통을 분리하여 선까지 증류수를 채운 뒤에 스위치를 켜 둔다.

② 분무가 시작되면 오존을 켜고 얼굴쪽으로 돌린다.

③ 분사 거리는 피부와 30cm 정도의 거리를 두고 분사구의 수증기가 고객의 턱으로부터 얼굴 위쪽으로 향하도록 한다.

④ 피부 타입에 따라 분사 시간을 달리 적용한다.(민감피부 3~5분, 정상·노화 피부 6~10분, 여드름 피부 : 10~15분).

3. 주의 사항

① 물통에 오일 및 아로마 등을 첨가하지 않는다.

② 아이 패드를 하여 예민한 부위의 자극을 피한다.

③ 일광에 상한 피부, 화농성 피부, 민감 피부, 모세혈관 확장 피부, 염증이 있는 피부 등은 적용을 피한다.

2. 전동 브러시(Frimator)

1. 원리 및 효과

① 피부에 자극을 최소화하도록 다양한 크기와 모양의 양모를 솔(브러시)로 만들어 클렌징, 딥 클렌징, 매뉴얼 테크닉 효과를 얻을 수 있는 안면 미용 기기이다.

② 전동기의 회전 및 속도에 따른 원리를 이용했다.

③ **클렌징 효과** : 피부 세정효과
딥 클렌징 효과 : 각질제거 효과
매뉴얼 테크닉 효과 : 신진대사, 혈액 순환 효과

2. 사용 방법

① 얼굴에 적합한 클렌징제를 도포한다.

② 관리 목적에 맞는 브러시를 선택해서 손잡이에 끼운다.

③ 브러시에 물을 묻힌 후에 스위치를 키고 관리자의 손등에 대고 알맞은 회전 속도인지 미리 조절한다.

④ 얼굴 관리 시 브러시를 얼굴에 수직으로 세운다.

⑤ 얼굴 부위에 따라 브러시의 크기를 바꾸어서 사용한다.

⑥ 관리 후 브러시는 중성 세제로 깨끗이 씻어서 자외선 소독기에 넣어 살균 후 건조 보관한다.

3. 주의 사항

① 브러시를 교체할 때는 스위치를 반드시 끈다.

② 화농성 여드름 피부, 모세혈관확장 피부, 알레르기

성 민감성 피부, 일광이나 화상으로 자극된 피부 등에는 사용을 금한다.

③ 브러시의 회전으로 인해 헤어라인 등 에서는 조심하여 관리한다.

3. 분무기(스프레이, 루카스)

1. 원리 및 효과

① 진공 펌프의 원리를 이용하여 스킨 토너, 아스트린젠트, 미네랄 워터, 증류수, 아로마 워터 등을 얼굴에 뿌려 주는 기기를 분무기라고 한다.

② 피부 관리 과정에서 피부의 pH밸런스를 조절한다.

③ 피부에 자극없이 소독할 수 있다.

④ 건성 피부나 노화 피부에 주기적으로 장시간 사용할 수 있다.

2. 사용 방법

① 스프레이 용기 2/3 정도선으로 제품을 넣은 다음에 눈을 감고 직각으로 분무한다.

② 분무 후 피부 표면을 가볍게 두드려 흡수를 돕는다.

③ 관리 후 튜브를 빼내서 구멍이 막히지 않도록 잘 세척한다.

3. 주의 사항

① 분무할 때 내용물이 눈·코·입에 들어가지 않도록하고 그 외 부위는 티슈 등으로 덮어 준다.

② 스프레이의 내용물을 희석할 경우에는 반드시 증류수를 사용한다.

③ 용기의 구멍이 막히지 않도록 조심한다.

4. 갈바닉 기기(이온토포레시스, 전기영동기기)

1. 원리 및 효과

① 시간의 흐름에 따라 전류의 방향과 크기가 변하지 않는 직류 전류를 이용하며 안전하고 매우 낮은 전압으로 정류된 전류를 사용하는 기기이다.

② 이 전류는 서로 다른 극성을 가지고 있으며 어떤 용액에 흐를 때 화학반응이 일어난다.

③ 서로 다른 극성에 따라 유효 성분을 침투시키거나 노폐물을 배출시키는 데 이용하므로 극성의 성질을 잘 이해하고 판단하여 관리한다.

④ 갈바닉 기기를 활용한 피부 관리에는 수용성 물질을 침투시키는 이온토포레시스(Iontophoresis)와 노폐물을 배출시키는 딥 클렌징에 이용하는 디스인크러스테이션(Disincrustation) 등이 있다.

[갈바닉 기기를 활용한 피부 관리]

이온토포레시스(Iontophoresis)
• 유효 성분이 용해된 세럼이나 에센스나 앰플 등을 전류를 이용하여 피부 속으로 침투시키는 과정
디스인크러스테이션(Disincrustation)
• 갈바닉 전류를 이용한 음극 활성 전극을 이용하여 전기세정하는 과정 • 피부 속 불순물과 노폐물을 제거하는 과정 • 딥 클렌징 효과의 안면 관리법

[양극과 음극의 효과]

(+)극의 효과	(−)극의 효과
• 산성 반응 • 진정 작용(수렴효과) 및 혈관 수축 • 모공 수축 • 피부의 탄력 효과	• 알칼리성 반응 • 혈관 확장 • 혈액 순환 증가 효과 • 피부 연화 효과 • 세정 효과

2. 사용 방법

① 관리 목적에 맞는 앰플을 준비한다.

② 관리에 따른 극성을 선택하고 반대 극성을 가진 전극에 통전되도록 물을 묻혀서 고객에게 건넨다.

③ 관리에 따른 극성 전극(핀셋)에 물에 적신 화장 솜을 단단히 감싼다.

④ 얼굴에 앰플을 바르면서 지정된 시간 내에 전극(핀셋)을 얼굴에 가볍게 문지른다.

3. 주의 사항

① 얼굴을 깨끗이 클렌징한 후에 사용한다.

② 고객이 불편하지 않도록 세기를 조절한다.

③ 고객 및 관리시 모두 금속 장신구를 제거한다.

④ 전극봉을 얼굴에 올린 후에 기기를 작동하고 서서히 강도를 올려 준다.

⑤ 같은 부위를 반복해서 사용하지 말고 전체적으로 번갈아 가면서 문질러 준다.
⑥ 심한 여드름 피부, 모세혈관확장 피부, 화농성 피부, 인공심작박동기 착용자, 심장질환자, 임산부, 상처가 있는 부위, 신경과민자 등은 사용을 금한다.

5. 초음파기(Ultrasound)

1. 원리 및 효과

① 초음파는 진동 주파수가 1초당 20,000번 이상으로 매우 높기 때문에 인간의 청력으로는 들을 수 없는 불가청 진동 음파이다.
② 교류 전류를 발생시키는 심부 열 치료이지만, 전류의 형태가 아닌 음파를 이용하는 원리이기 때문에 화상의 위험이 없고 안전하다.
③ 조직에 음파를 적용하면 조직의 분자에서 초음파 에너지를 흡수하여 열 에너지로 전환시킨다.
④ 진동 주파수 1MHz는 심부에서 흡수율이 높아 주로 전신 관리에 적용하며, 3MHz는 1~2cm 깊이에서 에너지 흡수율이 높아서 안면 관리에 주로 사용된다.
⑤ **온열 효과** : 초음파 에너지의 흡수에 따른 조직의 온도 상승은 혈관을 확장시켜 혈류량을 늘어나게 함으로써 림프 순환을 원활하게 하고 영양 공급 효과가 있다.
⑥ **지방 분해 효과** : 온열 효과에 따른 셀룰라이트의 분해와 진동의 작용으로 지방 분해에 효과적이다.
⑦ **마사지 효과** : 진동으로 피부 조직의 미세한 마사지 효과를 나타내며 근육 조직을 강화시킨다.
⑧ **클렌징 효과** : 온열과 진동을 통한 이온화와 유화 작용으로 피부 조직의 노폐물을 배출시키는 세정 효과 및 소독, 살균의 효과가 있다.

2. 스킨스크러버 사용 방법

① 얼굴을 깨끗하게 클렌징한다.
② 시술 부위에 물 또는 화장수를 바른다.
③ 시간과 강약을 조절하고 시작 버튼을 누른다.
④ 프로브를 비스듬히 눕혀서 물 묻힌 화장 솜으로 표면을 바르면서 진행한다.
⑤ 방향은 아래에서 위쪽, 안에서 바깥쪽으로 진행한다.

6. 진공 흡입기(Vacuum Suction)

1. 원리 및 효과

① 벤토우즈라는 컵에 공기의 압력을 낮추어(감압) 피부를 흡입하여 잡아당기도록 하는 기기
② 압력의 강도를 조절함으로써 피부에 물리적인 자극을 가해 마사지 효과와 혈액 순환을 촉진시키는 피부 미용 기기
③ 안면 관리 시에 피지와 노폐물을 제거하는데 효과적이며(클렌징 효과) 피부 탄력 및 주름 개선을 비롯하여 림프 배농 및 혈액 순환 효과가 있다.(매뉴얼 테크닉 효과)
④ 전신 관리 시에 피하지방 및 셀룰라이트 감소에 효과적이며 피부 탄력에 도움을 준다.(비만관리 효과) 또한, 노폐물 배출로 인한 부종이 감소되고 뭉친 근육을 이완시켜 림프와 혈액 순환을 도와 준다.

2. 사용 방법

① 고객의 금속 장신구를 제거하고 관리 부위를 클렌징 한다.
② 클렌징 후에 크림이나 오일을 도포한다.
③ 관리 부위에 적합한 유리 컵(벤토우즈)을 선택하고 스위치를 켠 후, 관리 전에 관리사의 손등에 대고 압력을 조절한다.
④ 림프절 방향으로 컵을 진행하여 노폐물의 배출을 돕는다.
⑤ 컵은 1cm 정도 겹쳐서 진행한다.

3. 주의 사항

① 관리 전에 벤토우즈의 파손 여부를 확인한다.
② 한 부분을 지나치게 반복해서 흡입하면 반상출혈의 우려가 생길 수 있다
③ 벤토우즈 안으로 피부가 20% 이상 흡입하지 않도록 한다.
④ 화농성 여드름은 시행하지 않는 것이 좋으며, 면포 제거 후 반드시 벤토우즈를 소독한다.
⑤ 사용 후에 중성 세제를 이용하여 미지근한 물에 세척한 후에 70%알코올에 20분 정도 담궈 놓았다가

건조시켜서 자외선소독기에 보관한다.

⑥ 관리 후에는 노폐물과 수분 배출을 돕도록 충분한 물을 섭취하는 것이 좋다.

⑦ 모세혈관확장 피부, 심한 화농성 피부, 탄력이 약화된 피부, 멍든 부위, 일광화상 피부 등은 적용하지 않는다.

7. 저주파 기기

1. 원리 및 효과

① 저주파 기기는 주파수가 1~1,000Hz 까지인 교류 전류를 이용해 전기 자극을 통해 근육에 운동 효과를 주어 지방을 연소시키는 원리를 이용한 것이다.

② 주파수는 낮지만 단시간 내 근육의 수축과 이완을 통해 최대한 에너지를 생성, 발산, 소비하므로 안정감이 적다.

③ 근육의 수축과 이완을 통해 탄력이 생긴다.

④ 신진대사가 활발해져 노폐물 배출이 촉진된다.

⑤ 근육과 신경에 자극을 주어 통증을 감소시킨다.

⑥ 체지방 감소와 국소 부위 부피 감소의 효과가 있다.

⑦ 부종을 완화시킨다.

2. 주의 사항

① 무리가 될 수 있으므로 너무 자주 사용하지는 않는다.

② 관리 시간은 부위에 따라 다르게 한다.

③ 체내 금속삽입물이나 인공심박기 등의 착용자는 제외한다.

④ 임산부나 피부 질환이 있는 자는 제외한다.

⑤ 심장병이나 신장병을 가지고 있는 자는 제외한다.

8. 중주파 기기

1. 원리 및 효과

① 중주파 기기는 주파수가 1,000~10,000Hz 까지인 교류 전류를 이용하는 기기로 피부의 저항이 낮아 통증이나 불쾌감이 없다.

② 피부관리가이 낮아 느낌이 부드럽고 편안하여 근육 통증에 관리가 용이하고 셀룰라이트 분해에 효과적이다.

③ 근육의 수축과 이완의 반복으로 근육을 강화시키는 효과가 있다.

④ 혈액 순환 및 신진대사를 활성화한다.

⑤ 부종과 염증 관리에 효과적이다.

⑥ 부분적인 비만 관리에 효과적이다.

2. 주의 사항

① 안정감을 주지만 너무 오래 반복하지는 말아야 한다.

② 관리 시간은 부위에 따라 다르게 한다.

③ 체내 금속삽입물이나 인공심박기 등의 착용자는 제외한다.

④ 임산부나 피부 질환이 있는 자는 제외한다.

⑤ 심장병이나 신장병을 가지고 있는 자는 제외한다.

9. 고주파(High Frequency) 기기

1. 원리 및 효과

① 주파수가 100,000Hz 이상이며 교류 전류이고 파장이 짧아 신체 속으로 깊이 들어가고 열 에너지로 전환됨에 따라 조직에서 열(심부열)을 발생시키는 기기이다.

② 심부열을 이용하여 피부의 온도를 상승시켜 혈액 순환 및 신체 활성화에 효과적이며 노폐물 배출에 도움을 준다.

③ 혈류량을 증가시켜 신진대사를 원활히 하고 고객에게 편안함을 준다.

④ 산소 공급이 활발해지며 독소 배출이 원활해진다.

⑤ 세포를 활성화하고 미백 작용의 효과가 있다.

⑥ 직접 고주파 방식과 간접 고주파 방식이 있다.

2. 사용 방법

1. 직접 고주파 방식

① 유리 전극을 직접 고객 피부에 대고 관리하며 전기 에너지가 전극에 집중되어 스파킹이 생기어 피부 표면에 직접적인 효과가 나타난다

② 지성 피부 및 여드름 피부의 살균 작용에 효과적이다.

③ 제품의 피부흡수 효과가 있다.

2. 간접고주파 방식

① 전극인 플레이트(Plate)를 고객의 몸에 밀착시키고 관리사가 고주파기로 통전하에 관리한다.
② 심부열로 인한 온열 작용으로 근육과 신경의 이완 효과가 있으며 혈액 순환 및 신진대사에 효과적이다.
③ 온열 효과로 인해 고객이 편안하고 매뉴얼 테크닉 효과가 있어 안면 관리와 전신 관리에 이용되고 있다.

3. 주의 사항

① 고객의 몸에 지닌 모든 금속을 제거한다.
② 피부가 예민하거나 모세혈관확장 피부는 제외한다.
③ 체내에 금속 삽입물이 있는 경우는 제외한다.
④ 고혈압, 심장병, 임산부, 동맥 경화인 사람은 제외한다.
⑤ 피부에 상처나 질환이 있는 경우는 제외한다.

10. 바이브레이터(Vibrator)

1. 원리 및 효과

① 기기의 진동을 이용하여 근육을 이완시켜 전신을 순환시켜 주는 바디 전용 기기이다.
② 여러 종류의 헤드가 있어 부위에 따라 적절하게 바꿔서 사용할 수 있다.(원형, 곡형, 1봉, 2,4봉, 침봉)
③ 혈액 순환이 촉진되어 영양 공급 및 노폐물 배출에 효과가 있다.
④ 지방 분해로 인한 비만 관리에 효과적이다.
⑤ 근육 이완에 효과적이며 근육 운동을 촉진한다.

2. 사용 방법

① 시술 부위는 깨끗이 클렌징을 실시한다.
② 시술 부위에 탈크파우더(베이비 파우더)를 발라 준다.
③ 헤드의 무게를 이용해 직각으로 밀착시켜 사용한다.
④ 헤드 교체 시 정지된 상태에서 하고 심장쪽 방향으로 진행한다.
⑤ 시술 후 온습포로 깨끗이 닦아 내고 헤드는 살균기에서 소독한다.

3. 주의 사항

① 관리 부위에 맞는 헤드를 선택하고 고객에 맞는 압력으로 관리한다.
② 피부에 직각으로 세워서 밀착시킨다.
③ 뼈가 있는 부분의 적용은 피한다.
④ 정맥류나 모세혈관 확장자는 적용을 피한다.
⑤ 임산부, 고혈압, 당뇨병 질환이 있는 사람에게는 적용을 피한다.
⑥ 상처난 부위나 멍든 부위는 적용을 피하도록 한다.

11. 파라핀 기기

1. 원리 및 효과

① 고형의 파라핀에 열을 가해 녹여 피부에 직접 적용한다.
② 적용된 피부에 보습과 혈액 순환을 촉진하고 영양성분 침투력을 높인다.
③ 건조한 손, 발, 노화 피부 등 다양한 신체 부위에 적용한다.

2. 시술 방법

① 시술하기 전 2~3시간 전에 파라핀기에 파라핀 적당량을 넣고 녹여준다.
② 파라핀의 온도를 테스트하고 시술부위는 3~4회 반복하여 담근다.
③ 파라핀 코팅된 부위는 보온을 위해 감싸주고, 손, 발은 장갑을 껴준다.
④ 15분 후 굳은 파라핀을 제거하고 보습 제품으로 마무리한다.

12. 엔더올로지

1. 원리 및 효과

① 피부 조직을 진공음압을 이용하여 당겼다 풀어주며 혈액 순환을 돕는다.
② 림프 드레나쥐의 효과가 나타나 노폐물과 독소 배출을 원활히 한다.

2. 시술 방법

① 말초에서부터 심장쪽으로 밀어 올리듯 적용한다.
② 1회는 40~50분 정도로 시술을 하며 주 2~3회가 적당하다.

제4장 광선을 이용한 기기

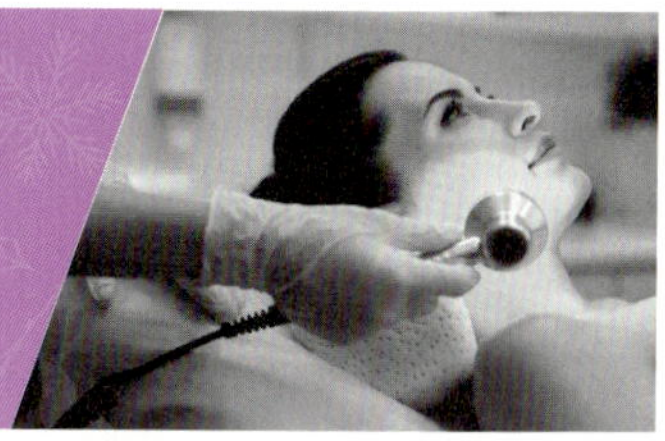

Check Point

이 장에서는 광선을 이용한 기기를 이해하고 사용방법과 주의사항을 숙지합니다. **1~2문제 출제**됩니다.

광선의 정의와 분류

- 광선은 파장에 따라 자외선, 가시광선, 적외선으로 구분된다.
- 자외선은 200~400nm로 파장이 짧고 진동수가 많은 전자기파로 화학작용이나 생리적 작용이 강하며 살균 작용을 한다. 자외선 영역에서 파장에 따라 UVA(320nm~400nm), UVB(290nm~320nm),UVC(200nm~290nm)로 구분되고 파장에 따른 효과가 달라진다.
  - UVA : 멜라닌색소 증가, 주름 및 노화 현상 발생
  - UVB : 홍반 및 일광화상, 피부암 발생
  - UVC : 생체에 치명적 손상, 강한 살균력으로 박테리아 및 바이러스 파괴로 소독기 사용
- 가시광선은 380~800nm로 사람의 눈으로 볼 수 있는 빛을 말한다.
- 적외선은 파장이 가시광선보다 길며 극초단파 보다 짧은 770nm 이상의 전자기파로 가시광선보다 투과력이 강하여 신체조직 내까지 영향을 미친다.
- 이 세 가지 빛의 특성을 이용하여 신체에 유용한 효과를 미치는 기기는 아래와 같다.

1. 적외선 램프(Infrared Ray Lamp)

1. 원리 및 효과

① 근적외선(780nm~1,500nm)과 원적외선(1500nm~15,000nm)을 신체 조직 깊이 방출시켜 열을 전달하므로 체내 온열 작용을 통해 신경 진정 효과와 신진대사 촉진에 효과적이다.

② 근육의 이완 및 근육통을 완화하고 혈액 순환을 촉진시킨다.

③ 팩을 하는동안 조사하면 제품의 유효 성분의 흡수가 원활하고 독소와 노폐물을 원활히 배출하도록 돕는 기기이다.

2. 사용 방법

① 고객의 피부 상태에 따라 온도와 거리 및 조사 시간을 조절한다.

② 적용 부위에 빛을 직각으로 비춘다.

③ 고객과 램프 사이의 거리는 램프의 출력과 고객의 민감도에 따라 45~90cm 정도가 안전하다

④ 아이 패드를 착용한다.

3. 주의 사항

① 석고팩 사용시 적외선 램프는 화상의 위험이 있다.

② 고객의 금속류 액세서리는 제거하고 램프를 조사한다.

③ 모세혈관확장 피부, 일광화상 및 출혈부위, 화농성 피부, 심장질환 및 악성 종양 등의 피부는 피한다.

2. 인공 선탠기

1. 원리 및 효과

① 자외선의 장파장 영역인 UVA를 인공적으로 발생시켜 피부의 진피층까지 침투하여 멜라닌 색소를 증가시켜 태닝하는 기기이다.

② 여유 있게 편안한 장소에서 짧은 시간에 피부의 손상을 최소화하면서 태울 수 있다.

2. 주의 사항

① 광 알레르기성 반응을 꼭 테스트한다.
② 태닝을 위한 조사 시간은 30분을 넘기지 않도록 한다.
③ 자외선으로 인한 눈을 보호하기 위해서 반드시 아이패드를 하도록 한다.
④ 램프와 피부와의 거리를 적당히 유지한 채 조사한다.
⑤ 금속류 액세서리는 제거한다.

3. 자외선 소독기

1. 원리 및 효과

① 자외선의 가장 단파장인 UVC는 강한 살균 작용을 가지고 있으므로 이를 이용하여 기기의 부속품이나 기구 및 도구 등을 소독하는 기기이다.
② 피부관리실 및 일반 대중업소에서도 도구들을 소독하는 데 사용된다.
③ 세균 및 박테리아의 감염 및 증식을 방지한다.

2. 주의 사항

① 인체에는 손상을 초래하므로 도구 등을 입·반출할 때는 램프를 직접 보지않는다.
② 사용시 외에는 문을 닫아 둔다.

4. 컬러 테라피(Color Therapy)

1. 원리 및 효과

① 가시광선 영역에서 파장, 빛의 세기, 색깔에 따라 나타나는 효과를 적절히 선택하여 피부 상태에 따라 피부 미용적 효과를 얻을 수 있도록 고안된 기기이다.
② 부작용이나 감염의 위험이 없어서 안전하다.
③ 파장에 따라 염증 및 진정, 피부 재생 등에 효과적으로 사용된다.

색깔	파장	효과
빨강	600~700nm	노화, 여드름 피부, 셀룰라이트 개선
주황	590~600nm	예민 피부, 알레르기 피부 등에 적용, 튼살
노랑	580~590nm	노화, 문제성 피부에 적용, 수술 후 회복 관리
초록	500~550nm	문제성 피부와 비만에 효과적, 진정, 살균, 정화
파랑	470~500nm	안정감, 진정, 여드름, 모세혈관 확장자
보라	420~460nm	평온감, 면역력, 두통, 피부염, 건조한 피부, 셀룰라이트 분해 등에 이용

2. 사용 방법

① 사용 목적에 따른 파장 선택을 확실히 하고 조사 시간은 20분을 넘지 않도록 한다.
② 눈 보호를 위하여 아이 패드를 하고 주위를 어둡게 한 후에 사용한다.
③ 피부 질환자, 광알레르기 피부, 출혈이 있는 피부, 심장 및 신장 질환이 있는 경우는 제외한다.

1 원자 핵 주위의 궤도를 돌며 원자 간의 결합과 이온화를 위해 이동하는 것은 무엇인가?

① 양성자
② 중성자
③ 원자핵
④ 전자

[해설]
음전하를 띄며 원자의 주변에서 돌며 원자 결합 및 이온화에 관여한다.

2 다음 중 양성자에 대한 설명으로 옳지 않은 것은?

① 양성자는 원자핵을 이루고 있다
② 양성자는 양(+)전하를 띤다.
③ 양성자의 수가 원자의 번호와 같다.
④ 전기적으로 중성일 때에는 양성자와 전자의 수가 다르다.

[해설]
전기적으로 중성일 때 양성자와 전자의 수가 같다.

3 전류의 흐르는 방향과 크기가 시간이 지나도 일정한 전류를 무엇이라고 하는가?

① 정현파 전류 ② 감응전류
③ 갈바닉 전류 ④ 격동전류

[해설]
직류는 전류의 흐르는 방향과 크기가 시간이 지나도 변하지 않는 전류이며 갈바닉 전류라고 한다. 교류는 일정한 시간과 간격으로 방향과 세기가 변하는 전류로 정현파 전류, 감응 전류, 격동 전류로 구분된다.

4 다음 중 전류에 대한 설명으로 옳지 않은 것은?

① 전류의 세기를 암페어(A)라고 한다.
② 전류의 방향은 (+)에서 (−)쪽으로 흐른다.
③ 전류의 방향과 전자의 방향은 반대 쪽으로 흐른다.
④ 전류의 흐름을 방해하는 성질은 전압이다.

[해설]
전류의 흐름을 방해하는 성질은 저항이며 단위는 (옴)이다.

5 다음은 미용 기기 중 다른 광선을 이용한 기기는?

① 우드 램프 ② 살균 소독기
③ 컬러 테라피 ④ 인공 선탠기

[해설]
컬러테라피는 가시광선을 이용하는 기기이고 나머지는 자외선을 이용한 기기이다.

6 물질의 기본적인 단위는?

① 분자 ② 원자
③ 화합물 ④ 전자

[해설]
모든 물질은 원자라고 하는 기본 입자로 구성되어 있다.

7 원자가 전기적으로 중성인 상태다. 그 이유는 ?

① 양성자와 전자 수가 같으므로
② 양성자보다 전자 수가 많으므로
③ 양성자와 전자 수가 적으므로
④ 중성자가 있으므로

[해설]
(+)를 띠는 양성자와 (−)를 띠는 전자 수가 같아서 중성이다.

8 양이온이란?

① 중성 입자가 전자를 얻어 음전하를 띰
② 중성 입자가 전자를 얻어 양전하를 띰
③ 중성 입자가 전하를 잃어 음전하를 띰
④ 중성 입자가 전자를 잃어 양전하를 띰

[해설]
중성 입자가 전자를 얻으면 음전하를 띠고 잃으면 양전하를 띤다.

9 전류에 대한 올바른 설명은?

① 원자들의 흐름 ② 전자들의 흐름
③ 양성자들의 흐름 ④ 중성자들의 흐름

[해설]
전자의 흐름이 전류이며 전자의 흐름과 전류의 흐름은 반대 방향이다.

정답 1. ④ 2. ④ 3. ③ 4. ④ 5. ③ 6. ② 7. ① 8. ④ 9. ②

10 전류가 흐르는 방향과 크기가 시간이 지나도 변하지 않는 전류이며 평류라고도 하는 전류는 무엇인가?

① 정현파 전류
② 갈바닉 전류
③ 격동 전류
④ 감응 전류

[해설]
직류이며 갈바닉 전류라고도 한다. 정현파, 감응전류, 격동 전류는 일정한 시간과 간격으로 방향과 세기가 변하는 교류 전류이다.

11 갈바닉 전류 (+)극의 효과가 아닌 것은?

① 전정 효과
② 세정 효과
③ 모공 수축
④ 산에 반응

[해설]
세정 효과는 (-)극의 이용 시에 나타나는 효과이다.

12 다음 중 전기 흐름을 방해하는 성질을 측정하는 단위는?

① 옴(Ω)
② 암페어(Ampere)
③ 와트(Watts)
④ 볼트(Volt)

[해설]
암페어는 전기의 세기이며 와트는 전기를 사용할 때의 전기적인 힘이며 볼트는 전류를 생산하는 데 필요한 압력을 말한다.

13 전기장치에서 퓨즈의 역할은?

① 기계나 전기회로를 과부하로부터 보호한다.
② 전압을 바꾸어준다.
③ 교류전류를 직류전기로 바꾸어준다.
④ 전기회로의 세기를 측정한다.

[해설]
퓨즈는 교류와 직류 사이의 전기회로를 과부하가 걸리지 않도록 보호하는 장치이다.

14 직류 전류의 적용에 대하여 옳게 설명한 것은?

① 이온 영동 관리와 전기 세정
② 이온 영동 관리와 근육 단련 관리
③ 고주파 마사지와 전기 세정
④ 저주파 마사지와 전기 세정

[해설]
갈바닉 기기는 직류 전류를 이용하고 저주파·중주파·고주파 기기는 교류 전류를 이용한다.

15 적외선의 효과가 아닌 것은?

① 팩 사용시 효과적이다.
② 온역 작용을 한다.
③ 세균 증식을 방지한다.
④ 혈액 순환에 효과적이다.

[해설]
자외선이 살균 작용을 한다.

16 다음 중 화합물이 아닌 것은 무엇인가?

① 공기
② 소금
③ 일산화탄소
④ 물

[해설]
화합물은 원소가 화학적으로 결합된 물질이고 혼합물은 화합물이 물리적으로 섞여 있는 것으로 공기는 산소, 질소, 이산화탄소 등의 여러 가지 화합물이 섞여 있는 것이다.

17 자외선 소독기에 관하여 맞지 않는 것은?

① 살균 작용이 있는 UVA를 이용하여 만든 기기이다.
② 여러 기구들의 살균과 소독을 목적으로 한다.
③ 생체에 손상을 초래하므로 직접 눈으로 보지 않는다.
④ 자외선 영역 중 단파장을 이용한 기기이다.

[해설]
자외선 영역에서 살균 작용이 있는 것은 단파장 영역인 UVC이다.

정답 10. ② 11. ② 12. ① 13. ① 14. ① 15. ③ 16. ① 17. ①

18 원자가 전기적으로 중성인 이유는 무엇인가?

① 양성자의 수가 전자의 수보다 많기 때문
② 양성자의 수와 전자의 수가 동일하기 때문
③ 원자의 핵 안에 중성자가 있기 때문
④ 전자의 수가 양성자의 수보다 많기 때문

[해설]
양성자는 (+)전하를 띠고 있으며 전자는 (–) 전하를 띠고 있는데, 양성자와 전자의 수가 동일하여 전기적으로 중성이다.

19 음이온이란 무엇인가?

① 원자가 전자를 얻어 양전하를 띠는 것
② 원자가 전자를 잃어 음전하를 띠는 것
③ 원자가 전자를 잃어 양전하를 띠는 것
④ 원자가 전자를 얻어 음전하를 띠는 것

[해설]
• 양이온 : 원자가 전자를 잃으면 양전하를 띤다.
• 음이온 : 원자가 전자를 얻으면 음전하를 띤다.

20 전력이란 무엇인가?

① 전류의 세기
② 전기를 사용할 때 드는 힘
③ 도체 내에서 전류의 흐름을 방해하는 성질
④ 전류를 생산하는 데 필요한 압력

[해설]
전력은 전기를 사용할 때 드는 전기적인 힘을 말하며 단위는 와트(W) 이다.

21 다음 중 교류를 이용한 미용 기기가 <u>아닌 것</u>은?

① 저주파기
② 중주파기
③ 고주파기
④ 이온토포레시스

[해설]
이온토포레시스는 직류를 이용한 기기이다.

22 전류가 흘러 전기 에너지가 소비되는 것을 무엇이라고 하는가?

① 방전
② 누전
③ 퓨즈
④ 전기저항

[해설]
• 누전 : 전류가 새어 나가는 현상
• 퓨즈 : 전류가 과하게 흐르는 것을 방지하는 장치
• 전기저항 : 도체내에서 전류의 흐름을 방해하는 성질

23 전자가 원자에서 다른 원자로 이동하는 현상을 무엇이라고 하는가?

① 전압
② 전류
③ 저항
④ 전력

[해설]
전자의 이동을 전류라고 하며 전자는 (–)극에서 (+)극으로 이동하며 전류는 반대로 (+)극에서 (–)극으로 이동한다.

24 전류의 흐르는 방향과 크기가 시간이 지나도 일정한 전류를 무엇이라고 하는가?

① 정현파 전류
② 감응 전류
③ 갈바닉 전류
④ 격동 전류

[해설]
직류는 전류의 흐르는 방향과 크기가 시간이 지나도 변하지 않는 전류이며 갈바닉 전류라고 한다. 교류는 일정한 시간과 간격으로 방향과 세기가 변하는 전류로 정현파 전류, 감응 전류, 격동 전류로 구분된다.

25 다음 중 피부 분석을 위한 기기가 <u>아닌 것</u>은?

① pH 측정기
② 수분 측정기
③ 우드 램프
④ 갈바닉 기기

[해설]
피부분석 기기는 확대경, 우드 램프, 유수분 측정기, pH측정기 등이 있다. 갈바닉 기기는 안면 관리에 사용되는 기기이다.

정답 18. ② 19. ④ 20. ② 21. ④ 22. ① 23. ② 24. ③ 25. ④

26 직류에서 양극 전류에 대한 설명이 맞는 것은?

① 피부연화
② 혈액공급증가
③ 산성반응
④ 모공의 확대

[해설]
양극전류는 피부경화, 모공의 수축, 혈액공급 감소 산성반응이며 음극전류는 피부연화, 모공의 확대, 혈액공급 증가, 알카리성 반응을 일으킨다.

27 갈바닉 기기로 피부 관리 시 효과가 아닌 것은?

① 피부의 모공을 확대시킨다.
② 제품의 성분을 피부 깊이 침투시킨다.
③ 묵은 각질을 제거하여 피부 톤을 맑게 한다.
④ 얼굴의 온열 작용으로 팩 사용 시 효과적이다.

[해설]
혈액 순환으로 인해 체온이 상승하나 팩 사용시에 사용할 수 없다.

28 피부분석 기기인 우드 램프의 설명 중 잘못된 것은?

① 램프가 피부를 비추어 나타나는 색상으로 피부 상태를 분석
② 빛을 차단한 상태에서 관찰하는 것이 좋다.
③ 인체에 유익한 적외선 램프를 이용한 기기이다.
④ 관찰 전에 피부 표면을 깨끗이 클렌징을 한다.

[해설]
우드 램프는 자외선 램프를 이용하여 나타나는 색상으로 피부 상태를 분석하는 기기이다.

29 증기연무기(스티머)의 설명으로 맞지 않는 것은?

① 각질 제거를 용이하게 한다.
② 혈액 순환을 촉진시켜 마사지 효과가 있다.
③ 화장품의 흡수 효과를 높힌다.
④ 물에 에센셜오일을 첨가하여 효과를 최대한 높인다.

[해설]
증기연무기는 증류수나 정제수를 사용하며 물 이외에 어떠한 것도 첨가해서는 안 된다.

30 우드 램프의 색상에 따른 피부 상태가 잘못 연결된 것은?

① 보라색 – 건성 피부
② 청백색 – 정상 피부
③ 오렌지 – 색소 침착 부위
④ 흰색 – 각질

[해설]
오렌지 – 지성 피부, 암갈색– 색소 침착 부위

31 안면 관리 시 전동 브러시(프리마톨)의 효과가 아닌 것은?

① 클렌징 효과 ② 필링 효과
③ 리프팅 효과 ④ 마사지 효과

[해설]
진동 브러시는 브러시를 기기에 연결시켜 회전하는 속도를 조절하여 관리하는 기기로, 피부 표면의 각질과 노폐물 제거에 효과적이며 혈액 순환을 촉진하여 마사지 효과가 있다.

32 진동 브러시(프리마톨)의 사용 방법 중 맞지 않는 것은?

① 피부에 직각으로 세워서 사용한다.
② 사용 후 세제로 세척한 뒤 자외선소독기에서 소독한다.
③ 브러시가 부드러워서 심한 여드름 피부에도 적용할 수 있다.
④ 얼굴 부위에 따라 브러시를 적절하게 교체할 수 있다.

[해설]
모세혈관확장 피부, 심한 여드름 피부, 피부 질환이 있는 피부, 일광화상 등의 피부에는 적용하지 않는다.

33 저주파기의 설명으로 맞지 않는 것은?

① 근육의 수축이완 작용으로 슬리밍 효과가 있다
② 주파수 범위는 1000 Hz 이내이다.
③ 단시간 내에 비만 관리가 가능하다.
④ 심부열의 생성으로 편안하게 관리받을 수 있다

[해설]
저주파는 근육에 수축과 이완 작용을 하므로 다소 자극적인 느낌이 있으나 고주파는 심부열의 발생으로 편안하게 받을 수 있다.

정답 26. ③ 27. ④ 28. ③ 29. ④ 30. ③ 31. ③ 32. ③ 33. ④

34 고주파기 관리에 관한 설명으로 맞지 않는 것은?

① 고주파 전류는 1000 KHz 이상으로 진동 폭이 작다.
② 근육의 수축과 이완으로 운동신경을 자극하여 근육을 강화시킨다.
③ 심부열로 인한 피부온도 상승으로 따뜻함을 느낀다.
④ 체내 금속삽입물이 있는 경우는 절대로 실시하지 않는다.

[해설]
근육의 수축과 이완으로 인한 뒤틀림은 중저주파에 해당되고 고주파는 진동폭이 작아서 심부열로 편하게 관리를 받을 수 있다.

35 직접 전류 방식의 고주파기는 어떤 피부 관리에 효과적인가?

① 건성 피부
② 중성 피부
③ 지성 피부
④ 예민성 피부

[해설]
직접 전류 방식의 고주파기는 스파킹을 통한 살균 및 진정 효과가 있으므로 지성 피부에 효과적이다.

36 전기세정(디스인크러스테이션)에 관한 설명으로 맞는 것은?

① 갈바닉 전류를 이용한 양극활성 전극을 이용
② 갈바닉 전류를 이용한 음극활성 전극을 이용
③ 패러직 전류를 이용한 양극활성 전극을 이용
④ 패러딕 전류를 이용한 음극활성 전극을 이용

[해설]
전기세정은 피지와 각질을 제거하기 위해 갈바닉 전류를 이용하여 음극 전극을 이용하여 딥 클렌징 효과를 내는 것이다.

37 갈바닉 전류기로 피부 관리 시 나타나는 효과가 아닌 것은?

① 전기세정으로 인한 딥 클렌징
② 제품의 유효 성분의 효과적인 침투
③ 신진대사의 활성으로 인한 체온 상승
④ 안면근육의 수축과 이완

[해설]
갈바닉 기기는 화장품의 수용성 성분을 효과적으로 침투시키고 피부 내의 노폐물을 제거하는 딥 클렌징 효과를 나타내는 기기이며, 근육의 수축과 이완으로 인한 근육 운동은 중저주파 관리 시에 효과적이다.

38 다음 중 감응 전류를 이용한 기기가 아닌 것은?

① 저주파기
② 중주파기
③ 고주파기
④ 갈바닉기

[해설]
저주파, 중주파, 고주파기는 교류인 감응 전류(패러딕 전류)를 이용하며, 갈바닉기는 직류인 갈바닉 전류를 이용한다.

39 갈바닉 기기를 사용해서는 안 되는 사람은 ?

① 염증이 있는 피부
② 노화된 피부
③ 면포가 있는 지성 피부
④ 건조하고 당기는 피부

[해설]
전기를 이용한 갈바닉기는 염증이 있을시 심화될 가능성이 있으므로 염증제거 후 관리받는다.

40 심부열을 발생시켜 관리의 효과를 나타내는 기기는 다음 중 무엇인가?

① 저주파기
② 중주파기
③ 고주파기
④ 갈바닉기

[해설]
고주파기는 진동폭이 짧아 근육을 자극시키지 않으며 신체 조직속으로 열을 투과시켜 심부열을 발생시키는 기기이다.

정답 34. ② 35. ③ 36. ② 37. ④ 38. ④ 39. ① 40. ③

41 다음 중 초음파기의 효과가 아닌 것은?

① 온열 효과
② 노폐물배출 효과
③ 리프팅 효과
④ 근육운동 효과

[해설]
초음파기는 초음파 에너지에 따른 조직의 온도 상승으로 혈액 순환이 원활하며 진동으로 인한 마사지 효과, 스킨 스크러버(skin scrubber)를 이용한 딥 클렌징 효과가 있다.

42 진동 주파수가 20,000Hz 이상의 불가청 진동 음파는 무엇인가?

① 저주파
② 고주파
③ 초음파
④ 중주파

[해설]
초음파는 인간의 귀로 들을 수 없는 20,000Hz 이상의 불가청 진동 음파이다.

43 공기를 감압시켜 물리적인 자극으로 관리하여 마사지 및 혈액 순환의 효과를 나타내는 기기는?

① 바이브레이터
② 전동 브러시(프리마톨)
③ 진공흡입기(석션기)
④ 저주파기

[해설]
진공흡입기는 공기의 압력은 낮추어 진공 상태에서 피부를 끌어올려서 관리하는 기기이다.

44 진공흡입기의 사용법 중 틀린 것은?

① 관리전 사용 컵의 압력을 관리자의 손등으로 체크한다.
② 피부의 상태에 따라 컵의 압력을 조절한다.
③ 모든 관리 방향은 심장쪽으로 진행한다.
④ 크림이나 오일 도포 후 관리한다.

[해설]
컵의 관리는 림프절 방향으로 진행한다.

45 진공흡입기(석션)의 관리로 나타나는 효과가 아닌 것은?

① 근육 이완
② 신진대사
③ 주름 감소
④ 피부 경화

[해설]
진공흡입기는 근육을 이완시켜 혈액 순환 및 신진대사가 촉진되며 노폐물을 배출하여 비만 관리에도 효과적이다.
또한, 피부 연화와 여드름 관리로 인한 피부 재생에도 도움이 된다.

46 팩 사용시 함께 사용하면 효과적인 기기는?

① 갈바닉기
② 적외선 램프
③ 우드 램프
④ 진동 브러시

[해설]
적외선 램프는 적외선을 방출하여 온열 작용으로 팩 사용 시에 제품의 유효 성분이 피부 속으로 침투되는 효과가 있다.

47 적외선 램프 사용시 주의할 점이 아닌 것은?

① 금속류 액세서리의 사용을 피한다.
② 피부 상태에 따라 램프의 사용 시간을 조절한다.
③ 램프는 고객으로부터 60cm 정도 떨어져서 조사한다.
④ 석고 팩 사용시 적외선 램프를 사용하면 효과적이다.

[해설]
석고 팩의 경우는 석고에서 방출되는 열이 있으므로 적외선 램프 사용시 열로 인한 화상의 우려가 있다.

48 적외선으로 인한 효과와 거리가 먼 것은?

① 살균 효과
② 신경진정 효과
③ 온열 효과
④ 독소배출 효과

[해설]
살균 효과는 자외선으로 인한 작용이다.

정답 41. ④ 42. ③ 43. ③ 44. ③ 45. ④ 46. ② 47. ④ 48. ①

49 인공 태닝기에 사용되는 광선은 무엇인가?

① 가시광선　② 적외선
③ UVA　④ UVC

[해설]
가시광선은 컬러 테라피, 적외선은 적외선 램프, UVC는 자외선 소독기에 사용된다.

50 자외선 소독기에 관한 설명으로 맞지 않는 것은?

① 기구의 살균을 위해 사용하는 기기이다.
② 장파장 영역인 UVA을 이용한 기기이다.
③ 단파장 영역인 UVC를 이용한 기기이다.
④ 인공적으로 발생되는 자외선의 살균 효과를 이용한다.

[해설]
UVA를 이용하는 기기는 인공 태닝기로 인체에 색소를 만들어 주는 기기이다.

51 물질의 가장 기본적인 단위는?

① 분자　② 원자
③ 화합물　④ 균일질

[해설]
모든 물질은 원자라는 기본 입자로 구성되어 있고 더 이상 쪼개지지 않는다.

52 물질의 변화 중 고체가 기체로 변화는 것은?

① 액화　② 융해
③ 기화　④ 승화

[해설]
승화란 기체가 고체, 고체가 기체로 변하는 것이다.

53 기기의 진동을 이용하여 근육을 이완시켜 순화시켜 주는 전신 기기는?

① 진공 흡입기　② 전동 브러시
③ 바이브레이터　④ 저주파기

[해설]
바이브레이터는 진동을 이용하여 전신의 근육을 이완시켜 온몸의 순환을 촉진시켜 주로 체형 관리 시에 많이 이용되는 기기이다.

54 다음 중 자외선을 이용한 기기가 아닌 것은?

① 우드 램프
② 살균 소독기
③ 인공 태닝기
④ 컬러 테라피

[해설]
컬러 테라피는 가시광선을 이용한 기기이다.

55 전류의 압력을 측정하는 단위는?

① 와트(W)
② 옴(Ω)
③ 암페어(A)
④ 볼트(V)

[해설]
- 전압은 전류를 생산하는 데 필요한 압력이며 단위는 볼트
- 전력은 전기를 사용할 때의 전기적인 힘을 말하며 단위는 와트
- 저항은 전류의 흐름을 방해하는 성질이면 단위는 옴
- 전류는 전하의 흐름이며 단위는 암페어

56 전기회로에서 전압의 수가 반으로 줄고, 저항이 두 배로 된다면 그 세기의 변화는?

① 1/4로 줄어든다
② 1/2로 줄어든다
③ 2배로 증가한다
④ 4배로 증가한다

[해설]
'전압 = 전류 × 저항'이므로 전류는 1/2 × 1/2 = 1/4 이 된다.

57 전류에 대한 올바른 설명은?

① 원자들의 흐름
② 전자들의 흐름
③ 양성자들의 흐름
④ 중성자들의 흐름

[해설]
전류는 음전하를 띈 입자의 흐름으로 생기는 전자의 흐름을 말한다.

정답 49. ③ 50. ② 51. ② 52. ④ 53. ③ 54. ④ 55. ④ 56. ① 57. ②

58 갈바닉 기기의 목적으로 적합지 않은 것은?

① 화장품 유효 성분을 피부 깊이 흡수
② 피부 모공을 수축
③ 팩을 빨리 건조
④ 색소 침착 부위의 표백

[해설]
신진대사 활성화를 약간의 체온 상승은 있으나 팩의 건조 목적으로 사용되진 않는다.

59 열을 이용한 기기가 아닌 것은?

① 적외선 램프
② 파라핀 왁스기
③ 이온영동법
④ 스티머

[해설]
이온영동법은 음극과 양극의 화학적인 작용을 이용하여 효과를 내는 피부관리 기기이다.

60 저주파기에서 사용되는 주파수는?

① 1~1000 Hz
② 1000~5,000 Hz
③ 10000~100,000 Hz
④ 100,000 Hz 이상

[해설]
- 저주파 : 1~1000 Hz
- 중주파 : 1~1000 Hz
- 고주파 : 1000,00 Hz 이상

61 고주파 기기의 잘못된 설명은?

① 100kHz의 높은 진동률을 갖음
② 주요 작용은 온열을 발생시킴
③ 빠른 진동으로 근육 수축이 많음
④ 약한 전류로 시작하여 필요한 만큼 세기를 증가시킴

[해설]
고주파는 진동 에너지가 열 에너지로 전환되어 온열 작용을 일으킨다.

62 고주파를 이용해서 하는 관리는?

① 지성 피부 관리
② 냉온 매뉴얼 테크닉
③ 이온영동법
④ 모세혈관확장 피부

[해설]
고주파의 직접 전류 방식은 스파킹으로 살균효과가 있어서 지성 피부 및 여드름 관리에 적합하다.

63 전동브러시 기기 사용의 주목적은?

① 피부 각질 제거
② 모공 수축
③ 부정현상 제거
④ 잔털 제거

[해설]
진동 브러시는 클렌징과 딥 클렌징의 효과가 있다.

64 다음 중 전류의 압력과 저항을 측정하는 단위로 맞게 짝지어진 것은?

① 암페어, 와트
② 볼트, 옴
③ 볼트, 암페어
④ 암페어, 옴

[해설]
- 전류의 세기 : 암페어
- 전류의 압력 : 볼트
- 전류의 힘 : 와트
- 전류의 저항 : 옴

65 스티머 사용 시에 사용해야 하는 물은?

① 오존수
② 소금물
③ 증류수
④ 솔루션 용액

[해설]
스티머는 여과된 정제수 혹은 증류수를 사용해야만 한다.

정답 58. ③ 59. ③ 60. ① 61. ③ 62. ① 63. ① 64. ② 65. ③

66 우드 램프 사용의 목적은?

① 유성 피부 상태로 유지
② 매뉴얼 테크닉 시술 동안 피부 온도 유지
③ 건조하고 주름진 피부 측정
④ 색상으로 피부 상태를 분석

[해설]
유드 램프는 자외선을 이용하여 피부색을 판단하여 분석하는 기기이다.

67 노화된 각질이 나타내는 우드 램프의 색 반응은?

① 오렌지색
② 흰색
③ 갈색
④ 청백색

[해설]
- 지성 피부(여드름, 피지) : 오렌지색
- 색소 침착 : 암갈색
- 정상 피부 : 청백색
- 건성 피부 : 연보라색

68 pH는 무엇을 말하는가?

① 수소이온농도 표시
② 산소이온농도 표시
③ 질소이온농도 표시
④ 탄소이온농도 표시

[해설]
pH는 용액속의 수소이온농도이며 pH측정기는 피부 표면의 pH를 측정한다.

69 옴(Ω)에 대한 설명 중 틀린 것은?

① 전기 저항의 단위
② 신체에 수분이 많을수록 전기저항력이 커진다
③ 전류의 세기는 저항이 클수록 줄어든다
④ 전류의 흐름을 방해한다

[해설]
전압 = 전류세기 × 저항이고 전류세기는 저항과 반비례한다.

70 다음 중 얼굴 관리에 사용되는 기기가 아닌 것은?

① 진공흡입기 ② 바이브레이터
③ 고주파기 ④ 컬러 테라피

[해설]
바이브레이터는 진동을 이용해 전신을 순환시키는 전신 관리 기기이다.

71 다음 중 고주파에 관한 설명으로 잘못된 것은?

① 고객의 금속류는 모두 제거한다.
② 임신 중이거나 맥박이 이상이 있는 경우에는 적용할 수 없다.
③ 고주파는 교류 전류이다.
④ 모든 피부에 15분 이상 관리한다.

[해설]
피부 상태에 따라 관리 시간이 달라진다.

72 고주파기의 효과에 대한 설명으로 틀린 것은?

① 노폐물 배출의 효과가 있다.
② 내분비선의 분비를 활성화한다.
③ 근육의 수축과 이완으로 근육강화 효과가 있다.
④ 살균, 소독 효과로 박테리아 번식을 예방한다.

73 다음 중 음극과 양극의 화학적 작용 효과를 이용한 기기는?

① 프리마톨(전동 브러시)
② 초음파
③ 고주파기
④ 갈바닉 기기

[해설]
갈바닉 기기는 직류인 갈바닉 전류를 이용하여 음극과 양극의 화학적 작용에 의한 효과로 얼굴을 관리하는 기기이다.

74 다음 중 얼굴의 피부 분석 및 진단기기가 아닌 것은?

① 우드 램프 ② pH측정기
③ 확대경 ④ 증기 연무기

[해설]
증기 연무기는 수증기를 배출하여 피부의 각질층에 수분 공급을 하여 피부를 관리하는 기기

정답 66. ④ 67. ② 68. ① 69. ② 70. ② 71. ④ 72. ③ 73. ④ 74. ④

75 320~400nm의 단파장을 이용하며 모세 혈관까지 침투하여 주름과 노화가 촉진되며 피부 태닝 효과를 일으키는 빛의 종류는?

① UV-A ② UV-B
③ UV-C ④ 근적외선

[해설]
- UV-A : 3200~400nm: 주름과 노화 촉징, 멜라닌이 증가된다.
- UV-B :290~320nm: 홍반과 일광 화상을 일으킨다.
- UV-C: 320nm 이하로 박테리아 및 바이러스 파괴를 하여 소독기로 사용

76 파장이 짧은 UV-C의 살균효과를 이용하여 피부미용실에서 사용하고 있는 기기는?

① 우드램프
② 적외선 램프
③ 고압 수은등
④ 살균소독기(자외선소독기)

[해설]
우드 램프는 인공 자외선 파장을 이용한 피부분석기, UV-C를 이용한 살균효과는 살균소독기이다.

77 다음 중 가시광선을 이용한 피부 기기는 무엇인가?

① 우드 램프 ② 살균소독기
③ 컬러 테라피 ④ 인공 선탠기

[해설]
우드 램프, 살균소독기, 인공 선탠기는 모두 자외선을 이용한 기기이다.

78 직접 고주파의 사용법 중 성격이 다른 하나는?

① 살균 효과가 크다.
② 여드름과 흉터 치료에 효과적이다.
③ 노화 피부에 효과적이고 온열 효과가 난다.
④ 유리 전극봉을 피부에 직접 대고 시술한다.

[해설]
직접 전류 방식과 간접 전류 방식이 있으며 노화 피부에는 간접 전류 방식이 효과적이다.

79 확대경에 대한 설명으로 틀린 것은?

① 깨끗이 클렌징 한 후에 사용한다.
② 자외선 램프로 인해 아이 패드를 꼭 한다.
③ 피부 관리 시 가장 보편적으로 이용되는 기기이다.
④ 육안으로 보기 어려운 잔주름이나 모공 상태 등을 판별한다.

[해설]
확대경은 형광램프가 부착되어 있다.

80 다음 중 초음파 기기의 효과로 잘못된 것은?

① 피부 세정 효과가 있다.
② 진동수가 커서 근육수축 효과가 있다.
③ 매뉴얼 테크닉 작용을 한다.
④ 영양 공급 효과가 있다.

[해설]
초음파는 인체 내에서 에너지 형태로 변환되어 혈액 순환 및 신진대사 기능을 촉진시키는 온열 작용을 한다.

81 피부관리시 림프 배농에 효과적인 기기는?

① 저주파 기기
② 초음파 기기
③ 진공 흡입기
④ 갈바닉 기기

[해설]
압력을 이용하여 피부 조직을 흡입하므로 혈관이 팽창되고 림프액의 흐름이 촉진된다.

82 피부 분석 후 영양 공급 단계의 기기가 아닌 것은?

① 이온 영동기
② 초음파기
③ 고주파기
④ 진공 흡입기

[해설]
진공 흡입기는 압력에 의한 림프배농을 위한기기이다.

정답 75. ① 76. ④ 77. ③ 78. ③ 79. ② 80. ② 81. ③ 82. ④

83 유수분 측정기를 사용하기 위한 적당한 환경은?

① 온도 18~22℃, 습도 40~60%
② 온도 18~22℃, 습도 50~70%
③ 온도 20~22℃, 습도 50~60%
④ 온도 20~22℃, 습도 40~60%

[해설]
유수분 측정은 온도 20~22℃, 습도 40~60%에서 측정한다.

84 다음 중 열을 이용한 기기인 것은?

① 인공 선탠기
② 우드 램프
③ 파라핀 왁스기
④ 석션기

[해설]
인공 선탠기와 우드 램프는 광선(자외선)을 이용한 기기이며, 석션기는 압력을 이용한 기기이고 파라핀 왁스는 열을 이용하여 파라핀을 녹여서 온열 효과가 있는 기기이다.

85 파라핀 기기에 관한 설명이 잘못된 것은?

① 고형의 파라핀을 녹여서 사용한다.
② 파라핀 기기는 혈액 순환 및 영양 성분과 피부 유효 성분의 흡수를 높여 준다.
③ 파라핀은 건조한 손과 발 이외의 다른 부위에는 사용할 수 없다.
④ 열을 가해 녹인 파라핀에 직접 담가서 사용한다.

[해설]
건조한 손과 발의 보습 및 혈액 순환에 효과적이며 얼굴과 등 부위 등 다양하게 사용할 수있다.

86 가시광선 영역의 다양한 파장에 나타나는 효과를 이용한 기기는 무엇인가?

① 우드 램프
② 인공 태닝기
③ 컬러 테라피
④ 살균소독기

[해설]
우드 램프와 인공 태닝기, 살균소독기는 자외선을 이용한 기기이며, 컬러 테라피는 가시광선을 이용한 기기이다.

87 압력을 이용하여 혈액 순환을 촉진하고 체액 순환을 개선하는 관리 기기는?

① 고주파기　　② 진공 흡입기
③ 바이브레이터　　④ 초음파기

[해설]
진공 흡입기는 압력을 이용하여 진공 상태에서 피부를 끌어올려 혈액 및 체액의 순환을 촉진시키는 기기이다.

88 다음 중 파장이 가장 짧은 범위에 있는 광선은?

① 근적외선
② UVA
③ 원적외선
④ UVC

[해설]
• 근적외선 : 700~1500nm
• 원적외선 : 1500~15000nm
• UVA : 310~400nm
• UVC : 290nm 이하

89 전동브러시(프리마톨)의 사용 방법으로 틀린 것은?

① 여러 가지 크기 브러시를 선택하여 사용한다.
② 브러시의 회전 속도를 조절하여 피부 미용 관리에 적용하는 기기이다.
③ 전동 브러시는 클렌징 후에 마사지 단계에서 사용한다.
④ 브러시는 얼굴 표면과 직각 방향으로 세워서 진행한다.

[해설]
전동 브러시는 노폐물 제거를 위해 클렌징과 딥 클렌징 과정 중에 사용한다.

90 다음 중 원자를 구성하고 있는 것이 아닌 것은?

① 중성자　　② 전자
③ 양성자　　④ 음전하

[해설]
원자는 원자핵과 전자로 이루어져 있으며 원자핵은 양성자와 중성자로 구성되어 있다.

정답 83. ④ 84. ③ 85. ③ 86. ③ 87. ② 88. ④ 89. ③ 90. ④

91 중성의 원자에서 숫자가 동일하지 않은 하나는 무엇인가?

① 원자번호
② 원자량
③ 양성자 수
④ 전자 수

[해설]
주기율표에서 원자번호와 양성자 수와 전자 수는 동일하다.

92 다음 중 틀린 설명은 무엇인가?

① 누전 : 전류가 흘러 전기 에너지가 소비되는 것
② 퓨즈 : 과하게 흐르는 전류를 차단하는장치
③ 도체 : 전류가 잘 통하는 물질
④ 전류계 : 전류의 세기를 측정하는 장치

[해설]
- 누전 : 전류가 전선 밖으로 새는 현상
- 방전 : 전류가 흘러 소비되는 현상

93 일정한 시간과 간격으로 방향과 세기가 변하는 전류를 이용한 기기가 아닌 것은?

① 고주파기 ② 중주파기
③ 저주파기 ④ 갈바닉기

[해설]
교류는 일정한 시간과 간격으로 방향과 세기가 변하는 전류이며 고주파·중주파·저주파기가 이용되고, 직류는 시간의 흐름에 따라 전류의 크기가 방향이 일정하게 유지되는 전류이며 갈바닉기에 이용된다.

94 수용액에서 전류를 통과시켜 화학적 효과를 나타낼 수 있는 기기는?

① 갈바닉기 ② 고주파기
③ 중주파기 ④ 저주파기

[해설]
전해질 수용액에 직류를 통과시키면 이온화가 일어나 조직으로 침투시키는 화학적 효과가 발생한다. 직류를 이용한 기기는 갈바닉기이다.
하지만 교류에서는 이온화가 나타나지 않는다. 고주파, 중주파, 저주파는 교류를 이용한 기기이다.

95 갈바닉 전류의 음극을 이용하여 묵은 각질과 노폐물을 제거하는 것은?

① 이온영동법
② 디스인클러스테이션
③ 프리마톨러
④ 스킨 스크러버

[해설]
디스인크러스테이션은 갈바닉 전류의 음극을 이용하여 피지와 블랙 헤드를 제거하고 노폐물을 제거하여 피부 톤을 맑게하는 방법이다.

96 정류기의 기능으로 옳은 것은?

① 교류를 직류로 바꾸어주는 장치
② 전류의 세기를 측정하는 장치
③ 교류를 직류로 변환해 주는 장치
④ 직류를 교류로 바꾸어 주는 장치

[해설]
정류기는 교류를 직류로 바꾸어 주는 기능을 하며 정류기와 ·축전기는 같은 회로에 장치되어 있다.

97 교류 전력에서 직류 전력을 얻기 위해 사용하는 장치는?

① 변압기 ② 정류기
③ 가변저항기 ④ 분압기

[해설]
- 변압기 : 교류의 전압이나 전류의 값을 변화시키는 장치
- 가변저항기 : 저항의 값을 바꿔줄 수 있는 저항기
- 분압기 : 전압의 크기를 분할하여 적당하게 분리해 내는 장치

98 전기 에너지를 저장할 수 있는 장치는?

① 정류기 ② 축전기
③ 변압기 ④ 분압기

[해설]
축전기는 평상시에 전기를 저장했다가 필요할 때 사용할 수 있게 하며 파장의 형태를 부드럽게 만든다.

정답 91. ② 92. ① 93. ④ 94. ① 95. ② 96. ① 97. ② 98. ②

99 다음 피부미용기기의 사용 목적이 아닌 것은?

① 신진대사 촉진 ② 피부유형 판단
③ 얼굴 염증 치료 ④ 영양 공급

[해설]
피부미용기기로 세정 작용 및 살균 작용을 한다.

100 스파테라피기의 설명으로 옳지 않은 것은?

① 식후 30분 이후 관리를 한다.
② 관리하는 동안 고객이 혼자 휴식하도록 방해하지 않는다.
③ 물의 온도는 35~40도가 적당하다.
④ 혈액순환과 신진대사를 증진시킨다.

[해설]
고객을 혼자 두지 말고 함께 있으면서 주시한다.

101 다음 중 엔더몰로지의 효과로 부적합 것은?

① 상처치료 ② 혈액순환 촉진
③ 비만관리 ④ 셀룰라이트 제거

[해설]
엔더몰로지는 이외 혈액순환 촉진, 비만관리, 슬림라인 개선의 효과가 있다.

102 광선을 이용한 기기가 아닌 것은?

① 우드 램프 ② 확대경
③ 살균소독기 ④ 컬러 테라피

[해설]
우드 램프와 살균소독기는 자외선을 이용한 기기이고, 컬러 테라피는 가시광선을 이용한 기기이다. 확대경은 형광 램프가 부착되어 있다.

103 진공 흡입기의 사용 방법 중 맞지 않는 것은?

① 관리 전 컵의 손상 여부를 반드시 확인한다.
② 컵 안으로 50% 정도만 피부가 흡입하도록 해야 한다.
③ 농포(膿疱)관리 시에 반드시 컵을 소독한다.
④ 멍든 부위는 관리하지 않는다.

[해설]
컵 안으로 20% 이상 피부를 흡입하지 않는 것이 좋다.

104 스킨 스크러버에 대한 설명으로 옳지 않은 것은?

① 모공 속의 피지와 불순물을 제거한다.
② 피부 재생과 주름살을 관리하는 리프팅 효과가 있다.
③ 시술 시 얼굴에 오일을 바른 후 관리한다.
④ 눈가는 사용을 피한다.

[해설]
시술 부위에 물이나 화장수를 바른다.

105 지성 피부의 면포 관리 목적으로 사용하기 가장 적합한 기기는?

① 석션기 ② 전동 브러시
③ 고주파 간접법 ④ 이온토포레시스

[해설]
석션기는 혈액순환, 림프순환, 노폐물 배출, 신진대사 증가, 면포 추출의 목적으로 사용한다.

106 전류가 전극을 통과해 스파킹을 일으켜서 염증을 완화시켜 여드름과 지성 피부에 효과적인 기기는?

① 저주파기 ② 중주파기
③ 고주파기 ④ 초음파기

[해설]
고주파의 직접 전류 방식으로 유리전극봉을 피부에 마찰시켜 전류가 전극을 통과해 피부에 스파킹을 일으켜서 살균 효과가 있다.

107 다음 중 피부관리에 사용할 수 있는 광선은?

① 가시광선과 x-ray
② 적외선과 자외선
③ 자외선과 x-ray
④ 자외선과 레이저광선

[해설]
피부관리 기기에는 적외선, 자외선, 가시광선을 주로 사용된다.

정답 99. ③ 100. ② 101. ① 102. ② 103. ② 104. ③ 105. ① 106. ③ 107. ②

108 다음 중 전신 관리에 사용하는 기기가 아닌 것은?

① 초음파기　② 진공 흡입기
③ 고주파기　④ 전동 브러시

[해설]
전동 브러시(프리마톨)는 얼굴 클렌징 및 딥 클렌징 과정에 사용되는 기기이다.

109 원자에 대한 설명으로 바른것은?

① 원자는 양성자와 음성자로 이루어져 있다.
② 더 이상 쪼개지지 않는 가장 작은 입자이다.
③ 전자는 양성자를 의미한다.
④ (+)전하량과 (−)전하량은 다르다

[해설]
원자는 물질을 이루는 가장 작은 단위이다.

110 다음 중 전하에 대하여 설명한 것이 아닌 것은?

① 같은 전하는 밀어내고, 서로 다른 전하는 끌어당긴다.
② 원자핵은 양전하, 전자는 음전하를 가지고 있다.
③ 전하는 양극에서 음극으로 이동한다.
④ 전하는 물질을 구성하고 있는 입자가 띠고 있는 전기이다.

[해설]
전류는 양극에서 음극으로 이동한다. 전자는 음극에서 양극으로 이동한다.

111 원자가 전자를 얻으면 어떤 상태가 되는가?

① 중이온　② 양이온
③ 음이온　④ 이온

[해설]
전자가 많아지면 음이온을 띤다.

112 전류의 흐름을 방해하는 성질을 무엇이라고 하는가?

① 전압　② 전류
③ 전하량　④ 저항

[해설]
전류의 흐름을 방해하는 성질을 저항이라고 한다.

113 다음 중 설명이 틀린 것은?

① 전자는 음극(−)에서 양극(+)으로 이동한다.
② 전류는 양극(+)에서 음극(−)으로 흐른다.
③ (−)이온과 (−)이온은 서로 끌어당긴다.
④ 음(−)이온은 전자를 유입하여 음(−)전하를 띤다.

[해설]
(−)이온과 (−)이온은 서로 밀어낸다.

114 직류에 대한 설명으로 틀린 것은?

① 극성과 크기가 일정하다.
② 변압기에 의해 조절이 불가능하다.
③ 측정이 쉽다.
④ 증폭이 쉽다.

[해설]
교류전기는 증폭이 쉽다.

115 (+)극에 대한 설명 중 옳지 않은 것은?

① 알칼리에 반응한다.
② 조직을 강화한다.
③ 모세혈관확장 피부에는 사용을 피한다.
④ 모공을 닫고 수렴 효과가 있다.

[해설]
(−)극은 알칼리에 반응하며 피부를 유연화하고 모공을 확장한다.

116 정지해 있는 전기로써 물질을 마찰하는 힘에 의해 생기는 전기는?

① 정전기　② 동전기
③ 전압　④ 전력

[해설]
정전기는 정지해 있는 전기이다.

117 다음 중 Hz에 대한 설명으로 옳은 것은?

① 1초 간에 움직이는 전기의 진동 횟수이다.
② 전압의 단위이다.
③ 전자의 이동 경로이다.
④ 전류가 과하게 흐르는 것을 방지한다.

[해설]
1초 동안 움직이는 전기의 진동 횟수이다.

정답 108. ④ 109. ② 110. ③ 111. ③ 112. ④ 113. ③ 114. ④ 115. ① 116. ① 117. ①

118 감응 전류에 포함되지 않는 것은?

① 저주파 ② 중주파
③ 이온토포레시스 ④ 고주파

[해설]
이온토포레시스는 직류 전기이다.

119 얼굴에 기미를 생성하며 광노화의 주범이기도 한 이 광선은?

① UV-A ② UV-B
③ UV-C ④ 적외선

[해설]
UV-A는 색소 침착을 일으키며 엘라스틴과 콜라겐을 파괴시킨다.

120 진공 압력을 이용해서 혈액과 림프 순환을 시키고 셀루라이트(cellulite) 분해에 효과적인 이 기기는?

① 초음파기
② 적외선 램프
③ 진공 흡입기
④ 진동 브러시

[해설]
진공 흡입기는 진공의 압력을 이용한다.

121 다음 중 광선을 이용한 기기가 아닌 것은?

① 살균소독기 ② 프리마톨
③ 우드 램프 ④ 썬탠기

[해설]
살균소독기, 우드 램프, 썬탠기는 자외선을 이용하는 기기이다.

122 고주파기에 대한 설명으로 틀린 것은?

① 심부열을 발생시켜 혈액 순환을 촉진한다.
② 근육과 신경을 자극하고 피부에 탄력을 준다.
③ 통증을 완화한다.
④ 스파킹에 의한 살균작용을 한다.

[해설]
근육과 신경을 자극하고 피부에 탄력을 주는 것은 저주파이다.

123 갈바닉 기기의 특징에 대한 설명으로 틀린 것은?

① 이온토포레시스 시술 시 (-)극 시술 후 (+)사술한다.
② 디스인크러스테이션은 노폐물을 배출하는 과정이다.
③ 임산부, 모세혈관확장증, 인공심박기착용자에게는 사용이 부적합하다.
④ 이온토포레시스 시술시 두 대의 극봉을 모두 시술자가 잡는다.

[해설]
고객과 시술자가 극봉을 하나씩 잡는다.

124 다음 중 자외선을 이용해 피부를 분석하는 기기는?

① 적외선 기기
② 자외선 기기
③ 우드 램프
④ 컬러테라피 기기

[해설]
우드 램프는 자외선을 이용하여 피부를 분석하는 기기이다.

125 피부를 태울 때 이용되는 광선은?

① 적외선 ② UVA ③ UVB ④ 가시광선

126 피부관리에서 적외선을 이용하면 효과적인 관리 단계는?

① 딥 클렌징 ② 보습 팩 관리
③ pH의 정상화 ④ 매뉴얼 테크닉

127 전류 중 음극에 대한 설명으로 맞는 것은?

① 피부조직 강화 ② 진정 작용
③ 혈관과 한선 확장 ④ 산성 반응

[해설]
음극은 알칼리성 물질의 침투로 피부가 유연해지고 모공과 혈관 및 한선이 확장된다.

정답 118. ③ 119. ① 120. ③ 121. ② 122. ② 123. ④ 124. ③ 125. ② 126. ② 127. ③

128 이온영동법과 거리가 먼 것은?

① 오일 앰플 상태가 최상으로 흡수된다.
② 관리 사용 전극은 젖은 솜으로 감싸 준다.
③ 전극봉이 피부에서 떨어지지 않도록 주의한다.
④ 알칼리성 제품은 음극으로 침투시킨다.

[해설]
오일 상태의 앰플은 전도되지 않는다.

129 다음 중 피부분석 진단 기기가 아닌 것은?

① 확대경
② 스킨 스코프
③ PH측정기
④ 적외선 램프

[해설]
적외선 램프는 온열 기기이다.

130 피부미용기기 사용시 주의해야 할 사항으로 옳지않는 것은?

① 관리 전에 기기의 작동여부를 체크한다.
② 관리하기 전 고객이 이해할 수 있도록 효능, 효과 등에 대해서 설명해준다.
③ 기기를 켜거나 끌 때 고객이 불편함을 느끼지 않도록 전류의 강도나 세기를 서서히 올리고 내린다.
④ 기기관리 시에 고객이 받을 수 있는 불편함이나 불쾌감을 미리 설명해주지 않아도 무방하다.

[해설]
불편함과 불쾌감을 느낄 수 있는 기기의 경우 관리 전에 고객에게 느낌을 설명해주어 고객이 놀라지 않게 해야 한다.

131 피부 분석 시 육안으로 보기 힘든 피지, 민감도, 색소 침착, 모공의 크기, 트러블 등을 세밀하고 정확하게 색상으로 분별할 수 있는 기기는?

① 스티머
② 진공흡입기
③ 우드램프
④ 스프레이

132 피부 분석을 위한 우드 램프 진단 시 바르게 짝지어진 것은?

① 정상 피부 – 보라색
② 모세혈관확장 피부 – 분홍색
③ 각질 피부 – 흰색
④ 여드름 피부 – 갈색

[해설]
정상 피부 – 청백색/모세혈관확장증 – 진보라/여드름 – 주황색이다.

133 우드램프 사용 시 각질을 나타내는 색깔은?

① 푸른색 ② 보라색
③ 흰색 ④ 암갈색

134 우드램프 사용 시 지성부위의 코메도(comedo)는 어떤 색으로 보이는가?

① 흰색
② 암갈색
③ 노랑 또는 오렌지
④ 자주색

135 우드 램프에 관한 설명으로 틀린 것은?

① 대상에서 5~6cm 정도 떨어진 상태로 측정한다.
② 밝은 상태에서 측정해야 정확하다.
③ 클렌징 후 사용하여야 한다
④ 아이 패드를 반드시 사용한다

[해설]
우드 램프는 조명을 어둡게 하고 실시하여야 한다.

136 스스로 피부를 진단할 수 있는 기기는?

① 확대경
② 스킨 스코프
③ 우드 램프
④ 유수분 측정기

[해설]
스킨 스코프는 관리사와 고객이 동시에 분석할 수 있다.

정답 128. ① 129. ④ 130. ④ 131. ③ 132. ③ 133. ③ 134. ③ 135. ② 136. ②

137 수분측정기의 설명으로 옳지 않은 것은?

① 세안 후 바로 측정한다.
② 직사광선 아래서의 측정은 피한다.
③ 운동 후에는 휴식을 취한 후 측정한다.
④ 습도는 40~60%가 이상적이다.

[해설]
알코올 성분이 없는 세안제로 세안 후 2시간 후에 측정한다.

138 육안으로 보기 어려운 피지, 민감도, 모공의 크기, 트러블, 색소 침착 상태를 확대 렌즈를 이용해 진단하는 기기는 무엇인가?

① 확대경
② 우드 램프
③ 컬러 테라피
④ 적외선 램프

[해설]
확대경은 5~10배율로 자세히 관찰할 수 있다.

139 스티머에 대한 설명으로 틀린 것은?

① 따뜻한 증기로 노폐물을 배출하고 혈액 순환을 촉진한다.
② 고객이 도착하기 전에 미리 가열한다.
③ 오존을 조사할 때는 크림을 발라서 효과를 극대화한다.
④ 피부 상태에 따라 거리와 적용시간을 조절해야 한다.

[해설]
오존 조사 시에 아무것도 바르지 않은 상태로 실시한다.

140 전동 브러시의 효과 중 틀린 것은?

① 수분 흡수 효과
② 각질 제거효과
③ 메뉴얼 테크닉 효과
④ 클렌징 효과

[해설]
전동 브러시는 솔을 이용하여 각질을 제거하는 기기이다.

141 프리마톨을 가장 잘 설명한 것은?

① 유리관을 이용하여 모공의 피지와 불필요한 각질을 제거하기 위해 사용하는 기기이다.
② 모공의 피지와 불필요한 브러쉬의 회전을 이용하여 각질을 제거하기 위해 사용하는 기기이다.
③ 스프레이를 이용하여 모공의 피지와 불필요한 각질을 제거하기 위해 사용하는 기기이다.
④ 우드램프를 이용하여 피부를 정확하게 분석하기 위해 사용하는 기기이다.

142 프리마톨 사용 시 사용 방법이 맞는 것은?

① 마른 상태의 솔을 사용한다.
② 깊은 곳의 노폐물을 제거하기 위해 힘껏 누르고 사용한다.
③ 사용 후에는 강한 세제를 사용하여 세척하고 소독한다.
④ 솔은 피부에 직각이 되도록 한다.

[해설]
브러시는 피부에 직각이 되도록 한다.

143 루카스(분무기) 기기에 대한 설명으로 틀린 것은?

① 용액이 눈에 들어가지 않도록 아이 패드를 한다.
② 오일을 사용하면 피부보호막 형성에 도움을 준다.
③ 수분 공급을 목적으로 한다.
④ 고객과 20~30cm 거리를 두고 분사한다.

[해설]
루카스에는 산성수를 투입한다.

144 스프레이 분무기 특징이 아닌 것은?

① 청량감을 공급한다.
② 피부 상처가 있는 사람에게 재생 효과가 있다.
③ 아이 패드를 하고 분사한다.
④ 피부 보호막을 생성촉진한다.

[해설]
피부 질환, 화농 부위, 피부 상처, 정맥류가 있는 사람에게는 부적합하다.

정답 137. ① 138. ① 139. ③ 140. ① 141. ② 142. ④ 143. ② 144. ②

145 진공 흡입기에 대한 설명이 적당한 것은?

① 바디에만 적용한다.
② 관리 시에는 아무것도 바르지 않는다.
③ 30% 이상 흡입할 수 있는 힘을 줘야 한다.
④ 경직된 근육을 완화하고 셀룰라이트를 분해한다.

[해설]
진공 흡입기는 경직된 근육을 완화하고 셀룰라이트를 분해한다.

146 팩이 마르는 것을 도와 주고 영양분 침투에 효과적인 기기는?

① 베퍼라이저
② 우드 램프
③ 적외선 램프
④ 컬러 테라피 기기

[해설]
적외선 램프는 온열효과가 있다.

147 초음파에 대한 설명으로 틀린 것은?

① 유성성분의 오일로 관리한다.
② 살균·소독 효과가 있다.
③ 15분이 넘지 않도록 관리한다.
④ 얼굴 축소 및 마사지 효과가 있다.

[해설]
초음파는 수분 젤을 사용하여 관리한다.

148 고주파 기기 사용시 주의사항으로 옳은 것은?

① 고주파의 간접법은 두 개의 극봉을 모두 관리사가 잡는다.
② 시술 시간은 30분을 넘기는 것이 효과적이다.
③ 알코올 성분이 있는 토너를 사용하여 살균 효과를 준다.
④ 피부 표면에 전극봉을 대고 스위치를 켠다.

[해설]
고주파기기는 피부 표면에 전극봉을 대고 스위치를 켠다.

149 다음 중 목적이 다른 하나는?

① 우드 램프 ② 확대경
③ 유·수분 측정기 ④ 리프팅기

[해설]
리프팅기는 탄력을 주는 기기이고 우드 램프와 확대경 및 유·수분 측정기는 피부를 분석하는 기기이다.

150 고주파의 효과 중 직접법에 해당하지 않는 것은?

① 스파킹 효과
② 온열 효과
③ 살균, 소독
④ 여드름의 진물 말리기

[해설]
온열 효과는 고주파의 간접법에 대한 설명이다.

151 근육에 이미 전류가 침투한 상태에서 적용하므로 전기저항이 낮아 느낌이 부드러운 주파기기에 대한 설명이 옳은 것은?

① 저주파 ② 고주파
③ 초음파 ④ 간섭파장의 중주파

[해설]
중주파를 간섭시킨 파장은 전기저항이 낮으므로 부드럽다.

152 다음 중 진공 흡입기의 효과가 아닌 것은?

① 부종 완화
② 피지 제거
③ 영양물질 흡수
④ 근육통 완화

[해설]
진공 흡입기는 영양 물질을 흡수시키지 않는다.

153 갈바닉 기기의 양극 효과가 아닌 것은?

① 혈관 수축 ② 모공세정 효과
③ 진정 효과 ④ 산성 반응

[해설]
모공 세정은 알칼리 반응에 의해 발생하는 효과이다.

정답 145. ④ 146. ③ 147. ① 148. ④ 149. ④ 150. ② 151. ④ 152. ③ 153. ②

154 갈바닉 전류의 음극에서 생성되는 알카리를 이용하여 모공을 열어주어 노폐물을 제거하는 방법은?

① 이온토포레시스
② 리프팅트리트먼트
③ 디스인크러스테이션
④ 고주파트리트먼트

155 다음 중 영양침투 기기가 아닌 것은?

① 바이브레이터　② 이온토포레시스
③ 고주파　④ 초음파

[해설]
바이브레이터는 근육의 긴장과 통증을 완화하고 순환시키는 기기이다.

156 다음 중 분무기(sprsy) 적용 방법이 아닌 것은?

① 스프레이 분사 후 피부를 가볍게 두드려 흡수시킨다.
② 고객에게 눈을 감게 하거나 아이패드를 해준 뒤에 직각으로 용기를 세워서 잡고 사용한다.
③ 관리가 끝난 후 공기방울의 발생방지를 위해 용기에 튜브를 그대로 둔다.
④ 튜브의 구멍이 막히지 않아야 분무가 잘되기 때문에 사용 후 세척한 다음 건조시켜 보관한다.

[해설]
관리가 끝난 후 공기방울의 발생방지를 위해 용기에서 튜브를 빼놓아야 한다

157 다음 중 열을 발생하는 기기가 아닌 것은?

① 고주파　② 적외선
③ 저주파기　④ 파라핀기

[해설]
저주파기는 1~1,000Hz의 주파수를 이용해 근육이나 신경을 자극하는 기기이다.

158 다음 중 안면관리 기기가 아닌 것은?

① 리프팅기　② 진공 흡입기
③ 전동 브러시　④ 바이브레이터기

[해설]
바이브레이터기는 바디전용 기기이다.

159 갈바닉 기기의 디스인크러스테이션 효과인 것은?

① 유효성분 흡수를 돕는다.
② 피부의 피지와 노폐물의 배출이 촉진된다.
③ (+)극은 알칼리 제품을 사용한다.
④ 비타민 성분을 침투하면 효과가 좋다.

[해설]
디스인크러스테이션은 노폐물 배출을 촉진한다.

160 갈바닉 전류를 이용하여 디스인크러스테이션을 할 때 활성전극과 비활성전극이 올바르게 연결된 것은?

① 양극– 활성 전극, 음극–비활성 전극
② 음극– 활성 전극, 양극–비활성 전극
③ 음극과 양극 모두 비활성 전극
④ 음극과 양극 모두 활성 전극

[해설]
직류 전류인 갈바닉기로 디스인크러스테이션의 세정작용을 하는 경우 관리사가 잡고있는 핀셋 전극이 음극이며 활성 전극에 해당한다.

161 갈바닉 기기 사용시 주의 사항에 대해 틀린 것은?

① 인체내에 금속류 착용자는 시술을 제한한다.
② 관리사용 전국봉에는 젖은 솜을 감아 주고 고객의 전극봉에는 젖은 해면은 대준다.
③ 전극봉을 얼굴에 댄 상태에서 전원를 켠다.
④ 다른 부위로 전극봉을 옮길 경우, 얼굴에서 뗀 후에 옮긴다.

[해설]
전극봉을 옮길때는 전극봉이 떨어지지않도록 주의한다.

162 컬러 테라피의 색깔 중 혈액 순환 증진, 세포재생, 셀룰라이트 개선에 효과가 있는 색상은?

① 노랑　② 파랑
③ 빨강　④ 보라

[해설]
빨강은 혈액 순환 증진, 세포재생, 셀룰라이드 개선에 효과가 있다.

정답 154. ③ 155. ① 156. ③ 157. ③ 158. ④ 159. ② 160. ② 161. ④ 162. ③

163 컬러테라피기의 비적용증으로 부적합한 것은?

① 광 알레르기 피부　② 신경예민자
③ 심장질환자　④ 피부염, 습진자

[해설]
컬러테라피기 비적용증은 ①, ②, ④ 이외 급성질환, 심부종양, 심장질환자, 임산부, 방사선 치료자 등

164 컬러테라피기의 컬러와 효능이 서로 다른 것은?

① 빨강 – 혈액순환증진
② 노랑 – 소화기능 강화
③ 초록 – 소화기능 활성화
④ 보라 – 면역성 강화

[해설]
녹색은 정화와 활력재생으로 신경안정 및 신체평형유지에 효과가 있다.

165 피부보다 분자량이 커서 흡수하지 못하는 유효물질을 이온화시켜 피부 속에 침투시키는 관리 방법은?

① 디스인크러스테이션　② 필링
③ 리프팅 관리　④ 이온토포레시스

[해설]
이온토포레시스는 유효 물질을 침투시키는 관리이다.

166 1초에 2000번씩 세포를 흔들어 신진대사를 활발하게 하고 적외선보다 깊은 층까지 자극을 주는 이 기기는?

① 원적외선　② 가시광선
③ 자외선　④ 적외선

[해설]
원적외선은 적외선보다 깊은 층까지 도달하며 혈액 순환과 신진대사의 활동을 도와 준다.

167 적외선이 신체에 미치는 영향이 아닌 것은?

① 근육통 완화　② 모공수축 작용
③ 혈액 순환 증가　④ 신진대사 활발

[해설]
적외선은 온열 효과로 모공을 확장한다.

168 창문 안으로 들어오지 않으며 일광 화상을 일으키고 피부 손상을 일으키는 이 광선은?

① UV–A　② UV–B
③ UV–C　④ 자외선

[해설]
UV–B는 중파장의 광선이며 홍반과 염증을 일으킨다.

169 건성 피부에 사용하기 적절하지 않은 기기는?

① 루카스 분무기
② 초음파
③ 고주파의 직접법
④ 이온토포레시스

[해설]
고주파의 직접법은 여드름 피부에 효과적이다.

170 지성 피부에 적용되는 작업 방법 중 적절하지 않는 것은?

① 이온 영동 기기의 양극봉으로 디스인크러스테이션을 해준다.
② 자켓법을 이용한 관리는 디스인크러스테이션 후에 시행한다.
③ T–존(T–zone) 부위의 노폐물 등을 안면 진공 흡입기로 제거한다.
④ 지성 피부의 상태를 호전시키기 위해 고주파기의 직접법을 적용시킨다.

[해설]
디스인크러스테이션은 이온 영동기의 음극봉을 활성전극으로 이용한다.

171 모세혈관 확장피부의 안면관리로 적당한 것은?

① 스티머(steamer)는 분무거리를 가까이 한다.
② 왁스나 전기마스크를 사용하지 않도록 한다.
③ 혈관확장 부위는 안면진공흡입기를 사용한다.
④ 혈관확장 부위에 엔더몰로지를 사용한다.

[해설]
엔더몰로지는 피부가 흡입되어 관리하므로 민감한 피부나 모세혈관 피부에는 적용하지 않는다.

정답 163. ② 164. ③ 165. ④ 166. ① 167. ② 168. ② 169. ③ 170. ① 171. ②

> 성공은 스스로 성공할 수 있다고 생각하는 사람에게만
> 찾아오며 실패는 스스로 실패할 수밖에 없다고
> 생각하는 사람에게만 찾아온다.
>
> **나폴레온 힐**

제5과목 화장품학

권혜영

Chapter

제1장 화장품학 개론

Check Point

이 장에서는 화장품의 정의와 목적을 이해하고 화장품의 4대 요건을 숙지합니다. **1~2문제 출제**됩니다.

1. 화장품 정의

1. 화장품의 목적

① 과거 화장의 목적은 외부의 온도나 햇빛과 같은 자연으로부터 자신의 신체를 보호하기 위해 기름을 바르거나 흙 또는 식물을 혼합하여 발랐다. 종교적인 분향(향나무 등을 가열하여 향을 발하는 것)을 했는데, 이와 같은 목적은 연기를 쏘임으로써 재난을 막고 더러움을 씻는다는 의미가 있었다.

② 현대에는 신체 청결이나 미화를 위해 기초 화장을 통한 피부나 모발 보호 개념의 목적과 심리적·본능적으로 메이크업을 통해 매력적이고 개성적인 표현으로 타인에게 좋은 인상을 주기 위한 목적이 있다고 할 수 있다.

2. 화장의 역사

1. 서양

화장품은 인류가 집단생활을 시작하면서부터 실시한 것으로 전해지며 화장품이 언제부터 사용되었는 지에 대한 정확한 기록은 없다.

① **원시 시대** : 피부에 색을 바르거나 전신에 색칠을 했다. 이는 자신을 보호하기 위해 외부의 공격으로부터 위장·은폐·보호를 위한 수단이었으며, 계급이나 신분·종족·남녀를 구별하기 위한 것이었다.

② **고대 이집트** : 눈가에 안료를 사용하여 눈을 강조한 화장을 했으며 '콜(Kohl)'이라는 것을 발랐다. 눈썹과 속눈썹을 검게 칠했고, 눈꺼풀은 녹색을 칠했다. 또한, 올리브유나 꽃가루를 혼합하여 화장에 사용했고, 목욕 후에는 향기있는 식물의 오일을 발라서 피부를 윤기있고 촉촉하게 가꾸었다. 이와 같은 고대 화장은 로마 시대 전성기를 이루어 귀족층 여성이 중심이 되어 널리 유행했으나 로마가 멸망한 후 중세 시대에는 기독교의 영향으로 여성들이 목욕을 하거나 화장하는 행위를 죄악시하는 사회적 풍조로 말미암아 화장 문화는 크게 발달하지 못했다.

③ **그리스·로마 시대** : 2000~3000명을 수용하는 대형 목욕탕이 운영되는 등 목욕 문화가 성행하였으며, 연백 등의 사용과 백색 미인이 선호되었다.

④ **르네상스 시대** : 14세기 말엽부터 16세기 초까지는 현재의 화장수와 유사한 알코올 증류법을 활용한 화장품이 개발되었다. 르네상스 이후에는 화장 문화가 발달되어 화장품의 형태도 갖추게 되었으며, 위생과 청결의 개념으로 향수 사용이 생활화되었고 유럽 각국에 크게 영향을 주었다.

⑤ **19세기 이후** : 이 시기 화장품 사용이 일반화되었다. 제2차 세계대전 후 산업이 발전하면서 신기술 화장품과 원료가 개발되었으며, 현대에 접어들면서 기능성과 다양화를 추구하여 젊고 건강한 피부를 유지하는 제품이 개발되어 일상생활의 필수품으로 자리 잡았다.

2. 우리나라 화장품의 역사

우리나라에서 언제부터 화장품이 사용되었는 지에 대한 정확한 기록은 없으나, 고대 유적에서 발견된 청동 거울과 장신구에서 화장의 흔적을 엿볼 수 있다. 5~6세기경의 고분 벽화를 통해 그 당시 연지 화장이 보편화되어 있었음을 알 수 있다.

① **고구려** : 중국에서 성행하던 연지가 고구려에 들어왔으며 고구려의 승려가 일본에 홍화를 전해 주기도 했다. 수산리 벽화에 나타난 귀부인과 시녀들은 눈썹을 그렸고, 연지와 곤지 화장을 했다.

② **백제** : 고구려나 신라에 비해서 화장 용구나 제조 기술 등이 전해진 사실이 거의 없으며, 고구려나 신라인에 비해서 흐리고 은은한 화장을 한 것으로 전해진다(시분무주 始紛無朱).

③ **신라 시대** : 주름 및 얼굴의 결점을 감추기 위해 백분이 널리 사용되었는데, 당시의 백분은 "쌀(米)"로 만든 "가루(分)"였다. 홍화(잇꽃)와 돼지기름 등을 혼합하여 만든 연지는 신라 시대에 크게 대중화되었으며, 건강하고 젊게 보이도록 입술과 볼에 연지를 발랐다.

④ **고려 시대** : 고려 시대에는 연지는 사용하지 않았고, 가는 눈썹을 그렸으며 향이 나는 향낭 주머니를 차고 다녔다.

⑤ **조선 시대** : 궁중 요법과 민간요법으로 화장법이 전래되었다. 상류층과 기생들을 중심으로 향낭(향 주머니)이 널리 사용되었으며, 백분·연지·화장수 등이 사용되었다.

⑥ **근대~현대**

- 1916년에는 박가분이라는 우리나라 최초의 근대적 화장품이 상품명으로 등장하여 1922년 정식으로 제조 허가(관허 제1호)를 받았다. 당시 많은 인기가 있었으나, 후에 부착성을 높이기 위한 납의 첨가로 피부에 치명적인 독성이 있다는 것이 밝혀지면서 인기가 시들해졌다.
- 1930년대 이후에는 박가분에 들어간 납을 사용하지 않은 새로운 화장품인 서울분과 서가분이라는 상품명의 백분이 나왔으나 크게 인기는 없었다.
- 현대에 접어들면서 다각도의 연구 개발 및 기능성 화장품을 추구하게 되고, 2000년 7월에 화장품법이 시행되어 많은 발전을 거듭하고 있다.

3. 화장품의 정의

화장품법 제2조제1항의 내용을 보면 "화장품이라고 함은 인체를 청결 미화하여 매력을 더하고 용모를 밝게 변화시키거나 피부, 모발의 건강을 유지 또는 증진하기 위하여 인체에 사용되는 물품으로써 인체에 대한 작용이 경미한 것"이라고 정의하고 있다.

4. 기능성 화장품

① 피부 미백에 도움을 주는 제품(**미백제품**)

② 피부 주름 개선에 도움을 주는 제품(**주름개선제품**)

③ 자외선으로부터 피부를 곱게 태워주거나 자외선을 차단하여 피부를 보호하는 데 도움을 주는 기능성 화장품(**자외선 차단 제품**)

④ 모발을 탈염·탈색하여 색상을 변화시키는 기능의 화장품, 다만 일시적 색상 변화를 시키는 제품을 제외한 화장품(**모발의 색상 변화, 제거에 도움을 주는 탈염·탈색제**)

⑤ 인체의 체모를 제거하는 화장품, 다만 물리적으로 체모를 제거하는 제품(제모왁스, 왁스트립)을 제외한 화장품(**제모제**)

⑥ 탈모 증상을 완화시키는 제품, 다만 코팅 등으로 모발의 두께를 물리적으로 굵게 보이는 제품을 제외한 화장품(**탈모예방제**)

⑦ 여드름 증상을 완화시키는 화장품, 다만 인체 세정용 화장품(**여드름욕용제**)으로 한정

⑧ 아토피 증상을 완화시키는 화장품 중에 건조증에 도움을 주는 화장품(**보습 크림**)

⑨ 피부의 튼살에 나타나는 붉은 선을 연해지게 하는 데 도움을 주는 화장품(**튼살 크림**)

5. 화장품, 의약품, 의약외품의 차이점

구분	화장품	의약품	의약외품
대상	정상인	환자	정상인
목적	청결, 미화	질병 치료 및 진단	미화, 위생
효과	제한	무제한	효능, 효과 범위 일정
기간	지속적, 장기간	일정 기간	장기간 또는 단속적
범위	전신	특정 부위	특정 부위
부작용	없어야 함	어느 정도 무방	없어야 함

Check Point

화장품의 정의

인체를 청결·미화·매력을 더하고, 용모를 밝게 변화시키며, 피부·모발의 건강 유지·증진을 위해 사용하는 인체에 대한 작용이 경미한 것

2. 화장품의 요건

1. 화장품의 분류

화장품은 사용 목적·사용 부위·기능성 화장품의 용도별 분류·사용 목적에 따른 분류 또는 제품의 구성 성분 및 형상 등에 의해 다양하게 분류되는데, 크게 기초 화장품·메이크업 화장품·모발 화장품·바디용 화장품·방향 화장품 등으로 분류된다. 그 밖에도 어린이 용품, 목욕 용품, 눈화장 용품, 방향 용품, 두발 용품, 염모 용품, 메이크업 용품, 매니큐어 용품, 면도 용품, 기초 화장 용품, 기능성 제품 등으로 분류되기도 한다.

1. 법적인 분류

어린이 용품, 목욕 용품, 눈화장 용품, 방향 용품, 두발 용품, 매니큐어 용품, 면도 용품, 기초 화장 용품, 기능성 제품, 메이크업 용품, 염모 용품

2. 사용 목적에 따른 분류

분류	사용 목적	주요 제품
기초 화장품	세안	클렌징 로션, 클렌징 폼, 포인트 메이크업 리무버
	정돈	화장수, 로션, 크림
	보호	크림, 팩, 에센스
메이크업 화장품	베이스 메이크업	파운데이션, 페이스 파우더, 메이크업 베이스
	포인트 메이크업	립스틱, 아이섀도, 아이라이너, 마스카라, 볼연지
바디 케어 화장품	목욕용	비누, 입욕제
	자외선 차단, 신체 보습	바디로션, 바디크림, 핸드크림, 풋크림, 자외선 차단제
	제한, 방취	데오도란트
	제모, 탈색	제모, 탈색 크림
	방충	방충 로션, 스프레이
모발 화장품	세정	샴푸
	트리트먼트, 컨디셔닝	헤어 트리트먼트, 헤어 린스
	정발	헤어 무스, 스프레이, 젤, 포마드, 헤어 왁스
	퍼머넌트 웨이브	퍼머넌트 웨이브 로션
	염색, 탈색	염모제, 헤어 블리치, 탈색제
	육모, 양모	육모제, 헤어 토닉
방향 화장품	방향	퍼퓸, 오데 코롱

3. 사용 부위에 따른 분류

안면용 제품, 전신용 제품, 헤어용 제품, 네일용 제품으로 나눌 수 있다.

4. 기능성 화장품의 용도별 분류

미백용 제품, 주름 개선용 제품, 피부를 곱게 태워주거나 자외선으로부터 피부를 보호하는 제품으로 기능성 기초 제품, 기능성 메이크업 제품, 기능성 모발 화장품으로 나뉜다.

2. 화장품의 품질 특성(화장품의 4대 품질 요건)

1. 안전성

모든 사람들을 대상으로 장시간 지속적으로 사용하는 물품이므로, 피부 자극·독성·알레르기 등 인체에 대한 부작용과 경구 독성, 감작성, 이물 혼입, 파손 등의 안전에 지장이 없어야 한다.

2. 안정성

화장품의 변색나 변취, 발한 등 사용 기간 중에 변질되거나 분리되는 일이 없어야 하고, 미생물의 오염 등의 변성이 없어야 한다.

3. 사용성

사용감이 우수하고 용기나 기타 부분에서도 편리해야 하며, 퍼짐성이 좋고 피부에 쉽게 흡수되어야 한다.

4. 유효성

목적에 따라 적합한 기능을 충족시킬 수 있는 원료 및 제형을 사용하여 목적하는 효과를 나타내야 한다(주름 개선, 미백, 자외선 차단, 양모[탈모 방지], 보습, 여드름 완화, 피지 조절, 노화지연, 청결, 색채효과 등).

화장품의 세부 품질 요소(구비요건)

안전성	경구 독성, 감작성, 이물 혼입, 파손 등의 안전에 지장이 없어야 한다.
안정성	분리, 변질, 변색, 발한, 변취, 미생물 오염 등의 변성이 없어야 한다.
사용성	용기에 따른 사용 편리성(무게, 크기, 형태), 향, 색상, 디자인에 따른 기호성, 내용물의 피부 친화성 및 만족스러운 사용성 등이 충족해야 한다.
유효성 (유용성)	사용 목적에 따른 피부 개선(주름 개선, 미백, 자외선 차단, 양모(탈모 방지), 보습, 여드름 완화, 피지 조절 등 유효성이 충족되어야 한다.

제2장 화장품의 원료 및 성분

Check Point

이 장에서는 화장품의 원료 및 성분을 이해하고 계면활성제의 종류와 기능을 숙지합니다. **1~2문제 출제**됩니다.

1. 화장품의 원료 및 작용

1. 화장품의 원료 및 성분의 구비 요건

① 안전성이 우수해야 한다.
② 산화 안정성 등 안정성이 우수해야 한다.
③ 강한 냄새가 적고 품질이 일정해야 한다.
④ 사용 목적에 따른 적합한 기능이 우수해야 한다.

2. 화장품의 원료 및 주요 성분

① 화장품 원료는 향·색소 이외에도 2,500여 종이 있으며, 그 중 피부 보호 작용에 이용되는 유지·왁스·합성 오일(유도체)이 차지하는 비율이 매우 높다.
② 화장품에는 유지나 왁스 등의 지용성 성분 이외에도 보습제나 고분자 화합물 등의 수용성 성분, 그리고 첨가제로써 계면 활성제·산화방지제·방부제·pH 조절제 및 피부 활성 성분으로써 비타민과 미네랄 및 아미노산 등으로 이루어져 있다.

3. 화장품의 수성 원료

1. 정제수(Water)

① 화장품에서 기본적으로 사용되는 성분으로서 화장수, 로션, 크림 등에 가장 많이 사용되는 성분이다.
② 물은 용매로써 역할뿐만 아니라 피부를 촉촉하게 유지시켜 주는 작용을 한다. 천연의 물속에 녹아 있는 미네랄 성분들을 피부에 직접 이용할 목적으로 화장품 제조 시 가장 많이 쓰이는 정제수 대신에 천연수·암반수·빙하수 등을 그대로 이용하는 경우도 있다.
③ 화장수나 로션 및 크림 등의 기초 물질로 사용하며 세정액이나 희석액 등으로 사용하기도 한다.

2. 에탄올(Ethanol)

① 알코올은 화장품에 사용 시 주로 지성이나 여드름 피부에 사용된다. 알코올은 청량감과 탈지 효과 및 수렴 효과를 부여하므로 지성이나 여드름 피부에 도움이 되나 건성이나 민감성 및 노화피부에는 피부 장벽 구조 손상을 초래할 수 있으므로 주의해야 한다.
② 화장품에 사용되는 에탄올은 술을 만드는 데 사용할 수 없도록 특수한 변성제(메탄올, 부탄올, 페놀 등)를 첨가해 변성시킨 변성 에탄올이다.
③ 아스트리젠트, 토닉, 향수 등에 많이 사용된다.

> Check Point
>
> 에탄올의 농도에 따른 효과
> - 40% 이하 : 피부에 자극이 적다.
> - 60% 이상 : 피부에 자극이 있다.
> - 70% 농도 : 최대 살균 효과

3. 카보머(Carbomer)

① 제품의 점도 조절제로 사용되는 천연 점액제로써는 젤라틴·펙틴·스타지·알긴산·한천 등이 있으나, 최근에는 합성 점액질이 많이 사용되며 카보머(Carbomer)가 대표적으로 많이 사용된다.
② 카보머는 투명 타입 젤의 주성분으로 TEA(트리에탄올아민)로 중화한다.

4. 화장품의 유성 원료

1. 천연식물성 오일

식물의 꽃·잎·열매·껍질·뿌리 등에서 추출 및 정제한 것으로 아로마 오일 이라고 하며, 향이 있는 것이 특징이다.

① **마카다미아 너트 유**(Macadamia nut Oil) : 마카다미아 열매에서 추출한 것으로, 트리클리세라이드 지방산 조성으로 피지와 유사하다. 피부의 퍼짐성과 침투력이 우수하여 에몰리언트제로 사용된다.

② **맥아 유**(Wheat Oil) : 밀의 배아에서 추출하며 비타민 E를 함유하고 있어 항산화 작용을 한다. 모발 화장품, 메이크업, 기초 화장품 등에 사용된다.

③ **올리브 유**(Olive Oil) : 올리브 열매에서 추출하며 피부 흡수가 좋으며 보습력이 뛰어나다. 선탠 오일이나 에몰리언트 크림으로 사용되는데 알레르기 반응을 보이기도 한다.

④ **피마자 유**(Caster Oil) : 피마자(아주까리)씨에서 추출하며 유연 작용 및 보습 효과가 높고 색소와 잘 혼합되어 네일 에나멜이나 립스틱 등에 사용되기도 한다.

⑤ **로즈힙 오일**(Rosehip Oil) : 야생 장미의 씨에서 추출하며, 노화 억제와 피지선 분비 조절·상처 회복·햇빛에 의한 색소 침착 방지 등의 효과가 있다.

⑥ **포도씨 유**(Grape Seed Oil) : 포도씨에서 추출하며 피부 진정, 항박테리아 효과 및 보습력이 뛰어나다.

⑦ **동백 유**(Camellia Oil) : 동백 씨에서 추출하며 항산화 작용과 끈적임 없는 유연 효과가 있다.

⑧ **아몬드 유**(Almond Oil) : 아몬드 씨에서 추출하며 피부를 부드럽게 하는 유연 효과가 뛰어나다. 스위트 아몬드 오일은 크림, 로션, 에몰리언트, 마사지 오일 등에 사용된다. 민감한 피부에도 효과적이다.

⑨ **아보카도 유**(Avocado Oil) : 아보카도의 열매에서 추출하며, 비타민 A가 함유되어 있어 건성 피부에 특히 효과적이다. 퍼짐성과 피부 친화력이 뛰어난 에몰리언트 크림 등에 사용된다.

⑩ **야자 유**(Coconut Oil) : 야자의 종자에서 추출하며, 피부 자극성이 있어서 주로 샴푸나 비누 등에 사용된다.

2. 동물성 오일

① **스쿠알란**(Squalan) : 심해 상어의 간유에서 처음 얻어진 스쿠알렌에 수소 첨가 반응을 일으켜서 얻는다. 안정성이 좋고 사용감이 우수하며 유연 효과와 보습 효과가 우수하다.

② **에뮤 오일**(Emu Oil) : 호주에서 서식하는 타조류에서 추출하여 정제해서 만든 오일이다. 진정효과, 상처 회복, 보호 및 중·건성 피부와 노화 피부에 좋다.

③ **난황 오일**(Egg Yolk Oil) : 계란의 노른자에서 추출한 것이다. 레시틴·콜레스테롤·인지질·중성 지질 등을 함유하고 있어서 유화제로 주로 사용되었으나, 냄새가 변하기 쉬워서 많이 사용하지 않는다.

④ **밍크 오일**(Mink Oil) : 밍크의 피하 지방에서 얻은 것이다. 상처 회복에 효과가 있고, 부드럽고 효과적인 유연제로 피부 친화성이 매우 좋다. 선탠 오일이나 유아용 오일에 주로 사용한다.

3. 식물성 왁스

① **호호바 유**(Jojoba Oil) : 호호바 열매의 씨에서 추출되며 피지 성분과 유사해서 흡수력과 퍼짐성이 우수하고 보습력이 좋아서 지성 및 여드름성 등 모든 피부에 사용이 가능하다.

② **칸델리라 왁스**(Candelilla Wax) : 칸델릴라 식물의 줄기에서 추출하며, 립스틱과 같은 스틱상의 제품에 광택제 역할을 하거나 방수제 등에 주로 사용된다.

③ **카르나우바 왁스**(Carnauba Wax) : 카르나우바 야자나무의 잎에서 추출하며 피부 표면의 보호막 형성 및 광택성이 우수하여 크림·립스틱·광택제·탈모 왁스 등의 경도 있는 제품에 사용된다.

4. 동물성 왁스

① **라놀린**(Lanolin) : 양털을 정제하여 얻은 것으로 피부 친화성과 보습력을 지닌 피부 유연제이며, 주로 크림이나 립스틱 및 모발 화장품 등에 사용된다. 수분 흡수력이 우수한 반면, 정제도가 낮을 경우에는 여드름을 유발하거나 알레르기 반응을 일으킬 수 있다.

② **밀납**(Bees Wax) : 꿀벌들이 채집한 꽃 당분을 효소 작용에 의해서 꿀벌 집에서 추출한 것으로, 크림과 로션 및 마스카라 등 화장품에 사용되어 항산화 역할과 유화제 역할을 하며 유연성과 촉감을 부여한다.

5. 합성 유성 원료

(1) 탄화수소류/광물유

광물성 유지라고도 하며 대부분 석유에서 추출한다. 화학적으로 안정적이고 미생물에도 안정적이며 산패 및 별질의 문제가 없다. 유성감이 높으나 피부의 호흡을 방해할 수 있고, 트러블을 일으킬 우려가 있어서 식물성 오일이나 합성 오일에 혼합하여 사용한다.

① 파라핀(Solid Paraffin)

석유 원유를 증유하고 남은 것을 진공 증류 또는 용제 분별을 통해 추출하며 크레파스나 양초 및 각종 크림이나 립스틱 등에 사용된다.

② 유동 파라핀(Liquid Paraffin)

석유 원유를 분별 증류해서 고형 파라핀을 제거한 액상으로 미네랄 오일이라고도 부르기도 하며, 피부 표면의 소수성 피막을 형성하여 수분 증발을 막고, 메이크업의 밀착성을 좋게 해주며, 노폐물 제거 효과도 좋다.

③ 세레신(Ceresin)

지랍(地蠟, 왁스의 일종)을 정제하여 얻은 것으로 립스틱과 막대상 포마드 등의 고화제로 사용된다.

④ 바세린(Vaseline)

석유 원유의 잔유를 용제 탈납할 때 얻게 되는 반고체상 화합물이며, 여드름을 유발시킬 수 있고, 정제도가 낮을 경우에는 트러블이 일어날 수 있다. 유연제나 피부의 수분 증발을 억제하고 피부의 보호막을 형성하며, 기초 화장품·메이크업 화장품·모발 화장품의 유성 성분으로 사용된다.

(2) 합성 에스테르 유

주로 고급 지방산과 저급 알코올 사이의 에스테류 결합(Ester Bond)을 통해 얻게 되며 안정성과 사용성이 좋고, 피부의 유연성이나 끈적임과 번들거림이 없어서 피부의 호흡을 방해하지 않는다.

(3) 실리콘 오일

무기물인 실리카에서 화학 반응을 통해 얻게 된 것으로 부드러운 사용감과 끈적임이 없는 것이 특징이다. 생리적으로 비활성 물질이며 내수성 및 안정성이 양호하여 사용량이 증가하고 있다. 대표적인 실리콘 오일은 페닐 트리메티콘(Phenyl Trimethicone), 디메티콘 코폴리올, 디메티콘, 사이클로메티콘 등이 있다.

(4) 고급 지방산

화장품에 사용되는 지방산은 일반식 RCOOH(R은 불포화 알킬기 또는 포화 알킬기) 등으로 표시되는 화합물로써 천연의 유지나 밀납 등에 에스테르류로 함유되어 있다. 탄소 수는 대개 20개 이하의 짝수인데 생물의 체내에서 탄소 2개인 물질을 단위로 지방산이 만들어지기 때문이다. 화장품의 유성 원료로써 탄화수소 등에 혼합해서 사용하거나 밀납 또는 유지 등에 혼합해서 사용하고, 주로 트리에탄올아민(TEA)나 수산화나트륨 등과 병용하여 비누 제조 시 유화제로써 사용된다.

① 라우린산(Lauric Acid) : 야자유, 팜핵유 등을 검화(비누화) 분해해서 얻게 된 혼합 지방산을 분류하여 얻는다. 수산화나트륨이나 트리에탄올아민으로 중화하여 얻은 데 수용성이 높으며 거품 상태가 좋아서 화장 비누나 세안류 등에 사용된다.

② 스테아린산(Stearic Acid)

- 우지를 검화(비누화) 분해해서 얻은 지방산을 냉각 압축하여 액체상인 주 올레인산을 제거하여 만든 팔미틴산을 다량 함유하고 있는 스테아린산과 면실유나 대두유 등에 수소를 첨가하여 리놀산이나 올레인산 등의 불포화 지방산을 포화 지방산으로 한 후 분해 증류하여 만드는 순도가 높고 융점이 높은 스테아린산의 두 가지가 있다.
- 대표적인 고급 지방산으로 천연에서 널리 분포되어 있고, 스테아린산은 크림의 성분으로써 중요하며 경도에 영향을 주고 크림 이외에 로션의 유화제나 입술 화장 등에 사용된다.

③ 미리스틴산(Myristic Acid) : 동물성 지방에서 얻게 되며, 미리스틴산의 비누는 기포 형성 및 세정력이 우수하기 때문에 세안류 등에 사용되며, 화장품으로 직접적으로 이용되는 경우는 드물다. 또한, 여드름 유발 가능성이 매우 높다.

④ 팔미틴산(Palmitic Acid) : 팜유 등을 검화(비누화) 분해하여 얻게 되며 유성 원료로써 크림이나 유액 등과 보조 유화제로 사용한다.

(5) 고급 알코올

① 1가 알코올

- 세난올(cetanol): 세틸 알코올(Cetyl Alcohol)이라도 하며, 유화력이 없어서 유분감을 줄이거나 왁스류의 점착성을 저하시키는 용도로 쓰거나 유

화 제품의 유화 안정 보조제로 사용된다.

- 스테아릴 알코올(Stearyl Alcohol) : 백색 왁스와 같은 고체로 크림이나 유액 등의 유화 제품의 유화 안정 보조제로 사용하며 스틱상의 립스틱 등에도 사용된다.

② 다가 알코올

분자 내의 수산기(OH)를 2개 이상 함유하고 있는 알코올이다.

- 글리세린 : 흡습성이 강하여 보습제로 사용
- 솔비톨 : 유연제나 습윤 조정제 등으로 사용되며 독성이 없어 의약외품인 치약 등에도 사용
- 프로필렌글리콜 : 보습제나 유화 안정제로 사용되며, 점성이 있고 수분 흡수율이 높다.
- 부틸렌글리콜 : 끈적임이 적고, 파라벤의 방부 능력을 증가시켜 주는 반면, 피부에 다소 자극 반응을 한다.
- 폴리에틸렌글리콜 : 외관상으로 고형 왁스와 유사하나 오일과 친화성이 좋으며 에탄올이나 물에 잘 녹는다. 샴푸, 린스, 헤어젤, 크림, 로션 등에 사용된다.

5. 색재

1. 유기합성 색소(타르 색소)

색재는 메이크업 화장품에 다량으로 배합되어 있는 법정 색소라고도 하며 자외선을 차단하거나 피복력을 갖기도 하여 피부를 젊고 건강한 피부로 보이게 한다. 화장품에 배합하여 사용하는 색재는 파운데이션, 아이섀도, 립스틱, 네일 제품, 볼 터치, 마스카라, 파우더, 화장수 등의 기초 화장품 등에도 사용된다.

① **염료** : 석유에서 합성된 색소로 물이나 오일 등의 용매에 용해되기 때문에 기초 화장품에도 사용되며, 색을 부여할 수 있는 물질이다.

② **레이크** : 수용성 염료를 마그네슘, 알루미늄, 칼륨 등에 부착시켜서 물과 기름에 녹지 않게 만든 것이다. 색이 선명하고 알칼리나 산에 약하여 중성에서도 소량만 녹으므로 식품의약품안전처 고시에 따라 용도에 맞게 사용해야 한다. 립스틱, 볼터치, 네일 에나멜 등에 안료와 함께 사용한다.

③ **유기 안료** : 물에 용해되지 않는 유색 분말이며 착색력과 내광성이 우수하여 립스틱이나 볼터치 등의 메이크업 제품에 주로 사용하고 자외선 차단 기능과 빛을 산란시키는 효과가 우수하다.

2. 무기 안료(광물성 안료)

내열성과 내광성이 좋고 유기 용매에 용해되지 않는 성질을 가지는 반면, 유기 안료에 비해서 선명도는 떨어진다. 빛이나 산 및 알칼리에 강하며 커버력이 우수한 백색의 분말 성분이다. 물이나 용제에 녹지 않으며 커버력과 빛을 산란·차단시키는 효과가 좋다.

(1) 착색 안료

화장품에 색상을 부여하는 색조 조정 역할을 하며, 빛의 산란 현상이나 흡수를 이용한 발색 원리로 색조를 조정해 주는 블러셔·파운데이션·파우더 등의 제품에서 중요한 역할을 한다.

(2) 체질 안료

착색 안료의 희석제이며 제품의 사용성에 큰 영향을 미치고 색조를 조정하고 제품의 제형을 유지하기 위해서 사용된다. 주로 마이카(Mica, 운모), 탈크(Talk), 카올린(Kaolin) 등의 백색 분체이고 커버력은 적으며, 퍼짐성·피부의 부착성·피지나 땀의 흡수성이 좋다. 광택을 조절해 주며 입자의 형태나 크기를 고려하여 사용된다.

(3) 백색 안료

① 산화아연(Zinc Oxide, ZnO)

맛과 냄새가 없는 미세한 분말이며 커버력이 뛰어나고 밀착감과 착색력이 우수하다. 높은 굴절률로 자외선 차단 시 분산제 기능을 한다.

② 이산화티탄(Titanium Dioxide, TiO_2)

맛과 냄새가 없으며 빛에 대한 굴절률이 높아서 물리적 자외선 차단용으로 많이 사용되며, 백색도·착색력·은폐력이 우수한 분말이므로 파운데이션과 메이크업 제품에도 사용된다.

(4) 진주 광택 안료

박편상의 입자가 피착색물 중에 규칙적이고, 평행으로 배열하여 빛을 반사시켜서 진주 광택을 만든다.

3. 천연 색소

동식물에서 얻게 되며 안정성이 높아서 약효 성분으로 효과적이다. 내열성·내광성·착색력이 떨어지

고, 대량 생산이 곤란하나 부작용은 없다. 천연 색조의 종류로는 헤나(Henna), 카로틴(Carotin), 클로로필(Chlorophyll) 등이 있다.

6. 천연 향료

1. 동물성 향료

① 해리향(海狸香) : 쥐과에 속하는 비버의 생식선을 따라 있는 향낭에서 추출한다.
② 사향(麝香) : 사향 노루의 수컷 향낭에서 얻게 되며 생식선 분비물을 알코올로 희석시키면 냄새가 좋아진다. 향의 성분은 무스크(musk)라고 하며 무스콘(Muscone)이라고도 한다.
③ 영묘향(靈猫香) : 향기 성분은 시베톤(Civetone)이며 사향 고양이의 선낭(腺囊)에서 분비되는 분비물을 모은 것으로 무스크와 같이 알코올에 희석시키면 향기가 변한다.
④ 용연향(龍涎香) : 향유 고래의 내장에 발생하는 병적 생성물이나 배설물에서 추출한다.

2. 식물성 향료

동물성 향료에 비해서 구하기가 쉽고, 종류도 다양하다. 적절한 용매를 사용해서 추출된 식물성 향료를 정유라고 한다. 식물의 뿌리, 꽃, 과실, 종자에서 얻게 된다.

3. 합성 향료

① 인위적으로 천연향의 성분을 합성시켜 화학적으로 처리하여 천연향과 비슷한 향을 만들어 낸다.
② 종류에는 타르펜계 합성 향료와 벤젠계 합성 향료 등이 있다.

7. 계면활성제

1. 계면활성제의 정의

① 친수성기와 친유성기를 함께 갖는 성질이 다른 두 개의 경계면에 작용하여 표면장력을 저하시키는 물질을 말한다.
② 친수성 분자는 물에 잘 녹고, 친유성 분자는 기름과 같아서 물과 섞이지 않는다.
③ 피부 자극 순서는 양이온성>음이온성>양쪽 이온성>비이온성의 순이다.

2. 계면활성제의 용도

① 유화제는 로션이나 크림과 같은 에멀전(emulsion)의 제조에 쓰인다.
② 가용화제는 스킨 로션이나 향수와 같은 투명한 원료로 쓰인다.
③ 습윤제는 메이크업의 파우더 제품에 쓰인다.
④ 기포 세정제와 세정제는 샴푸와 클렌저의 주요 성분이다.

3. 계면활성제의 종류

친수성기와 이온성에 따라 양이온성, 음이온성, 양쪽 이온성, 비이온성으로 구분된다.

(1) 양이온성 계면 활성제

① 헤어 트리트먼트, 헤어 린스에 많이 이용된다.
② 피부 자극이 강해서 두피 부분에는 닿지 않도록 하는 것이 바람직하다.
③ 유연 효과와 정전기 방지 효과도 있다. 주로 4급 암모늄인 염화 벤잘 콘늄, 염화디알킬디메틸 암모늄, 염화알킬트리메틸 암모늄 등이 있다.

(2) 음이온성 계면활성제

① 치약, 세안용 비누, 샴푸, 면도용 거품 제품 등의 사용된다.
② 수산화칼륨, 세틸황산나트륨, 수산화나트륨 등이 있다. 기포력과 세정력이 뛰어나고 탈지력이 매우 강해서 피부가 거칠어질 수도 있다.

(3) 양쪽성 계면활성제

① 클렌징 제품이나 베이비 제품 및 저자극 헤어 샴푸 등에 사용된다.
② 세정력과 피부에 대한 안전성이 좋으며, 세정 작용이나 기포 형성 능력이 음이온성에 비해서는 다소 떨어지며, 주로 이미다졸린 유도체·베타인형·아미노산형의 합성 원료이다.

(4) 비이온성 계면활성제

클렌징 크림의 세정제나 크림의 유화제, 화장수의 가용화제, 분산제 등에 사용된다. 피부 자극이 적어서 기초 화장품에 주로 사용된다. 모노스테아르산 에틸렌글리콜, 모노스테아르산 프로필렌글리콜, 모노스테아르산 글리세릴 등이 있다.

8. 보습제

피부 표면 각질층의 수분 함량을 10~15%로 유지하기 위한 부드럽고 촉촉한 물질을 말한다. 적절한 흡습 능력과 환경 변화에 쉽게 영향을 받지 않으며, 잔주름 완화에 도움을 줘야 한다. 화장품에 사용되는 대표적인 보습제로 글리세린, 프로필렌글리콜, 아미노산, 미네랄, 천연보습인자, 콜라겐, 히알루론산 등이 있다.

9. 방부제 및 기타 첨가제

방부제란 미생물에 의해 화장품의 안정성에 영향을 미치는 변질 요인을 예방하기 위해 세균의 성장을 억제하거나 방지하기 위해 첨가되는 물질을 말한다.

1. 방부제

(1) 파라벤(Paraben)류

대표적인 방부제로 피부에 대한 자극이 적어 식품이나 화장품에 가장 널리 사용된다.

① **프로필파라벤, 부틸파라벤** : 지용성 물질에 대한 방부 효과가 있다.
② **에틸파라벤, 메틸파라벤** : 수용성 물질의 방부 효과가 있다.
③ **페녹시 에탄올** : 메이크업 제품에 주로 사용된다.
④ **이소치아졸리놀** : 샴푸와 같이 씻어내는 제품에 주로 사용된다.
⑤ **이미다졸리디닐 우레아** : 파라벤 다음으로 독성이 적어서 기초 화장품이나 유아용 샴푸에 주로 사용된다.
⑥ **에탄올** : 식균 작용이 뛰어난 반면 피부 자극이 있다.

2. 산화방지제

① 화장품의 산화를 막기 위해 사용되는 산화방지제 즉 항산화제이다.
② 부틸 히드록시 아니솔(BHA), 토코페릴 아세테이트, 부틸 히드록시 톨루엔(BHT) 등이 있다.

3. 피막형성제 및 점증제

① **피막형성제** : 헤어스프레이나 팩 등에 사용되어 피막을 형성하는 첨가제이다. PVP, PVA, 고분자 실리콘 등이 있다.
② **점증제** : 화장품의 점성을 높이는 데 사용되며 잔탄검, 카르복시 비닐 폴리머, 퀸스씨드 검 등이 있다.

4. 금속이온봉쇄제

① 화장품의 다양한 원료에는 미량의 철이나 구리 등이 함유되어 있으며, 금손 이온은 화장품 성분과 결합해서 산패 작용을 촉진시키는 촉매로 작용한다.
② 대표적으로 EDTA(Ethylene Diamine Tetraacetic Acid)의 나트륨염이 있다.

10. 동·식물 추출물

1. 동물 추출물

(1) 콜라겐

① 인체의 전체 단백질의 1/3을 구성하는 진피 내의 섬유상 단백질이다.
② 세포 조직의 결합 물질로 피부의 보습력을 강화시켜 주며 잔주름을 예방한다.

(2) 태반 추출물

① 양의 태반이나 소·돼지의 태반에서 얻게 되며 동결 건조시킨다.
② 단백질 및 호르몬 등 인체에 유효한 성분을 함유하고 있어서 특수 마스크 및 앰플이나 크림 등에 피부 재생 목적으로 많이 사용된다.
③ **프로폴리스** : 꿀벌이 유칼립투스 또는 소나무과의 새싹 등에서 추출한 물질로 항산화 작용과 면역계 향상 및 항염증 효과가 우수하다.
④ **히알루론산** : 일본의 닭 볏에서 처음 발견되어 사용하였으며, 원료 수급 등의 문제로 현재는 미생물을 발효 시켜서 사용하기도 한다.
⑤ **밀납** : 암벌에서 얻게 되는 동물성 왁스로, 기초 화장품·헤어 제품·메이크업 화장품의 원료에서 유화제·점증제·결합제·연화제로 다양하게 사용된다.
⑥ **라놀린** : 양털의 피지선으로부터 얻게 되는 분비물이며, 물에 용해되지 않고 물을 흡수하는 성질이 있어서 유화제나 크림의 베이스 원료로 사용되며 건성 피부에 효과적이다.
⑦ **로얄 젤리** : 주 성분은 단백질, 지방, 비타민 B복합체, 아미노산 등이다. 피부의 면역 및 세포 호흡 증진 작용과 보습 효과가 있으며 항산화 작용이 우수하다.

2. 식물 추출물

① **알로에 추출물** : 화상, 상처 치유, 보습, 미백, 자외선 차단, 피부 진정, 피부 재생 작용이 우수하다.

② **녹차 추출물** : 색소 침착을 방지하고 기미나 주근깨의 형성을 억제시키며, 항산화 및 유해산소 제거 및 냄새 제거 효과가 우수하다.

③ **라벤더 추출물** : 발한 작용 및 수렴, 살균, 항균 작용이 우수하다.

④ **해조 추출물** : 우뭇가사리·다시마·미역과 같이 해조에서 추출한 것으로, 피지 분비 억제 작용 및 보습 효과가 우수하다.

⑤ **유칼립투스 추출물** : 시원한 느낌과 살균·항균·수렴 및 혈행 촉진 작용이 우수하다.

⑥ **카모마일** : 항알레르기, 수렴, 진정, 살균 작용이 우수하다.

⑦ **은행나무 추출물** : 혈액 순환 촉진으로 피부 신진 대사가 좋아진다.

3. 비타민

① **비타민 C** : 미백 효과와 콜라겐 합성 효과가 우수하다.

② **비타민 A** : 노화된 피부의 주름 개선 효과가 우수하며 레티놀(Retinol)이라고도 한다.

③ **비타민 E** : 자외선으로부터 피부를 보호하는 기능을 갖는다. 프리라디칼의 소거능력이 우수하고 항산화 작용과 혈액 순환을 원활히 해주는 기능이 있다.

④ **비타민 P** : 피부 진정 및 붉음증 완화 효과가 있다.

⑤ **비타민 K** : 모세 혈관 벽을 강화시켜 준다.

Check Point

화장품 활성 성분의 원료 및 작용

① **건성용** : 콜라겐, 엘라스틴, Sodium PCA, 솔비톨, 히알루론산, 아미노산, 세라미드, 레시틴, 해초, 알로에 등

② **노화용** : 비타민 E(토코페롤), 레티놀, 레니놀 팔미테이트, SOD, AHA, 알란토인, 플라센타, 프로폴리스, 인삼 추출물, 은행잎 추출물

③ **예민용** : 아줄렌, 위치하젤, 비타민 P, 비타민 K, 판테놀, 리보플라빈, 클로로필

④ **지성·여드름** : 살리실산, 유황, 캄퍼, 글레이

⑤ **미백용** : 히드로퀴논, 알부틴, 비타민 C, 코직산, 감초, 닥나무 추출물

2. 화장품의 제조

1. 유화

기름과 물과 같이 서로 섞이지 않는 액체를 계면활성제를 이용하여 미세한 입자 상태로 우유와 같이 뿌연 액체로 만들거나 분산된 상태를 말한다. 메이크업 베이스, 파운데이션, 클렌징 크림, 마사지 크림, 에센스 로션, 크림 등에 광범위하게 적용된다.

1. 유중수형(Water in oil Type, W/O형 유화)

오일에 물을 분산시킨 형태이다. 수중유형에 비해서 수분 증발이 적다. 선크림이나 콜드크림이 대표적이다.

2. 수중유형(Oil in water Type, O/W형 유화)

물에 오일을 분산시킨 형태. 유중수형에 비해서 수분 증발이 잘 되며 순한 보습용에 많이 사용된다.

3. 다상 에멀젼(Multy Emulsion)

W/O형 에멀젼을 다시 물에 유화시킨 W/O/W 유화와 O/W형 에멀젼을 다시 오일에 유화시킨 O/W/O 유화이다. W/O/W형 에멀젼의 경우는 O/W형보다 보습 효과가 우수하다.

4. 오일 프리(Oil free)

오일을 넣지 않고 만든 것이다. 오일 대신에 실리콘을 소량 사용하는 경우도 있고, 지성 타입의 피부에 사용이 적합하다.

2. 가용화의 원리

물에 불용성 향료나 살균제나 방부제 등을 투명한 상태로 용해시키는 것으로, 계면활성제의 일종인 가용화제라는 성분을 이용해서 용해시키는 기술이다(헤어토닉, 향수, 에센스, 화장수, 네일 에나멜 등).

제3장 화장품의 종류

Check Point 이 장에서는 화장품의 종류별 사용목적과 기능을 이해하고 사용방법을 숙지합니다. **6~7문제 출제**됩니다.

1. 기초 화장품

1. 기초 화장품의 정의

화장품은 인체를 청결하게 하고 미화하여 매력을 더하고, 용모를 밝게 변화시키거나 피부와 모발의 건강을 유지 또는 증진하기 위하여 인체에 사용하는 물품으로서 인체에 대한 작용이 경미한 것을 말한다.

2. 기초 화장품의 사용 목적

① 세안 후 피부의 잔여 노폐물을 제거하여 피부를 청결하게 한다.
② pH를 정상적인 상태로 하며 피부의 결을 정돈해 준다.
③ 유해한 외부 환경 인자로부터 피부를 보호한다.
④ 피부에 영양 공급 및 신진 대사를 촉진시킨다.

3. 기초 화장품의 종류와 특징

1. 세안제

① **클렌징 크림** : 피부 표면에 묻은 오일기를 녹여 낸 후에 닦아 내는 데 효과적이다. 짙은 화장이나 분장 화장 시에 사용되는 클렌징 제품이다.
② **클렌징 로션** : 클렌징 크림에 비해서 유분량이 적은 가벼운 클렌징으로 피부의 자극이 적고 옅은 화장을 지울 때나 모든 피부에 사용이 가능하다.
③ **클렌징 젤** : 주로 오일 프리(Oil free) 형태가 많으며 중성 피부나 지성 피부 및 여드름 피부용으로 사용할 수 있는 클렌징 제품이다. 수성 타입은 옅은 화장 시 사용하며 유성은 진한 화장 시에 사용한다.
④ **클렌징 워터** : 끈적임이 없고 산뜻한 타입으로 옅은 화장을 지우는 데 사용된다.
⑤ **클렌징 오일** : 피부 침투성이 좋아서 세정력이 매우 우수하며 건성 피부에 사용한다.

2. 딥 클렌징제

① **스크럽(scrub)** : 세안 및 각질 제거 효과(살구씨, 아몬드씨, 슈가, 호두 껍질, 율무씨)가 우수하다(지성 주 2~3회, 건성 주 1~2회).
② **효소** : 단백질 가수 분해로 각질 분해 효과(파파인, 트립신, 펩신, 브로멜라닌, 모든 피부용, 민감성 피부 2주 1~2회)가 있다.
③ **고마쥐(Gommage)** : 건조시킨 후에 밀어내는 각질 제거제이다.
④ **AHA** : 과일산 성분으로 노화 피부나 건조 피부에 효과적인 화학적 딥 클렌징제이다.

3. 화장수

화장수는 스킨이라고 부르기도 하며 클렌징 후에 잔여 노폐물을 닦아 주거나 피부 결을 정돈하고 수분을 공급해 준다.

① **유연 화장수** : 피부의 유연 및 보습 목적의 화장수
② **수렴 화장수** : 알코올의 양을 높여서 만들어진 화장수로 일시적인 모공 수축 효과가 있으며 아스트리젠트나 토닝 로션 등이 있다.
③ **다층식 화장수** : 2층상으로 되어 있는 화장수로 상층의 유분과 하층의 수분이 분리된 화장수를 말하며 피지의 번들거림을 막아 주고 노화되고 지친 피부에 효과적이다.

4. 유액

(1) 유액의 정의, 기능 및 사용 목적

로션이라고 하며 크림과 화장수 중간의 점성을 갖는 제품으로 유분이 수분에 비해 적으므로 여름철 정상 피부에 주로 사용된다. 수분 밸런스를 유지할 수 있는 수분 보습제나 유분 등을 공급하여 피부의 유연 기능을 부여할 목적으로 사용된다. O/W 타입이며 수분이 60~80% 정도로 점성이 낮아서 산뜻하다. 피부 흡수가 빠르고 가벼워서 피부에 부담이 적으며 지속성이 낮은 단점이 있다.

(2) 유액의 종류 및 특성

구분	종류	기능 및 특징
목적 및 기능별 분류	클렌징 로션	메이크업 잔여물이나 피부 오염을 제거하는 데 사용
	모이스처 로션	밀크 로션이라고도 불리며, 사용 목적에 따라 제형·유분·수분의 양이 다름
	매뉴얼 테크닉 로션	피부 유연효과 및 혈행 촉진 효과
	선 로션	자외선으로부터 피부 보호
	핸드 로션	건조한 손 관리 및 예방
	바디 로션	바디 전신용 로션

5. 크림

① 크림은 유액의 액상의 에멀젼에 비해 반고형상(크림상)인데, 유액과 같이 오일과 물이 혼합된 에멀전의 일종이라고 할 수 있다. 유액에 비해서 왁스나 오일과 같은 유성 성분을 많이 함유하고 있다.

② 피부의 유·수분 밸런스를 지켜 주고 수분이나 보습제 유분 등을 공급해서 유연 기능 및 보습 기능을 부여해 주며, 세정·자외선 방어·혈행 촉진 등의 사용 목적에 따라 다양한 기능을 갖는다.

6. 에센스

세럼이라고도 하며 고농축된 보습 제품으로 흡수가 빠르고 사용감이 가벼운 것이 특징이며 영양 공급 및 피부 보호의 효과가 매우 좋다. 에센스는 소량의 사용으로도 피부 보습 효과를 보다 향상시켜 주는 제품으로 인식되어 널리 사용되고 있다.

7. 팩 및 마스크

① 팩은 피부에 도포하여 일시적으로 외부와 피부를 차단하여 보습 효과를 주고 떼어 내거나 씻어 내는 방법으로 사용되는 화장품류를 팩이라고 하며 얼굴뿐만 아니라 특정 부위 및 전신에 사용된다.

② 팩의 기능으로는 보습 작용과 노폐물 제거 및 청결·혈액 순환 촉진 등이 있다. 그리고 건조 후에 떼어 내는 형태의 필 오프(Peel-off) 타입, 물로 씻어 내는 워시 오프 타입, 티슈로 제거하는 티슈 오프(Tissue-off) 타입이 있다. 또 패치(Patch) 형태의 콜라겐 벨벳과 같은 시트 타입이나 물에 개어서 바르는 타입의 분말 팩 등이 있다.

Check Point

- 건성 피부: 유연 화장수 사용
- 지성 피부: 수렴 화장수 사용

2. 메이크업 화장품

1. 메이크업 화장품의 정의

① 메이크업 화장품은 얼굴의 단점을 커버하고 장점을 살려서 용모를 아름답게 변화시켜 피부 전체의 이미지를 아름답게 보이도록 하는 목적으로 사용되는 화장품으로 색조 화장품이라고도 한다. 베이스 메이크업(Base Make-up) 화장품과 포인트 메이크업(Point Make-up) 화장품으로 구분한다.

② 메이크업 화장품은 피부를 보호하는 보호적 역할과 외모를 아름답게 변화시켜 주는 미적 역할이 있으며 화장을 함으로써 심리적으로 만족감을 주는 역할뿐만 아니라 활력과 자신감을 주는 역할이 있다.

2. 베이스 메이크업 화장품

1. 메이크업 베이스

① 균일하지 못한 얼굴의 피부색을 균일하게 정돈 및 결점 커버나 얼룩이 없도록 해서 다음에 바를 파운데이션의 밀착력을 높여 주고 지속성을 높인다. 인공 피지막을 형성하여 피부 건조나 자외선으로부터 피부를 보호하는 기능이 있다.

② 메이크업 베이스 색상별 기능

색상	기능
화이트	맑고 투명한 피부 연출 또는 하이라이트용의 메이크업 베이스
핑크	혈색이 없이 창백하고 흰 피부를 보다 건강하고 혈색이 도는 피부로 표현
옐로	검은 피부를 깨끗하게 표현
오렌지	선탠 피부에 주로 사용되며 건강한 피부 연출
그린	피부색이 붉거나 울긋불긋한 피부색을 깨끗하게 표현
퍼플	노란색의 피부를 중화시켜 주며, 피부 톤을 밝고 화사하게 표현

2. 파운데이션

① 피부의 결점을 보완하고 피부색을 균일하게 보정해 주는 기능을 하며 유해 환경이나 자외선으로부터 피부를 보호해 주는 개념의 베이스 컬러(Base Color)라고도 한다.

② 얼굴의 윤곽을 수정해 주거나 피부 색상 조절 및 부분 화장을 보다 더 돋보이게 강조하는 효과가 있다.

㉠ 리퀴드 파운데이션(Liquid Foundation)

- 유분에 비해서 수분의 함유량이 많아 부드럽고 퍼짐성이 우수하고 사용감이 가볍고 산뜻한 느낌이다.
- 주로 로션이나 액상 타입으로 지성 피부에 사용하면 효과적이며 자연스러운 피부 연출을 가능하게 해준다.

㉡ 크림 파운데이션(Cream Foundation)

리퀴드 파운데이션보다 오일이 더 많이 들어가 있는 무거운 느낌을 준다. 부착성이나 결점 커버 효과가 우수하며 가을과 겨울에 사용하기 적합한 파운데이션으로 지속력이 오래 간다는 장점이 있다.

㉢ 스틱 파운데이션(Stick Foundation)

크림 파운데이션에 비해서 결점 커버력이 우수하다. 내수성, 밀착감이 좋고 잡티, 여드름, 기미 등을 커버하기에 효과적이다. 주로 무대 화장, 특수 분장, 사진 촬영 시에 사용되며 파운데이션 중 사용감이 가장 무겁다.

㉣ 투웨이 케이크(Two-Way Cake)

수건 양용 타입으로 젖은 스펀지와 마른 스펀지 모두 사용 가능하며 피지를 흡수하는 능력이 우수하다. 자외선 차단 기능이 있는 것으로 안료에 오일을 스프레이하여 흡착시켜 케이크 상태로 만든 것으로 지성 피부나 여름철에 사용하기에 적합하다.

3. 파우더

피지나 땀에 의해 화장이 지워지거나 번지는 것을 막아 주며 빛의 난반사 효과로 얼굴을 화사하고 밝게 표현해 준다. 잡티 커버력은 약하며 유분이 배합되어 있지 않고 안료(착색 안료, 백색 안료, 체질 안료)만으로 되어 있으며 파운데이션의 지속성을 좋게 해준다.

(1) 페이스 파우더(Face Power, Loose Powder)

가루 형태의 투명 파우더이며 입자가 섬세하고 고운 특징으로 피부를 자연스럽고 투명감 있게 표현해 준다. 퍼짐성, 부착성, 흡수성이 우수하다.

(2) 콤팩트 파우더(Compact Powder)

페이스 파우더의 단점을 보완해서 휴대하기 간편하게 가루분을 압축시켜 만든 형태로 가루가 날리지 않고 휴대하기 간편한 특징을 가지며 다양한 색상을 섞어 놓은 콤팩트 파우더는 피부를 화사하게 표현해 준다.

3. 포인트 메이크업 화장품

1. 립스틱(Lipstick)

① 루즈라고도 하며, 추위나 건조함으로부터 입술을 보호해 주는 목적과 색채와 광택을 주며 입술의 단점을 보완하고 모양을 수정하는 용도로 사용된다. 립스틱은 다른 화장품에 비해서 입술 점막에 사용되는 것이므로 안전성을 고려하여 만들어져야 하며 불쾌한 냄새가 없어야 한다. 특히 점도가 낮은 제품의 경우에는 번짐이 없어야 하며 쉽게 부러지지 않도록 견고성이 좋아야 하고 사용성에 해당되는 발림성 또한 좋아야 한다.

② 립스틱의 종류와 특징

구분	특징
립 글로스(Lip Gloss)	광택이 좋고 반투명성으로 윤기 부여, 입술 보호 효과, 주름 커버 우수
롱래스팅 립스틱(Long-Lasting Lipstick)	지속력 우수
매트 립스틱(Mat Lipstick)	번들거림이나 묻어남이 적은 효과
모이스처 립스틱(Moisture Lipstick)	입술의 트리트먼트 효과

2. 아이섀도(Eye Shadow)

눈의 장점은 살려서 다양한 색상으로 매력적으로 표현하고 단점은 보완해서 입체감과 생동감 있는 아름다운 눈을 표현하는 데 사용된다. 무엇보다 안점막 부위의 안전성이 우수해야 하며 부드럽게 잘 발리는 사용성이 좋아야 하고 땀이나 피지에 지속성이 좋아야 한다.

3. 아이라이너(Eye Liner)

① 눈매를 또렷하게 하고 눈의 장점은 살리고 단점을 수정·보완하여 눈의 모양이나 형태 조정을 위해 사용되며 아름다운 인상을 연출할 수 있게 한다. 무엇보다 눈에 자극이 없어야 하고 피지나 땀 및 눈물에 번지지 않아야 하며 건조성이 좋아야 한다.

② 아이라이너 종류와 특징

구분	특징
리퀴드 타입	선명한 선을 표현해 주며 자연스럽게 그리기는 어렵지만 지속성이 좋고 잘 번지지 않는다.
펜슬 타입	초보자가 그리기에도 부담 없이 자연스럽게 그릴 수 있지만 잘 지워지고 번진다.
케이크 타입	물과 함께 섞어서 사용하는 불편함이 있으나 자연스럽고 동시에 오래 유지할 수 있는 장점이 있다.

4. 마스카라(Mascara)

① 눈을 크게 보이도록 하는 역할을 하며 속눈썹을 보다 풍성하고 길어 보이게 하기 위해 사용되는 화장품이다.

② 마스카라의 종류와 특징

구분	특징
컬링 마스카라(Curling Mascara)	속눈썹이 잘 올라갈 수 있도록 만들어진 마스카라
볼륨 마스카라(Volume Mascara)	짙고 풍성한 눈썹을 연출해 주는 마스카라
롱래시 마스카라(Long Lash Mascara)	마스카라 액 내에 섬유질 배합으로 긴 속눈썹을 연출해 주는 마스카라
워터프루프 마스카라(Waterproof Mascara)	땀이나 물에 강한 내수성으로 여름철이나 땀을 많이 흘리는 사람이 사용하면 효과적인 마스카라

5. 블러셔(Blusher)

흔히 치크 컬러(Cheek-Color)나 볼 터치라고 하며 볼 부위에 음영을 주어 입체적으로 표현하는 데 사용되며 색감을 쉽게 표현하는 자연스러운 케이크 타입과 스펀지를 사용하는 크림 타입이 있다.

3. 모발 화장품

1. 기초 화장품의 정의

1. 모발의 구조

구분	특징
모소피(큐티클 cuticle)	5~15층의 투명한 고기 비늘상으로 모발의 가장 외측에 존재
모피질(코텍스 cortex)	멜라닌 색소가 존재하며, 모발의 중간층에 있다. 모발의 탄력성, 색상, 강도, 결정, 부드러운 케라틴이 주 성분
모수질(메듈라 Medulla)	모발의 가장 중간에 존재하며 부드러운 케라틴이 주성분

2. 모발의 성장주기

① **성장기** : 모발의 80~85%, 모발의 성장기는 3년~6년 정도

② **퇴화기** : 모발의 1~2%, 세포 증식 감소(2~3주)

③ **휴지기** : 모발의 10~20%, 모발의 성장 멈춤(몇 개월 지속)

3. 모발의 손상 요인

① 물리적 요인 : 젖은 상태로 블로우 드라이
② 환경적 요인 : 드라이, 건조, 자외선
③ 화학적 요인 : 헤어컬러, 펌
④ 생리적 요인 : 스트레스, 다이어트, 불균형한 영향 섭취

4. 모발 화장품의 종류와 특징

1. 세정용 모발 화장품

씻어 내는 역할의 모발 화장품

① **헤어 샴푸** : 두피나 모발의 오염을 씻어 낼 목적으로 사용한다.
  ㉠ 샴푸의 구비 요건
    - 우수한 세정력이 필요하다.
    - 섬세하고 풍성한 거품과 거품의 지속성이 우수해야 한다.
    - 피부나 점막에 자극이 없어야 한다.
    - 세정 후 모발이 부드럽고 윤기가 있어야 한다.
  ㉡ 두피 상태에 따라서 지성 모발용, 건성 모발용, 손상 모발용, 비듬 모발용, 염색 모발용 등이 있다.

② **헤어 린스**: 모발의 자연스런 윤기와 유연성을 주는 목적으로 사용하며 다음 사항을 충족시켜야 한다.
  ㉠ 정전기 방지에 효과적이어야 한다.
  ㉡ 모발 손상을 예방해야 한다.
  ㉢ 모발 표면을 매끄럽게 해줘야 한다.

2. 양모용 모발 화장품

두피나 모발에 영향을 주는 모발 화장품

① **헤어 토닉** : 탈모를 예방하고 가려움이나 두피를 시원하게 할 목적으로 사용한다.
② **헤어 팩** : 우수한 영향 오일의 사용으로 손상모를 회복시키고, 모발을 부드럽고 윤기 있도록 한다.
③ **헤어 트리트먼트** : 모발의 건강 유지를 위해 사용하는 제품으로 펌이나 헤어 컬러 등으로 손상된 모발을 회복시켜 주는 기능이 우수하다.
④ **헤어 컨디셔너** : 모발의 큐티클 손상을 방지하고 거친 모발을 보호할 목적으로 사용한다.

3. 정발용 화장품

모발을 물리적으로 정리하고 원하는 형태로 만들어 주는 스타일링과 형태 고정 세팅(Setting) 기능

① **헤어 스프레이** : 원하는 헤어 스타일을 지속적으로 고정할 목적으로 모발에 얇은 피막을 형성시켜 헤어를 일시적으로 강하게 고정한다.
② **헤어 젤** : 투명한 젤 상태로 촉촉하고 자연스런 웨이브를 유지시켜 준다.
③ **헤어 무스** : 정발 효과를 나타내는 원액과 액화 가스가 에어졸 형태의 캔에 들어 있는 제품으로 빠른 헤어 스타일링 효과를 준다.
④ **포마드** : 반고체상의 젤 형태로 되어 있는 정발제로 남성들이 주로 사용한다.
⑤ **세트 로션** : 펌·브러싱·롤러 후에 모발에 도포하면 모발에 피막을 형성하여 컬(Curl)이나 웨이브(Wave) 등을 일시적으로 고정시키며, 자외선으로부터 모발을 보호하고 정돈시켜 준다.
⑥ **헤어 로션, 크림** : 모발에 광택과 유연성을 주며 외부 유해 요소로부터 모발을 보호한다.

4. 염모제

모발에 색상을 주는 데 사용한다.

① **일시적 염모제** : 일시적으로 모발의 표면인 큐티클층에만 물리적으로 흡착되어 코팅해 주기 때문에 모발색이 오래 지속되지 않으며 샴푸 1회로도 색상이 없어진다. 일시적 염모제로는 컬러 마스카라, 컬러 무스, 컬러 스프레이 등이 있다.
② **영구적 염모제** : 모발의 색소 형성 물질이 모발 내부인 모피질과 모수질까지 침투하여 모발의 색을 바꿔 준 후 2~3달 동안 지속된다.
③ **반영구적 염모제** : 모발의 색소 형성 물질이 큐티클층에 약간 침투하여 천연 색상과 아울러 자연스럽게 표현된다. 색상은 2~4주 동안 유지된다.

5. 헤어 블리치(hair bleach)

색소를 전혀 사용하지 않고 탈색을 주목적으로 하며, 멜라닌 색소를 파괴시켜 모발의 색상을 밝게 하기 위한 제품이다.

4. 전신 관리 화장품

1. 클렌징 제품

① **비누** : 약산성의 알카리성으로 피부의 건조를 유발시키므로 즐겨 사용하지 않는다.

② **바디 클렌저** : 풍부한 거품의 우수한 세정력과 저자극의 향취 부여 기능이 있다.

③ **버블 배스(입욕제)** : 욕조 내에 넣어 사용하는 입욕제로 아로마를 이용한 방향 효과와 원기 회복에도 도움을 주며 풍부한 기포를 생성시켜 클렌징 한다. 종류로는 액상, 젤상, 과립형, 분말형 등이 있다.

2. 트리트먼트 제품

① **바디 로션** : 전신의 피부 보호 목적으로 사용되는 O/W 타입의 산뜻하고 퍼짐성이 우수한 로션 타입이며 수분 공급 효과가 있다.

② **바디 크림** : 전신의 건조한 피부에 유분막을 형성시켜서 보습 효과를 주는 O/W 타입의 발림성이 좋은 크림이다

③ **바디 오일** : 악건성용 바디 트리트먼트 제품으로 보디 로션을 바른 후 오일을 발라서 보호막을 형성시키는 오일이다.

④ **핸드 크림** : 핸드 전용 크림으로 노화예방 및 수분을 공급해 주는 크림이다.

⑤ **풋 크림** : 각질 연화 작용 및 수분 공급을 위한 발 전용 크림이다.

3. 액취 방지 제품

주로 대한선이 분포해 있는 특정 부위의 신체에서 나는 냄새를 없애 주거나 방지하는 목적으로 사용되는 제품으로 에틸 알코올을 많이 함유하고 있어서 청량감을 주는 데오도란트 로션이나 파우더·스틱·파우더·스프레이 등의 형태가 있다. 화장수나 분말 형태가 일반적이고 땀 냄새나 발냄새 및 겨드랑이에서 나는 액취 등 부위에 따라 사용하는 제품이 다르다.

Check Point

- 데오도란트(Deodorant): 땀의 분비로 인한 냄새와 세균의 증식을 억제시키기 위하여 사용

4. 선탠제

UVB에 의한 홍반이나 선번(Sun Burn)을 막으면서 UVA를 투과시켜 균일하게 갈색의 피부를 만드는 데 사용된다. 리퀴드 로션 타입이나 젤 및 오일 등의 제품이 있다.

5. 네일 화장품

네일 화장품은 표피 세포가 변화한 케라틴이 주성분인 단백질로 되어 있는 네일 보호용 목적과 아름다운 색채나 광택을 주어 가꾸는 미용용으로 크게 구분할 수 있다.

1. 네일 에나멜(Nail Enamel)

손톱에 잘 발라질 수 있도록 적당한 점성이 있어야 하며, 건조 속도가 빠를수록 좋고, 균일하게 피막이 형성되어야 한다. 손톱에 독성이 없어야 하며 색상과 광택이 변하지 않아야 한다. 또한, 피막이 견고하여 잘 접착되어 벗겨지지 않는 것이 좋으며 제거 시에도 에나멜 리무버에 의해 쉽게 지워져야 한다.

① **피막 형성제** : 니트로셀룰로오스(Nitrocellulose)가 피막 형성제로 가장 많이 사용되며, 질소 함량이 11.5%~12.2% 정도로 피막 형성이 가장 잘 된다.

② **수지류** : 니트로셀룰로오스와 결합되면 광택과 밀착성이 향상되어 더 큰 효과를 낸다.

③ **가소제** : 피막의 유연성을 높여 주는 역할을 한다.

④ **용제** : 네일 에나멜의 피막형성제 등을 용해하여 사용하며 점도를 조절해서 적당한 건조 속도를 조절할 수 있다.

⑤ **색소** : 펄이나 색재를 이용하여 아름다운 색감을 나타내 준다.

⑥ **침전방지제** : 크기가 큰 펄 안료들의 침전을 방지하기 위해 사용되며 겔화제로 분산 안정성을 향상시켜 준다.

3. 베이스 코트(Base Coat)

네일 에나멜을 바르기 전 손톱의 요철이나 틈을 메우고, 네일 에나멜이 착색되거나 변색되는 것을 막아 준다. 또한 네일 에나멜과의 밀착성을 높여 준다.

4. 톱 코트(Top coat)

네일 에나멜을 바른 다음에 덧발라 줌으로써 굳기와 광택을 증가시키는 역할을 한다. 네일 에나멜의 피막을 용해시키지 않아야 하며 건조 속도가 빠르고, 점도가 낮아서 발림성이 좋아야 한다.

5. 폴리시 리무버(Polish Remover)

네일 에나멜 리무버(Nail Enamel Remover)라고도 하며 손톱에 바른 에나멜을 용해시켜서 제거하는 제품이다.

6. 네일 트리트먼트(Nail Treatment)

네일 주변의 피부가 건조해지므로 비타민 A 성분의 함유로 케라틴 형성에 도움을 준다.

7. 큐티클 크림(Cuitle Cream)

손발톱 주변의 피부를 부드럽게 하는 트리트먼트제로 영양 및 유분감을 부여하기 위해 사용된다.

8. 큐티클 오일(Cuitle Oil)

손톱과 발톱 주변의 죽은 세포를 정리하기 위해 피부 조직을 연화시켜 제거를 용이하게 할 목적으로 사용된다.

9. 네일 보강제

손톱 강화제라고도 하며 찢어지거나 갈라진 손톱 및 발톱의 강화제로 사용된다.

6. 향수

1. 향수의 기원

① Perfume : Per(통하여) + Fumum(연기)
② 이집트 : 시체 방부, 종교의식, 몸에 도포
③ 로마 : 목욕 후 장미의 물 사용, 귀족의 귀중품, 히포크라테스와 같은 의학자가 사용
④ 11C 이슬람 문명 : 에탄올 농축, 분리, 증류법 발견
⑤ 중세 : 수도원에서 약초 재배
⑥ 19C 중반 이후 : 합성 향료의 진보
⑦ 20C 초 : 아로마 테라피 출현

2. 향수의 정의

향수란 식물의 추출물이나 동물에서 얻은 향을 이용해서 액상의 향장품으로 향료를 알코올 등에 혼합하여 만든 향기를 내는 액상의 화장품이다.

3. 향수의 구비 조건

① 독특한 향이 있어야 한다.
② 확산성이 좋아야 한다.
③ 지속성이 좋아야 한다.

4. 농도에 따른 향수 분류

종류	향료 함유율	지속 시간	특징
퍼퓸	15~30%	5~7시간	짙고 풍부하고 중후한 향으로 가장 완성도가 높고 장시간 지속되는 향수이다.
오데 퍼퓸	10~15%	5시간	퍼퓸에 가까운 지속력과 풍부한 향을 가지고 있으며 부담 없고 가볍게 즐길 수 있는 향이며 경제적인 향수이다.
오데 토일렛	5~10%	3~4시간	우리나라의 경우에 많이 사용하는 향수로써 캐주얼하게 사용 가능한 향수이다.
오데 코롱	3~5%	2~3시간	향수를 처음 접하거나 가볍고 신선한 향으로 많이 사용되는 향수이다.
샤워 코롱	1% (2~3%)	약 1시간	바디 전신의 방향 효과와 스킨류의 방향 효과의 이중 효과를 가지는 향수이다.

5. 향의 구조

명칭	설명
톱 노트 (Top Note)	향수의 뚜껑을 처음 열었을 때 나는 가장 강한 향취이며 향수를 뿌렸을 때 가장 처음 느껴지는 향취를 말한다.
미들 노트 (Middle Note)	향수를 뿌린 뒤 30분 정도의 시간이 경과한 후의 향수의 주된 향취를 말한다.
베이스 노트 (Base Note)	향수를 뿌리고 나서 장시간 경과 후에 체취와 함께 섞여서 나는 잔향을 말한다.

> **Check Point**
> • 향의 지속성이 큰 순서: 퍼퓸>오데 퍼퓸>오데 토일렛>오데 코롱>샤워 코롱

6. 향수의 사용법

① 맥박이 뛰는 부위인 손목이나 귀 뒤쪽 등에 바른다.
② 개인의 취향에 따라서 향을 테스트해 보고 선택한다.
③ 향은 밑에서 위로 올라오는 성질이 있으므로 스커트 밑단이나 움직이는 부위에 바른다.

7. 주의 사항

① 보석류에 향수 사용은 피한다.
② 대한선이 분포해 있는 곳에는 향수 사용을 피한다.
③ 흰옷에 향수를 직접 뿌리지 않는다.
④ 피혁 제품에 향수 사용은 피한다.

7. 아로마 오일

1. 아로마 오일의 정의

식물의 꽃, 잎, 열매, 줄기, 껍질, 뿌리 등에서 추출한 오일이다. 아로마 오일은 면역 기능을 활성화시켜 주는 기능과 심신의 안정과 몸과 마음의 균형을 유지시켜서 건강을 유지하는 데 도움을 준다.

2. 아로마 오일의 특징

① 캐리어 오일(Carrier Oil)과 희석하여 사용한다.
② 지용성으로 오일이나 지방에 잘 녹으며 복잡한 화학 성분으로 구성된 화합물로 성분이 전혀 다른 오일로 블렌딩하면 화학적 불균형으로 독성을 유발할 수 있으며, 눈 부위에 직접 닿지 않게 해야 한다.
③ 안전성을 위해 패치 테스트(Patch Test)를 실시하여 사용한다.
④ 빛이나 공기, 산, 열 등에 약하므로 빛을 차단하는 유리병에 담아서 냉암소에 보관해야 한다.

3. 에센셜 오일의 사용 방법

① **흡입법** : 티슈나 손수건 등에 에센셜 오일을 1~2방울을 떨어뜨려서 심호흡하는 방법이다.
② **목욕법** : 따뜻한 욕조에 에센셜 오일을 7~8방울을 떨어뜨려서 사용하는 방법이다.
③ **족욕법** : 따뜻한 물에 에센셜 오일을 4~9방울을 넣고 10~15분 정도 발을 담그는 방법이다.

4. 캐리어 오일

캐리어 오일은 베이스 오일(Base Oil)이라고도 하며 에센셜 오일(Essential Oil)을 희석하여 매뉴얼 테크닉에 사용할 오일을 만드는 데 사용되는 식물성 오일을 말한다. 피부에 효과적으로 에센셜 오일을 침투시키기 위해 사용되며 공기 중에 장시간 노출될 경우에는 산패되므로 반드시 밀봉하여 냉장고에 보관하도록 한다. 대표적으로 사용되는 캐리어 오일에는 아보카도 오일(습진 피부나 건성 피부에 효과적), 아몬드 오일(건성 피부나 가려움증 피부에 효과적), 호호바 오일(산화가 잘 되지 않고 안정성이 높고 피부 친화성이 우수함) 등이 많이 사용된다.

8. 기능성 화장품

1. 기능성 화장품의 정의(화장품법 제2조제2항)

① 피부의 미백에 도움을 주는 제품(미백 기능성 화장품)
② 피부의 주름 개선에 도움을 주는 제품(주름 개선 기능성 화장품)
③ 피부를 곱게 태워 주거나 자외선으로부터 피부를 보호하는 데 도움을 주는 제품(자외선 차단 제품)
④ 모발의 일시적 색상 변화를 제외한 탈염·탈색으로 색상을 변화시키는 제품(탈염·탈색제, 염모제)
⑤ 물리적인 방법을 제외한 인체의 모를 제거하는 제품(제모 기능성 제품)
⑥ 탈모 증상을 완화시키는 제품(탈모 예방 제품)
⑦ 여드름 증상을 완화시키는 인체 세정용 화장품(여드름 기능성 욕용 제품)
⑧ 아토피 증상을 완화시키는 보습 화장품(아토피 피부 보습 크림)
⑨ 피부의 튼살에 나타나는 붉은 선을 연해지게 하는 데 도움을 주는 제품(튼살크림)

2. 미백 화장품

1. 멜라닌 생성 과정

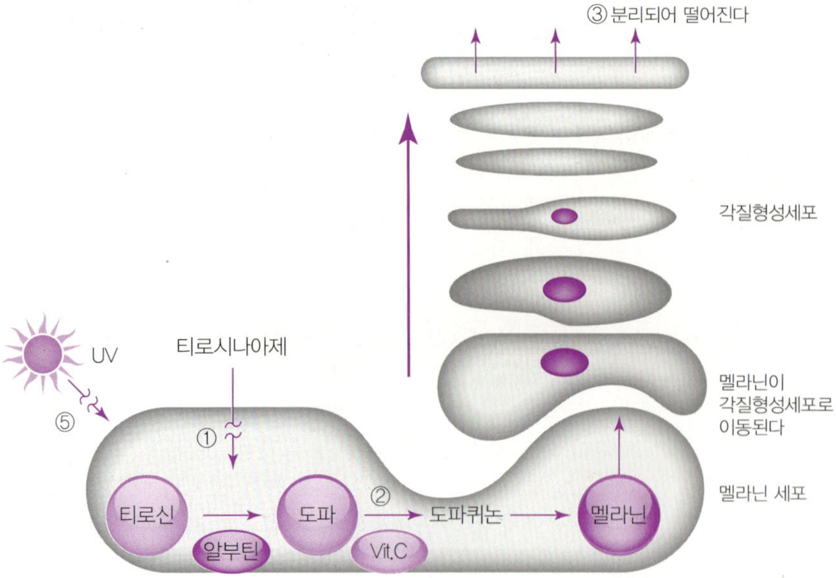

2. 미백 화장품에 사용되는 물질

(1) 티로시나아제(Tyrosinase) 작용 억제

멜라닌 형성 단계에서 티로신(Tyrosine)이 도파(Dopa)로 전환되는 데 필요한 촉매제 역할을 하는 티로시나아제 효소의 작용을 억제시켜 멜라닌의 생성을 막는다.(코직산, 플라센타, 알부틴, 닥나무 추출물, 감초 추출물, 상백피 추출물)

(2) 도파(Dopa)의 산화 억제

도파(Dopa)가 도파퀴논(Dopaquinone)으로 되는 산화 과정을 억제시키는 물질(비타민 C)

(3) 각질 박리

피부에 이미 생성되어서 올라온 멜라닌 색소의 착색된 각질을 제거함으로써 피부색의 명도를 높게 해주는 물질(AHA, BHA)

(4) 멜라닌 세포 감소

멜라닌 세포 자체를 사멸시키는 물질(하이드로퀴논)

(5) 자외선을 차단하는 물질(옥틸디메틸 파바)

3. 미백 화장품의 주요 성분

(1) 고시 원료

① 알부틴
② 닥나무 추출물
③ 아스코빌 글루코시드
④ 에틸 아스코빌 에텔
⑤ 유용성 감초 추출물
⑥ 마그네슘 아스코빌 포스페이트

(2) 기타 원료

① 천궁 추출물
② 속수자 종자 추출물
③ 반하 추출물
④ 루시놀
⑤ 코직산

3. 주름 기능성 화장품

1. 주름 생성 원인

① 자연 노화에 의해서 각화 주기가 길어지고 각질층이 두꺼워져서 주름의 골이 깊어짐

② 햇빛에 의한 광노화로 콜라겐과 엘라스틴의 감소에 의한 주름 생성
③ 진피층의 무코 다당류와 콜라겐의 감소로 수분 손실에 의한 주름 생성

2. 주름 기능성 화장품의 주요 성분

(1) 고시 원료

① 레티놀
② 레티닐 팔미테이트
③ 폴리에톡실레이티드 레틴아마이드
④ 아데노신

(2) 기타 원료

① 히드록시프롤린
② 작약 추출물
③ 7-디히드로 콜레스테롤
④ 빈랑자 추출물
⑤ 카이네틴

4. 자외선 차단 화장품

① 자외선 파장의 길이에 따라 피부에 침투될 유해한 자외선으로부터 보호할 목적으로 사용되는 화장품이다. 파장의 길이에 따라 UVC는 200~290nm, UVB는 290~320nm, UVA는 320~400nm로 분류된다.
② 자외선 차단제에는 크게 흡수제와 산란제로 구분된다.
㉠ 자외선 흡수제 : 화학적인 반응과 흡수작용에 의해서 자외선의 피부를 보호하는 차단제이다(옥틸메톡시신나메이트, 옥틸디메칠파바).
㉡ 자외선 산란제 : 물리적인 반사 작용에 의해서 자외선의 피부 침투를 막아 주는 차단제이다(이산화티탄, 산화아연).
③ 자외선 차단 기능성 제품 SPF 표기 의무 사항
㉠ SPF(Sun Protection Factor) : 자외선 차단 지수는 자외선 B(290~320nm)의 차단지수이며 반드시 표시해야 하는 의무 사항이다.
㉡ PA는 자외선 A의 차단지수이다.
④ 장소에 따른 자외선의 반사율
눈(90~95%), 물(80~85%), 모래(15~20%), 아스팔트(5~10%), 테니스 코트(4~5%), 잔디밭(1~2%)

자외선 A 차단 등급과 차단 효과

자외선 A 차단 등급(PA)	자외선 A 차단 효과
PA^{+}	차단 정도가 낮음
PA^{++}	차단 정도가 보통(일상, 실내)
PA^{+++}	차단 정도가 높음(일상)
PA^{++++}	차단 정도가 매우 높음

Check Point

기능성 화장품 9가지
- 미백, 주름, 자외선 차단, 피부를 곱게 태워 주는 화장품, 탈색·염모제, 제모제, 탈모 예방, 여드름용 세안제, 아토피 전용 크림, 튼살 크림

1 다음 중 화장품의 최초의 사용은 언제인가?

① 원시 시대 ② 이집트
③ 로마 ④ 르네상스

[해설]
고대 미용의 발상지이자 화장품을 최초로 사용한 곳은 이집트이다.

2 위생이나 청결의 개념으로 향수를 생활화 한 시대는?

① 고대 이집트 시대 ② 원시 시대
③ 그리스·로마 시대 ④ 르네상스 시대

[해설]
르네상스 시대에는 십자군의 귀향으로 향료 연구에는 큰 발전의 계기가 되어서 일반 서민들도 각종 향수류나 향장품을 기본으로 사용했다.

3 다음 우리나라 화장품의 역사 중 설명이 <u>다른 것</u>은?

① 1916년 박가분의 등장으로 상당한 인기를 누렸다.
② 1930년 동동구리무와 방물장수가 등장했다.
③ 1960년 우리나라 화장품 산업의 발전이 저조했던 시기이다.
④ 1990년 환경에 대한 관심이 고조되면서 천연화장품이 대거 등장했다.

[해설]
1960년대에는 우리나라 화장품 산업이 본격적으로 발전했다.

4 불교와 청자 문화의 발달에 힘입어 화장 도구와 용기가 견고해지고 더욱 화려해지던 시대는 언제인가?

① 통일신라 시대 ② 삼국 시대
③ 고려 시대 ④ 조선 시대

[해설]
고려 시대의 여인들은 향을 바르기를 좋아했고, 연지는 바르지 않았으며, 분을 즐겨 바르는 화장을 했다. 화장도구는 불교와 청자 문화의 발달로 인하여 더욱 용기와 도구가 화려해지고 견고해졌다.

5 다음 중 백분, 비누, 향수 등의 화장품이 우리나라에 처음 수입된 시기는?

① 개화기 ② 신라 시대
③ 고려시대 ④ 삼국 시대

[해설]
개화기 초에 일본과 중국에서 화장품이 수입되었고, 차츰 프랑스 등 유럽 제품까지 수입되었다.

6 다음 중 우리나라 관허(官許) 제1호의 화장품은 무엇인가?

① 서울분 ② 서가분
③ 박가분 ④ 동동구리무

[해설]
우리나라 관허 제1호 화장품은 박가분이다.

7 다음 중 우리나라에 천연 화장품이 등장한 시기는?

① 1921년 ② 1960년
③ 1970년 ④ 1990년

[해설]
1990년대 들어 식물성 성분이 함유된 자연성 화장품이 대거 등장했다.

8 우리나라 화장품법이 만들어진 시기는?

① 1961년 ② 1953년
③ 1995년 ④ 2000년

[해설]
우리나라 과거의 화장품은 약사법에 의해 관리되다가 2000년 7월 화장품법이 만들어지면서 화장품법에 의해 관리되고 있다.

9 다음 중 화장품에 포함되지 않는 제품은 무엇인가?

① 메이크업 베이스 ② 클렌징 크림
③ 치약 ④ 페이스 파우더

[해설]
치약은 의약외품에 속한다.

정답 1. ② 2. ④ 3. ③ 4. ③ 5. ① 6. ③ 7. ④ 8. ④ 9. ③

10 화장품의 표시 및 기재사항으로 옳지 않은 것은?

① 제품의 명칭 ② 내용물의 용량 및 중량
③ 제조자의 이름 ④ 내용물의 중량

[해설]
화장품의 표시 및 기재사항에 제조자의 이름은 필요하지 않다.

11 다음 중 화장품에 대한 설명으로 옳지 않은 것은?

① 향장품이라는 용어는 화장품과 향료를 총칭하는 것이다.
② 향취의 발산을 주목적으로 한 향료 제품도 포함된다.
③ 피부 보호 및 미화를 주목적으로 한다.
④ 우리나라에는 화장품법은 따로 제정되어 있지 않고, 약사법 안에 포함된다.

[해설]
우리나라에서는 2000년 7월 1일부터 화장품법이 시행되고 있다.

12 다음은 어떤 품질 특성에 해당되는 것인가?

미백효과, 자외선 차단 방어 효과, 주름 개선 효과

① 안정성 ② 안전성
③ 사용성 ④ 유용성

[해설]
- 안전성: 경구독성, 이물혼입, 자극성, 알레르기성
- 안정성: 변색, 변질, 변취, 미생물 오염 등이 없어야 함
- 사용성: 사용 시 부드러움·촉촉함·친화성이 우수해야 하며, 용기의 사용 편리성·디자인이나 색·향 등의 기호성이 적합해야 한다.
- 유용성: 미백효과, 주름개선 효과, 자외선 차단 방어효과 등 궁극적으로 목표하는 주 목적에 부합될 수 있는 유용성을 갖추어야 한다.

13 화장품의 분류에 관한 설명 중 틀린 것은?

① 스킨은 기초 화장품에 속한다.
② 샴푸와 헤어 린스는 모발용 화장품에 속한다.
③ 오데 퍼퓸은 방향 화장품에 속한다.
④ 아이라이너는 기초 화장품에 속한다.

[해설]
마스카라는 눈화장용 화장품에 속한다.

14 다음 중 화장품의 분류와 사용 목적이 잘못 연결된 것은?

① 기초 화장품은 세안, 피부 정돈, 피부 보호를 목적으로 사용한다.
② 메이크업 화장품은 세정, 피부 영양 공급, 피부 정돈의 목적으로 사용한다.
③ 두발 화장품은 세정, 트리트먼트, 정발, 웨이브 형성, 염색 및 탈색의 목적으로 사용한다.
④ 바디 화장품은 방취나 피부보호 등의 목적으로 사용한다.

[해설]
메이크업 화장품은 피부색 표현과 피부결점 보완을 한다.

15 다음의 설명에 해당하는 것은?

각질층에 존재하는 수용성 성분으로 피부에 10~20%의 수분이 일정하게 유지되도록 돕는다.

① 천연보습인자
② 콜라겐
③ 히아루론산
④ 엘라스틴

[해설]
천연보습인자(N.M.F)각질층에 존재하며, 피부에 10~20%의 수분이 일정하게 유지될 수 있도록 각질층에 존재하는 수용성 성분이다.

16 다음 중 화장품의 설명으로 옳지 않은 것은?

① 화장품은 인체를 대상으로 하는 것이다.
② 인체를 청결·미화하여 용모를 밝게 변화시킨다.
③ 가끔 인체에 부작용이 발생할 수 있다.
④ 피부 또는 모발의 건강을 유지 또는 증진시키는 목적이 있다.

[해설]
화장품이란 인체에 대한 작용이 경미한 것을 말한다.

정답 10. ③ 11. ④ 12. ④ 13. ④ 14. ② 15. ① 16. ③

17 다음에서 설명하는 화장품성분은 무엇인가?

> 지성 및 여드름 피부용의 화장수, 향수, 헤어토닉에 많이 사용되며, 휘발성을 띄고 있어 피부에 청량감을 부여하며, 수렴작용, 살균 및 소독 효과가 있다.

① 장미수
② 정제수
③ 에탄올
④ 점증제

[해설]
에탄올은 휘발성이 있어 피부에 청량감, 수렴효과, 살균 및 소독 효과가 있으며, 지성, 여드름 피부용 화장수, 헤어토닉, 향수 등에 많이 사용한다.

18 다음 중 화장품의 성분과 그 작용에 대한 설명으로 옳지 않은 것은 어느 것인가?

① 보습제-피부의 건조를 방지하며 피부를 부드럽게 하기 위하여 유분만을 함유한 물질이다.
② 방부제-세균의 성장을 방지하거나 억제하기 위해 첨가하는 물질이다.
③ 점증제-화장품의 점성을 증진시키기 위하여 첨가하는 물질이다.
④ 미백제-피부의 멜라닌 생성을 억제하기 위해 첨가하는 물질이다.

[해설]
보습제는 유·수분의 공급으로 피부의 건조를 방지하여 피부를 부드럽고 촉촉하게 하는 물질이다.

19 바디 화장품 중 목욕용 제품에 포함되지 않은 것은?

① 샴푸
② 비누
③ 액체 세정제
④ 입욕제

[해설]
샴푸는 모발 화장품 중 세정 목적으로 사용되는 제품이다.

20 비누에 대한 설명이 바른 것은?

① 비누 수용액이 오염과 피부사이에 침투하여 부착을 강화시켜 떨어지기 쉽게 하는 것이다.
② 비누는 거품이 풍성하며, 세정효과가 좋아야 한다.
③ 비누는 세정작용 뿐만 아니라 살균, 소독효과가 뛰어나다.
④ 비누는 소염제를 배합한 제품으로 여드름, 상처피부에 효과가 좋다.

21 다음 중 두피용 화장품에 속하는 것은?

① 린스 ② 헤어 무스
③ 헤어 컬러 ④ 육모제

[해설]
①, ②, ③은 두발용 화장품이고, 두피용 화장품은 육모제이다.

22 모발에 윤택감을 부여하고 헤어스타일을 정돈하여 오래 유지할 수 있도록 하는 목적으로 사용되는 모발화장품은?

① 헤어샴푸
② 헤어오일
③ 헤어토닉
④ 헤어린스

23 다음은 모발화장품 중 헤어트리트먼트에 대한 설명이 틀린 것은?

① 손상된 모발에 영양물질을 공급하고 건강한 모발로 복구시킨다.
② 큐티클 사이 영양물질을 채워서 정상 모발로 개선을 돕는다.
③ 유화상태에 따라 W/O형과 O/W형으로 나뉜다.
④ 두피나 모발을 청결히 하고 혈액순환을 좋게 하여 모근을 튼튼하게 해준다.

[해설]
두피나 모발을 청결히 하고 혈액순환을 좋게 해서 모근을 튼튼하게 해주는 것은 도피용 화장품이다.

정답 17. ③ 18. ① 19. ① 20. ② 21. ④ 22. ② 23. ④

24 화장품 원료 지정에 관한 내용으로 틀린 것은?

① 일본 화장품 원료기준에 수재되어 있는 원료
② 한국기술표준원에 수재되어 있는 원료
③ 화장품 원료기준에 수재되어 있는 원료
④ 국제화장품원료집(ICID)에 수재되어 있는 원료

[해설]
화장품 원료 지정.
- 식품 공전, 식품첨가물공전에 수재되어 있는 원료
- 일본 화장품 원료기준, 일본 화장품종별 배합성분규격에 등재되어 있는 원료
- 대한민국화장품원료집(KCID), 국제화장품원료집(ICID), EU화장품원료집에 수재되어 있는 원료
- 화장품원료기준(장원기)에 수재되어 있는 원료

25 다음은 무엇에 관한 설명인가?

- 정상인을 대상으로 한다. 위생과 미화를 목적으로 한다.
- 사용 기간은 장기간 또는 단속적이다. 사용 범위는 특정 부위이다.
- 부작용은 없어야 한다.

① 화장품　② 의약외품
③ 기능성 화장품　④ 의약품

[해설]
보기의 설명은 모두 의약외품에 대한 설명이다.

26 다음 화장품 원료의 분류 중 유성 원료로 자연계에 포함되지 않은 것은?

① 동물성　② 식물성
③ 실리콘 유　④ 광물성

[해설]
자연계에 속하는 유성 원료는 식물성, 동물성, 광물성이 있다. 실리콘 유는 유성 원료 중 합성계에 포함된다.

27 화장품의 고형화와 광택부여 및 사용감 향상을 위해 립스틱에 사용되는 유성원료는?

① 미네랄오일　② 식물성오일
③ 합성오일　④ 동물성오일

[해설]
왁스는 고형의 유성성분으로, 화장품의 고형화, 광택부여 및 사용감을 향상을 위해 립스틱에 사용된다.

28 다음의 내용 중 옳지 않은 것은?

① 의약외품은 장기간, 단속적으로 사용할 수 있다.
② 화장품은 신체의 특정 부위에만 사용이 가능하다.
③ 의약외품은 효능과 효과의 범위가 일정하다.
④ 의약품은 약간의 부작용이 있어도 무방하다.

[해설]
화장품은 전신에 사용할 수 있다.

29 화장품 원료에 대한 설명으로 옳지 않은 것은?

① 광우병 파동 이후에 동물성 원료보다는 식물성 원료를 많이 사용한다.
② 화장품 원료는 80% 이상 해외에서 수입한다.
③ 화장품에 사용되는 원료는 화장품법으로 정해져 있다.
④ 화장품에 새로운 원료는 기술표준원에서 안전성 검사를 한 후에 허가를 받고 사용해야 한다.

[해설]
화장품에 사용될 신규 원료는 식품의약품안전처에 안전성 검사와 허가를 받아야 한다.

30 화장품 성분 중 무기 안료의 특성으로 알맞은 것은?

① 유기 용매에 잘 녹는다.
② 착색이 잘되며 선명도가 좋다.
③ 내열성과 내광성이 좋다.
④ 유기 안료보다 색의 종류가 다양하게 있다.

[해설]
무기 안료는 커버력이 우수하며 내광성과 내열성이 우수하다.

31 화장품 원료 중 수성 원료에 포함되지 않은 것은?

① 정제수　② 라놀린
③ 에탄올　④ 글리세린

[해설]
라놀린은 왁스류에 속하는 원료로 유성원료이다.

정답 24. ② 25. ② 26. ③ 27. ③ 28. ② 29. ④ 30. ③ 31. ②

32 보습제의 기능을 하는 수분 공급이 뛰어난 화장품 성분은?

① 계면활성제 ② 글리세린
③ 실리콘 오일 ④ 식물성 오일

[해설]
계면활성제는 섞이지 않는 물과 오일을 섞이게 하는 물질, 글리세린은 대표적인 보습제로 사용됨. 파라벤은 방부제의 종류 중 하나이다.

33 보습제가 갖추어야 할 조건으로 틀린 것은?

① 다른 성분과의 혼용성이 좋은 것
② 휘발성이 강할 것
③ 적절한 수분 흡수 능력이 지속적일 것
④ 응고성이 낮을 것

[해설]
휘발성이 있으면 수분도 증발하므로 보습제의 조건은 아니다.

34 다음 중 기능성 화장품에 해당되지 않는 것은?

① 메이크업 제품
② 미백 제품
③ 주름개선 제품
④ 자외선 차단 제품

[해설]
메이크업 제품은 기능성 화장품에 들지 않는다.

35 미백 화장품의 멜라닌 생성억제와 관련된 메커니즘으로 해당되지 않은 것은?

① 티로신 생성 저해
② 도파 산화 억제
③ 티로시나아제 활성화
④ 자외선 차단

[해설]
티로시나아제 효소를 억제시켜야 멜라닌이 생기지 않는다.
멜라닌 생성 과정 :
티로신 → 도파 → 도파퀴논 → 도파크롬 → 멜라닌
↑ ↑
티로시나아제 O_2

36 로션을 제조하는 데 가장 많이 사용되는 원료는?

① 정제수 ② 왁스
③ 에탄올 ④ 유동 파라핀

[해설]
로션의 일반적인 처방은 정제수75%, 유성 오일 13%, 계면활성제 3.0%, 보습제 7.0%, 첨가제 등이다. 일반적으로 유화 제품에 가장 많이 사용되는 원료는 정제수이다.

37 글리세린 원료에 대한 설명 중 틀린 것은?

① 무취, 무색이다.
② 비누나 지방산을 제조할 때 부산물도 얻게 된다.
③ 물이나 알코올에 잘 녹지 않는다.
④ 오래 전부터 보습제로 널리 사용되어 오고 있다.

[해설]
글리세린은 가장 오래전부터 사용되어 온 보습제이며 수성원료로써 물이나 알코올에 잘 녹는다.

38 다음 중 동물성 오일이 아닌 것은?

① 거북이 오일
② 밍크 오일
③ 아보카도 오일
④ 난황 오일

[해설]
아보카도 오일은 식물성 오일로써 피부조직 연화, 피부 재생, 자외선 흡수 작용 등의 우수한 오일로 널리 사용되는 원료이다.

39 다음 중 기능성 화장품에 대한 설명으로 옳지 않은 것은?

① 피부의 미백에 도움을 주는 제품
② 피부를 자외선으로부터 보호하는 데 도움을 주는 제품
③ 피부 노화를 지연시키는 제품
④ 상처치료를 위한 제품

[해설]
기능성 화장품은 상처치료의 목적이 아니다.

정답 32. ② 33. ② 34. ① 35. ③ 36. ① 37. ③ 38. ③ 39. ④

40 주름 개선 기능성 화장품의 효과 중 바르지 <u>않은 것은</u>?

① 표피 신진대사 촉진
② 콜라겐 합성 유도
③ 피부 탄력 증대
④ 섬유아세포 분해

41 다음 중 동물성 왁스류인 것은?

① 카르나우바 왁스 ② 밀납
③ 칸델릴라 왁스 ④ 세레신 왁스

[해설]
동물성 왁스로는 밀납과 라놀린이 대표적이다.

42 다음 중 피부 타입별로 로션의 구분으로 옳지 <u>않은 것은</u>?

① 건성 피부–유분의 함량이 많고 보습제가 적게 함유되어 있다.
② 정상 피부–유분과 보습제가 적절히 함유되어 있다.
③ 지성 피부–유분 함량이 적고, 알코올 함량이 다소 높다.
④ 민감성 피부–저자극성 성분을 사용한다.

[해설]
건성 피부 로션에는 유분과 보습제가 많이 함유되어 있다.

43 계면활성제 중에서 화장품에 주로 많이 사용되는 것은?

① 양이온 계면활성제 ② 음이온 계면활성제
③ 양쪽성 계면활성제 ④ 비이온 계면활성제

[해설]
비이온 계면활성제는 피부 자극이 적어서 화장수의 가용화제, 크림의 유화제, 클렌징 크림의 세정제 등의 용도로 사용된다.

44 다음 중 화장품의 4대 요건에 해당되지 <u>않는 것은</u>?

① 안전성 ② 안정성
③ 사용성 ④ 실용성

[해설]
화장품의 4대 요건은 안전성, 안전성, 사용성, 유효성이다.

45 피부에 대한 자극, 알레르기, 독성이 없어야 하는 특징은 화장품의 4대 요건 중 어디에 해당하는가?

① 안전성
② 안정성
③ 사용성
④ 실용성

[해설]
안전성은 피부에 대한 안전도를 말한다.

46 다음 중 화장품의 안정성 평가를 하기 위한 자극 반응으로, 자외선 차단제나 향료 등이 빛에 노출되었을 때 나타나는 알레르기 테스트 기법은?

① 첩포 테스트
② 광감작성 테스트
③ 광독성 테스트
④ 알레르기 테스트

[해설]
광감작성(광자극성) **테스트**란 빛에 노출되었을 때 알레르기 관련 테스트로서 일부 자외선 차단제나 살균 보존제, 향료 등은 광감작성 테스트가 필요하다.

47 다음 중 피부에 사용 시 손놀림이 쉽고 피부에 잘 스며드는 것은 화장품의 4대 요건 중 어디에 해당하는가?

① 유효성 ② 안정성
③ 유용성 ④ 사용성

[해설]
피부에 잘 스며들고 손놀림이 쉬운 것은 사용성을 말한다.

48 다음 중 기초화장품에 포함되지 않는 화장품은?

① 팩제 ② 크림
③ 세안제 ④ 파우더

[해설]
파우더는 색조 화장품에 속한다.

정답 40. ④ 41. ② 42. ① 43. ④ 44. ④ 45. ① 46. ② 47. ④ 48. ④

49 다음 중 기초 화장품에 대한 설명으로 옳지 않은 것은?

① 피부를 청결히 하고 건강하게 유지시킨다.
② 피부에 수분을 공급하고 유연하게 한다.
③ 피부가 거칠어지는 것을 방지하고 살결을 가다듬는 데 도움을 준다.
④ 피부의 결점을 커버하여 피부색을 정돈한다.

[해설]
피부의 결점을 커버하여 피부색을 정돈하고 화사하게 표현하는 것은 메이크업 화장품의 설명이다.

50 다음 중 물리적 성질로 형태만을 변화시키는 것은 무엇인가?

① 물 ② 약품 ③ 공기 ④ 햇빛

[해설]
분자식은 변함없고, 상태만을 변화시키는 것은 얼음, 수증기, 물이다.

51 다음 중 기초 화장품에 대한 기능으로 옳지 않은 것은?

① 세정 효과 ② 정돈 효과
③ 향취 효과 ④ 보호 효과

[해설]
향취 효과는 방향 화장품의 기능이다.

52 다음 중 보습 화장품의 종류가 아닌 것은?

① 크림 ② 로션
③ 클렌징 크림 ④ 에센스

[해설]
보습 화장품은 로션, 크림, 에센스 등이 포함된다.

53 다음 중 클렌징 로션에 대한 설명으로 옳은 것은?

① 유분 성분이 없어서 지성 피부에 좋다.
② 사용 시 천천히 마사지 하듯이 사용한다.
③ 오일 성분으로 인한 끈적임이 남아 있어서 이중 세안이 필요하다.
④ 산뜻하며 끈적임이 적고 옅은 메이크업을 지우는 데 사용한다.

[해설]
세정력이 클렌징 크림에 비해 떨어지지만, 산뜻하고 끈적임이 적다.

54 다음 중 세안용 화장품에 대한 설명으로 옳지 않은 것은?

① 각질 세포와 함께 더러움을 제거해 준다.
② 피부의 청결 상태를 유지시켜 주어 정상적인 생리 기능을 만들어 준다.
③ 세안은 피부관리에 있어 가장 기본적이고 중요하다.
④ 건조한 피부에 영향과 보습을 제공한다.

[해설]
피부에 보습과 영양을 공급하는 것은 세안용 화장품에 대한 설명이 아니다.

55 다음 중 피지가 많고 여드름이 잘 생기는 지성 피부에 적당한 화장수는?

① 수렴 화장수 ② 유연 화장수
③ 영양 화장수 ④ 오일 화장수

[해설]
피지가 많고 여드름이 잘 생기는 지성 피부는 수렴 화장수를 사용한다.

56 다음 중 크림의 사용 목적으로 옳지 않은 것은?

① 피부의 생리 기능을 돕는다.
② 유효 성분들로 피부 문제점을 개선한다.
③ 피부를 외부 환경으로부터 보호한다.
④ 흡착 작용에 의해 노폐물이 제거되어 청결해진다.

[해설]
흡착 작용에 의해 노폐물을 제거하고 청결하게 하는 것은 팩의 효과이다.

57 다음 중 무대 화장의 진한 메이크업을 지우기에 가장 적합한 클렌징 제품은?

① 클렌징 오일, 크림 ② 클렌징 젤
③ 클렌징 폼 ④ 클렌징 로션

[해설]
진한 메이크업을 지우기에는 유분기가 많은 제품이 적당하다.

정답 49. ④ 50. ① 51. ③ 52. ③ 53. ④ 54. ④ 55. ① 56. ④ 57. ①

58 다음 중 화장수의 설명으로 옳지 않은 것은?

① 유연 화장수는 각질층에 수분을 공급하여 피부를 유연하게 유지시킨다.
② 수렴 화장수는 수렴 작용 및 피지 분비 억제 효과를 지닌다.
③ 세정 화장수는 가벼운 화장과 피부 오염을 제거하여 청결하게 유지시켜 준다.
④ 정제수는 보습 및 유연 작용을 한다.

[해설]
정제수는 각종 배합 성분을 용해하는 용제이나 화장수의 종류는 아니다.

59 다음 중 유연 화장수의 설명으로 옳지 않은 것은?

① pH를 조절한다.
② 피부를 유연하게 한다.
③ 피부를 정돈한다.
④ 민감성 피부에는 사용하지 않는다.

[해설]
유연 화장수는 각질층에 보습 작용을 하고, 피부를 유연하게 한다.

60 다음 중 수렴 화장수의 설명으로 옳은 것은?

① 피부의 세정 및 보습 효과가 있다.
② 피부의 진정 효과가 있다.
③ 피부의 모공을 넓혀 영양을 공급한다.
④ 산뜻한 사용감과 피지분비 억제 작용을 한다.

[해설]
피지 분비를 억제하며, 피부의 수렴 효과를 주는 것은 수렴 화장수이다.

61 다음 중 효소제에 들어 있는 주요 성분은?

① 파파인 ② 일랑일랑
③ 아줄렌 ④ 재스민

[해설]
효소에 들어 있는 주성분은 파파인과 펩신이다.

62 다음 중 딥 클렌징 제품이 아닌 것은?

① 효소 ② 스크럽
③ 고마지 ④ 파라핀

[해설]
파라핀은 마스크류에 사용되는 제품이다.

63 다음 중 식물성 오일이 아닌 것은?

① 포도씨 유 ② 올리브 유
③ 호호바 유 ④ 라놀린

[해설]
라놀린은 양모에서 추출되는 동물성 왁스이다.

64 다음 중 누룩 곰팡이에서 얻게 되는 미백 성분으로 옳은 것은?

① 콜라겐 ② 알부틴
③ 라놀린 ④ 코지산

[해설]
누룩 곰팡이에서 얻게 되는 미백 성분은 코지산이다.

65 다음 중 광물성 유에 속하지 않는 것은?

① 바세린 ② 파라핀
③ 실리콘 ④ 올리브

[해설]
올리브는 식물성 오일이다.

66 다음 중 고농축 화장품인 것은?

① 유연 화장수 ② 클렌징 크림
③ 로션 ④ 에센스

[해설]
에센스는 보습 성분과 유효 성분을 다량 함유하고 있다.

67 다음 중 팩의 효과로 옳지 않은 것은?

① 팩의 유효 성분 침투 촉진
② 혈액 순환 촉진 및 보습
③ 피부의 청정 효과
④ 염증 치료 효과

[해설]
염증 치료 효과는 팩의 효능이 아니다.

정답 58. ④ 59. ④ 60. ④ 61. ① 62. ④ 63. ④ 64. ④ 65. ④ 66. ④ 67. ④

68 다음 중 팩의 효과가 아닌 것은?

① 얼굴 윤곽 수정　　② 흡착 작용
③ 혈액 순환 촉진　　④ 보습

[해설]
팩의 효과는 보습, 흡착, 혈액 순환 촉진 등이다.

69 다음 중 팩의 타입에 따른 적용 대상으로 옳지 않은 것은?

① 머드 타입 – 지성 피부
② 크림 타입 – 건성 피부
③ 젤 타입 – 건성 피부
④ 오일 타입 – 지성 피부

[해설]
여드름이나 지성 피부는 청정, 피지 흡착, 수분 공급, 진정에 효과가 있는 팩을 사용한다.

70 다음 중 석고 마스크에 대한 설명으로 옳은 것은?

① 피부에 진정 작용을 한다.
② 여름철에 더 효과적인 팩이다.
③ 예민한 피부나 모세혈관이 확장된 피부는 주의한다.
④ 시원한 느낌이 있으며, 특히 여드름 피부에 효과적이다.

[해설]
발열 작용을 하며, 피부의 혈액 순환을 촉진한다.

71 다음 마스크의 종류 중 머드팩에 적합한 피부는?

① 지성 피부　　② 노화 피부
③ 건성 피부　　④ 예민 피부

[해설]
머드팩과 클레이 마스크는 지성 피부, 여드름 피부에 좋다.

72 다음 중 콜라겐 시트 마스크에 대한 설명으로 옳지 않은 것은?

① 발열 작용　　② 보습 효과
③ 잔주름 완화　　④ 진정 작용

[해설]
발열 작용은 석고 마스크에 대한 설명이다.

73 다음 중 팩제와 그의 특징이 잘못 짝지어진 것은?

① 필오프 타입은 얇은 필름 막을 형성하며, 민감한 피부는 사용에 유의한다.
② 워시오프 타입은 물을 흡수시키는 타입으로 보습 및 청량감을 준다.
③ 티슈오프 타입은 티슈 타입으로 진정과 보습 효과가 있다.
④ 시트 타입은 사용이 간단하고 티슈오프 타입과 비슷하다.

[해설]
워시오프 타입은 사용 후 물로 닦는 방법이다.

74 팩의 주성분 중 피막형성끼리 올바르게 묶은 것은?

① 카올린, 파라벤
② 폴리비닐알코올, 니트로셀룰로오스
③ 아미노산류, 페녹시 에탄올
④ 유동파라핀, BHT

[해설]
피막형성제는 화장품 도포 후 시간이 경과하면 굳게 도와주는 성질을 가지고 있으며, 폴리비닐알코올, 폴리비닐피롤리돈, 니트로셀룰로오스, 고분자 실리콘 등이 있다.

75 팩의 사용 목적이 아닌 것은?

① 모든 팩제가 건조하는 과정에서 피부에 매우 강한 긴장을 준다.
② 일시적으로 피부의 온도를 높여 혈행을 촉진시킨다.
③ 노화된 각질 등을 팩과 함께 제거시키므로 피부 표면을 매끄럽게 도와줄 수 있다.
④ 피부에 보습과 영양을 공급한다.

[해설]
팩의 기능에는 보습작용, 수렴작용, 청정작용, 신진대사 및 혈액순환 촉진작용이 있다.

정답 68. ① 69. ④ 70. ③ 71. ① 72. ① 73. ② 74. ② 75. ①

76 다음 중 수성 원료로써 파우더를 제외한 거의 모든 화장품의 원료인 것은?

① 알코올 ② 정제수
③ 맥아 유 ④ 호호바 유

[해설]
수성 원료는 정제수와 알코올을 말하며 거의 모든 화장품에 기본 원료로 쓰이는 것은 정제수이다.

77 다음 중 화장수로 가장 많이 활용되는 알코올 성분은?

① 부탄올 ② 프로판올
③ 메탄올 ④ 에탄올

[해설]
인체용으로 에틸 알코올이 주로 사용된다.

78 다음 중 보습제로 많이 사용되는 것은?

① 정제수 ② 글리세린
③ 왁스 ④ 알코올

[해설]
글리세린은 보습제 성분 중 하나이다.

79 화장품의 제형에 따른 특징의 설명이 틀린 것은?

① 유화제품 – 물에 오일성분이 계면활성제에 의해 우유 빛으로 백탁화된 상태의 제품
② 유용화제품 – 물에 다량의 오일성분이 계면활성제에 의해 현탁하게 혼합된 상태의 제품
③ 분산제품 – 물 또는 오일 성분에 미세한 고체입자가 계면활성제에 의해 균일하게 혼합된 상태의 제품
④ 가용화제품 – 물에 소량의 오일성분이 계면활성제에 의해 투명하게 용해되어 있는 상태의 제품

80 화장품의 분류와 사용목적, 제품이 일치하지 않는 것은?

① 모발 화장품 – 정발 – 헤어스프레이
② 방향 화장품 – 향취부여 – 오데코롱
③ 메이크업 화장품 – 색채 부여 – 립스틱
④ 기초화장품 – 피부정돈 – 클렌징 폼

81 다음 중 화장품의 유성 원료에 대한 설명이 아닌 것은?

① 외부 자극으로부터 피부 보호
② 피부에 얇은 막을 형성하며 수분 증발 억제
③ 피부에 윤활 작용
④ 청량감과 수렴 효과

[해설]
피부에 청량감과 수렴 효과를 주는 것은 알코올에 대한 설명이다.

82 피지와 성분이 유사하며 보습 효과와 함께 지성 및 여드름 피부에 사용 가능한 식물성 오일은?

① 라놀린 ② 밍크 오일
③ 동백 유 ④ 호호바 유

[해설]
식물성 오일인 호호바 오일은 지성 및 여드름 피부 모두 사용이 가능한 오일이다.

83 다음 중 식물성 오일이 아닌 것은?

① 올리브 유 ② 아보카도 오일
③ 마카다미아넛 오일 ④ 스쿠알란

[해설]
심해상어 간유에서 추출한 성분으로 동물 유에 속하는 오일은 스쿠알란이다.

84 다음은 에센셜 오일의 노트에 대한 설명으로 알맞은 것은?

> 향의 풍요로움과 밀도를 더해주어 에센셜오일 자체의 향을 느끼게 해주는 노트로 자스민, 장미 등의 플로럴계열 등이 해당된다. 알콜이 날아간 다음 나타나는 향취이다.

① 탑노트 ② 미들노트
③ 베이스노트 ④ 하프노트

[해설]
미들노트는 향의 풍요로움과 밀도를 더해주어 에센셜오일 자체의 향을 느끼게 해주는 노트로 자스민, 장미 등의 플로럴계열 등이 해당된다.

정답 76. ② 77. ④ 78. ② 79. ② 80. ④ 81. ④ 82. ④ 83. ④ 84. ②

85 (A)는 끈적임이 거의 없고 가볍게 발리며, 광택이 좋고 내수성 우수한 오일로 디메치콘이 있다. A에 해당하는 것은?

① 솔비톨 ② 호호바오일
③ 난황오일 ④ 실리콘오일

[해설]
실리콘 오일은 끈적임이 거의 없고 가볍게 발리며, 광택이 좋고 내수성 우수한 오일로 디메치콘이 있다.

86 다음 중 양의 털에서 추출하여 피부에 윤택과 함께 보습제로도 활용되는 것은?

① 경납 ② 난황 유
③ 라놀린 ④ 피마자 유

[해설]
경납은 향유고래, 난황유는 계란 노른자, 피마자는 피마자 씨에서 추출된다.

87 다음 중 광물성 오일로써 수분 증발을 억제하는 것은?

① 올리브 유 ② 바세린
③ 맥아 유 ④ 로즈힙 오일

[해설]
광물성 오일은 유동 파라핀, 바세린, 실리콘유 등이다.

88 다음의 과일산 중 오렌지에서 얻게 되는 것은?

① 주석산 ② 구연산
③ 글리콜산 ④ 능금산

[해설]
오렌지에서 얻게 되는 것은 구연산이다.

89 다음 중 민감성 피부에 효과적인 성분으로 옳지 않은 것은?

① 비타민 K ② 아줄렌
③ 비타민 P ④ 살리실산

[해설]
살리실산은 살균, 피지억제의 작용이 있어 여드름 피부에 효과적이다.

90 화장품 성분 중 건성 피부에 효과적인 성분으로 옳지 않은 것은?

① 엘라스틴 ② 히아루론산
③ 세라마이드 ④ 클레이

[해설]
건성피부는 콜라겐이나 히아루론산, 세라마이드가 함유된 성분을 사용하고, 지성 피부는 머드나 클레이, 카올린, 차콜 등의 성분을 사용한다.

91 물에 오일 성분이 섞여 불투명한 상태로 보이는 것을 무엇이라고 하는가?

① 가용화 ② 유화
③ 중화 ④ 분산

[해설]
계면활성제에 의해 백탁된 상태를 유화라고 한다.

92 다음 중 계면활성제의 주된 작용이 아닌 것은?

① 가용화 ② 유화 ③ 중화 ④ 분산

[해설]
계면활성제의 작용은 가용화, 유화, 분산으로 나눌 수 있다.

93 다음 중 계면활성제의 투명하게 용해하는 현상을 이용하여 만든 화장품은?

① 파운데이션 ② 토너
③ 에멀젼 ④ 아이라인

[해설]
가용화란 물에 소량의 오일 성분이 계면활성제에 의해 투명하게 용해되는 현상을 말한다. 가용화를 이용해 만든 화장품으로는 토너, 앰플, 에센스, 향수 등이 있다.

94 계면활성제에 대한 설명으로 맞는 것은?

① 계면활성제는 일반적으로 둥근 머리모양의 소수성기와 막대꼬리모양의 친수성기를 가진 다.
② 계면활성제의 피부에 대한 자극은 비이온 > 양이온 > 양쪽성 > 음이온의 순으로 감소한다.
③ 비이온성 계면활성제는 피부자극이 적어 화장수의 가용화제, 크림의 유화제, 클렌징크림 의 세정제 등에 사용된다.
④ 양이온성 계면활성제의 대표적 제품에는 비누, 샴푸 등에 사용된다.

정답 85. ④ 86. ③ 87. ② 88. ② 89. ④ 90. ④ 91. ② 92. ③ 93. ② 94. ③

95 계면활성제의 피부자극 순서로 맞는 것은?

① 음이온성 → 비이온성 → 양이온성 → 양쪽성
② 양이온성 → 양쪽성 → 비이온성 → 음이온성
③ 비이온성 → 음이온성 → 양쪽성 → 비이온성
④ 양이온성 → 음이온성 → 양쪽성 → 비이온성

[해설]
양이온성 → 음이온성 → 양쪽성 → 비이온성의 순서이다.

96 피부의 자극이 적어 화장수의 가용화제, 크림의 유화제, 세정제 등의 용도로 쓰이는 계면활성제는 무엇인가?

① 음이온성 계면활성제
② 양쪽성 계면활성제
③ 비이온성 계면활성제
④ 양이온성 계면활성제

[해설]
비이온성 계면활성제는 가용화제, 크림의 유화제, 세정제 등의 용도로 사용한다.

97 계면활성제의 분류 중 소량의 기름을 물에 투명하게 녹이는 것은?

① 가용화제　② 분산제
③ 유화제　④ 세정제

[해설]
물과 기름을 섞이게 하는 것을 유화제, 고체입자를 균일하게 하는 것을 분산제, 소량의 기름을 물에 투명하게 녹이는 것을 가용화제라고 한다.

98 계면활성제의 기본 작용으로 옳지 않은 것은?

① 습윤 작용
② 기포 작용
③ 보습 작용
④ 유화 작용

[해설]
계면활성제는 습윤 작용, 유화 작용, 분산작용, 기포작용 등을 한다.

99 계면활성제의 이온 형태별 분류 방법에 속하지 않는 것은?

① 음이온성 계면활성제
② 양쪽성 계면활성제
③ 양이온성 계면활성제
④ 저이온성 계면활성제

[해설]
계면활성제는 음이온성, 양이온성, 양쪽성, 비이온성 계면활성제로 나뉜다.

100 음이온성 계면활성제의 설명이 아닌 것은?

① 세정력이 약하다.
② 세정력이 뛰어나다.
③ 기포 형성 능력이 강하다.
④ 클렌징 제품 등에 사용된다.

[해설]
음이온성 계면활성제는 기포 형성 능력이 탁월한 성질을 가지고 있다.

101 양쪽성 계면활성제의 성질에 대한 설명으로 옳은 것은?

① 세정력이 음이온성 계면활성제보다 강하다.
② 피부에 대한 안정성이 높다.
③ 자극성이 강하다.
④ 기포 형성 능력이 가장 강하다.

[해설]
양쪽성 계면활성제는 피부에 대한 안정성이 높다.

102 거품이 풍성하여 세정력이 우수하고 세제나 샴푸에 주로 사용하는 계면활성제는?

① 양이온 계면활성제
② 음이온 계면활성제
③ 양쪽성 계면활성제
④ 비이온성계면활성제

[해설]
음이온 계면활성제는 세정 작용과 기포 형성 작용이 우수하며 비누, 샴푸, 클렌징 폼 등에 사용된다.

정답 95. ④ 96. ③ 96. ① 97. ③ 98. ③ 99. ④ 100. ① 101. ② 102. ②

103 화장품이나 염색제 또는 아로마 오일 사용 전 피부에 반응 검사를 하는 것을 무엇이라고 하는가?

① 피. 에이치 테스트 ② 패치 테스트
③ 패팅 테스트 ④ 페이퍼 테스트

[해설]
피부에 반응 검사를 하여 부작용 유무를 확인하는 것을 패치 테스트라고 한다.

104 다음 중 염료의 설명으로 옳지 않은 것은?

① 염색에 주로 사용한다.
② 물과 용제에 녹지 않는다.
③ 기초 화장품에 색채 효과를 주기 위해 소량 사용한다.
④ 주로 기초 화장품 및 모발 화장품에 사용한다.

[해설]
염료는 물과 용제에 녹는 성질을 가지고 있다.

105 다음 중 안료의 성질에 대한 설명으로 옳지 않은 것은?

① 빛을 반사 및 차단시킨다.
② 주로 기초 화장품에 사용한다.
③ 물과 용제에 잘 녹지 않는다.
④ 커버력이 우수하다.

[해설]
안료는 주로 메이크업 제품에 사용된다.

106 다음 원료 중 탄화수소류에 포함되지 않은 것은?

① 유동 파라핀 ② 실리콘 오일
③ 파라핀 ④ 세레신

[해설]
탄화수소류에 속하는 대표적인 원료로는 유동 파라핀, 파라핀, 바세린, 세레신 등이 있다.

107 다음 중 화장품에 사용되는 안료가 아닌 것은?

① 착색 안료 ② 백색 안료
③ 적색 안료 ④ 진주 광택 안료

[해설]
화장품에 사용되는 안료는 착색 안료, 백색 안료, 진주 광택 안료가 있다.

108 점증제로써 네일 피막제로 사용되고 밀폐된 공간에서 폭발성 위험이 있는 원료는 무엇인가?

① 잔탄검
② 폴리비닐 알코올
③ 니트로 셀룰로오스
④ 카르복시메틸 셀룰로오스

[해설]
네일 에나멜의 니트로 셀룰로오스는 주로 피막제로 사용되며 밀폐된 공간에서 폭발성 위험이 있다.

109 다음 중 체질 안료의 성질로 옳지 않은 것은?

① 커버력이 뛰어나다.
② 피부에는 부착성을 조절한다.
③ 색조와 퍼짐성을 조절한다.
④ 땀 또는 피지의 흡수성과 광택을 조절한다.

[해설]
체질 안료는 커버력이 낮다.

110 방부제 사용 시 고려할 사항이 아닌 것은?

① 피부의 안전성을 고려해야 한다.
② pH 변화에 대해 항균력이 변하지 않아야 한다.
③ 방부를 위해서는 색이나 향은 무방하다.
④ 다른 배합 성분과 작용하여 변화되지 않아야 한다.

[해설]
방부제 사용 시 무색·무취여야 한다.

111 다음 중 피부의 산화를 방지하는 성분이 아닌 것은?

① 토코페롤 ② 비타민 C
③ 에탄올 ④ 아르기닌

112 다음 중 금속 이온 봉쇄제가 아닌 것은?

① EDTA ② BHA
③ 인산 ④ 구연산

[해설]
금속 이온 봉쇄제로 주로 사용되는 원료는 EDTA, 인산, 구연산 등이 있다.

정답 103. ② 104. ② 105. ② 106. ② 107. ③ 108. ③ 109. ① 110. ③ 111. ③ 112. ②

113 보습제가 갖추어야 할 조건이라고 볼 수 없는 것은?

① 다른 성분들과 혼용성이 좋아야 한다.
② 온도나 습도 등의 영향을 쉽게 받지 않아야 한다.
③ 적절한 흡수 능력이 있어야 한다.
④ 휘발성이 높을수록 좋다.

[해설]
휘발성이 없어 다른 성분들과 잘 혼합되어야 한다.

114 다음 중 신체의 특정 부위에 사용하여 셀룰라이트를 개선시키고 혈액순환을 도와 노폐물 배출을 용이하게 도와 주는 제품은?

① 샤워 코롱 ② 데오도란트
③ 바디 스크럽 ④ 슬리밍 제품

115 다음 중 유기 합성 색소가 아닌 것은?

① 염료 ② 레이크
③ 유기 안료 ④ 착색 안료

[해설]
화장품용 색재는 유기 합성 색소, 천연 색소, 무기 안료, 진주 광택 안료, 고분자 분체, 기능성 안료 등으로 분류할 수 있다. 유기 합성 색소로는 염료, 레이크, 유기 안료로 분류된다.

116 색소에 대한 설명으로 옳은 것은?

① 염료는 용제에 녹고, 안료는 물 또는 용제에 녹지 않는다.
② 염료와 안료는 모두 용제에 녹는다.
③ 염료와 안료는 모두 용제에 녹지 않는다.
④ 안료는 용제에 녹고 물과 용제에 녹지 않는다.

[해설]
염료는 용제에 녹는 것이고, 안료는 물 또는 용제에 녹지 않는 것이다.

117 고체 입자(안료) 표면에 계면활성제가 흡착되어 고체 입자가 서로 뭉치거나 가라앉는 것을 방지해 주는 기술은?

① 가용화 ② 유화
③ 분산 ④ 분체

[해설]
분산은 계면활성제가 고체 입자의 표면에 흡착되어 고체 입자가 서로 뭉치거나 가라앉는 것을 방지하는 역할을 한다.

118 다음 중 립스틱 화장품은 어느 기술에 의해 제조되는가?

① 분산 ② 유화
③ 가용화 ④ 리포좀

[해설]
분산 제조 기술을 이용하는 제품에는 립스틱, 마스카라, 아이라이너, 네일 에나멜, 파운데이션 등이 있다.

119 화장품의 방부제의 역할로 옳은 것은?

① 화장품의 부패 및 변질을 막는다.
② 피부의 pH를 조절한다.
③ 제품의 향을 좋게 한다.
④ 피부를 청결하게 한다.

[해설]
방부제란 화장품의 안정성을 높이기 위하여 부패 및 변질을 막아 주는 물질이다.

120 다음 중 체질 안료에 포함되지 않는 것은?

① 마이카
② 산화철
③ 카올린
④ 탈크

[해설]
체질 안료에는 마이카, 탈크, 카올린, 탄산칼슘, 무수규산 등이 있다.

121 다음 중 여드름 피부에 사용되는 활성성분이 아닌 것은?

① 유황
② 머드
③ 살리실산
④ 이산화티탄

[해설]
이산화티탄은 자외선 산란제의 성분이다.

정답 113. ④ 114. ④ 115. ④ 116. ① 117. ③ 118. ① 119. ① 120. ② 121. ④

122 여드름 유발 물질에 해당되지 않는 것은?

① 바세린 ② 유황
③ 라놀린 ④ 유동 파라핀

[해설]
유황은 여드름 피부에 효과적인 성분이다.

123 화장품 제조 기술 중에서 분산으로 제조되지 않는 제품은?

① 마스카라 ② 화장수
③ 립스틱 ④ 파운데이션

[해설]
분산 제조 기술을 이용하는 제품에는 립스틱, 마스카라, 아이라이너, 네일 에나멜, 파운데이션 등이 있다.

124 다음 중 크림의 유화 형태의 특성에 대한 설명으로 옳지 않은 것은?

① O/W형 에멀전은 W/O형에 비해 시원함과 촉촉함을 느낀다.
② O/W형 에멀전은 W/O형에 비해 지속성이 우수하다.
③ W/O형 에멀전은 사용 시 뻑뻑한 느낌이 든다.
④ W/O형 에멀전은 겨울철 살이 트는 것을 방지할 수 있다.

[해설]
W/O형은 O/W형에 비해 사용감이 무겁고 지속성이 좋다.

125 다음 중 물 속에 기름이 섞인 형태는?

① O/W 타입 ② W/O 타입
③ W/O/W 타입 ④ O/W/W 타입

[해설]
물 속에 기름이 섞인 상태는 O/W 타입이다.

126 다음 중 수분을 끌어당기는 능력이 강한 성분은?

① 비타민 C ② 글리세린
③ 알부틴 ④ 감초

[해설]
글리세린은 수분을 끌어당기는 능력이 강한 수용성 보습제이다.

127 다음 중 화장품의 적합한 점성을 위해 첨가하는 보조제는?

① 피막제
② 산화방지제
③ 보습제
④ 점증제

[해설]
점증제는 점성을 위해 첨가되는 보조제이다.

128 다음 중 O/W형 에멀젼의 주성분은?

① 물 ② 기름
③ 알코올 ④ 방부제

[해설]
O/W형 주성분은 물이고 W/O형의 주성분은 오일이다.

129 알파히드록시산에 대한 것으로 연결이 옳지 않은 것은?

① 글리콜산–사탕수수
② 젖산–우유
③ 구연산–파인애플
④ 주석산–포도

[해설]
구연산 추출물은 오렌지이다.

130 알파히드록시산의 종류 중 분자량이 가장 작은 것은?

① 사과산 ② 젖산
③ 주석산 ④ 글리콜산

[해설]
사탕수수에서 추출되는 글리콜산은 분자량이 작아 침투력이 뛰어나다.

131 미백과 관련된 성분이 아닌 것은?

① 코지산 ② 감초
③ 비타민 ④ 알로에

[해설]
알로에는 보습, 진정과 관련된 성분이다.

정답 122. ② 123. ② 124. ② 125. ① 126. ② 127. ④ 128. ① 129. ③ 130. ④ 131. ④

132 다음 중 민감성 피부에 효과적인 성분이 아닌 것은?

① 비타민 K ② 아줄렌
③ 위치하젤 ④ 캄포

[해설]
캄포 성분은 지성, 여드름 피부에 좋다.

133 콩에서 많이 추출되며, 유연제로도 사용하는 것은?

① 세라미드 ② 레시틴
③ 히알루론산 ④ 엘라스틴

[해설]
보습제와 유연제로 주로 사용되며 콩에서 추출되는 것으로 레시틴이다.

134 노화 피부에 적합한 성분이 아닌 것은?

① 레티놀 ② 토코페롤
③ 비타민 E ④ 유황

[해설]
유황은 여드름 피부에 효과적이다.

135 아로마 오일 중 일랑일랑의 효능으로 옳지 않은 것은?

① 피지 분비 밸런스 조절
② 긴장 완화
③ 피부 정화 작용
④ 미백 작용

[해설]
일랑일랑은 긴장 완화, 피지 분비의 밸런스 조절, 피부 정화 작용이 우수하다.

136 아줄렌은 어떤 것에 대한 성분인가?

① 알개 ② 카모마일
③ 알로에베라 ④ 프로폴리스

[해설]
진정 작용이 있으며, 카모마일 식물에서 얻는다.

137 자외선 산란제는 어느 것인가?

① 옥틸디메칠파바 ② 옥틸살리실레이트
③ 이산화티탄 ④ 벤조페논

[해설]
자외선 산란제는 이산화티탄과 산화아연이다.

138 피부에 자극이 없고, 미백 효과가 우수하며 티로시나아제에 직접 작용하여 멜라닌 성장을 억제하는 성분은 무엇인가?

① 알로에 ② AHA
③ 알부틴 ④ 썰파

[해설]
비타민 C는 이미 생성된 멜라닌을 환원하고 AHA는 각질박리 효과가 우수하며, 썰파는 여드름에 효과적이다.

139 선인장류 식물로 즙에서 얻게 되는 성분은 무엇인가?

① 아줄렌 ② 알로에베라
③ 알개 ④ 카모마일

[해설]
알로에베라는 선인장류의 식물로 잎의 즙에서 얻게 되며, 보습력이 뛰어나다.

140 다음 중 카모마일에서 추출되고 항염작용 및 진정작용이 우수한 성분은?

① 아줄렌 ② 위치하젤
③ 캄퍼 ④ 알부틴

[해설]
아줄렌은 고유한 파란색을 가지며, 항염증 및 진정 작용이 우수하다.

141 박하에서 추출하며 청정 효과와 살균 효과가 있는 것은?

① 멘톨 ② 아줄렌
③ 샤프란 ④ 알란토인

[해설]
박하에서 추출하여 상쾌한 냄새와 청정 효과를 주는 것은 멘톨이다.

정답 132. ④ 133. ② 134. ④ 135. ④ 136. ② 137. ③ 138. ③ 139. ② 140. ① 141. ①

142 라벤더의 주 효능으로 볼 수 없는 것은?

① 진정　　② 항염
③ 수렴　　④ 세포 재생

[해설]
라벤더는 진정, 항염, 세포 재생, 방부 작용 등을 한다.

143 다음 중 자외선 산란제에 속하는 것은?

① 벤조페놀　　② 옥틸디메칠파바
③ 히드로퀴논　　④ 산화아연

[해설]
자외선 산란제는 산화아연과 이산화티탄이 있다.

144 다음 자외선 차단제의 설명으로 옳은 것은?

① 자외선 산란제와 흡수제가 있다.
② 적외선 산란제와 흡수제가 있다.
③ 자외선 반사제와 흡수제가 있다.
④ 자외선 반사제와 적외선 산란제가 있다.

[해설]
자외선 산란제와 흡수제로 구분한다.

145 자외선 차단제 설명으로 올바르지 않은 것은?

① 자외선 차단제는 물리적 차단제와 화학적 차단제로 구분된다.
② 자외선 차단제 중 자외선 산란제는 투명하고, 자외선 흡수제는 백탁 현상이 있는 것이 특징이다.
③ 자외선 산란제로 사용되는 화장품 성분은 이산화티탄, 산화아연, 탈크, 카올린 등이 이다.
④ 자외선 흡수제는 화학적인 흡수작용을 이용한 제품으로 벤조페논, 옥시벤존, 옥틸디메칠파바 등의 성분이 있다.

[해설]
- **자외선 산란제**(물리적 차단제)는 차단 효과가 우수하고, 불투명하여 파운데이션이나 파우더에 주로 사용하며, 주요 성분으로 이산화티탄, 산화아연, 탈크, 카올린 등이 있다.
- **자외선 흡수제**(화학적 차단제)는 투명하고 바르기 용이하나 접촉성 피부염 유발 가능성이 있으며, 선 크림, 선 로션에 주로 사용하며, 주요 성분으로 벤조페논, 옥시벤존, 옥틸디메칠파바 등이 있다.

146 다음 중 옳은 것만을 묶은 것은?

A. 자외선 차단제에는 자외선 산란제와 자외선 흡수제가 있다.
B. 물리적 차단제에는 벤조페논, 옥시벤존, 옥틸디메칠파바, 이산화티탄 등이 있다.
C. 화학적 차단제는 피부에 유해한 자외선을 흡수하여 피부침투를 차단하는 방법이다.
D. 물리적 차단제는 자외선이 피부에 흡수되지 못하도록 피부 표면에서 빛을 반사시키는 방법이다.

① A, B, C　　② A, C, D
③ A, B, D　　④ B, C, D

147 자외선 차단제의 조건으로 옳지 않은 것은?

① 생체 성분과 결합해서는 안 된다.
② 산소와 더불어 항산화 반응을 일으켜야 한다.
③ 태양광선에 쉽게 분해되지 않아야 한다.
④ 방수가 잘 되어야 한다.

[해설]
산소와 더불어 항산화 반응을 일으키지 않아야 한다.

148 자외선 산란제의 설명으로 옳지 않은 것은?

① 차단효과가 우수해야 한다.
② 화학적인 산란 작용을 통해 자외선을 차단한다.
③ 제품의 색상이 불투명하다.
④ 접촉성 피부염 등의 부작용이 없다.

[해설]
물리적인 산란 작용을 통해 자외선을 차단한다.

149 캐리어 오일의 종류가 아닌 것은?

① 스위트아몬드 오일
② 호호바 오일
③ 캐롯 오일
④ 로즈마리 오일

[해설]
로즈마리는 에센셜 오일이다.

정답 142. ③ 143. ④ 144. ① 145. ② 146. ② 147. ② 148. ② 149. ④

150 캐리어 오일에 대한 설명으로 올바르지 않은 것은?

① 캐리어 오일은 아로마블랜딩 시 사용한다.
② 베이스 오일이라고도 하며 피부 흡수력이 좋아야 한다.
③ 에센셜 오일을 추출할 때 오일과 분류되어 나오는 증류액을 말한다.
④ 에센셜 오일의 향을 방해하지 않도록 향이 없어야 한다.

151 아로마 에센셜 오일의 설명으로 옳지 않은 것은?

① 정신적·육체적·감정적 증상을 해소하는 데 도움을 준다.
② 각 정유에 따라 꽃, 잎, 나무, 열매에서 추출한다.
③ 식물의 호르몬 성분이라고도 한다.
④ 동물에서도 추출한다.

[해설]
아로마 에센셜 오일은 식물에서만 추출이 가능하다.

152 피부미용 시 에센셜 오일의 활용법으로 옳지 않은 것은?

① 마사지법 ② 습포법
③ 확산법 ④ 복용법

[해설]
아로마 오일을 복용하지는 않는다.

153 에센셜 오일을 추출하는 방법이 아닌 것은?

① 냉온침법 ② 혼합법
③ 용매 추출법 ④ 수증기 증류법

[해설]
에센셜 오일 추출방법에는 수증기 증류법, 압착법, 용매추출법 등이 있다.

154 카모마일의 주 효능으로 옳은 것은?

① 수렴 작용 ② 항염 작용
③ 소독 작용 ④ 유연 작용

[해설]
카모마일은 항염·진정작용 등을 한다.

155 로즈마리의 주 효능으로 옳지 않은 것은?

① 혈행 촉진 ② 두통 완화
③ 배뇨 작용 ④ 각질 제거

[해설]
로즈마리는 기억력 증진, 두통 완화, 혈행 촉진, 배뇨 촉진 등의 작용을 한다.

156 다음 중 아로마 에센셜 오일의 추출법이 아닌 것은?

① 냉온침법 ② 수증기증류법
③ 압착법 ④ 가열법

[해설]
아로마 에센셜 오일의 추출법으로는 압착법, 수증기 증류법, 냉온침법 등이 있다.

157 아로마 오일 중 감귤류에서 얻어지는 오일로 옳은 것은?

① 로즈 ② 재스민
③ 카모마일 ④ 베르가못

[해설]
베르가못은 감귤류에서 얻어진다.

158 다음 중 향의 농도가 가장 높고 지속성이 강하며, 6–7시간 정도 지속되는 향수는?

① 오데 퍼퓸 ② 오데 코롱
③ 샤워 코롱 ④ 퍼퓸

[해설]
부향률과 지속 시간이 가장 높은 것은 퍼퓸이다.

159 다음 중 바디용 화장품으로 매우 가볍고 산뜻한 느낌을 주는 유형은?

① 퍼퓸 ② 오데 퍼퓸
③ 오데 토일렛 ④ 샤워 코롱

[해설]
샤워코롱은 향수의 유형 중에서 가장 부향률과 지속 시간이 짧다.

정답 150. ③ 151. ④ 152. ④ 153. ② 154. ② 155. ④ 156. ④ 157. ④ 158. ④ 159. ④

160 다음 중 향수의 지속 시간 순서로 바른 것은?

① 오데 코롱-샤워 코롱-퍼퓸-오데 퍼퓸
② 오데 퍼퓸-퍼퓸-오데 코롱-샤워 코롱
③ 퍼퓸-오데 퍼퓸-오데 코롱-샤워 코롱
④ 오데 코롱-샤워 코롱-퍼퓸-오데 퍼퓸

[해설]
퍼퓸(6~7시간), 오데 퍼퓸(5~6시간), 오데 토일렛(3~4시간), 오데 코롱(1~2시간), 샤워 코롱(1시간)

161 향수의 첫 단계로 휘발성이 강한 향료들로 이루어진 단계는?

① 탑 노트　② 미들 노트
③ 베이스 노트　④ 사이트 노트

[해설]
- 탑 노트 : 시트러스, 그린 계열의 향으로 휘발성이 강한 첫 단계
- 미들 노트: 중간 느낌
- 베이스 노트: 잔향(맨 마지막 향의 느낌)

162 다음 중 화장품이 피부에 흡수되는 경로에 관한 설명으로 옳지 않은 것은?

① 피부 부속 기관인 모낭, 땀샘, 피지선을 통해 흡수된다.
② 분자량이 낮을수록 피부에 흡수가 잘 된다.
③ 수분 함량이 많은 수용성 제품이 더 흡수가 잘 된다.
④ 각질 세포와 세포 사이에 존재하는 세포 간 지질에 녹아 흡수된다.

[해설]
유분 함유량이 많은 유용성 제품의 흡수가 더 잘 된다.

163 크림 파운데이션 설명으로 가장 올바른 것은?

① 피부색을 균일하게 정돈, 피부의 잡티 결점커버를 목적으로 사용한다.
② 얼굴의 윤곽과 형태를 바꾸어 준다.
③ 사용감이 무겁고 잘 펴발라지지 않는다.
④ 오일 함유량이 적어 사용 시 산뜻하고 청량감이 있다.

[해설]
파운데이션은 메이크업 화장품의 종류로 피부색을 균일하게 정돈하고, 피부의 결점을 커버해주기 위해 사용한다.

164 다음 중 크림 파운데이션의 설명으로 옳지 않은 것은?

① 피부의 잡티와 결점의 커버력이 우수하다.
② 리퀴드 파운데이션보다 점도가 높다.
③ 리퀴드 파운데이션보다 오일이나 안료의 함량이 높다.
④ 화장 시에 산뜻하고 청량감을 부여하며, 커버력이 약하다.

165 다음 설명 중 파운데이션의 일반적인 기능이 아닌 것은?

① 피부톤을 보정해 준다.
② 피부의 기미, 주근깨 등 결점을 커버한다.
③ 외부자극으로부터 피부를 보호한다.
④ 피지 억제와 화장을 지속시켜 준다.

[해설]
파운데이션은 피지를 억제시키는 기능은 가지고 있지 않다.

166 다음 메이크업 제품 중 빛을 반사하며 파운데이션의 지속성을 높여 주는 제품은?

① 립스틱　② 아이라이너
③ 아이섀도　④ 파우더

[해설]
파우더는 파운데이션의 지속성을 높인다.

167 아이 메이크업의 종류에 속하지 않는 것은?

① 아이펜슬　② 아이섀도
③ 아이크림　④ 아이라이너

[해설]
아이크림은 기초 화장품에 속한다.

168 마스카라의 사용 목적으로 옳은 것은?

① 속눈썹을 다소 짧게 보이게 하는 단점이 있다.
② 속눈썹을 짙고 길게 보이게 하는 것이다.
③ 속눈썹을 하나씩 분리하여 바르는 것이다.
④ 속눈썹을 매끄럽지 않게 하는 단점이 있다.

[해설]
속눈썹에 도포하여 컬링 효과를 주며 풍성하고 길어 보이게 하여 매력적인 눈을 연출한다.

정답 160. ③ 161. ① 162. ③ 163. ① 164. ④ 165. ④ 166. ④ 167. ③ 168. ②

169 아이브로 펜슬을 사용하는 부위로 옳은 것은?

① 눈꺼풀　② 속눈썹
③ 눈썹　④ 눈꼬리

[해설]
아이브로 펜슬은 눈썹의 형태를 얼굴의 형에 맞게 그리는 데 사용한다.

170 다음 중 여드름 피부에 피해야 하는 마스크는 어느 것인가?

① 캄퍼 마스크　② 석고 마스크
③ 머드팩　④ 알로에 팩

[해설]
예민 피부나 모세혈관확장 피부 및 심한 여드름 피부에는 석고 마스크를 하지 않는다.

171 다음 중 콩이나 계란 노른자에서 추출하며, 리포좀의 원료나 천연 유화제로 사용되는 성분은 어느 것인가?

① 레티놀　② 세라미드
③ 레시틴　④ 캄포

[해설]
콩이나 계란노른자에는 레시틴이 많이 함유되어 있다.

172 다음 중 표면 보호제로써 수분 증발을 억제하며, 보습 효과를 지닌 성분은 어느 것인가?

① 벤토나이트　② 플라센타
③ 천연보습인자　④ 엘라스틴

[해설]
천연보습인자는 각질층의 보습 및 수분증발 억제 효과가 있다.

173 다음 중 비타민 A에 속하는 물질로 콜라겐의 재생에 도움을 주는 것은?

① 알란토인　② 카오린
③ 레티노이드　④ 아줄렌

[해설]
비타민 A와 관련된 성분은 레티노이드이다.

174 다음 중 모발 화장품의 분류와 작용에 대한 설명으로 옳지 않은 것은?

① 헤어 팩은 퍼머넌트 후에 웨이브를 유지하기 위하여 사용하는 것이다.
② 헤어 트리트먼트는 모발에 영향을 주는 것이다.
③ 퍼머넌트 웨이브는 모발에 웨이브를 형성하는 역할을 한다.
④ 헤어 컬러링제는 모발을 착색시킨다.

[해설]
헤어 팩은 손상모를 회복시키는 역할을 한다.

175 다음 중 모발이 손상되는 것을 막고, 손상된 모발을 재생하는 제품은?

① 헤어 젤　② 헤어 리퀴드
③ 헤어 트리트먼트　④ 세트 로션

[해설]
컨디셔닝 성분을 집중적으로 사용, 손상모를 재생하는 것은 헤어트리트먼트이다.

176 다음 중 염모제와는 달리 색소를 사용하지 않고, 모발의 부분 탈색만을 목적으로 하는 것은?

① 헤어 토닉
② 헤어 무스
③ 포마드
④ 헤어 블리치

[해설]
헤어블리치는 멜라닌 색소를 파괴시켜 모발의 색상을 밝게 하기 위해 사용하는 제품이다.

177 다음 중 비듬방지 샴푸에 함유된 성분은?

① 라놀린
② 레시틴
③ 멘톨
④ 징크 피리치온

[해설]
살균 작용이 있어 피부염의 치료, 가려움 억제 효과가 뛰어나 비듬 전용 샴푸제로 많이 사용하는 성분은 징크 피리치온이다.

정답 169. ③ 170. ② 171. ③ 172. ③ 173. ③ 174. ① 175. ③ 176. ④ 177. ④

178 메이크업 원료 중 (A)는 물에 용해되지 않는 유색분말이며 착색력이 우수해서 립스틱, 볼터치 등 메이크업 제품에 주로 사용된다. A에 해당하는 것은?

① 유기안료 ② 백색안료
③ 체질안료 ④ 펄안료

[해설]
유기안료는 유색분말로 착색력이 우수하여 메이크업 제품에 주로 사용된다.

179 다음 중 네일 에나멜의 구비 요건으로 옳지 않은 것은?

① 안료가 균일하게 분산되어야 한다.
② 손톱에 바르기에 적당한 점도가 있어야 한다.
③ 에나멜 리무버로 쉽게 제거되어야 한다.
④ 건조가 느려도 상관없다.

[해설]
네일 에나멜은 신속히 건조되어야 한다.

180 다음 중 손톱 면을 고르게 해 주며, 손톱과 네일 에나멜 막과 밀착성을 높이는 것은?

① 네일 에나멜 리무버 ② 베이스코트
③ 큐티클 오일 ④ 톱 코트

[해설]
손톱과 네일 에나멜 막의 밀착성으로 높이는 것은 베이스 코트이다.

181 손톱 표면의 거친 부분을 매끄럽게 하는 것은?

① 샌딩 블록 ② 네일 브러시
③ 큐티클 니퍼 ④ 파일

[해설]
손톱 표면에 거친 부분을 매끄럽게 하는 것은 샌딩 블록이다.

182 방취제의 작용으로 옳은 것은?

① 체취를 형성하는 박테리아에 작용한다.
② 땀이 나지 않게 한다.
③ 피부를 상쾌하게 한다.
④ 모공이 열린 부분에 수렴 작용을 한다.

[해설]
방취용 화장품은 박테리아에 작용하여 박테리아로 인한 액취증이 발생하는 것을 막는다.

183 계면활성제 설명으로 맞는 것은?

① 계면활성제는 둥근머리 모양의 소수성기(친유기)와 막대꼬리 모양의 친수성기를 가진다.
② 양이온성 계면활성제는 세정작용이 우수하며 대표적인 제품으로는 비누, 샴푸 등이 있다.
③ 비이온성 계면활성제는 피부 자극이 적어 화장수의 가용화제, 크림의 유화제, 클렌징 크림의 세정제 등에 사용된다.
④ 계면활성제의 피부에 대한 자극은 양쪽성–양이온–음이온–비이온 순으로 감소한다.

[해설]
- **계면활성제의 피부자극 순서** : 양이온성 > 음이온성 > 양쪽성 > 비이온성
- **양이온성 계면활성제**는 헤어린스, 트리트먼트제에 주로 사용되며, **음이온성 계면활성제**는 샴푸, 폼클렌징 등 세정제에 주로 사용된다. **양쪽성 계면활성제**는 베이비용 샴푸에 주로 사용되며, **비이온성 계면활성제**는 피부자극이 가장 적다.

정답 178. ① 179. ④ 180. ② 181. ① 182. ① 183. ③

품질이란 우연히 만들어지는 것이 아니라
지적 노력의 결과이다.

존러스킨

제6과목 공중위생관리학

이세희

Chapter 1. 공중보건학

2. 소독학

3. 공중위생관리법규

핵심문제 & 해설

제1장 공중보건학

Check Point

이 장에서는 전염병의 형성 및 발생 요인, 병원체, 병원소의 종류, 법정 감염병 분류를 구분하여 이해하고 기생충 관리, 인구 구성 형태, 환경 보건을 숙지합니다. **5문제 출제**됩니다.

1. 공중보건학 정의

1. 피부 미용의 정의

1. 정의

윈슬로(E.A Winslow) 박사가 주장한 공중보건학의 정의는 조직화한 지역사회의 노력을 통하여 질병을 예방하고 수명을 연장하며 신체적·정신적 효율을 증진하는 기술이며 과학이다.

2. 공중보건학의 대상

개인이 아닌 지역주민 단위의 대다수로 1차 대상은 가족 2차 대상은 지역 주민, 3차 대상은 나라이다.

3. 공중보건의 목표

① **질병 예방** : 질병 진단과 예방을 위해 조기 관리 목적이 있다.
② **수명 연장** : 수명을 연장하기 위한 목적이 있다.
③ **건강 증진** : 신체 및 정신적 건강 증진을 위한 목적이 있다.

4. 공중 보건의 범위

① **환경 보건 분야** : 수질·대기·오염과 같은 환경 위생, 식품 위생, 환경 오염, 산업 보건
② **질병 관리 분야** : 역학, 비감염성 질환 관리, 감염병 관리, 기생충 질환 관리
③ **보건 관리 분야** : 보건교육, 행정 및 통계, 의료정보 관리, 정신 보건, 응급 의료, 사회보장제도, 보건 영양, 인구보건, 가족 보건 및 모자 보건, 노인 보건, 학교 보건 등

2. 건강과 질병

1. 건강의 정의

1948년 세계보건기구(World Health Organization, WHO)는 질병이 없고 허약하지 않은 상태만을 의미하는 것이 아닌 육체적·정신적·사회적으로 완전히 안녕한 상태를 의미한다.

2. 역학의 정의

집단 내에서 발생하는 질병의 분포와 양상을 파악하여 전염병의 발생 인자와 원인을 분석하여 전염병을 예방하고 치료를 연구하는 학문이다.

3. 질병 발생의 요인

1. 병원체 : 직접적 요인

① **유전 및 정신적 요인** : 정신적 긴장과 스트레스, 유전
② **생물학적 병인** : 숙주에 기생하는 세균, 일반 세균, 바이러스, 곰팡이, 기생충 등
③ **물리적 병인** : 햇빛, 열, 온도, 압력, 방사물질 등
④ **화학적 병인** : 대기, 수질 오염, 방사선, 농약, 화학약품 등

2. 숙주 : 면역력과 감수성과 같은 면역기전에 따른 요인

① **선천적 요인** : 성별, 연령, 유전 등

② **후천적 요인** : 생활 습관, 영양 상태, 성격, 면역 상태 등
③ **사회경제적 요인** : 직업, 환경, 직업, 취미와 같은 환경적 요소 등
④ **기타** : 생활 양식, 운동, 음주, 흡연 등

3. **환경적 요인** : 병원체와 숙주를 제외한 모든 요인

① **사회경제적 환경** : 정치, 경제, 교육, 인구, 보건의료체계, 보건의식 수준 등
② **물리적 환경** : 온도, 습도, 기압, 강수, 방사선 등
③ **생물학적 환경** : 병원체, 병원소, 매개체, 영양소 등

3. 감염병 관리

1. 감염병 정의

세균이나 바이러스 같은 병원체가 새로운 숙주에게 전염시키는 것을 감염병이라고 한다.

2. 감염병 요소

1. 병원체

감염병 발생과정의 첫 번째 요인은 인체에 침입하는 미생물로, 병을 퍼트리는 원인 인자와 같은 환자, 보균자, 균을 지닌 동물 등

Check Point

세균(Bacteria Agent)
- 병원성 세균은 적절한 온도와 습도에서 많이 증식하는 열등한 미생물
- 현미경으로만 관찰을 할 수가 있고, 항생제를 사용하면 치료가 가능
- 구균, 간균, 나선균, 호기성 세균, 혐기성 세균, 콜레라, 장티푸스, 디프테리아, 결핵, 한센병, 백일해

리케차(Rickettsia)
- 세균과 비슷하나 세균과는 다르게 살아 있는 세포에만 증식
- 세균과 바이러스의 중간 크기
- 진드기나 벼룩과 같은 절지동물에 기생하며 발진열, 발진티푸스, 쯔쯔가무시증, 록키산홍반열 등을 동반

① **바이러스**(Virus)
- 병원체 중에 가장 작아서 전자현미경으로만 볼 수 있다.
- 살아 있는 세포 내에서 증식하는 병원체로 천연두, 홍역, 인플루엔자(Influenza Virus), 후천성면역결핍증(AIDS), 에볼라(Ebolavirus), 메르스(Mers Virus), 코로나(Covid-19 Virus), 일본뇌염, 유행성 이하선염, 소아마비, 유행성 간염(Hepatitis Virus) 등이 있다.
- 항생제로는 치료할 수 없으므로 2차 감염이 된다.

② **원충류**(Intestinal Protozoa)
- 말라리아, 이질, 질트리코모나스증, 단세포 기생충으로 아프리카수면병 등과 같은 세균성 병원체이다.

③ **진균**(Fungus)
- 곰팡이, 버섯, 효모와 같이 핵을 지니고 있는 균으로 핵막에 쌓여 있으며, 피부사상균·칸디다균·효모균 등이 있다.

④ **기생충**(Parasite)
- 동물성 기생충으로 단세포와 다세포가 있다.
- 말라리아, 아메바이질, 회충, 요충, 구충, 촌충, 흡충과 같이 숙주의 몸속에서 영양분을 섭취하며 주로 입과 피부를 통해 인체로 침입한다.

⑤ **클라미디아**(Chlamydia)
- 동물의 세포 내 기생 세균으로 질염의 일종이며, 각막 및 결막으로 시력장애를 유발하는 트라코마, 조류나 가금류의 변으로부터 감염되는 앵무새 병 등이 있다.

⑥ **스피로헤타**(Spirochaete)
- 매독, 재귀열, 렙토스피라증(와일씨 병), 서교증 등이 있다.

2. 병원소

감염병 발생과정의 2번째 요인으로 병원체가 살고 있는 장소

① **인간 병원소**
- **현성 환자** : 감염되어 뚜렷한 증상을 나타내는 사람
- **불현성 감염자** : 병원체에 감염되었으나 발병 증상이 나타나지 않는 사람을 가리키고, 피검사를 통해서 발견이 가능
- 불현성이라도 현성 환자와 마찬가지로 균을 배출할 수 있으므로 관리가 요구된다.

- 장티푸스, 세균성 이질, 콜레라, 성홍열 등이 불현성 감염을 일으킨다.
- 임상 증상은 없는데 체내에 병원균이 남아 있어서 병원체를 배출하는 보유자
- **건강 보균자** : 병원체가 있지만 증상이 없는 병원균 전파자. 건강인과 다름없으나 병원균을 보유하고 있는 환자로, 디프테리아·일본뇌염·폴리오, B형 간염 등의 감염된 보균자
- **회복기 보균자** : 질병에서 회복되고 있으나 계속 병원균을 배출하는 환자로 세균성 이질과 장티푸스가 발병될 수 있다.
- **잠복기 보균자** : 증상 과정의 잠복기간 중 병원균을 보균하고 있는 디프테리아, 홍역, 백일해, 유행성 이하선염, 수막염 등이 발생될 수 있다.
- **만성 보균자** : 임상학적으로는 문제가 없지만, 간헐적으로 장기간 동안 균을 배출하는 사람

② **동물 병원소**

동물이 병원체를 가지고 있다가 사람에게 전염시키는 매개체 역할을 하는 경우

- **쥐** : 페스트, 살모넬라증, 발진열, 양충병, 렙토스피라증
- **소** : 결핵, 탄저, 파상열, 살모넬라증, 브루셀라증
- **돼지** : 일본뇌염, 구제역, 탄저, 살모넬라증, 렙토스피라증, 브루셀라증
- **개** : 광견병(공수병), 톡소플라스마증
- **고양이** : 살모넬라증, 톡소플라스마증
- **양** : 탄저, 파상열, 브루셀라증
- **말** : 유행성 뇌염, 탄저, 살모넬라증

③ **토양 병원소**

토양이 각종 진균류의 병원소로 작용하는 경우로 파상풍이 해당된다.

④ **병원체의 탈출**

- 병원소만으로 감염병이 전파되지는 않으며 호흡기를 통해 탈출되며 쉽게 감염된다.
- 호흡기계 탈출: 콧물, 가래, 비말이나 재채기를 통하여 병원체가 탈출
- 소화기계 탈출: 분변, 침, 토사물 등을 통하여 탈출
- 비뇨기계 탈출: 성병, 소변, 성기 분비물 등을 통하여 배출
- 개방된 상처 부위로부터 탈출: 농양이나 분비물 등을 통한 상처 부위를 통하여 배출
- 기계적 탈출 : 말라리아나 사상충과 같은 곤충의 흡혈이나 B형 간염 및 AIDS와 같은 주사기를 통하여 배출

⑤ **병원체의 전파와 침입**

- **직접 전파** : 성병이나 매독 및 임질과 같은 신체적인 직접 접촉과 결핵이나 홍역과 같은 비말 감염으로 인하여 전파된다.
- **간접 전파** : 공기나 토양·물·식품과 같은 매개체를 통한 세균성 감염이다.
- **활성 전파** : 모기나 진드기와 같은 절지동물에 의해 전파된다.

⑥ **새로운 숙주의 병원체 내 침입**

- 숙주에 침입한 병원체에 대해 감염이나 발병을 막을 수 없는 상태로 감수성이 높고 면역기능이 저하된 사람에게 발병하는 것으로 선천성 면역(인종이나 개인 간)과 후천성 면역이 있다.
  - 선천성 면역 : 인종이나 개인 간 면역의 차이가 있다.
  - 후천성 면역
- **능동 면역**(전염병에 걸린 후 만들어지는 자연 능동 면역과 예방접종으로 생성되는 인공 능동 면역)
- **수동 면역**(태반을 통해 모체로부터 자연스레 얻게 된 자연 수동 면역과 면역 활성제를 주입해서 생성되는 인공 수동 면역)

⑦ **숙주의 감수성**

- 병원체가 숙주에 침입하여 증상이 발현되는 기간까지의 잠복기로 감염이나 발병을 막을 수 없는 상태이다.

4. 법정 감염병

1. 법정 감염병의 분류 : 4급, 86종

① **제1급감염병** : 치사율이 높아 집단 발생 우려가 커서 음압격리와 같은 높은 수준의 격리가 요망된다.

- 종류(17종) : 에볼라바이러스병, 마버그열, 라싸열, 크리미안콩고출혈열, 남아메리카출혈열, 리프트밸리열, 두창, 페스트, 탄저, 보툴리눔독소증, 야토병, 신종감염병증후군, 중증급성호흡기증후군(SARS), 중동호흡기증후군(MERS), 동물인플루엔자인체감염증, 신종인플루엔자, 디프테리아

② **제2급감염병** : 유행할 가능성을 고려하여 지속적인 관리와 감독을 하고 발생 또는 유행시 24시간 내에 신고하고 격리가 필요하다.

- 종류(20종) : 결핵, 수두, 홍역, 콜레라, 장티푸스, 파라티푸스, 세균성이질, 장출혈성대장균감염증, A형간염, 백일해, 유행성이하선염, 풍진, 폴리오, 수막구균 감염증, b형헤모필루스인플루엔자, 폐렴구균 감염증, 한센병, 성홍열, 반코마이신내성황색포도알균(VRSA)감염증, 카바페넴내성장내세균속균종(CRE)감염증

③ **제3급감염병** : 발생여부를 지속적으로 감시할 필요가 있는 감염병으로 24시간 이내에 신고해야 한다.

- 종류(26종) : 파상풍, B형간염, 일본뇌염, C형간염, 말라리아, 레지오넬라증, 비브리오패혈증, 발진티푸스, 발진열, 쯔쯔가무시증, 렙토스피라증, 브루셀라증, 공수병, 신증후군출혈열, 후천성면역결핍증(AIDS), 크로이츠펠트-야콥병(CJD) 및 변종크로이츠펠트-야콥병(vCJD), 황열, 뎅기열, 큐열, 웨스트나일열, 라임병, 진드기매개뇌염, 유비저, 치쿤구니야열, 중증열성혈소판감소증후군(SFTS), 지카바이러스감염증

④ **제4급감염병** : 1, 2, 3급 감염병 이외에 유행 여부를 조사하기 위해 표본감시 활동이 필요한 감염병

- 종류(23종) : 인플루엔자, 매독, 회충증, 편충증, 요충증, 간흡충증, 폐흡충증, 장흡충증, 수족구병, 임질, 클라미디아감염증, 연성하감, 성기단순포진, 첨규콘딜롬, 반코마이신내성장알균(VRE) 감염증, 메티실린내성황색포도알균(MRSA) 감염증, 다제내성녹농균(MRPA) 감염증, 다제내성아시네토박터바우마니균(MRAB) 감염증, 장관감염증, 급성호흡기감염증, 해외유입기생충감염증, 엔테로바이러스감염증, 사람유두종바이러스 감염증
- 신고범위

구분	신고기간	신고대상
제1급감염병	즉시	발생과 사망 병원체 검사결과
제2급감염병	24시간 이내	
제3급감염병	7일 이내	발생과 사망
예방접종 후 이상반응	즉시	비상반응 발생시

5. 기생충 질환 관리

1. 선충류

1. 회충

① **특성** : 우리나라에서 발생이 많고 소장에서 기생한다.

② **감염** : 씻지 않은 손이나 파리와 같은 매개물을 통해 입으로 전파된다.

③ **예방** : 채소는 잘 씻어서 먹고, 분변의 위생 처리 및 구충제를 복용한다.

2. 구충(십이지장충)

① **특성** : 사람에게 기생하는 십이지장충과 아메리카 구충이 있다.

② **감염** : 오염된 흙이나 채소를 통해 피부나 입으로 전파된다.

③ **예방** : 채소는 흐르는 물에 잘 씻어서 먹고, 오염지역에서 피부 노출을 주의하며 긴 옷을 입는다.

3. 요충

① **특성** : 인구밀도가 높고 온대나 한대지역에서 유행한다.

② **감염** : 항문 주위의 가려움이나 습진·음식물·침구류 등을 통해 감염된다.

③ **예방** : 집단 발병 발생이 높으므로 집단 구충과 손·속옷·침실 등을 소독하여 위생을 유지한다.

4. 편충

① **특성** : 열대지방과 같은 더운 지방에서 발생한다.

② **감염** : 채소에서 감염되고 회충과 함께 감염된다.

③ **예방** : 채소를 잘 씻어서 먹고 인분 비료 사용을 중지한다.

5. 말레이사상충

① **특성** : 중국 남부와 동남아시아에 분포한다.

② **감염** : 모기에 의해 감염되고 오한과 고열을 동반한다.

③ **예방** : 모기 박멸과 긴 옷을 입는다.

2. 흡충류

1. 간흡충증

① **특성** : 오염된 물이나 민물고기 생식함으로써 감염된다.

② **감염** : 제1중간 숙주(쇠우렁이), 제2중간 숙주(담수어)

③ **예방** : 민물고기의 생식을 금지한다.

2. 폐흡충증

① **특성** : 민물 참게나 참 가재를 생식함으로써 감염된다.

② **감염** : 제1중간 숙주(다슬기), 제2중간 숙주(참게, 참 가재)

③ **예방** : 생 민물게나 가재 섭취를 금지하고 감염자의 가래 등을 위생적으로 처리한다.

3. 장흡충증

① **특성** : 인간의 소장에서 기생하며 동남아사아 등지에서 주로 발생된다.

② **감염** : 수생식물에서 감염된다.

③ **예방** : 담수 어패류 생식과 수생식물의 생식을 금지한다.

3. 조충류

1. 유구조충(갈고리촌중)

① **감염** : 감염된 돼지고기를 먹음으로써 두통, 설사, 소화불량 등의 증상이 발생된다.

② **예방** : 돼지고기를 익혀서 먹는다.

2. 무구조충(민촌충)

① **감염** : 감염된 소고기를 먹음으로써 복통, 식욕부진, 소화불량의 증상이 발생된다.

② **예방** : 소고기를 익혀서 먹는다.

3. 광절열두조충(긴촌충)

① **감염** : 감염된 물고기(물벼룩, 연어, 송어)를 먹음으로써 위통, 식욕부진, 신경장애의 증상이 발생된다.

② **예방** : 송어나 연어를 익혀서 먹는다.

4. 원충류

1. 아메바성 이질

① **감염** : 오염된 물이나 음식물에 의해 발생되며, 혈변·복통·탈수 증상이 나타난다.

② **예방** : 물을 끓여 마시고 익혀 먹는다.

2. 질트리코모나스증(대하증)

① **감염** : 질과 남자의 전립선이나 요도에 기생하며 발적이나 점낭 출혈이 나타난다.

② **예방** : 조기 치료하며 속옷은 증기 소독하고, 변기 등은 석탄산이나 크레졸 등으로 소독한다.

6. 건강의 이해

1. 인구 개요

① **인구와 인구 정책** : 인구란 특정한 지역에 살고 있는 사람으로 적절한 상태를 유지하기 위하여 계획적으로 대처하는 것을 말한다.

② **인구정책의 접근 방법**

- 인구조정정책 : 인구의 양과 질에 따라 출산 조정정책, 인구 분산정책, 인구자질 향상정책 등이 영향을 미친다.
- 인구대응정책 : 인구의 양과 질의 변동에 따라 정치·경제·사회·문화 등 다양한 분야에서 발생되는 주택정책, 교육정책, 사회보장정책, 식량정책 등이 영향을 미친다.

③ **인구 구성 형태**

- 피라미드형(인구증가형) : 출생률이 사망률보다 더 높은 후진국형이다.
- 종형(인구정지형) : 출생률과 사망률이 거의 같은 이상적인 형태이다.
- 방추형(항아리형) : 출생률이 사망률보다 낮은 선진국형이다.
- 별형(도시지역 인구 구성형) : 사람이 모여 사는 도시지역으로 유입하여 들어오는 형태이다.
- 호로형(표주박형) : 인구가 유출되는 형태이다.

2. 환경보건

1. 정의

- "건강 및 생존에 유해한 영향을 미치거나 미칠 가능성이 있는 인간의 물리적 생활환경에 있어서의 모든 요소를 통제하는 것"이라고 정의하였다(WHO).

2. 목적

- 생환환경을 조정하고 개선하여 건강한 생활을 할 수 있게 한다.

3. 환경보건에 영향을 미치는 기후 요인

① 기온 : 실내 적정 온도(18℃±2℃)
② 습도 : 적정 습도(40~70%)
③ 기류 : 온도와 압력에 의하여 발생되는 공기의 흐름, 무풍(0.1m/sec), 쾌감기류(1m/sec), 불감기류(0.2~0.5m/sec)

4. 환경보건에 영향을 미치는 공기 요인

① 공기의 조성 성분
- N_2(질소) : 공기 중 78%로 가장 많이 구성되어 있으며, 생명체를 구성하는 단백질의 성분이다.
- O_2(산소) : 색깔, 맛, 냄새가 없고 동식물의 호흡에 사용되며 대기의 21%로 구성되어 있으며 10% 이하로 떨어지면 호흡곤란, 7% 이하로 떨어지면 사망한다.
- Ar(아르곤) : 0.93%로 구성되어 있으며 비활성 기체로 폭발성과 색깔 및 냄새가 없는 기체이다.
- CO_2(이산화탄소) : 0.03% 존재한다. 실내 공기의 오염지표이며 무색이고 무취이다.
- 네온, 헬륨, 크립톤, 크세논 등 : 0.04%로 구성되었다. 네온사인 등의 광고판에 이용된다.

② 공기의 유해 성분
- CO(일산화탄소) : 인간에게 위험한 맹독성 가스 이며, 불완전 연소시 생성되는 유독가스로 무색이고 무취이다.
- SO_2(아황산가스) : 대기오염의 주원인이고 0.02ppm에서 스모그 경보 기준으로 기관지염을 일으킨다
- O_3(오존) : 자극이 있는 가스로 일상에서 사용되는 스프레이의 프레온 가스가 오존층 파괴의 주범이다.

5. 환경보건에 영향을 미치는 대기 오염

① 지구 온난화 현상 : 지구 온실효과로 이산화탄소가 원인이 되어 대기 온도가 상승하는 현상을 말한다.
② 열섬 현상 : 어떤 지역 기온이 다른 곳보다 높게 나타나는 것을 말한다.
③ 산성비 : 대기 중의 황산화물, 질소산화물 등이 원인이 되어 내리는 비로 농작물이나 산림을 훼손한다.
④ 오존층 파괴 : 오존층은 인체의 해가 되는 자외선을 흡수하는 역할을 하지만, 오존층을 파괴하는 프레온 가스가 자외선을 흡수하면서 염소원자로 분해가 되며 파괴가 일어난다.

6. 수질 오염의 지표

① 수소이온농도(pH) : 산이나 알칼리의 세기로 25℃에서 pH가 7이면 중성, pH가 7보다 낮으면 산성, 높으면 알칼리를 띠게 된다.
② 대장균 : 인간이 먹는 음용수의 생물학적 지표로 사용되며 검출 방법이 용이하다.
③ 용존산소(DO) : 물속에 용존 되어 있는 산소량으로 공기 중의 산소가 녹아 있거나, 조류의 광합성에 의해 생긴다.
④ 생물학적 산소 요구량(BOD) : 물 속에 존재하는 유기물질을 물과 이산화탄소로 분해하는 데 필요한 산소의 양으로 값이 클수록 많은 양의 유기물질이 존재한다.
⑤ 화학적 산소 요구량(COD) : 물속에 존재하는 유기물을 산화제를 사용하여 화학적으로 산화시킬 때 필요한 산소량이다.

3. 가족보건

1. 모자보건

① 정의 : 가임기 여성과 영유아에게 보건의료 서비스 및 정보를 제공하여 건강을 유지하는 것을 말한다.
② 모자보건 목표 : 산전 관리, 산욕 관리, 분만 관리
③ 모성 사망 원인 : 임신 중독, 분만 출혈, 분만 감염

2. 영유아보건

① 정의 : 일반적으로 6세 미만의 아이로 상담부터 건강·영양균형 지도·보건 예방접종 등의 지도가 필요한 대상이다.

② 영유아보건사업의 목표 : 건강상담, 예방접종 시행, 문제점을 조기에 발견함으로써 사고를 방지하여 건강한 성장을 지원한다.

③ 영유아 사망 원인 : 폐렴, 장티푸스, 위병 등이 원인이다.

3. 노인보건

① 대상 : 65세 이상으로 노년기의 질병을 예방하고, 건강 유지·사회보장·의료보장·소득 및 부양에 대한 지원하는 것을 말한다.

② 노인보건의 중요성
- 평균 수명의 증가로 노령화가 증가
- 노령화의 가속화로 의료비가 증가
- 의료비 증가에 따른 의료보장과 소득 및 부양을 지원하는 정책 마련이 필요

4. 산업보건

① 산업보건의 정의: 산업체에서 일하는 근로자들의 신체적·정신적·사회적 건강을 유지 증진시켜 질병을 예방하고 건강을 증진하는 것을 말한다.

② 산업피로 요인
- 작업적 요인 : 근로시간, 작업의 연장. 휴식 시간 및 휴일의 부족, 작업조건 및 작업환경의 불량 등
- 신체적 요인 : 임신이나 수면 부족, 신체적 결함, 각종 질병 등
- 심리적 요인 : 직업 불안, 작업의욕 저하와 같은 정신적 피로 등

③ 산업재해 : 근로자의 업무 수행 중 업무상의 사유로 의도치 않게 발생되는 인명 손상 및 상해와 같은 피해를 말한다.

④ 원인 : 관리상의 원인인 인적 원인과 시설물 및 작업장과 같은 환경적 원인이 있다.

⑤ 산업재해 지표
- 건수율
  재해 건수/평균 실 근로자 수 × 1,000
- 도수율
  재해 건수/연간 근로시간 수 × 1,000,000
- 강도율
  근로손실일수/연간 근로시간 수 × 1,000

5. 식품위생과 영양

1. 식품위생

① 식품위생의 정의
- 1955년 WHO의 환경위생전문위원회는 "식품의 생육, 생산, 제조로부터 최종적으로 사람에게 섭취될 때까지의 전 단계에 있어서 식품의 안전성과 건전성 및 악화방지를 확보하기 위한 모든 수단"으로 정의하였다(WHO).
- 우리나라는 "식품, 첨가물, 기구 또는 용기, 포장을 대상으로 하는 음식에 관한 위생"으로 정의하였다(식품위생법 제2조제8항).

② 생성 원인에 따른 식품의 위해 요소

생성 원인	위해 요소
내인성	• 동물독, 식물독, 독버섯독, 식품원재료 자체에 함유된 유해성 성분
외인성	• 식중독, 경구전염병, 기생충과 같은 생물학적 요인, 원재료에 생육하고 생산 · 제조하여 유통하는 과정에서 외부로부터 오염되는 물질, 잔류농약이나 방사성 물질, 유해첨가물이 포함된다.
유인성	• 식품을 가공하거나 조리 및 보존 과정 중에 발생되는 물질, 벤조피렌이나 과산물질 등이 포함된다.

③ 특성에 따른 식품의 위해 요소

특성	위해 요소
물리적	• 담배, 머리카락, 깃털, 금속류 등
생물학적	• 생물학적 요소(벌레, 바퀴벌레, 애벌레, 파리), 미생물(곰팡이, 효모, 바이러스 등)
화학적	• 유해 식품 첨가물, 세제, 환경 호르몬, 방사성 물질, 중금속 등

④ 위해요소관리기준(HACCP)

위해요소중점관리기준에서 사용하는 이물관리 표준작업지침서로 식품을 소비자가 안전하게 섭취하기 직전까지의 단계에서 발생할 수 있는 모든 위해한 요소에 대하여 관리하는 것을 말한다.
- 식품의약품안전처장이 고시한다.
- 식품의 제조 공정의 위해 요소를 관리하는 제도이다.
- 예방조치를 중시하는 제도이다.

- 식품이 혼합되거나 오염되는 것을 사전에 방지하는 제도이다
- 식품을 가공하여 보존·유통하는 과정의 물리적·생물학적·화학적 위해 요소로부터 안전하게 보호하는 제도이다.

2. 영양

① 영양소의 정의

영양소란 식품 내 성분들이 신체에 유효한 작용을 하여 에너지를 만들며, 인체의 생체 기능을 조절하는 것을 말한다.

② 역할

- **인체 구성 물질로서의 영양소** : 근육이나 골격 및 호르몬 등 신체 구성 성분이 되는 영양소
- **에너지 공급원으로서의 영양소** : 탄수화물·단백질·지방과 같이 몸속에서 연소하여 열을 발생하는 에너지원을 말한다.
- **생리적 기능 조절자로서 영양소** : 비타민이나 무기질과 같이 생리작용을 조절하고 신진대사를 원활하게 하는 영양소를 말한다.

③ 5대 영양소

- **탄수화물** : 인간이 살아가는 데 있어 에너지를 공급하는 열량원이며 사용하고 남은 것을 지방으로 저장된다.
- **단백질** : 우리 인체의 25%를 구성하는 영양소로 세포를 구성하는 기본 단이이며 부족하면 빈혈 발생의 원인이 된다.
- **지방** : 피하조직과 근육 등에 존재하며 지방산과 글리세롤로 구성되어 있다.
- **무기질** : 미네랄이라고도 하며, 탄소·산소·수소·질소를 제외한 원소로 칼슘·마그네슘·요오드·나트륨으로 뼈와 치아를 형성하며 인체기능의 조절 작용을 한다.
- **비타민** : 에너지원은 아니지만 몸의 기능을 조절하며 면역력을 높여 주고 항산화 작용 및 해독 작용을 한다.

3. 식중독

① **식중독의 정의** : 식중독이란 식품의 섭취에 연관된 인체에 해로운 미생물 또는 유독 물질에 의해 발생하거나 발생한 것으로 판단되는 감염성 또는 독소형 질환을 말한다(식품위생법 제2조제14항).

② 식중독의 종류(세균성 식중독)

- 감염형 식중독
  - 살모넬라 식중독 : 살모넬라균에 의한 급성 장염으로 두통·복통·설사·구토·오한을 동반하며, 잠복기는 12~36시간이고 가축이나 보균자로 전염된다.
  - 장염 비브리오 식중독 : *Vibrio parahaemoyticus* 에 의한 감염증으로 복통과 설사를 동반하며, 잠복기는 12~24시간이고 오염된 어패류를 먹고 감염된다.
  - 병원성 대장균 식중독 : 장침투성, 장독소성, 장병원성, 장출혈성과 같은 장염으로 복통과 설사를 동반하며 잠복기는 10~30시간이고 동물의 분변이나 보균자에 의해 감염된다. 면역력이 약한 노약자에게 급속히 확산된다.
- 독소형 식중독
  - 황색포도상구균 식중독 : 포도상구균에 의한 감염증으로 구토, 경련, 급성 위장염을 동반하며 잠복기는 2~4시간이고 음식물이 상온에 방치될 경우에 균이 증식된다. 이 독소의 경우는 끓여도 파괴되지 않는다.
  - 클로스트리디움 보툴리눔 식중독 : 햄·소시지나 통조림 등에 의해 감염되며 보툴리눔균에 의해 신경전달물질인 아세틸콜린의 작용을 저하시킨다. 잠복기간은 12~24시간이며 신경 및 시력장애를 일으키고 호흡곤란을 발생시키며 사망률이 높은 균이다.
  - 웰치균 : 토양을 매개로 분포된 균이 육류나 어패류 및 가공류 등에 침입되어 독소를 생성하고 잠복기는 12~18시간이며 복통이나 설사를 동반한다.

③ 식중독의 종류(자연독 식중독)

- 식물성 식중독 : 감자·목화씨·피마자·청매의 독성분으로 유독성분 함유한 식용식물과 독미나리·오두·독공목과 같은 오용하기 쉬운 유독식물 등을 독성 부위를 제거하지 않거나 식용이 안 되는 식물을 섭취함으로써 발생된다.
- 동물성 식중독 : 복어의 알 및 생식기나 간 또는 조개류에 존재하며 테트로도톡신이나 베네루핀과 같은 독소를 일으킨다.

- 기타 : 곰팡이 독소로 황변미·간장·맥각균에 존재하며 시트리닌, 아플라톡신·에르고톡신과 같은 독소를 일으킨다.

6. 보건행정

1. 보건행정의 정의

① 보건행정은 국민이 심신의 건강을 유지함과 동시에 적극적으로 건강 증진을 도모하도록 돕는 보건정책을 목표로 하는 행정이다.(간호학 대사전)

② 공적 또는 사적 기관이 사회복지를 위하여 공중보건의 원리와 기법을 응용하는 과정(W.G. Smile)이다.

보건행정의 요소	보건행정의 특성
• 충분한 예산 및 법적 근거 • 건전한 행정조직 및 인사조직 • 인원의 확보 및 합리적인 사업 전개 • 현대화된 시설 및 장비 • 지역사회 주민의 참여와 지지	• 공공성 • 과학성 • 기술성 • 교육성 • 사회성 • 봉사성

2. 보건행정의 관리 과정

① **기획** : 조직의 목표 성취를 위해 단계를 선택하고 결정

② **조직** : 직무내용에 따른 구조화

③ **인사** : 인력 채용과 채용에 따른 훈련, 교육 및 관리

④ **지휘** : 관리자가 명령에 따라 집단을 통솔

⑤ **조정** : 공동목표 달성을 위해 집단을 수평적으로 통합

⑥ **보고** : 정확하고 신속하게 내용을 접수

⑦ **예산** : 예산 평성 및 통제

3. 보건행정조직

① 중앙보건조직
- 보건복지부 : 질병관리본부, 국립검역소, 국립정신건강센터, 국립병원, 국립재활원

② 지방보건조직
- 시·도 보건행정조직, 보건소, 보건지소, 보건진료소

③ 국제보건조직
- 국제보건기구 : 국가 간 국경(후진국과 개발도상국)을 넘어 협력을 통해 보건 문제 해결을 지원하고 있다.
- 세계보건기구 : 1948년에 창설이 되었으며 본부는 스위스 제네바에 위치하고 있다.

4. 사회보장

① 사회보장의 정의
- Social(사회)과 Security(보장)가 합쳐져서 사회 구성원에게 위험이 발생하였을 때 보호해 줄 수 있는 관리체계를 말한다.

② 사회보장의 목적
- 생활의 안정을 보장
- 재해나 사고, 질병으로 장애가 발생이 되거나 파산으로 인한 생존이 어려울 때 자립할 수 있도록 지원

사회보장의 기능	사회보장의 순기능	사회보장의 역기능
• 최저생활권 보장 기능 • 소득 재분배 기능 • 사회적 연대 기능	• 최저생활 보장 • 최저임금 및 생존권 보장 • 정치 · 사회의 안정화 • 국민대통합 연내 기능	• 세금과 같은 사회보장 비용증가 • 근로자의 의욕 감소에 따른 낮은 생산성 • 빈곤과 도덕적 결여

제2장 소독학

Check Point

이 장에서는 소독의 분류, 방법, 미생물의 분류와 생장 요인을 이해합니다. 4문제 출제됩니다.

1. 소독의 정의

1. 소독

병원균의 전파를 방지할 목적으로 병원성 미생물을 사멸하거나 약하시켜 감역력을 제거하는 것을 말한다.

2. 소독의 분류

① 살균 : 미생물을 열, 자외선, 방사선, 화학약품, 압력등을 사용하여 급속하게 사멸하는 것이다.
② 멸균 : 병원성 또는 비병원성 균들이 무균의 상태로 균이 존재하지 않는 상태를 말한다.
③ 방부 : 병원체의 증식을 억제하여 병원성 미생물의 발육과 작용을 정지시키는 것이다.

3. 기타 분류 용어

① 항균 : 미생물 또는 세균에 저항하는 것이다.
② 정균 : 저온에서 산소 및 수분 제거 또는 억제제 첨가 등을 통해 균의 증식을 억제하는 것을 말한다.
③ 제균 : 세척·여과·침강·원심분리·전기적 방법으로 균을 제거하는 것을 말한다.

2. 소독의 방법

1. 자연소독법(비열처리법)

① 자외선 소독법 : 자외선의 200~380nm 파장을 활용하여 소독하는 방법이다.
② 초음파멸균법 : 8,800Hz의 음파의 강력한 교반작용을 이용하여 세균을 파괴하는 방법이다.
③ 여과멸균법 : 열에 불완전한 용액을 멸균할 때 사용하며, 특수약품이나 혈청과 같은 액체를 여과기에 걸러 세균을 제거하는 방법이다.

2. 물리적 소독법(열 처리법)

구분	소독법	특징 및 효과
건열멸균법	화염멸균법	• 살균하고자 하는 물체를 20초 이상 180~200℃ 불꽃 속에서 접촉하여 멸균하는 방법으로 금속류와 도자기류를 소독하는 방법
	소각법	• 병원균에 오염된 물체를 불에 태워서 멸균하는 방법
	건열멸균법	• 건열멸균기에서 160~170℃로 1~2시간 가열하는 방법
습열멸균법	자비소독법	• 100℃의 끓는 물에서 10~30분 동안 가열하는 방법 • 주로 자주 사용하는 가위, 핀셋, 식기류, 주사기 등을 소독하는 방법 • 열 저항성 아포와 B형 간염 바이러스에는 효과적이지 못하고 그 외의 미생물 사멸에는 효과적임
	고압증기 멸균법	• 120℃에서 20분 동안 고온의 증기를 쐬어 포자를 포함한 모든 미생물을 파괴하는 방법 • 수술실에서 사용되는 모든 금속성 도구를 멸균하는 방법 • 손쉽고 안전하게 사용할 수 있는 방법

습열멸균법	저온살균법	• 62~63℃에서 30분 동안 멸균하는 방법으로 포자를 가지고 있지 않은 세균을 멸균할 때 사용하는 방법으로, 금속류 같은 기구보다는 음식물 멸균 시 많이 사용하는 방법
	초고온순간멸균법	• 135℃에서 2초 동안 소독을 함으로써 영양분 파괴를 막고 미생물을 제거하는 방법
	간헐멸균법	• 100℃에서 30분 동안 3일에 걸쳐서 3회 반복하는 멸균법 • 100℃에서 사멸되지 않는 아포를 2회째 사멸시키고, 남은 아포를 3회째 사멸시키는 방법

3. 화학적 소독법

1. 화학적 소독의 조건

① 강한 살균력과 무취여야 한다.
② 표면에 닿았을 때 표백성이 없어야 한다.
③ 경제성을 가지고 있어야 한다.
④ 안전성이 있어야 한다.
⑤ 독성이 없어야 한다.
⑥ 인체에 무해해야 한다.

2. 화학적 소독의 주의사항

① 화학 약제의 무균성 및 유효 저장기간을 고려해야 한다.
② 적용 장소로부터 내성균 출현 방지에 주의해야 한다.
③ 약품에 따라 밀폐하여 냉암소에 보관해야 한다.
④ 잔존 화학 약제가 인체나 제품에 미치는 반응에 주의해야 한다.

3. 화학적 소독제의 종류

① **알코올 소독**(에탄올)
- 70~75% 농도로 무색·투명·휘발성으로 단백질을 응고시켜 살균효과를 준다.
- 손 소독이나 기구 소독에 사용하나 포자를 소독하지는 못한다.

② **페놀**(석탄산)
- 화학적 소독제로 살균제의 표준지표로 이용된다.
- 세균의 단백질을 응고시키고, 세포의 용해작용과 침투작용으로 살균효과를 준다.
- 일반 소독은 3% 수용액 농도로 사용하고, 손 소독은 2% 수용액 농도로 사용한다.
- 모든 미생물에 효과적이고 경제적이며 살균력의 안정성이 우수하다.
- 금속을 부식시키며 피부 점막에 자극을 주므로 주의가 필요하며 포자나 바이러스에 효과가 없다.

③ **크레졸**(비누액)
- 페놀의 2배 정도 살균력이 있으며, 포자에만 효과가 있다.
- 일반적으로 3%의 크레졸과 97%의 물 농도, 손 소독 시는 1~2%의 크레졸과 98~99% 물 농도로 사용이 된다.
- 화장실이나 하수구 소독에 주로 사용이 된다.
- 모든 세균에 효과가 있으며 소독력이 강하다.
- 바이러스에는 효과가 없다.

④ **과산화수소**
- 매우 불안정하며 산소와 물로 잘 분해가 된다.
- 상처조직에 도포하고 혈액이나 세균에 존재하는 카탈라아제(Catalase)는 효소에 의해 분해되면서 발생기 산소가 발생하여 거품을 일으키고 살균작용을 한다.
- 3%의 수용액 농도로 사용이 되며, 구내염·인두염·입안 세척·상처 소독에 효과적이다.
- 일반세균, 바이러스, 아포에 효과적이다.

⑤ **포름알데히드**
- 메틸알코올을 산화시켜 만든 가스 상태의 소독약이다.
- 자극성이 강한 냄새가 있다.
- 밀폐된 실내 소독과 내부 소독에 사용한다.
- 일반 소독의 1~1.5%로 수용액 농도를 만들어서 사용한다.

⑥ **포르말린**
- 소독제나 방부제로 사용이 된다.
- 손 소독시 1%, 기구 소독 시 1~1.5% 농도로 사용한다.
- 자극성 냄새가 있어 인체가 흡입 시 인두염이나 기관지염이 발생된다.

⑦ **승홍수**(염화제2수은)
- 피부에 사용 시 0.1로 사용하고, 일반 사용 시 0.5%로 희석하여 사용한다.

- 무색, 무취이며 독성이 강해 금속을 부식시킨다.
- 점막에 자극이 강해 상처 부위에 적합하지 않다.
- 소금을 섞으면 용액이 중성이 되면서 자극을 줄일 수 있다.

⑧ 역성 비누액

- 자극성과 독성이 없고 살균력이 강하다.
- 일반 소독 시에는 0.01~0.1%, 손 소독 시에는 10% 용액의 농도를 100~200배로 희석하여 사용

3. 미생물 총론

1. 미생물 정의

- 0.1mm 크기 이하의 최소 단위의 생물

2. 미생물의 분류

1. 바이러스(Virus)

① 살아 있는 생명체 중 20~300nm로 가장 최소 단위이다.
② 폴리오, 폭스의 동물 바이러스, 식물세포를 감염시키는 식물 바이러스, 세균에 침입하는 세균 바이러스가 있다.
③ 살아 있는 세포 내에 기생하여 다른 사람을 전염시킨다.
④ 인플루엔자·뇌염·홍역 등이 있으며, 항생제로 효과가 없고, 56℃ 이상에서 30분 이상 가열 시 소멸된다.

2. 세균(Bacteria)

- 0.2~2.0㎛의 단세포로 된 미생물로 번식 속도가 빠르고 인간에게 감염시켜 질병을 전염시킨다.

3. 리케차(Rickettsia)

① 세균과 바이러스의 중간 크기이다.
② 사람과 동물 등에 감염되는 인수 공통 병원체이다.
③ 발진티푸스, 쯔쯔가무시병, 발진열 등이 있다.

4. 진균(Fungus)

- 박테리아보다 크기가 크며 포자 형태로 증식하고 사람에게 해를 끼치는 무좀이나 족부백선 등이 있다.

3. 미생물의 생장 요인

1. 온도

① 미생물의 성장과 사멸에 가장 중요한 요소이다.

구분	저온성 세균	중온성 세균	고온성 세균
	발광세균, 부패균	효모, 곰팡이, 병원균, 대장균	젖산균 등
최적 온도	10~20℃	25~40℃	50~60℃
최저 온도	−2~5℃	10~15℃	
최고 온도	25~30℃	40~45℃	

2. 수분

- 세균은 수분활성도 0.90Aw, 효모는 0.85Aw, 곰팡이는 0.80Aw 이상을 요구한다.

3. 수소이온농도(pH)

① 세균의 최적 pH는 7.0~8.0의 중성이며 pH 4.0 이하에서는 증식이 어렵다.

구분	질산균	대장균	효모	곰팡이
최적 온도	pH 7.6~8.6	pH 6.8~8.0	pH 4.0~5.8	pH 3.8~6.0
최저 온도	pH 6.6~10.0	pH 4.4~9.0	pH 2.50~8.0	pH 1.5~11.0
최고 온도	pH 6.6~10.0	pH 4.4~9.0	pH 2.50~8.0	pH 1.5~11.0

pH(potential of hydrogen) : 수소이온농도

4. 산소

① 미생물 중 곰팡이는 편성호기성균으로 산소가 없으면 증식할 수 없다.
② 미생물 중 세균과 효모는 통성혐기성균으로 산소와 관계없이 증식할 수 있다.
③ 미생물 중 젖산균은 미호기성균으로 대기압보다 낮은 산소 분압일 때 증식할 수 있다.
④ 보톨리누스균과 파상풍균은 편성혐기성균으로 산소가 미량일 때 증식할 수 있다.

5. 삼투압, 염장

① 미생물의 세포벽은 반투과성인데 세포막 내부로의 침투농도와 이온농도를 조절한다.
② 4% 이상의 식염농도에서 증식하지 못하므로 염장 방식은 미생물의 성장을 억제한다.

제3장

공중위생관리법규

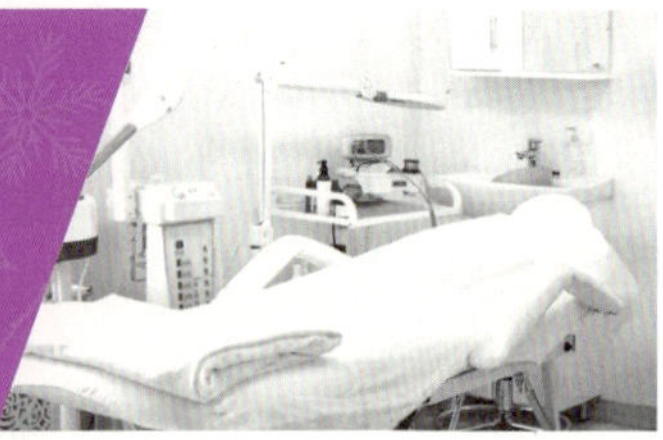

Check Point

이 장에서는 공중위생관리법규를 이해하고 미용업 신고 및 폐업, 변경, 승계 사항을 숙지합니다. **6문제 출제**됩니다.

1. 공중위생영업의 목적 및 정의

1. 공중위생관리법 목적

공중위생관리법 제1조에서는 공중이 이용하는 영업의 위생관리 등에 관한 사항을 규정함으로써 위생수준을 향상시켜 국민의 건강증진에 기여함을 목적으로 한다.

2. 공중위생영업의 정의(제2조)

① **"공중위생영업"**이라 함은 다수인을 대상으로 위생관리 서비스를 제공하는 영업으로서 숙박업·목욕장업·이용업·미용업·세탁업·건물위생관리업을 말한다.(제2조제1항제1호)

② **"숙박업"**이라 함은 손님이 잠을 자고 머물 수 있도록 시설 및 설비 등의 서비스를 제공하는 영업을 말한다. 다만, 농어촌에 소재하는 민박 등 대통령령이 정하는 경우를 제외한다.

③ **"미용업"**이라 함은 손님의 얼굴·머리·피부 등을 손질하여 손님의 외모를 아름답게 꾸미는 영업을 말한다.(제2조제1항제5호)

※ **"미용업"**이라 함은 손님의 얼굴·머리·피부 및 손톱·발톱 등을 손질하여 손님의 외모를 아름답게 꾸미는 다음 각 목의 영업을 말한다.

㉠ **일반미용업** : 파마·머리카락 자르기·머리카락 모양내기·머리피부 손질·머리카락 염색·머리감기·의료기기나 의약품을 사용하지 아니하는 눈썹 손질을 하는 영업

㉡ **피부미용업** : 의료기기나 의약품을 사용하지 아니하는 피부상태 분석·피부 관리·제모·눈썹 손질을 하는 영업

㉢ **네일 미용업** : 손톱과 발톱을 손질·화장하는 영업

㉣ **화장·분장 미용업** : 얼굴 등 신체의 화장, 분장 및 의료기기나 의약품을 사용하지 아니하는 눈썹 손질을 하는 영업

㉤ **그 밖에 대통령령으로 정하는 세부 영업**

㉥ **종합 미용업** : 가목부터 마목까지의 업무를 모두 하는 영업 〈개정 2019.12.3〉 [시행일 : 2020.6.4]

2. 미용업 신고 및 폐업

1. 미용업 신고(공중위생관리법 제3조)

① 미용업을 하고자 하는 자는 보건복지부령이 정하는 시설 및 설비를 갖추고 시장·군수·구청장에게 신고하여야 한다.

② 영업신고증(신고증을 분실하여 영업신고사항 변경신고서에 분실 사유를 기재하는 경우에는 첨부하지 아니한다)과 변경사항을 증명하는 서류를 영업신고사항 변경신고서에 작성하여 시장·군수·구청장에게 제출한다.

2. 폐업신고

① 제1항의 규정에 의하여 공중위생영업의 신고를 한 자(이하 "공중위생영업자"라 한다)는 공중위생영업을 폐업한 날부터 20일 이내에 시장·군수·구청장에

게 신고하여야 한다. 다만, 제11조에 따른 영업정지 등의 기간 중에는 폐업신고를 할 수 없다.(제3조제2항)

② 시장·군수·구청장은 공중위생영업자(미용업)가 「부가가치세법」 제8조에 따라 관할 세무서장에게 폐업신고를 하거나 관할 세무서장이 사업자등록을 말소한 경우에는 신고 사항을 직권으로 말소할 수 있다.(제3조제3항)

③ 시장·군수·구청장은 제3항의 직권말소를 위하여 필요한 경우 관할 세무서장에게 공중위생영업자의 폐업여부에 대한 정보 제공을 요청할 수 있다.(제3조제4항)

3. 미용업의 승계

① 공중위생영업자가 그 공중위생영업을 양도하거나 사망한 때 또는 법인의 합병이 있는 때에는 그 양수인·상속인 또는 합병 후 존속하는 법인이나 합병에 의하여 설립되는 법인은 그 공중위생영업자의 지위를 승계한다.(제3조의2제1항)

② 민사집행법에 의한 경매, 「채무자 회생 및 파산에 관한 법률」에 의한 환가나 국세징수법·관세법 또는 「지방세징수법」에 의한 압류재산의 매각 그밖에 준하는 절차에 따라 공중위생영업 관련시설 및 설비의 전부를 인수한 자는 공중위생영업자의 지위를 승계한다.(법제3조의2제2항)

③ 제1항 또는 제2항의 규정에 불구하고 이용업 또는 미용업의 경우에는 제6조의 규정에 의한 면허를 소지한 자에 한하여 공중위생영업자의 지위를 승계할 수 있다.(법제3조의2제3항)

④ 제1항 또는 제2항의 규정에 의하여 공중위생영업자의 지위를 승계한 자는 1월 이내에 보건복지부령이 정하는 바에 따라 시장·군수 또는 구청장에게 신고하여야 한다.(법제3조의2제4항)

㉠ 사망하거나 상속할 경우 영업자의 지위 승계 신고(시행규칙 제3조의4)

- 영업 양도일 경우 : 양도·양수 증명서
- 상속의 경우: 가족관계증명서 및 상속임을 증명할 수 있는 서류
- 해당 사유별로 영업자의 지위를 승계하였음을 증명할 수 있는 서류

3. 영업자 준수사항(공중위생관리법 제4조)

1. 공중위생영업자의 위생관리 의무 등 (보건복지부령)

① 이용자에게 건강상 위해요인이 발생하지 아니하도록 영업 관련 시설 및 설비를 위생적이고 안전하게 관리하여야 한다.

② 미용업을 하는 자는 다음 각 호의 사항을 지켜야 한다.

- 의료기구와 의약품을 사용하지 아니하는 순수한 화장 또는 피부미용을 할 것
- 미용기구는 소독을 한 기구와 소독을 하지 아니한 기구로 분리하여 보관하고, 면도기는 1회용 면도날만을 손님 1인에 한하여 사용할 것. 이 경우 미용기구의 소독기준 및 방법은 보건복지부령으로 정한다.
- 미용사면허증을 영업소 안에 게시할 것

④ 미용업 영업자가 준수하여야 하는 위생관리 기준 등 [공중위생관리법시행규칙 제7조]

- 점빼기, 귓불뚫기, 쌍꺼풀수술, 문신, 박피술 그 밖의 이와 유사한 의료행위를 하여서는 아니된다.
- 피부미용을 위하여 「약사법」에 따른 의약품 또는 「의료기기법」에 따른 의료기기를 사용하여서는 아니 된다.
- 미용기구 중 소독을 한 기구와 소독을 하지 아니한 기구는 각각 다른 용기에 넣어 보관하여야 한다.
- 1회용 면도날은 손님 1인에 한하여 사용하여야 한다.
- 영업장 안의 조명도는 75럭스 이상이 되도록 유지하여야 한다.
- 영업소 내부에 미용업신고증 및 개설자의 면허증 원본을 게시하여야 한다.
- 영업소 내부에 최종지불요금표를 게시 또는 부착하여야 한다.
- 신고한 영업장 면적이 66제곱미터 이상인 영업소의 경우 영업소 외부에도 손님이 보기 쉬운 곳에 「옥외광고물 등 관리법」에 적합하게 최종지불요금표를 게시 또는 부착하여야 한다. 이 경우 최종지불요금표에는 일부항목(5개 이상)만을 표시할 수

있다.

- 3가지 이상의 미용서비스를 제공하는 경우에는 개별 미용서비스의 최종 지불가격 및 전체 미용서비스의 총액에 관한 내역서를 이용자에게 미리 제공하여야 한다. 이 경우 미용업자는 해당 내역서 사본을 1개월간 보관하여야 한다.

4. 면허(공중위생관리법 제6조)

1. 이용사 및 미용사의 면허 등

① 이용사 또는 미용사가 되고자 하는 자는 보건복지부령이 정하는 바에 의하여 시장·군수·구청장의 면허를 받아야 한다.

- 전문대학 또는 이와 같은 수준 이상의 학력이 있다고 교육부장관이 인정하는 학교에서 이용 또는 미용에 관한 학과를 졸업한 자 또는 「학점인정 등에 관한 법률」 따라 대학 또는 전문대학을 졸업한 자와 같은 수준 이상의 학력이 있는 것으로 인정되어 이용 또는 미용에 관한 학위를 취득한 자
- 고등학교 또는 이와 같은 수준의 학력이 있다고 교육부장관이 인정하는 학교에서 이용 또는 미용에 관한 학과를 졸업한 자
- 교육부장관이 인정하는 고등기술학교에서 1년 이상 이용 또는 미용에 관한 소정의 과정을 이수한 자

  ※ 초·중등교육법령에 따른 특성화 고등학교, 고등기술학교나 고등학교 또는 고등기술학교에 준하는 각종 학교에서 1년이상 이용 또는 미용에 관한 소정의 과정을 이수한 자 [시행일 2020.6.4]
- 국가기술자격법에 의한 이용사 또는 미용사의 자격을 취득한 자

② 제6조 2항의 다음 각 호에 해당하는 자는 이용사 또는 미용사의 면허를 받을 수 없다.

- 피성년 후견인
- 「정신보건법」 제3조제1호에 따른 정신질환자. 다만, 전문의가 이용사 또는 미용사로서 적합하다고 인정하는 사람은 그러하지 아니하다.
- 공중의 위생에 영향을 미칠 수 있는 감염병환자로서 보건복지부령이 정하는 자
- 마약 기타 대통령령으로 정하는 약물 중독자
- 면허가 취소된 후 1년이 경과되지 아니한 자

2. 미용사의 면허 취소 등 (공중위생관리법 제7조)

① 시장·군수·구청장은 미용사가 다음 각 호의 1에 해당하는 때에는 그 면허를 취소하거나 6월 이내의 기간을 정하여 그 면허의 정지를 명할 수 있다. 다만, 제2호, 제4호, 제6호 또는 제7호에 해당하는 경우에는 그 면허를 취소하여야 한다.

② 면허정지(6월 이내에 기간을 정하여)

- 면허증을 다른 사람에게 대여한 때
- 「국가기술자격법」에 따라 자격이 취소된 때
- 「국가기술자격법」에 따라 자격정지처분을 받은 때(「국가기술자격법」에 따른 자격정지처분 기간에 한정한다)
- 「성매매알선 등 행위의 처벌에 관한 법률」이나 「풍속영업의 규제에 관한 법률」을 위반하여 관계 행정기관의 장으로부터 그 사실을 통보받은 때

③ 면허취소

- 피성년 후견인
- 이중으로 면허를 취득한 때(나중에 발급받은 면허를 말한다)
- 마약 기타 대통령령으로 정하는 약물 중독자
- 국가기술자격법에 따라 자격이 취소된 때
- 면허정지처분을 받고도 그 정지 기간 중에 업무를 한 때

④ 제1항의 규정에 의한 면허취소·정지처분의 세부적인 기준은 그 처분의 사유와 위반의 정도 등을 감안하여 보건복지부령으로 정한다.

㉠ 미용사의 면허신청(시장·군수·구청장에게 제출) [시행규칙 제9조]

- 졸업증명서 또는 학위증명서 1부
- 이수증명서 1부
- 정신질환에 해당하지 않는 다는 것을 증명하는 6개월 이내의 의사 진단서 또는 이를 증명할 수 있는 전문의 진단서 1부
- 감염병 환자, 약물 중독자에 해당하지 않는다는 것을 증명하는 최근 6개월 이내의 의사 진단서 1부
- 사진(신청 전 6개월 이내에 모자 등을 쓰

지 않고 촬영한 천연색 상반신 정면 사진으로 가로 3.5 센티미터, 세로 4.5 센티미터 사진) 1장 또는 전자적 파일 형태의 사진 〈개정 2019.12.31〉

3. 미용사 재발급 (시행규칙 제10조)

① 이용사 또는 미용사는 면허증의 기재사항에 변경이 있는 때, 면허증을 잃어버린 때 또는 면허증이 헐어 못쓰게 된 때에는 면허증의 재발급을 신청할 수 있다.

② 제1항에 따른 면허증의 재발급신청을 하려는 자는 별지 제10호서식의 신청서(전자문서로 된 신청서를 포함한다)에 다음 각 호의 서류(전자문서를 포함한다)를 첨부하여 시장·군수·구청장에게 제출해야 한다.

- 면허증 원본(기재사항이 변경되거나 헐어 못쓰게 된 경우에 한정한다)
- 사진 1장 또는 전자적 파일 형태의 사진

4. 면허증의 반납 (시행규칙 제12조)

① 면허가 취소되거나 면허의 정지명령을 받은 자는 지체 없이 시장·군수·구청장에게 면허증을 반납하여야 한다.

② 면허의 정지명령을 받은 자는 면허정지기간 동안 관할 시장·군수·구청장이 이를 보관하여야 한다.

5. 개선기간 (시행규칙 제17조)

① 시·도지사 또는 시장·군수·구청장이 영업자 및 공중이용시설의 소유자 등에게 법 위반사항에 대한 개선을 명령하고자 할 때에는 위반사항의 개선에 소요되는 기간 등을 고려하여 즉시 그 개선을 명하거나 6월의 범위 내에서 기간을 정하여 개선을 명하여야 한다.

② 시·도지사 또는 시장·군수·구청장으로부터 개선명령을 받은 공중위생영업자 및 공중이용시설의 소유자 등은 천재·지변 기타 부득이한 사유로 인하여 개선기간 이내에 개선을 완료할 수 없는 경우에는 그 기간이 종료되기 전에 개선기간의 연장을 신청할 수 있다. 이 경우 시·도지사 또는 시장·군수·구청장은 6월의 범위 내에서 개선기간을 연장할 수 있다.

5. 미용사의 업무 범위 등(공중위생관리법 제8조)

1. 미용사의 업무 범위 등

① 제6조제1항의 규정에 의한 미용사의 면허를 받은 자가 아니면 미용업을 개설하거나 그 업무에 종사할 수 없다. 다만, 미용사의 감독을 받아 미용 업무의 보조를 행하는 경우에는 그러하지 아니하다.

② 미용의 업무는 영업소 외의 장소에서 행할 수 없다. 다만, 보건복지부령이 정하는 특별한 사유가 있는 경우에는 그러하지 아니하다.

- 질병이나 그 밖의 사유로 영업소에 나올 수 없는 자에 대하여 이용 또는 미용을 하는 경우
- 혼례나 그 밖의 의식에 참여하는 자에 대하여 그 의식 직전에 이용 또는 미용을 하는 경우
- 「사회복지사업법」 제2조제4호에 따른 사회복지시설에서 봉사활동으로 이용 또는 미용을 하는 경우
- 방송 등의 촬영에 참여하는 사람에 대하여 그 촬영 직전에 이용 또는 미용을 하는 경우
- 제1호부터 제4호까지의 경우 외에 특별한 사정이 있다고 시장·군수·구청장이 인정하는 경우

③ 제1항의 규정에 의한 미용사의 업무범위와 미용의 업무보조 범위에 관하여 필요한 사항은 보건복지부령으로 정한다.

- 이용·미용 업무를 위한 사전 준비에 관한 사항
- 이용·미용 업무를 위한 기구·제품 등의 관리에 관한 사항
- 영업소의 청결 유지 등 위생관리에 관한 사항
- 그 밖의 머리감기 등 이용·미용 업무의 보조에 관한 사항

6. 행정지도감독 (공중위생관리법 제9조)

1. 보고 및 출입·검사

① 시·도지사 또는 시장·군수·구청장은 공중위생관리상 필요하다고 인정하는 때에는 공중위생영업자에 대하여 필요한 보고를 하게 하거나 소속공무원으로 하여금 영업소·사무소 등에 출입하여 공중위생영업자의 위생관리의무이행 등에 대하여 검사하게 하거

나 필요에 따라 공중위생영업장부나 서류를 열람하게 할 수 있다.

② 시·도지사 또는 시장·군수·구청장은 공중위생영업자의 영업소에 제5조에 따라 설치가 금지되는 카메라나 기계장치가 설치되었는지를 검사할 수 있다. 이 경우 공중위생영업자는 특별한 시정이 없으면 검사에 따라야 한다.〈신설 2018.12.11〉

③ 관계공무원은 그 권한을 표시하는 증표를 지녀야 하며, 관계인에게 이를 내보여야 한다.

④ 특별시장·광역시장·도지사 또는 시장·군수·구청장은 법제9조제1항에 따라 소속 공무원이 공주위생업소의 위생관리실태를 검사하기 위하여 검사대상물을 수거한 경우에는 별지제15호 서식의 수거증을 공중위생업자에게 교부하고 다음 각 호의 어느 하나에 해당하는 기관에 검사를 의뢰하여야 한다.(공중위생관리법 시행규칙 제15조)

1. 특별시·광역시·도의 보건환경연구원

1-2. 「국가표준기본법」 제23조의 규정에 의하여 인정을 받은 시험검사기관

3. 시·도지사 또는 시장·군수·구청장이 검사능력이 있다고 인정하는 검사기관

2. 제9조의2(영업의 제한)

시·도지사는 공익상 또는 선량한 풍속을 유지하기 위하여 필요하다고 인정하는 때에는 공중위생영업자 및 종사원에 대하여 영업시간 및 영업행위에 관한 필요한 제한을 할 수 있다.

3. 위생지도 및 개선명령(법 제10조)

① 시·도지사 또는 시장·군수·구청장은 다음 각 호의 어느 하나에 해당하는 자에 대하여 보건복지부령으로 정하는 바에 따라 기간을 정하여 그 개선을 명할 수 있다.

- 제3조제1항의 규정에 의한 공중위생영업의 종류별 시설 및 설비기준을 위반한 공중위생영업자
- 제4조의 규정에 의한 위생관리의무 등을 위반한 공중위생영업자

② 위반사항의 개선에 소요되는 기간 등을 고려하여 즉시 그 개선을 명하거나 6개월의 범위 내에서 기간을 정하여 개선을 명하여야 한다.(시행규칙 제7조)

4. 공중위생영업소의 폐쇄 등(공중위생관리법 제11조)

① 시장·군수·구청장은 공중위생영업자가 다음 각 호의 어느 하나에 해당하면 6월 이내의 기간을 정하여 영업의 정지 또는 일부 시설의 사용중지를 명하거나 영업소폐쇄 등을 명할 수 있다.

- 영업신고를 하지 아니하거나 시설과 설비기준을 위반한 경우
- 영업소 변경신고를 하지 아니한 경우
- 지위승계신고를 하지 아니한 경우
- 공중위생영업자의 위생관리 의무 등을 지키지 아니한 경우
- 법 제5조를 위반하여 카메라나 기계장치를 설치한 경우
- 영업소 외의 장소에서 이용 또는 미용 업무를 한 경우
- 보고를 하지 아니하거나 거짓으로 보고한 경우 또는 관계 공무원의 출입, 검사 또는 공중위생영업장부 또는 서류의 열람을 거부·방해하거나 기피한 경우
- 개선명령을 이행하지 아니한 경우
- 「성매매알선 등 행위의 처벌에 관한 법률」, 「풍속영업의 규제에 관한 법률」, 「청소년 보호법」, 「아동·청소년의 성보호에 관한 법률」 또는 「의료법」을 위반하여 관계 행정기관의 장으로부터 그 사실을 통보받은 경우

② 시장·군수·구청장은 제1항에 따른 영업정지처분을 받고도 그 영업정지 기간에 영업을 한 경우에는 영업소 폐쇄를 명할 수 있다.

③ 시장·군수·구청장은 다음 각 호의 어느 하나에 해당하는 경우에는 영업소 폐쇄를 명할 수 있다.

- 공중위생영업자가 정당한 사유 없이 6개월 이상 계속 휴업하는 경우
- 공중위생영업자가 「부가가치세법」 제8조에 따라 관할 세무서장에게 폐업신고를 하거나 관할 세무서장이 사업자 등록을 말소한 경우

④ 제1항에 따른 행정처분의 세부기준은 그 위반행위의 유형과 위반 정도 등을 고려하여 보건복지부령으로 정한다.

⑤ 시장·군수·구청장은 공중위생영업자가 영업소폐쇄

명령을 받고도 계속하여 영업을 하는 때에는 영업소를 폐쇄하기 위하여 다음 각 호의 조치를 하게 할 수 있다.

- 당해 영업소의 간판 기타 영업표지물의 제거
- 당해 영업소가 위법한 영업소임을 알리는 게시물 등의 부착
- 영업을 위하여 필수불가결한 기구 또는 시설물을 사용할 수 없게 하는 봉인

⑥ 시장·군수·구청장은 제5항제3호에 따른 봉인을 한 후 봉인을 계속할 필요가 없다고 인정되는 때와 영업자등이나 그 대리인이 당해 영업소를 폐쇄할 것을 약속하는 때 및 정당한 사유를 들어 봉인의 해제를 요청하는 때에는 그 봉인을 해제할 수 있다. 제5항제2호에 따른 게시물 등의 제거를 요청하는 경우에도 또한 같다.

5. 과징금처분(공중위생관리법 제 11조의 2)

① 시장·군수·구청장은 제11조제1항(영업소의 폐쇄)의 규정에 의한 영업정지가 이용자에게 심한 불편을 주거나 그 밖의 공익을 해할 우려가 있는 경우에는 영업정지 처분에 갈음하여 1억 원 이하의 과징금을 부과할 수 있다. 다만, 「성매매알선 등 행위의 처벌에 관한 법률」, 「아동·청소년의 성보호에 관한 법률」, 「풍속영업의 규제에 관한 법률」에 상응하는 위반행위로 인하여 처분을 받게 되는 경우를 제외한다. 〈개정 2019.1.15〉

② 제1항의 규정에 의한 과징금을 부과하는 위반행위의 종별·정도 등에 따른 과징금의 금액 등에 관하여 필요한 사항은 대통령령으로 정한다.

③ 시장·군수·구청장은 제1항의 규정에 의한 과징금을 납부하여야 할 자가 납부기한까지 이를 납부하지 아니한 경우에는 대통령령으로 정하는 바에 따라 제1항에 따른 과징금 부과처분을 취소하고, 제11조제1항에 따른 영업정지 처분을 하거나 「지방행정제재·부과금의 징수 등에 관한 법률」에 따라 이를 징수한다. 〈개정 2013. 8. 6., 2016. 2. 3. 2020. 3. 24〉

④ 제1항 및 제3항의 규정에 의하여 시장·군수·구청장이 부과·징수한 과징금은 해당 시·군·구에 귀속된다. 〈개정 2019.12.3〉

⑤ 시장·군수·구청장은 과징금의 징수를 위하여 필요한 경우에는 다음 각 호의 사항을 기재한 문서로 관할 세무관서의 장에게 과세정보의 제공을 요청할 수 있다.

- 납세자의 인적사항
- 사용목적
- 과징금 부과기준이 되는 매출금액

6. 행정제재 처분 효과의 승계(공중위생관리법 제11조의3)

① 공중위생영업자가 영업을 양도하거나 사망, 법인의 합병이 있는 때에는 종전의 영업자에 대하여 제11조제1항(공중위생영업소의 폐쇄)의 위반을 사유로 행한 행정제재처분의 효과는 그 처분기간이 만료된 날부터 1년간 양수인, 상속인, 합병 후 존속하는 법인에 승계된다.

② 공중위생영업자가 그 영업을 양도하거나 사망한 때 또는 법인의 합병이 있는 때에는 제11조제1항의 위반을 사유로 하여 종전의 영업자에 대하여 진행 중인 행정제재처분 절차를 양수인, 상속인, 합병 후 존속하는 법인에 대하여 속행할 수 있다.

③ 제1항 및 제2항에도 불구하고 양수인이나 합병 후 존속하는 법인이 양수하거나 합병할 때에 그 처분 또는 위반 사실을 알지 못한 경우에는 그러하지 아니하다. 〈신설 2019.12.3〉

7. 같은 종류의 영업 금지(공중위생관리법 제11조의4)

① 「성매매알선 등 행위의 처벌에 관한 법률」·「아동·청소년의 성보호에 관한 법률」·「풍속영업의 규제에 관한 법률」 또는 「청소년 보호법」(이하 이 조에서 "「성매매알선 등 행위의 처벌에 관한 법률」 등"이라고 한다)을 위반하여 제11조제1항의 폐쇄명령을 받은 자(법인인 경우에는 그 대표자를 포함한다. 이하 제2항에서 같다)는 그 폐쇄명령을 받은 후 2년이 경과하지 아니한 때에는 같은 종류의 영업을 할 수 없다.

② 성매매알선 외의 법률을 위반하여 폐쇄명령을 받은 자는 폐쇄명령을 받은 후 1년이 경과하지 아니한 때에는 같은 종류의 영업을 할 수 없다.

③ 성매매알선 등의 위반으로 폐쇄명령을 받은 후 1년이 경과하지 아니한 때에는 누구든지 그 폐쇄명령이

이루어진 영업장소에서 같은 종류의 영업을 할 수 없다.

④ 성매매알선 외의 법률의 위반으로 폐쇄명령이 있은 후 6개월이 경과하지 아니한 때에는 누구든지 그 폐쇄명령이 이루어진 영업장소에서 같은 종류의 영업을 할 수 없다.

8. 이용업소 표시 등의 사용제한 (공중위생관리법 제11조의5)

- 누구든지 시·군·구에 이용업 신고를 하지 아니하고 이용업소 표시등을 설치할 수 없다.

9. 위반사실 공표 (공중위생관리법 제11조의6)

- 시장·군수·구청장은 제7조, 제11조 또는 제11조의 2에 따라 행정처분이 확정된 공중위생영업자에 대한 처분 내용이나 해당 영업소의 명칭 등 처분과 관련한 영업 정보를 대통령령으로 정하는 바에 따라 공표하여야 한다.

10. 청문 (공중위생관리법 제12조)

보건복지부장관 또는 시장·군수·구청장은 다음 각 호의 어느 하나에 해당하는 처분을 하려면 청문을 하여야 한다.

① 공중위생영업의 신고 및 폐업에 따른 신고사항의 직권 말소
② 이용사 및 미용사의 면허취소에 따른 이용사와 미용사의 면허취소 또는 면허정지
③ 위생사의 면허 취소에 따른 위생사의 면허취소
④ 공중위생영업소의 폐쇄에 따른 영업정지명령, 일부 시설의 사용중지명령 또는 영업소 폐쇄명령

7. 위생평가

1. 위생 서비스 수준의 평가(공중위생관리법 제13조)

① 시·도지사는 공중위생영업소(관광숙박업의 경우를 제외한다. 이하 이 조에서 같다)의 위생관리수준을 향상시키기 위하여 위생서비스평가계획(이하 "평가계획"이라고 한다)을 수립하여 시장·군수·구청장에게 통보하여야 한다.

② 시장·군수·구청장은 평가계획에 따라 관할지역별 세부평가계획을 수립한 후 위생서비스평가 하여야 한다.

③ 시장·군수·구청장은 위생서비스평가의 전문성을 높이기 위하여 필요하다고 인정하는 경우에는 관련 전문기관 및 단체로 하여금 위생서비스평가를 실시하게 할 수 있다.

④ 위생 서비스 평가의 주기·방법, 위생관리등급의 기준 기타 평가에 관하여 필요한 사항은 보건복지부령으로 정한다.

2. 위생관리등급 공표 등 (공중위생관리법 제14조)

① 시장·군수·구청장은 보건복지부령이 정하는 바에 의하여 위생서비스평가의 결과에 따른 위생관리등급을 해당공중위생영업자에게 통보하고 이를 공표하여야 한다.

② 공중위생영업자는 제1항의 규정에 의하여 시장·군수·구청장으로부터 통보받은 위생관리등급의 표지를 영업소의 명칭과 함께 영업소의 출입구에 부착할 수 있다.

③ 시·도지사 또는 시장·군수·구청장은 위생서비스평가의 결과 위생서비스의 수준이 우수하다고 인정되는 영업소에 대하여 포상을 실시할 수 있다.

④ 시·도지사 또는 시장·군수·구청장은 위생서비스평가의 결과에 따른 위생관리등급별로 영업소에 대한 위생 감시를 실시하여야 한다. 이 경우 영업소에 대한 출입·검사와 위생 감시의 실시주기 및 횟수 등 위생관리등급별 위생 감시 기준은 보건복지부령으로 정한다.

3. 공중위생감시원 (공중위생관리법 제15조)

① 제3조(공중위생업의 신고 및 폐업신고), 제3조의 2(공중위생영업의 승계), 제4조(공중위생영업자의 위생관리 의무) 또는 제8조(이용사 및 미용사의 업무 범위) 내지 제11조(공중위생영업소의 폐쇄)의 규정에 의한 관계공무원의 업무를 행하기 위하여 시·도 및 시·군·구(자치구에 한한다)에 공중위생감시원을 둔다.

② 공중위생감시원의 자격·임명·업무범위 기타 필요한 사항은 대통령령으로 정한다.

4. 명예공중위생감시원 (공중위생관리법 제15조의2)

① 시·도지사는 공중위생의 관리를 위한 지도·계몽 등을 행하기 위하여 명예공중위생감시원을 둘 수 있다.
② 제1항의 규정에 의한 명예공중위생감시원의 자격 및 위촉 방법이나 업무 범위 등에 관하여 필요한 사항은 대통령령으로 정한다.
③ 명예공중감시원의 업무 범위(시행령 제9조의2제2항)
- 공중위생감시원이 행하는 검사대상물의 수거지원
- 법령위반행위에 대한 신고 및 자료제공
- 공중위생에 관한 홍보·계몽 등 공중위생관리업무와 관련하여 시·도지사가 따로 정하여 부여하는 업무

8. 위생교육 (공중위생관리법 제17조)

1. 위생교육

① 공중위생영업자는 매년 위생교육을 받아야 한다.
- 위생교육은 3시간으로 한다.

② 제3조제1항(공중위생영업의 신고 및 폐업신고) 전단의 규정에 의하여 신고를 하고자 하는 자는 미리 위생교육을 받아야 한다. 다만, 보건복지부령으로 정하는 부득이한 사유로 미리 교육을 받을 수 없는 경우에는 영업개시 후 6개월 이내에 위생교육을 받을 수 있다.
- 천재지변, 본인의 질병, 사고, 업무상 국외 출장 등의 사유로 교육을 받을 수 없는 경우
- 교육을 실시하는 단체의 사정 등으로 미리 교육을 받기 불가능한 경우

③ 제1항 및 제2항의 규정에 따른 위생교육을 받아야 하는 자 중 영업에 직접 종사하지 아니하거나 2개 이상의 장소에서 영업을 하는 자는 종업원 중 영업장별로 공중위생에 관한 책임자를 지정하고 그 책임자로 하여금 위생교육을 받게 하여야 한다.
④ 제1항부터 제3항까지의 규정에 따른 위생교육은 보건복지부장관이 허가한 단체 또는 제16조에 따른 단체가 실시할 수 있다.
⑤ 제1항부터 제4항까지의 규정에 따른 위생교육의 방법·절차 등에 관하여 필요한 사항은 보건복지부령으로 정한다.

2. 위임 및 위탁 (공중위생관리법 제18조)

① 보건복지부장관은 이 법에 의한 권한의 일부를 대통령령이 정하는 바에 의하여 시·도지사 또는 시장·군수·구청장에게 위임할 수 있다.
② 보건복지부장관은 대통령령이 정하는 바에 의하여 관계전문기관 등에 그 업무의 일부를 위탁할 수 있다.

3. 국고보조 (공중위생관리법 제19조)

국가 또는 지방자치단체는 제13조제3항의 규정에 의하여 위생서비스평가를 실시하는 자에 대하여 예산의 범위 안에서 위생서비스평가에 소요되는 경비의 전부 또는 일부를 보조할 수 있다.

4. 수수료 (공중위생관리법 제19조의 2)

이용사 또는 미용사 면허를 받고자 하는 자는 대통령령이 정하는 바에 따라 수수료를 납부하여야 한다.

5. 같은 명칭의 사용금지(공중위생관리법 제19조의 3)

- 위생사가 아니면 위생사라는 명칭을 사용하지 못한다.

9. 미용업[별표7]〈개정 2019.9.27〉

위반행위	근거 법조문	행정처분기준			
		1차 위반	2차 위반	3차 위반	4차 이상 위반
가. 법 제3조제1항 전단에 따른 영업신고를 하지 않거나 시설과 설비기준을 위반한 경우	법 제11조 제1항 제1호				
1) 영업신고를 하지 않은 경우		영업장 폐쇄명령			
2) 시설 및 설비기준을 위반한 경우		개선명령	영업정지 15일	영업정지 1월	영업장 폐쇄명령

위반행위	근거 법조문	행정처분기준			
		1차 위반	2차 위반	3차 위반	4차 이상 위반
나. 법 제3조제1항 후단에 따른 변경신고를 하지 않은 경우	법 제11조 제1항 제2호				
1) 신고를 하지 않고 영업소의 명칭 및 상호 또는 영업장 면적의 3분의 1 이상을 변경한 경우		경고 또는 개선명령	영업정지 15일	영업정지 1월	영업장 폐쇄명령
2) 신고를 하지 않고 영업소의 소재지를 변경한 경우		영업정지 1월	영업정지 2월	영업장 폐쇄명령	
다. 법 제3조의2제4항에 따른 지위승계신고를 하지 않은 경우	법 제11조 제1항 제3호	경고	영업정지 10일	영업정지 1월	영업장 폐쇄명령
라. 법 제4조에 따른 공중위생영업자의 위생관리 의무등을 지키지 않은 경우	법 제11조 제1항 제4호				
1) 소독을 한 기구와 소독을 하지 않은 기구를 각각 다른 용기에 넣어 보관하지 않거나 1회용 면도날을 2인 이상의 손님에게 사용한 경우		경고	영업정지 5일	영업정지 10일	영업장 폐쇄명령
2) 피부미용을 위하여 「약사법」에 따른 의약품 또는 「의료기기법」에 따른 의료기기를 사용한 경우		영업정지 2월	영업정지 3월	영업장 폐쇄명령	
3) 점빼기·귓볼뚫기·쌍꺼풀수술·문신·박피술 그 밖에 이와 유사한 의료행위를 한 경우		영업정지 2월	영업정지 3월	영업장 폐쇄명령	
4) 미용업 신고증 및 면허증 원본을 게시하지 않거나 업소 내 조명도를 준수하지 않은 경우		경고 또는 개선명령	영업정지 5일	영업정지 10일	영업장 폐쇄명령
5) 별표 4 제4호자목 전단을 위반하여 개별 미용서비스의 최종 지불가격 및 전체 미용서비스의 총액에 관한 내역서를 이용자에게 미리 제공하지 않은 경우		경고	영업정지 5일	영업정지 10일	영업정지 1월
마. 법 제5조를 위반하여 카메라나 기계장치를 설치한 경우	법 제11조 제1항 제4호의2	영업정지 1월	영업정지 2월	영업장 폐쇄명령	
바. 법 제7조제1항 각 호의 어느 하나에 해당하는 면허 정지 및 면허 취소 사유에 해당하는 경우	법 제7조 제1항				
1) 법 제6조제2항제1호부터 제4호까지에 해당하게 된 경우		면허취소			
2) 면허증을 다른 사람에게 대여한 경우		면허정지 3월	면허정지 6월	면허취소	
3) 「국가기술자격법」에 따라 자격이 취소된 경우		면허취소			
4) 「국가기술자격법」에 따라 자격정지처분을 받은 경우(「국가기술자격법」에 따른 자격정지처분 기간에 한정한다)		면허정지			

위반행위	근거 법조문	행정처분기준			
		1차 위반	2차 위반	3차 위반	4차 이상 위반
5) 이중으로 면허를 취득한 경우(나중에 발급받은 면허를 말한다)		면허취소			
6) 면허정지처분을 받고 도 그 정지 기간 중 업무를 한 경우		면허취소			
사. 법 제8조제2항을 위반하여 영업소 외의 장소에서 미용 업무를 한 경우	법 제11조 제1항 제5호	영업정지 1월	영업정지 2월	영업장 폐쇄명령	
아. 법 제9조에 따른 보고를 하지 않거나 거짓으로 보고한 경우 또는 관계 공무원의 출입, 검사 또는 공중위생영업 장부 또는 서류의 열람을 거부·방해하거나 기피한 경우	법 제11조 제1항 제6호	영업정지 10일	영업정지 20일	영업정지 1월	영업장 폐쇄명령
자. 법 제10조에 따른 개선명령을 이행하지 않은 경우	법 제11조 제1항 제7호	경고	영업정지 10일	영업정지 1월	영업장 폐쇄명령
차. 「성매매알선 등 행위의 처벌에 관한 법률」, 「풍속영업의 규제에 관한 법률」, 「청소년 보호법」, 「아동·청소년의 성보호에 관한 법률」 또는 「의료법」을 위반하여 관계 행정기관의 장으로부터 그 사실을 통보받은 경우	법 제11조 제1항 제8호				
1) 손님에게 성매매알선 등 행위 또는 음란행위를 하게 하거나 이를 알선 또는 제공한 경우					

위반행위	근거 법조문	행정처분기준			
		1차 위반	2차 위반	3차 위반	4차 이상 위반
가) 영업소		영업정지 3월	영업장 폐쇄명령		
나) 미용사		면허정지 3월	면허취소		
2) 손님에게 도박 그 밖에 사행행위를 하게 한 경우		영업정지 1월	영업정지 2월	영업장 폐쇄명령	
3) 음란한 물건을 관람·열람하게 하거나 진열 또는 보관한 경우		경고	영업정지 15일	영업정지 1월	영업장 폐쇄명령
4) 무자격안마사로 하여금 안마사의 업무에 관한 행위를 하게 한 경우		영업정지 1월	영업정지 2월	영업장 폐쇄명령	
카. 영업정지처분을 받고 도 그 영업정지 기간에 영업을 한 경우	법 제11조 제2항	영업장 폐쇄명령			
타. 공중위생영업자가 정당한 사유 없이 6개월 이상 계속 휴업하는 경우	법 제11조 제3항 제1호	영업장 폐쇄명령			
파. 공중위생영업자가 「부가가치세법」 제8조에 따라 관할 세무서장에게 폐업신고를 하거나 관할 세무서장이 사업자 등록을 말소한 경우	법 제11조 제3항 제2호	영업장 폐쇄명령			

10. 벌칙 (공중위생관리법 제 20조)

1. 벌칙

① 1년 이하의 징역 또는 1천만 원 이하의 벌금

- 공중위생영업의 신고 및 폐업신고 전단의 규정에 의한 신고를 하지 아니한 자
- 영업정지명령 또는 일부 시설의 사용중지명령을 받고도 그 기간 중에 영업을 하거나 그 시설을 사용한 자 또는 영업소 폐쇄명령을 받고도 계속하여 영업을 한 자

② 6월 이하의 징역 또는 500만 원 이하의 벌금
- 제3조제1항 후단의 규정에 의한 변경신고를 하지 아니한 자
- 제3조의2제1항(공중위생영업의 승계)의 규정에 의하여 공중위생영업자의 지위를 승계한 자로서 공중위생관리의무 신고를 하지 아니한 자
- 제4조제7항(공중위생영업자의 위생관리 의무)의 규정에 위반하여 건전한 영업질서를 위하여 공중위생영업자가 준수하여야 할 사항을 준수하지 아니한 자

③ 300만 원 이하의 벌금
- 제7조제1항(이용사 및 미용사의 면허 취소)에 따른 면허의 취소 또는 정지 중에 이용업 또는 미용업을 한 사람
- 제8조제1항(이용사 및 미용사의 업무 범위)을 위반하여 면허를 받지 아니하고 이용업 또는 미용업을 개설하거나 그 업무에 종사한 사람

2. 양벌규정 (공중위생관리법 제21조)

법인 또는 개인의 대리인, 법인의 대표자나 그 밖의 종업원이 그 법인 또는 개인의 업무에 관하여 제20조의 위반 행위를 하면 그 행위자를 벌하는 외에 그 법인 또는 개인에게도 해당 조문의 벌금형을 과(科)한다. 다만, 법인 또는 개인이 그 위반 행위를 방지하기 위하여 해당 업무에 관하여 상당한 주의와 감독을 게을리하지 아니한 경우에는 그러하지 아니하다.

3. 과태료 (공중위생관리법 제22조)

① 300만 원 이하의 과태료
- 제9조의 규정(보고 및 출입검사)에 의한 보고를 하지 아니하거나 관계공무원의 출입·검사 기타 조치를 거부·방해 또는 기피한 자
- 공중위생영업의 종류별 시설 및 설비기준을 위반한 공중위생영업자, 위생관리의무등을 위반한 공중위생영업자에 의한 개선명령에 위반한 자
- 시·군·구에 이용업 신고를 하지 아니하고 이용업 위반하여 이용업소 표시등을 설치한 자

② 200만 원 이하의 과태료
- 소독한 기구와 소독을 하지 아니한 기구는 분리하여 보관하고, 면도기는 1회용 면도날만을 손님 1인에 한하여 사용, 이용사 면허증을 영업소 안에 게시, 이용업소 표시 등을 영업소 외부에 설치의 규정에 위반하여 이용업소의 위생관리 의무를 지키지 아니한 자
- 의료기구와 의약품을 사용하지 아니하는 순수한 화장 또는 피부미용을 할 것, 미용기구는 소독을 한 기구와 소독을 하지 아니한 기구로 분리하여 보관하고, 면도기는 1회용 면도날만을 손님 1인에 한하여 사용할 것, 미용사면허증을 영업소 안에 게시와 같은 규정에 위반하여 미용업소의 위생관리 의무를 지키지 아니한 자
- 이용 및 미용의 업무는 영업소외의 장소에서 행하여 위반할 경우
- 위생교육을 받지 아니한 자

③ 위생사의 명칭을 사용한 자에게는 100만 원 이하의 과태료를 부과한다.

④ 제1항부터 제3항까지의 규정에 따른 과태료는 대통령령으로 정하는 바에 따라 보건복지부장관 또는 시장·군수·구청장이 부과·징수한다.

4. 과태료의 부과·징수 절차

① 과태료는 대통령이 정하는 바에 의하여 시장·군수·구청장가 부과·징수한다.

② 과징금 및 과태료를 납기일까지 납부하지 아니한 때에는 경과일로부터 15일 이내에 납기 기한을 정하여 독촉장을 발부하여야 한다.

③ 과태료 처분에 불복이 있는 자는 그 처분의 고지를 받은 날부터 30일 이내에 처분권자에게 이의를 제기할 수 있다.
- 시장·군수·구청장은 10일 이상의 기간을 정하여 과태료 처분 대상자에게 구술·서면의 기회를 주어야 한다.
- 지정된 기일까지 의견진술이 없는 때에는 의견이 없는 것으로 한다.

④ 과태료 처분을 받은 자가 이의를 제기한 때에는 처분권자는 지체 없이 관할 법원에 그 사실을 통보하여야 하며, 그 통보를 받은 관할 법원은 비송사건절차법에 의한 과태료의 재판을 한다.

⑤ 규정에 의한 기간 내에 이의를 제기하지 아니하고 과태료를 납부하지 아니한 때에는 지방세 체납처분의 예에 의하여 이를 징수한다.

11. 시행령 및 시행규칙

1. 미용업(피부) 및 미용업(종합)의 시설 및 설비 기준 [별표1 중 4] 〈개정 2019.12.31〉

1. 미용업(일반), 미용업(손톱 · 발톱) 및 미용업(화장 · 분장)

① 미용기구는 소독을 한 기구와 소독을 하지 아니한 기구를 구분하여 보관할 수 있는 용기를 비치하여야 한다.

② 소독기·자외선 살균기 등 미용기구를 소독하는 장비를 갖추어야 한다.

③ 작업 장소, 응접장소, 상담실 등을 분리하기 위해 칸막이를 설치할 수 있으나, 설치된 칸막이에 출입문이 있는 경우 출입문의 3분의 1 이상을 투명하게 하여야 한다. 다만, 탈의실의 경우에는 출입문을 투명하게 하여서는 아니 된다.

2. 미용업(피부) 및 미용업(종합) 앞의 ①, ②, ③ 외

④ 작업 장소 내 베드와 베드 사이에 칸막이를 설치할 수 있으나, 설치된 칸막이에 출입문이 있는 경우 그 출입문의 3분의 1 이상은 투명하게 하여야 한다.

2. 미용기구의 소독기준 및 방법 시행규칙 [별표3] 〈개정 2019.12.19〉

1. 일반기준

① **자외선소독** : 1cm² 당 85㎼ 이상의 자외선을 20분 이상 쬐어 준다.

② **건열멸균소독** : 100℃ 이상의 건조한 열에 20분 이상 쐬어 준다.

③ **증기소독** : 100℃ 이상의 습한 열에 20분 이상 쐬어 준다.

④ **열탕소독** : 100℃ 이상의 물속에 10분 이상 끓여 준다.

⑤ **석탄산수소독** : 석탄산수(석탄산 3%, 물 97%의 수용액을 말한다)에 10분 이상 담가 둔다.

⑥ **크레졸소독** : 크레졸수(크레졸 3%, 물 97%의 수용액을 말한다)에 10분 이상 담가 둔다.

⑦ **에탄올소독** : 에탄올수용액(에탄올이 70%인 수용액을 말한다. 이하 이 호에서 같다)에 10분 이상 담가 두거나 에탄올수용액을 머금은 면 또는 거즈로 기구의 표면을 닦아 준다.

2. 개별기준

- 이용기구 및 미용기구의 종류·재질 및 용도에 따른 구체적인 소독기준 및 방법은 보건복지부장관이 정하여 고시한다.

3. 미용기구의 소독기준 및 방법 시행규칙 [별표3]

① 의료기구와 의약품을 사용하지 아니하는 순수한 화장 또는 피부미용을 할 것

② 미용기구는 소독을 한 기구와 소독을 하지 아니한 기구로 분리하여 보관하고, 면도기는 1회용 면도날만을 손님 1인에 한하여 사용할 것. 이 경우 미용기구의 소독기준 및 방법은 보건복지부령으로 정한다.

③ 미용사면허증을 영업소 안에 게시할 것

4. 면허증의 재발급(시행규칙 제10조)

① 이용사 또는 미용사는 면허증의 기재사항에 변경이 있는 때, 면허증을 잃어버린 때 또는 면허증이 헐어 못쓰게 된 때에는 면허증의 재발급을 신청할 수 있다.

② 제1항에 따른 면허증의 재발급신청을 하려는 자는 별지 제10호 서식의 신청서(전자문서로 된 신청서를 포함한다)에 다음 각 회의 서류(전자문서 포함)를 첨부하여 시장·군수·구청장에게 제출해야 한다. (개정 2019.12.31)

- 면허증 원본(기재사항이 변경되거나 헐어 못쓰게 된 경우에 한정한다)
- 사진 1장 또는 전자적 파일 형태의 사진

5. 미용업(피부) 및 미용업(종합)의 실내공기 위생관리 기준

① 24시간 평균 실내 미세먼지의 양이 150㎍/cm³을 초과하는 경우에는 실내공기 정화시설 및 설비를 교체 또는 청소하여야 한다.

② 위의 규정에 의하여 청소하여야 하는 실내공기 정화시설 및 설비는 다음과 같다.

- 공기정화기와 이에 연결된 급·배기관
- 중앙집중식 냉·난방시설의 급·배기구
- 실내공기의 단순배기관
- 화장실용 배기관
- 조리실용 배기관

6. 위생 서비스 수준의 평가 주기(시행규칙 제20조)

공중위생영업소의 위생 서비스 수준평가는 2년마다 실시하되, 공중위생영업소의 보건·위생관리를 위하여 특히 필요한 경우에는 보건복지가족부장관이 정하여 고시하는 바에 따라 공중위생영업의 종류 또는 위생관리등급별로 평가주기를 달리할 수 있다. 다만, 공중위생 영업자가 휴업신고를 한 경우 해당 공중위생 영업소에 대해서는 위생 서비스 평가를 실시하지 않을 수 있다.(개정 2019.12.31)

7. 위생관리등급의 구분(시행규칙 제21조)

1. 위생관리등급의 구분

① 최우수 : 녹색등급

② 우수 : 황색등급

③ 일반관리대상 업소 : 백색등급

8. 위생관리등급의 구분(보건복지부 고시)

① 시·도지사는 위생 서비스 평가 결과에 따라 공중위생영업소의 위생관리등급을 평가할 때에는 그 내용을 시장·군수·구청장에게 통보하여야 한다.

② 시장·군수·구청장은 공중위생영업소별 위생관리등급을 통보받은 때에는 위생등급표를 해당 공중위생영업자에게 송부하여야 한다.

③ 시장·군수·구청장은 공중위생영업소별 위생관리등급을 당해 기관의 게시판에 게시하는 등의 방법으로 공표하여야 한다.(공중위생관리법 제14조 및 공중위생관리법 시행령 제22조 참조)

1 다음 중 공중보건학에 대한 설명으로 틀린 것은?

① 질병예방, 생명연장, 신체적·정신적 건강효율을 증진시키는 기술과학이다.
② 지역사회 전체주민을 대상으로 한다.
③ 질병의 조기진단 및 전염병 관리를 한다.
④ 개인관리와 보건자료수집 관리를 한다.

2 인구의 구성 형태에 대한 설명이 맞는 것은?

① 피라미드형 – 출생률보다 사망률이 높은 인구감소형
② 종형 – 출생률과 사망률이 같은 인구정지형
③ 항아리형 – 출생률이 사망률보다 높은 후진국형
④ 별형 – 사람이 모여사는 도시유입형, 인구증가형

[해설]
피라미드형(인구증가형, 후진국형), 항아리형(인구감소형), 별형(인구유입형), 종형(인구정지형)

3 질병 발생의 3대 요소가 아닌 것은?

① 체질　　② 병인
③ 숙주　　④ 환경

[해설]
질병 발생의 3대 요소는 병인, 환경요인, 숙주요인이다.

4 질병의 예방에서 질병의 조기 발견 및 즉각 치료는 몇 차에 해당하는가?

① 1차 예방　　② 2차 예방
③ 3차 예방　　④ 4차 예방

[해설]
1차 예방은 질병자체를 억제, 3차 예방은 회복기 이후에 적용

5 다음 중 공중보건학의 범위가 아닌 것은?

① 개인위생 분야　　② 환경보건 분야
③ 질병관리 분야　　④ 보건관리 분야

[해설]
공중보건학의 범위는 질병관리, 보건관리, 환경보건 분야이다.

6 한 나라의 건강수준을 다른 나라들과 비교할 때 쓰이는 건강지표에 해당하지 않는 것은?

① 조사망률　　② 신생아사망률
③ 평균수명　　④ 비례사망지수

[해설]
한 나라의 건강수준지표에 사용되는 건강지표는 신생아사망률이다.

7 공중보건학에서 환경위생이나 식품위생과 관련한 분야는?

① 질병관리 분야　　② 보건관리 분야
③ 환경보건 분야　　④ 개인위생 분야

[해설]
질병관리 분야는 역학, 감염병관리, 기생충관리 분야이다.

8 폐쇄명령을 받고도 계속해서 영업을 하는 경우, 관계부처로부터 영업을 폐쇄하기 위한 경우가 아닌 것은?

① 미용업 신고증 및 면허증 원본을 게시하지 않거나 업소 내 조명도를 준수하지 않은 경우나 1,2차를 준수하지 않은 경우 등에는 폐쇄명령을 내릴 수 있다.
② 당해 영업소의 간판이나 기타 영업 표지물을 제거할 수 있다.
③ 당해 영업소가 위반한 영업소임을 알리는 게시물 등을 부착할 수 있다.
④ 영업을 위하여 필수 불가결한 기구나 시설물을 압수할 수 있다.

[해설]
①, ②, ③은 폐쇄명령을 받고도 영업을 하는 경우이다.

9 요충에 대한 설명으로 바르지 않은 것은?

① 집단 감염의 특징이 있다.
② 숙주가 기생한 항문 주위에 소양증이 발생된다.
③ 세계적 분포의 특징이 있다.
④ 경구 침입하여 소장에서 기생한다.

[해설]
세계적 분포의 특징은 회충이다.

정답 1. ④ 2. ② 3. ① 4. ② 5. ① 6. ② 7. ③ 8. ④ 9. ③

10 감염병 관리상 그 관리가 가장 어려운 대상은?

① 만성 감염병 환자 ② 급성 감염병 환자
③ 건강 보균자 ④ 감염병에 의한 사망자

11 하수도의 하수처리 종류에 해당하지 않는 것은?

① 합류식 ② 결합식
③ 혼합식 ④ 분류식

[해설]
하수도의 종류에는 빗물과 하수가 같은 관으로 흐르게 하는 합류식, 강수와 오수의 일부를 함께 운반하는 혼합식, 오수와 하수를 분리해서 운반하는 분류식이 있다.

12 비타민이 결핍되었을 때 발생하는 질병의 연결이 틀린 것은?

① 비타민 B_1 – 각기병
② 비타민 D – 괴혈증
③ 비타민 B_6 – 피리독신
④ 비타민 E – 불임증

[해설]
비타민 D의 결핍증은 구루병, 골연화증이다. 괴혈증은 비타민 C의 결핍증이다.

13 일반적인 미생물의 증식 조건으로만 나열된 것은?

① 온도 – 적외선 – pH
② 적외선 – 습도 – 자외선
③ 온도 – 습도 – 영양분
④ 영양원 – 적외선 – 자외선

[해설]
미생물 증식 조건은 습도, 산소, 영양원, 유해물질의 존재, 온도, pH, 삼투압

14 클로스트리듐균과 같이 이상적으로 자라는 미생물의 종류는?

① 호기성균 ② 혐기성균
③ 통성혐기성균 ④ 편성혐기성균

[해설]
호기성균은 산소를 반드시 필요로하고 혐기성균은 산소를 필요로 하지 않는다. 통성혐기성균은 산소가 존재하나 없는 존재에서 살아갈 수 있는 균이다.

15 멸균의 이상적인 조건은?

① 대상에 포함된 병원성이나 비병원성 포자를 손상하지 않을 것
② 취급 방법은 일반인이 접근할 수 없도록 복잡해야 할 것
③ 용매에 쉽고 빠르게 용해되어야 할 것
④ 대상에 포함된 병원체, 비병원체, 포자를 완전히 죽이는 것

[해설]
멸균 또는 살균이라고 하며, 병원성·비병원성·아포 등 모두 사멸하고 무균 상태로 만드는 것

16 일차적으로 용품이나 가구 등을 세척하는 소독 방법은?

① 희석 ② 살균 ③ 멸균 ④ 여과

[해설]
희석은 용품이나 기구 등을 일차적으로 세척하는 소독 방법이다.

17 소독력이 깊은 곳까지 전달되지 못하고 표면에만 이루어지는 소독 방법은 무엇인가?

① 태양광선 ② 희석
③ 정균 ④ 여과

[해설]
자연소독은 희석·태양광선·한랭이 있으며, 희석은 기구 등을 일차적으로 세척하는 것으로 독성이 감소되며, 한랭은 저온 상태에서 효소의 촉매 작용으로 소독하는 방법이다.

18 바이러스의 발견에 대한 설명인데, 바이러스에 대한 일반적인 설명으로 옳은 것은?

① 바이러스의 결정체는 핵산과 지방으로 이루어져 있다.
② 병원체가 세균보다 커서 세균여과기를 통과할 수가 없다.
③ 핵산 DNA와 RNA 둘 다 가지고 있다.
④ 바이러스는 살아 있는 세포 내에서만 증식이 가능하다.

[해설]
바이러스의 결정체는 핵산과 단백질로 이루어져 있으며 세균보다 작아서 여과기 통과가 가능하다. DNA 또는 RNA와 핵산을 가지고 있다.

정답 10. ③ 11. ② 12. ② 13. ③ 14. ④ 15. ④ 16. ① 17. ① 18. ④

19 납 중독 시 초기현상에 해당하는 것은?

① 빈혈　② 콩팥기능장애
③ 식욕부진　④ 급성복통

[해설]
납중독 초기증상으로 변비, 식욕부진, 복부팽만감 등. 크롬 중독 시 피부궤양, 기관지염, 피부염 등

20 잠함병 증상인 것은?

① 호흡곤란　② 기침
③ 가슴통증　④ 경련

[해설]
진폐증은 호흡곤란, 기침, 가슴통증 등이다.

21 산(Acid) 성분의 소독이 미생물 세포에 작용하는 것은?

① 균체를 녹임　② 방부제 형성
③ 효소를 파괴　④ 복합체 형성

[해설]
산(Acid)은 방부제와 소독제로 이용되며 음식물의 변질와 변패를 막고, 세포막으로 침입한 박테리아를 살균한다.

22 이·미용 기구의 소독으로 바람직하지 않은 것은?

① 피부미용만을 위한 전용 의약품은 따로 보관한다.
② 건열멸균 소독은 100℃ 이상, 건조한 열에서 20분 동안 사용한다.
③ 1회용 면도날을 손님 1인에 한하여 사용한다.
④ 자외선 소독은 $1cm^2$당 85uW 이상의 자외선을 20분 이상 사용한다.

[해설]
의약품은 피부 미용의 영역이 아니다.

23 미용업 영업자의 준수사항과 거리가 먼 것은?

① 의료기구와 의약품은 사용한 것과 사용하지 않은 것을 분리하여 보관한다.
② 소독한 기구와 소독하지 아니한 기구를 분리하여 보관한다.
③ 미용사 면허증을 영업소 안에 게시한다.
④ 과태료를 징수하여야 한다.

[해설]
미용업 영업자의 준수사항은 ①, ②, ③이다.

24 과태료 처분을 받은 자가 이의를 제기한 때에는 처분권자는 며칠 내에 관할법원에 그 사실을 통보하여야 하는가?

① 처분 받은 날로부터 30일 이내에 관할 법원에 알린다.
② 지체 없이 관할 법원에 사실을 알린다.
③ 처분 받은 날로부터 15일 이내에 관할 법원에 알린다.
④ 처분이 있음을 안 날로부터 15일 이내에 관할 법원에 알린다.

[해설]
과태료 처분에 불복이 있는 자는 고지를 받은 날부터 30일 이내에 처분권자에게 이의를 제기 할 수 있고, 시장·군수·구청장은 10일 이상의 기간을 정하여 과태료 처분 대상자에게 구술·서면의 기회를 주어야 하며, 지정된 기일까지 의견 진술이 없는 때에는 의견이 없는 것으로 한다. 또한, 과태료 처분을 받은 자가 이의를 제기한 때에는 처분권자는 지체 없이 관할법원에 그 사실을 통보하여야 한다.

25 이·미용 업의 사망이나 상속의 경우에 영업자의 지위 승계 신고 구비서류가 아닌 것은?

① 양도·양수 사본
② 영업자 지위 승계 신고서
③ 상속자임을 증명할 수 있는 서류
④ 가족관계 증명서

[해설]
지위승계를 위한 시행규칙에 따르면 영업 양도일 경우 : 양도·양수 증명서, 상속의 경우: 가족관계증명서 및 상속임을 증명할 수 있는 서류, 해당 사유별로 영업자의 지위를 승계하였음을 증명할 수 있는 서류를 제출한다.

26 미용업장을 운영 시 폐쇄 명령을 받고도 영업을 운영할 때의 벌칙 기준은?

① 1년 이하의 징역 또는 1천만 원 이하의 벌금
② 2년 이하의 징역 또는 1천만 원 이하의 벌금
③ 1년 이하의 징역 또는 500만 원 이하의 벌금
④ 6월 이하의 징역 또는 500만 원 이하의 벌금

[해설]
영업소 폐쇄명령을 받고도 이·미용업을 할 때에는 1년 이하의 징역 또는 1천만 원 이하의 벌금에 처한다.

정답 19. ③ 20. ④ 21. ② 22. ① 23. ④ 24. ② 25. ① 26. ①

27 미용업자가 미용업 신고를 하지 않고 영업소의 상호를 변경 시 1차 행정처분은?

① 경고 또는 개선 명령
② 영업 정지 1월
③ 영업 정지 3월
④ 면허 취소

[해설]
1차는 경고 또는 개선 명령, 2차는 영업 정지 15일, 3차는 영업 정지 1월, 4차는 영업장 폐쇄 명령

28 미용업자가 점빼기, 귓불뚫기, 문신, 박피술과 같은 유사한 의료행위를 하여 법규를 위반 했을 시 1차 행정 처분은?

① 경고
② 영업장 폐쇄 명령
③ 면허 취소
④ 영업정지 2월

[해설]
위반시 1차 행정 처분은 영업정지 2월, 2차 행정 처분은 영업정지 3월, 3차 행정 처분은 영업장 폐쇄 명령

29 미용업자가 면허가 취소되거나 업무정지를 받을 경우, 언제까지 시·도지사에게 면허증을 반납해야 하는가?

① 30일 이내
② 7일 이내
③ 지체 없이
④ 14일 이내

[해설]
면허 취소 시 업무 정지가 되면 지체 없이 시도지사에게 면허증을 반납하여야 한다.

30 관할 지역 내 공중위생업 종사자의 현황을 파악·관리하여야 하는 자가 아닌 것은?

① 구청장 ② 보건소장
③ 군수 ④ 시장

[해설]
공중위생업 종사자 파악은 시장·군수·구청장이 한다.

31 사람이 마시는 상수에서 대장균 검출로 용이한 것은?

① 상수 오염의 지표
② 비병원성
③ 음용수의 부패 상태
④ 감염병 발생 예고

[해설]
대장균 검출은 수질 오염의 지표로 사용이 된다. 생물학적 오염을 검사하는 데 기본이 되며, 검출 방법이 쉽다.

32 다음 중 만성 카드뮴 증상은?

① 빈혈 ② 폐렴
③ 신장 기능 장애 ④ 폐색증

[해설]
만성 카드뮴 증상은 신장기능 이상을 초래한다.

33 사람에게 해를 끼치지 않는 박테리아는 ?

① 병원체
② 장속의 대장균
③ 식물의 독소균
④ 병원성 균

[해설]
박테리아는 가장 작은 단위로 동물이나 사람의 장에서 서식한다.

34 미용업자가 위생교육을 받지 않고 영업을 할 때 3차 위반 시 행정 처분은?

① 경고 ② 영업 정지 5일
③ 영업 정지 10일 ④ 영업 정지 30일

35 미용사 면허 취소 시 면허증을 받납해야 하는 대상은?

① 시장·군수·구청장
② 보건복지부장관
③ 대통령
④ 시·도지사

[해설]
면허 취소, 또는 정지에는 시장·군수·구청장에게 면허증을 반납한다.

정답 27. ① 28. ④ 29. ③ 30. ② 31. ① 32. ③ 33. ② 34. ③ 35. ①

36 이·미용 장소 외에서 영업을 할 경우, 1차 행정 처분은?

① 영업정지 10일 ② 경고 또는 개선명령
③ 영업장 폐쇄 명령 ④ 영업정지 1월

[해설]
1차 위반 시 영업정지 1월 → 2차 위반 시 영업정지 2월 → 3차 위반 시 영업장 폐쇄 명령

37 유소년의 인구비율보다 50~60세의 비율이 2배 정도 더 높은 형태는?

① 피라미드형 ② 방추형
③ 기타형 ④ 항아리형
⑤ 별형

[해설]
- 피라미드형(인구증가형): 출생률보다 사망률이 더 높은 후진국형 이다.
- 종형(인구정지형): 출생률과 사망률이 거의 같은 이상적인 형태이다.
- 방추형(항아리형): 출생률이 사망률보다 낮은 선진국형이다.
- 별형(도시지역 인구 구성형): 사람이 모여 사는 도시 지역으로 유입하여 들어오는 형태이다.
- 호로형(표주박형): 인구가 유출되는 형태이다.

38 조산아의 4대 관리가 <u>아닌 것</u>은?

① 호흡 관리 ② 영양 관리
③ 전염병 감염 방지 ④ 비만 관리
⑤ 체온 관리

[해설]
조산아 4대 관리 – 체온, 영양, 호흡 관리, 전염병 감염 방지

39 모자보건의 중요성이 <u>아닌 것</u>은 무엇인가?

① 모자보건사업 대상은 전체 인구의 1/2을 차지한다.
② 다른 연령층에 비해 쉽게 질병에 이환되며, 아동은 영구적 장애를 가져올 수 있다.
③ 모성과 아동의 건강은 차세대 인구자질에 영향을 준다.
④ 영유아기에 대부분의 지능 발달이 이루어진다.

[해설]
모자 보건 사업의 대상은 전체 인구의 2/3~3/4을 차지

40 보건행정의 특성과 관련이 <u>없는 것</u>은?

① 과학성과 기술성
② 교육성과 조장성
③ 정치성과 공공성
④ 사회성과 봉사성

[해설]
공공성, 과학성, 기술성, 사회성, 봉사성, 교육성은 보건행정의 특성이지만, 정치성이나 이념성은 해당되지 않는다.

41 건강보험에 대한 설명 중 옳지 <u>않은 것</u>은?

① 건강보험은 집단보험의 성격을 가지고 있다.
② 건강보험은 비영리를 목적으로 하고 있다.
③ 건강보험은 강제 가입과 강제성을 띠고 있다.
④ 건강보험은 소득수준에 따라 부과되며, 계약 내용에 따라 차등 지급하고 있다.

[해설]
건강보험은 계약 내용에 따라 차등 지급되는 것이 아니라, 균등한 보험급여로 지급된다.

42 사회보장제도의 특성과 거리가 <u>먼 것</u>은?

① 최저 생활보장
② 자원조달
③ 국민통합
④ 위험분산
⑤ 소득 재분배 기능

[해설]
사회보장의 기능은 최저 생활권 보장 기능, 소득 재분배 기능, 위험분산을 통한 사회적 연대 기능, 국민 통합의 기능이 있다.

43 다음 중 생활능력이 없고 자립이 힘든 국민을 보호하기 위한 사회보장제도는?

① 공적부조
② 사회보험
③ 공공서비스
④ 의료보험

정답 36. ④ 37. ② 38. ④ 39. ① 40. ③ 41. ④ 42. ② 43. ①

44 다음 식중독의 종류 중 구분이 다른 것은?

① 살모넬라 식중독
② 장염비브리오
③ 황색포도상구균
④ 병원성 대장균 식중독

[해설]
독소형 식중독은 황색포도상구균, 클로스트리디움 보툴리늄, 웰치균이며 ①,②,④는 감염형 식중독이다.

45 식중독의 분류 중 곰팡이독소에 해당하는 것은?

① 맥가독
② 테트로도톡신
③ 베네루핀
④ 무스카린

[해설]
② 테트로도톡신은 복어독, ③ 베네루핀은 조개류, ④ 무스카린은 독버섯이다.

46 보툴리누스균에 대한 설명으로 옳은 것은?

① 급성위장염을 일으킨다.
② 패혈증과 폐렴의 원인이다.
③ 식품을 매개로 하는 신경독소박테리아이다.
④ 인체에 화농성 질환을 일으킨다.

[해설]
①②④는 포도상구균이다.

47 포도상구균에 대한 설명으로 옳은 것은?

① 토양 속이나 동물의 장관속에 존재
② 웰치균은 인체에서 화농성 질환 일으킴
③ 패혈증과 폐렴의 원인
④ 복통, 설사, 출혈성 장염을 일으킴

[해설]
①, ④는 웰치균에 대한 내용이다.

48 다음 중 영양소의 역할이 틀린 것은?

① 인체 구성 물질로서의 영양소
② 에너지 공급원으로서의 영양소
③ 생리적 기능 조절자로서 영양소
④ 인체 조절자로서의 영양소

[해설]
인체 구성 물질로서의 영양소: 근육이나 골격, 호르몬을 구성하는 구성물질로서 영향소, 탄수화물, 단백질, 지방과 같은 3대 영양소의 에너지 공급원으로의 영양소, 비타민이나 무기질과 같은 생리적 기능 조절자로서 영양소

49 햄·소시지나 통조림 등에 의해 감염되며, 보툴리늄균에 의해 신경전달물질인 아세틸콜린의 작용을 저하시키는 독소는?

① 살모넬라 식중독
② 클로스트리디움 보툴리늄
③ 웰치균
④ 병원성 대장균 식중독

[해설]
부패된 통조림에서 발현된 독성물질은 신경전달물질을 차단해 근육의 움직임을 저하시킨다.

50 이·미용사 면허를 받을 수 없는 자는?

① 전문대학 또는 이와 동등 이상의 학력이 있다고 교육부장관이 인정하는 학교에서 이용 또는 미용에 관한 학과를 졸업한 자
② 「학점인정 등에 관한 법률」 따라 대학 또는 전문대학을 졸업한 자와 동등 이상의 학력이 있는 것으로 인정되어 이용 또는 미용에 관한 학위를 취득한 자
③ 고등학교 또는 이와 동등의 학력이 있다고 교육부장관이 인정하는 학교에서 이용 또는 미용에 관한 학과를 졸업한 자
④ 교육부장관이 인정하는 고등기술학교에서 6개월 이상 이용 또는 미용에 관한 소정의 과정을 이수한 자

[해설]
고등기술학교에서 1년 이상

정답 44. ③ 45. ① 46. ③ 47. ③ 48. ④ 49. ② 50. ④

51 미용사의 업무 범위가 아닌 것은?

① 제6조 제1항의 규정에 의한 미용사의 면허를 받은 자가 아니면 미용업을 개설하거나 그 업무에 종사할 수 없다.

② 질병이나 그 밖의 사유로 영업소에 나올 수 없는 자에 대하여 이용 또는 미용을 할 수 없다.

③ 미용의 업무는 영업소 외의 장소에서 행할 수 없다.

④ 제1항의 규정에 의한 미용사의 업무범위와 미용의 업무보조 범위에 관하여 필요한 사항은 보건복지부령으로 정한다.

[해설]
미용의 업무는 영업소 외의 장소에서 행할 수 없지만 다음과 같은 예외조항이 있다. 질병이나 그 밖의 사유로 영업소에 나올 수 없는 자, 혼례나 그 밖의 의식에 참여하는 자, 사회복지시설에서 봉사활동으로 이용 또는 미용을 하는 경우, 방송 등의 촬영에 참여하는 사람에 대하여 그 촬영 직전에 이용 또는 미용을 하는 경우

52 이·미용사 면허를 받을 수 없는 자에 해당하는 것은?

① 피성년 후견인
② 면허가 취소된 지 2년이 경과되지 아니한 자
③ 정신질환자
④ 마약 및 약물 중독자

[해설]
면허가 취소된 지 1년이 경과되지 아니한 자, 감염병 환자

53 미용업(피부) 및 미용업(종합) 시설 및 설비 기준에 해당하지 않는 것은?

① 미용기구는 소독을 한 기구와 소독을 하지 아니한 기구를 구분하여 보관할 수 있는 용기를 비치하여야 한다.

② 소독기·자외선 살균기 등 미용기구를 소독하는 장비를 갖추어야 한다.

③ 작업 장소·응접장소·상담실 등을 분리하기 위해 칸막이를 설치할 수 있으나, 설치된 칸막이에 출입문이 있는 경우에는 출입문의 3분의 1 이상을 투명하게 하여야 한다.

④ 작업 장소 내 베드와 베드 사이에 칸막이를 설치하지 않아도 된다.

[해설]
칸막이 설치를 해야 하며 설치된 칸막이에 출입문이 있는 경우, 그 출입문의 3분의 1 이상은 투명하게 하여야 한다.

54 미용사 면허가 취소된 후 계속해서 업무를 행하는 경우의 처벌 규정은?

① 300만 원 이하의 벌금
② 300만 원 이하의 과태료
③ 200만 원 이하의 벌금
④ 200만 원 이하의 과태료

[해설]
면허의 취소·정지, 면허를 받지 아니하고 영업을 행한 경우에는 300만 원 이하의 벌금에 처한다.

55 다음 중 미용사의 업무 범위가 아닌 것은?

① 머리 손질
② 피부 손질
③ 면도
④ 머리 감기

[해설]
면도는 이용사의 업무범위이다.

56 미용사의 업무에 관한 필요 사항은 누가 정하는가?

① 시·도지사
② 보건복지부장관
③ 대통령
④ 시장·군수·구청장

[해설]
이·미용사의 업무는 보건복지부령에 따른다.

57 환자나 병간호자, 병원체 보유 동물과 같이 병독을 직접 인간에게 가져오는 수단을 무엇이라고 하는가?

① 병원소 ② 전염원
③ 병원체 ④ 세균

[해설]
전염원에는 환자, 병간호자, 병원체 보유동물 등

정답 51. ② 52. ② 53. ④ 54. ① 55. ③ 56. ② 57. ②

58 다음 중 병원체의 종류가 바르게 설명된 것은?

① 세균 – 결핵, 콜레라, 장티푸스
② 바이러스 – 편충, 이질 아메바
③ 리케차 – 홍역, 유행성 일본 뇌염
④ 기생충 – 쯔쯔가무시병, 발진티푸스

[해설]
바이러스(소아마비, 홍역, 유행성 일본뇌염), 리케차(발진티푸스, 발진열, 쯔쯔가무시병), 기생충(회충, 편충, 이질 아메바)

59 병원균으로부터 보호하기 위한 소독제가 갖추어야 할 조건과 맞지 않는 것은?

① 인체에 유해하지 않은 안전성이 있어야 한다.
② 살균효과가 좋아야 한다.
③ 경제성이 좋아야 한다.
④ 소독제가 닿는 부분에 표백성이 생겨야 한다.

[해설]
물체가 닿은 부분에 표백성이 일어나지 말아야 한다.

60 석탄산 소독에 대한 설명으로 맞지 않는 것은?

① 화학적 소독제와 살균제의 표준지표로 이용된다.
② 세균의 단백질을 응고시키고, 세포의 용해작용과 침투작용으로 살균효과를 준다.
③ 포자에는 효과가 있으나 바이러스에 효과가 없다.
④ 일반 소독 3%, 손 소독 2% 수용액 농도로 사용된다.

[해설]
포자나 바이러스에 효과가 없다.

61 크레졸(비누액)에 대한 설명으로 맞지 않는 것은?

① 포자와 바이러스에 효과가 있다.
② 화장실이나 하수구 소독에 주로 사용된다.
③ 모든 세균에 효과가 있으며 소독력이 강하다.
④ 포자에는 효과가 있고 바이러스에는 효과가 없다.

62 저온으로 소독하는 것은?

① 식기류 ② 음식물
③ 기구 ④ 의류

[해설]
기구 – 고압증기멸균법, 식기류, 의류 – 자비소독법

63 다음 중 매개곤충과 질병명이 바르게 연결된 것은?

① 진드기–쯔쯔가무시병
② 모기–발진티푸스
③ 파리–뎅기열
④ 벼룩–말라리아

[해설]
모기 – 말라리아, 뎅기열, 이 – 발진티푸스

64 생장 시 산소를 필요로 하는 호기성균은?

① 파상풍균 ② 대장균
③ 살모넬라균 ④ 디프테리아

[해설]
산소를 필요로 하는 호기성균 : 결핵균, 디프테리아, 백일해, 녹농균

65 다음 중 미생물 크기를 순서대로 나열한 것은?

① 곰팡이 > 세균 > 리케차 > 바이러스
② 바이러스 > 리케차 > 세균 > 곰팡이
③ 곰팡이 > 리케차 > 세균 > 바이러스
④ 바이러스 > 세균 > 리케차 > 곰팡이

66 어패류를 통해 수은이 몸 속에 축적되어 발생하는 질병은?

① 쯔쯔가무시병 ② 트라코마
③ 미나마타병 ④ 이타이이타이병

[해설]
쯔쯔가무시병–진드기 감염, 트라코마–클라미디아로 발생하는 결막접촉 감염, 이타이이타이병–카드뮴 오염

67 다음 중 수질오염의 지표에 해당하지 않는 것은?

① 부유물질
② 용존 산소량
③ 화학적 산소 요구량
④ 생물학적 산소 요구량

[해설]
수질오염의 지표는 대장균 검출, 용존 산소량, 화학적 산소 요구량, 생물학적 산소 요구량이다.

정답 58. ① 59. ④ 60. ③ 61. ① 62. ② 63. ① 64. ④ 65. ① 66. ③ 67. ①

68 탄저균, 결핵균 등을 최초로 발견하여 세균학의 아버지로 일컬어지는 학자는?

① 레벤후크
② 파스퇴르
③ 히포크라테스
④ 로베르트 코흐

[해설]
레벤후크는 현미경을 최초 발명하였고, 파스퇴르는 포도주와 맥주의 발효와 젖산균 및 효모균 발견, 히포크라테스: 의학의 아버지

69 파스퇴르에 의해 발견되었으며 주로 음식물이나 우유 소독에 사용되는 소독법은?

① 자비멸균법
② 저온소독법
③ 초고온순간멸균법
④ 고압증기멸균법

70 다음 중 독성물질의 종류가 다른 것은?

① 무스카린 ② 아플라톡신
③ 아미그달린 ④ 솔라닌

[해설]
• 무스카린, 아미그달린, 솔라닌–식물성 식중독
• 아플라톡신–곰팡이 독

71 소독약 20ml를 용액 40ml에 혼합시키면 몇 %의 수용액이 되는가?

① 10% ② 20% ③ 5% ④ 50%

[해설]
용질/용액 × 100

72 아포에 대한 설명으로 맞지 않는 것은?

① 고온에서 저항성을 가진다.
② 물리적·화학적 소독제에 강한 저항성을 지닌다.
③ 불리한 환경에서 생존하는 휴면상태로 작용한다.
④ 물리적 소독제에는 저항성을 지니나 화학적 소독제에서는 저항성이 없다.

73 수질오염 지표 중 유기물에 강한 산화제를 사용하여 화학적으로 산화시킬 때 필요한 산소량을 설명하는 것은?

① 화학적 산소 요구량
② 생물학적 산소 요구량
③ 용존 산소량
④ 산소이온농도

[해설]
생물학적 산소 요구량– 호기성 세균에 의해 미생물이 분해되는 과정에서 생성되는 산소량
용존 산소량– 물속에 녹아 있는 산소량의 지표, 산소이온농도–수소이온의 농도에 대한 양

74 아포까지 사멸시킬 수 있는 멸균법은?

① 고압증기멸균법
② 자비소독법
③ 초음파멸균법
④ 유통증기멸균법

75 다음 중 소독 방법에서 고려해야 할 사항이 아닌 것은?

① 병원체의 아포 형성 유무
② 병원체의 저항력
③ 병원체의 생장력
④ 소독 대상물의 성질

[해설]
소독 방법에서 고려해야 할 사항 – 병원체의 아포 형성 유무, 병원체의 저항력, 소독 대상물의 성질

76 석탄산 80배와 소독제 120배에서 석탄산 계수는?

① 1
② 1.5
③ 2
④ 2.5

[해설]
석탄산 계수 = 120특정소독약의 희석 배수 / 80석탄산의 희석 배수

정답 68. ④ 69. ② 70. ② 71. ④ 72. ④ 73. ① 74. ① 75. ③ 76. ②

77 공중위생영업의 시설 및 설비기준을 위반한 공중위생영업자의 처벌 기준은?

① 100만 원 이하의 과태료
② 200만 원 이하의 과태료
③ 300만 원 이하의 과태료
④ 500만 원 이하의 과태료

[해설]
공중위생영업의 종류별 시설 및 설비기준을 위반한 공중위생영업자, 위생관리 의무 등을 위반한 공중위생영업자에 의한 개선명령에 위반한 자는 300만 원의 과태료에 처한다.

78 이·미용업소의 위생관리 의무를 지키지 아니한 자의 과태료는?

① 50만원 이하 ② 100만원 이하
③ 150만원 이하 ④ 200만원 이하

79 다음 중 이·미용사가 면허증을 다른 사람에게 대여한 때 2차 처벌 기준은?

① 영업 정지 3월 ② 면허 정지 3월
③ 영업 정지 6월 ④ 면허 정지 6월

[해설]
1차 면허 정지 3월, 2차 위반; 면허 정지 6월, 3차 위반; 면허 취소

80 소독한 기구와 소독을 하지 아니한 기구는 분리하지 않고 1회용 면도날을 몇 회 반복하여 사용할 경우 처벌 기준은?

① 100만 원 이하의 과태료
② 200만 원 이하의 과태료
③ 300만 원 이하의 과태료
④ 500만 원 이하의 과태료

81 화학적 소독 방법에 해당하는 것은?

① 저온소독법 ② 역성 비누액
③ 화염멸균 ④ 자비 소독

[해설]
물리적 소독; 건열법(화염멸균, 건열멸균, 소각법), 습열법(자비 소독, 저온 소독, 고압증기멸균)

82 다음 중 물과 채소를 매개로 하는 기생충은?

① 회충 ② 편충
③ 십이지장충 ④ 분선충

[해설]
분선충은 물, 채소 매개성이다.

83 토양 매개성 기생충인 것은?

① 요충 ② 편충
③ 트리코모나스 ④ 요충

[해설]
어패류 매개성에는 아니사키스, 요꼬가와흡충, 간흡충 폐흡충 등이 있다. **토양 매개성**에는 회충, 편충, 십이지장충이 있다.

84 물, 채소 매개성 기생충으로 <u>틀린 것</u>은?

① 분선충 ② 양선충
③ 이질아메바 ④ 아니사키스

[해설]
아니사키스는 어패류 매개성 기생충이다.

85 다음 중 미생물이 <u>아닌 것</u>은?

① 박테리아 ② 바이러스
③ 진균 ④ 기생충

[해설]
미생물은 사람이 볼 수 없을 정도로 아주 작은 크기의 생명체이지만 기생충은 아니다.

86 석탄산 계수 3.0의 의미는?

① 살균력이 석탄산의 3배이다.
② 석탄산의 세척력이 2배이다.
③ 세척력이 석탄산의 3배이다.
④ 석탄산의 살균력이 3배이다.

[해설]
석탄산은 화학적 소독제 살균제의 표준지표로 세균의 단백질을 응고시키고, 세포의 용해작용과 침투작용으로 살균효과를 준다.

정답 77. ③ 78. ④ 79. ④ 80. ② 81. ② 82. ④ 83. ② 84. ④ 85. ④ 86. ①

87 대기오염의 지표로 쓰이는 것은?

① 질소(N_3) ② 산소(O_2)
③ 이산화탄소(CO_2) ④ 아황산가스(SO_2)

[해설]
실내공기 오염의 지표(CO_2)

88 제2군 감염병에 해당하지 않는 것은?

① 디프테리아
② 백일해
③ 유행성 이하선염
④ 파라티푸스

[해설]
2군 감염병–디프테리아, 백일해, 파상풍, 풍진, 폴리오, 홍역, 수두, 유행성 이하선염, 일본뇌염, B형간염

89 다음 중 바이러스성 질환과 거리가 먼 것은?

① 백선 ② 폴리오
③ 이인플루엔자 ④ 홍역

[해설]
백선은 진균류

90 병원성 미생물 중 세균 여과기로도 분리할 수 없는 미생물은 무엇인가?

① 박테리아 ② 바이러스
③ 진균 ④ 리케차

[해설]
병원성 미생물 중 바이러스는 크기가 가장 작아 세균여과기로도 분리할 수 없다.

91 미생물의 증식 환경에 영향을 미치는 요인이 아닌 것은?

① 온도 ② 질소
③ pH ④ 산소

[해설]
미생물의 증식 환경에 영향을 미치는 요인은 온도, 수분, pH, 산소, 광합성, 삼투압이다.

92 산소의 유무와 상관없이 증식이 가능한 세균은?

① 호기성균 ② 통성혐기성균
③ 혐기성균 ④ 미호기성균

[해설]
곰팡이는 편성호기성균으로 산소가 없으면 증식할 수 없고, 젖산균은 미호기성균으로 대기압 보다 낮은 산소 분압일 때 증식할 수 있으며, 보톨리누스균이나 파상풍균은 편성혐기성균으로 산소가 미량일 때 증식할 수 있다.

93 미생물의 증식 환경 중 온도의 구분에 따른 설명이 틀린 것은?

① 저온성 세균–발광세균, 부패균
② 중온성 세균–효모, 곰팡이, 병원균, 대장균
③ 중온성 세균–발광세균, 젖산균
④ 고온성 세균–젖산균 등

[해설]

구분	저온성 세균	중온성 세균	고온성 세균
	발광세균, 부패균	효모, 곰팡이, 병원균, 대장균	젖산균 등
최적 온도	10~20℃	25~40℃	50~60℃
최저 온도	−2~5℃	10~15℃	
최고 온도	25~30℃	40~45℃	

94 다음 중 화학적 소독법이 아닌 것은?

① 석탄산 소독
② 승홍수 소독
③ 고압증기멸균법
④ 생석회

[해설]
화학적 소독– 석탄산, 크레졸, 포름알데히드, 승홍수, 알코올, 생석회, 요오드, 역성 비누

95 승홍수로 피부 소독 시에 몇 배로 희석하여 사용하는가?

① 1000배 ② 500배
③ 250배 ④ 100배

정답 87. ④ 88. ④ 89. ① 90. ② 91. ④ 92. ② 93. ③ 94. ③ 95. ①

96 화학적 소독법의 특징 중 옳은 것은?

① 포르말린 : 손 소독시 1%, 기구 소독 시 3% 농도로 사용한다.
② 과산화수소 : 0.5%의 수용액 농도로 사용이 되며, 구내염·인두염·입안세척·상처소독 등에 효과적이다.
③ 승홍수 : 피부에 사용 시 0.1로, 일반 사용 시 0.5%로 희석하여 사용한다.
④ 역성 비누 : 일반소독 시 0.01~0.1%, 손 소독시 5% 용액의 농도를 100~200배 희석하여 사용한다.

[해설]
포르말린 손 소독시 1%, 기구 소독 시 1~1.5% 농도로 사용, 과산화수소 사용 시 3%의 수용액 농도로 사용, 역성 비누의 손 소독시 10% 용액의 농도를 100~200배 희석하여 사용한다.

97 미용업자가 받아야 하는 정기적인 위생교육 시간은?

① 일년마다 4시간 ② 일년마다 3시간
③ 2년마다 3시간 ④ 2년마다 4시간

[해설]
공중위생영업자는 매년 3시간씩 위생교육을 받아야 한다.

98 공중위생감시원이 될 수 없는 자는?

① 위생사 또는 환경기사 2급 이상의 자격증이 있는 자
② 3년 이상 공중위생행정에 종사한 경력이 있는 자
③ 외국에서 공중위생감시원으로 활동한 경력이 있는 자
④ 고등교육법에 의한 대학에서 화학, 화공학, 위생학 분야를 전공하고 졸업한 자

99 다음 중 공중위생영업소의 위생관리수준을 향상시키기 위하여 위생 서비스 평가계획을 수립하는 자는?

① 시장·군수·구청장 ② 시·도지사
③ 보건복지부장관 ④ 대통령

[해설]
시·도지사는 공중위생영업소의 위생관리수준을 향상시키기 위하여 위생 서비스 평가계획을 수립하여 시장·군수·구청장에게 통보하여야 한다.

100 공중위생영업자의 위생 서비스 평가의 주기·방법, 위생관리등급의 기준에 관하여 필요한 사항을 정하는 자는?

① 시장·군수·구청장 ② 시·도지사
③ 보건복지부장관 ④ 대통령

[해설]
위생 서비스 평가의 주기·방법, 위생관리등급의 기준 기타 평가에 관하여 필요한 사항은 보건복지부령으로 정한다.

101 위생교육을 받지 아니한 자의 행정처분은?

① 200만 원 이하의 과태료
② 500만 원 이하의 과태료
③ 300만 원 이하의 과태료
④ 100만 원 이하의 과태료

102 뉴로톡신(neurotoxin)이라는 신경독소로 통조림과 같은 밀페된 혐기성 상태의 식품에 감염되는 것은?

① 살모넬라 식중독
② 웰치균 식중독
③ 보톨리누스 식중독
④ 포도상 구균 식중독

103 공중위생감시원의 업무 범위가 아닌 것은?

① 시설 및 설비의 확인
② 공중위생영업자의 위생관리 의무 및 영업자 준수 사항의 이행 여부 확인
③ 위생지도 및 개선명령 이행 여부 확인
④ 공중위생영업소의 과태료 이행 여부 확인

[해설]
공중위생감시원의 업무 – 시설 및 설비의 확인, 공중위생영업자의 위생관리 의무 및 영업자 준수 사항 이행 여부 확인, 위생지도 및 개선명령 이행 여부 확인, 공중위생시설의 위생상태 확인 및 검사, 위생 교육 이행 여부 확인, 공중위생영업소의 영업의 정지, 시설의 사용 중지, 폐쇄 명령의 이행 여부 확인

104 이·미용 면허 발급자는?

① 시장·군수·구청장 ② 시·도지사
③ 보건복지부장관 ④ 보건소장

정답 96. ③ 97. ② 98. ③ 99. ② 100. ③ 101. ① 102. ③ 103. ④ 104. ①

105 WHO에서 지정한 한 나라의 보건수준을 평가하는 기준은 무엇인가?

① 영아 사망률
② 성인 사망률
③ 노인 사망률
④ 사인별 사망률

[해설]
보건수준의 평가 기준은 영아사망률이다.

106 국가필수 예방접종 중 시기가 다른 것은?

① 수두 ② 유행성이하선염
③ 일본뇌염 ④ 풍진

[해설]
일본뇌염은 3세, 수두, 유행성이하선염, 홍역은 12~15개월

107 영.유아 보건 관리에 대해 설명이 바른 것은?

① 출생 후 24개월까지를 영아라고 한다.
② 출생 후 6년까지를 유아라고 한다.
③ 체중 3.0kg 이상 출생아를 정상아라고 한다.
④ 35주 미만 출생아를 조산아라고 한다.

[해설]
출생 후 1년까지 영아, 체중 3.2~3.5kg이상 출생아를 정상, 조산아는 37주 미만 출생아이다.

108 관계공무원의 출입 검사를 거부하거나 방해하고 기피한 자의 행정처벌 기준은?

① 100만 원 이하의 과태료
② 200만 원 이하의 과태료
③ 300만 원 이하의 과태료
④ 500만 원 이하의 과태료

109 과태료 처분에 불복이 있는 경우 며칠 내에 이의를 제기할 수 있는가?

① 처분의 고지를 받은 날로부터 15일 이내
② 처분의 고지를 받은 날로부터 30일 이내
③ 처분한 날로부터 15일 이내
④ 처분이 있음을 안 날로부터 20일 이내

110 행정처분이 확정된 미용업자에 대한 처분 내용은 누가 정하는가?

① 시장·군수·구청장
② 시·도지사
③ 보건복지부장관
④ 보건소장

111 행정처분이 확정된 미용업자에 대한 처분의 결정을 정하는 법령은?

① 보건복지부령 ② 대통령
③ 행정안전부령 ④ 교육부령

[해설]
시장·군수·구청장은 행정처분이 확정된 공중위생영업자에 대한 처분을 대통령령으로 정하는 바에 따라 공표하여야 한다.

112 미용업을 운영하는 사람이 소재지를 변경하고자 할 때의 조치사항으로 옳은 것은?

① 소재지 관할 구청장에게 변경허가를 받아야 한다.
② 소재지 관할 구청장에게 변경신고서를 작성하여 변경신고를 하면 된다.
③ 시장에게 변경허가를 받아야 한다.
④ 시장에게 변경신고를 하면 된다.

113 이·미용 업소에 손님이 보기 쉬운 곳에 게시하지 않아도 되는 것은?

① 신고증
② 이·미용 요금표
③ 사업자등록증
④ 개설자의 면허증 원본

114 결핵환자의 객담 처리 과정으로 가장 효과적인 방법은?

① 소각법
② 알코올 소독
③ 포름알데히드 소독
④ 자비 소독

정답 105. ① 106. ③ 107. ② 108. ③ 109. ② 110. ① 111. ② 112. ② 113. ③ 114. ①

115 석탄산의 50배 희석액과 소독약의 100배 희석액의 석탄산 계수는?

① 2.00 ② 1.00
③ 1.50 ④ 0.50

[해설]
석탄산 계수 = 100특정소독약의 희석 배수 / 50석탄산의 희석 배수

116 생물학적 산소 요구량(BOD)에 대한 설명으로 틀린 것은?

① 호기성 세균에 의해 유기물이 분해되는 과정에 필요한 산소량이다.
② 오염된 물에서는 용존산소량의 감소와 함께 BOD가 높아진다.
③ BOD가 높아지면 호기성 미생물이 증가한다.
④ 황산화물, 질소산화물 등이 증가하면 BOD가 낮아진다.

[해설]
오염된 물, 즉 황산화물이나 질소화합물 등이 증가한 물에서는 BOD가 높아진다.

117 기생충의 감염 요인이 아닌 것은?

① 비위생적 식습관 ② 분변의 비료화
③ 환경 불량 ④ 유기농 농법

118 국가필수 예방접종 중 6개월에 접종시기인 것은?

① MMR ② BCG(결핵)
③ DTP 3차 ④ DTP 4차

[해설]
MMR은 12~15개월, BCG는 4주 이내, DTP 4차는 15~18개월

119 세균성 식중독의 특징이 아닌 것은?

① 잠복기가 길다
② 면역성이 높다
③ 2차 감염률이 낮다
④ 식품에 의해 발생된다.

[해설]
세균성 식중독은 잠복기가 짧다.

120 구토·경련·급성 위장염을 동반하며, 잠복기는 2~4시간이고, 음식물이 상온에 방치될 경우에 균이 증식되며 끓여도 파괴되지 않는 식중독은?

① 클로스트리디움 보톨리늄 식중독
② 포도상구균 식중독
③ 웰치균
④ 맥각균

121 알레르기성 피부염, 피부궤양, 기관지암, 아토피염을 일으키는 중금속 중독은?

① 납 중독 ② 카드뮴 중독
③ 수은 중독 ④ 크롬 중독

[해설]
크롬에 노출되면 알레르기성 피부염·피부궤양·기관지암 등이 발생할 수 있으며, 결핍시 공복시의 혈당 수치가 올라가고, 혈중 콜레스테롤 수치가 상승한다.

122 오한·발열·구토가 일어나고 만성적으로 노출 시 인지가 떨어지며, 식욕이 저하되고 불면증이 생기기도 하며 신장에 이상이 발생하는 중금속 중독은?

① 납 중독
② 카드뮴 중독
③ 수은 중독
④ 크롬 중독

[해설]
수은 중독은 농약이나 플라스틱 약품과 같은 환경오염에 자주 노출되면 수은 중독이 걸릴 수 있고 수은 중독으로 인한 병을 미나마타병이라고 한다.

123 인체의 모든 효소에 작용이 되어 중독이 되는 지도 모르게 자연스럽게 노출이 되며, 복통·복부팽만감·변비를 일으키고 인지 기능을 저하시키는 중금속 중독은?

① 납 중독 ② 카드뮴 중독
③ 수은 중독 ④ 크롬 중독

[해설]
카드뮴 중독의 대표적인 병으로 이타이이타이병이 있으며, 신장에 축적되어 신장기능 부진을 유발하며 독성이 크다.

정답 115. ① 116. ④ 117. ④ 118. ③ 119. ① 120. ② 121. ④ 122. ③ 123. ①

124 토양을 매개로 분포된 균이 육류나 어패류 및 가공류 등에 침입되어 독소를 생성하고 설사를 일으키는 독소는?

① 클로스트리디움 보톨리늄 식중독
② 포도상 구균 식중독
③ 웰치균
④ 맥각균

[해설]
①은 부패한 통조림에 의해 독소를 생성, ②은 음식물이 상온에 방치될 경우에는 끓여도 파괴되지 않으며 ④의 맥각균은 호밀 등에서 기생하여 유독성 알칼로이드를 생성하여 중독을 일으킴

125 단백질 이외의 성분이 변질되는 상태를 무엇이라 하는가?

① 변패 ② 산패
③ 부패 ④ 발효

[해설]
변패에 대한 설명이다. 산패는 산소에 의해 산화되어 변질되는것을 말하며, 부패는 미생물에 의해 단백질이 분해되어 냄새 변화가 생기는 것을 말한다.

126 동물성 식중독 중 복어의 알, 생식기나 간, 조개류에 존재하는 독소는?

① 웰치균
② 포도상 구균 식중독
③ 베네루핀
④ 맥각균

[해설]
동물성 식중독의 일종인 복어의 알·생식기나 간·조개류에 존재하며, 테트로도톡신과 베네루핀과 같은 독소를 일으킨다.

127 미나마타병, 이타이이타이병의 공통점?

① 대기 오염
② 미세 먼지
③ 토양 오염
④ 수질 오염

128 뇌 속 기포로 시력 장애와 현기증, 척추기포로 반신불수나 마비, 폐 속 기포로 호흡곤란, 혈액 속 기포로 혈액 순환의 장애를 일으키는 작업환경에 중독된 증상을 무엇이라고 하는가?

① 고산병
② 잠함병
③ 진폐증
④ 폐수종

[해설]
케이슨병이라고도 하며 질소의 기포가 인체의 혈관과 조직에 문제를 일으키는 질병으로 질소 기포가 뇌 속으로 들어가면 뇌 속의 기포를 형성하면 시력장애나 현기증 및 의식불명 또는 경련 등이 발생된다.

129 유일한 가스체로서 실내소독이 가능한 소독제는?

① 포름알데히드 ② 생석회
③ 크레졸 ④ 알코올

[해설]
메탄올을 산화시켜 얻은 기체로서 포름알데히드의 37% 용액을 포르말린이라고 한다.

130 다음 중 살모넬라균의 예방대책이 아닌 것은?

① 식품의 가열 처리
② 화농된 사람의 식품 취급
③ 도축장의 위생검사 철저
④ 파리 및 서족 금지

[해설]
2는 포도상 구균의 예방대책

131 자연식중독 원인인 버섯의 독성 성분은?

① 무스카린
② 에르고톡신
③ 테트로도톡신
④ 솔라닌

[해설]
에르고톡신 – 곰팡이 독소, 솔라닌 – 감자의 독소, 테트로도톡신 – 복어의 알 독소

정답 124. ③ 125. ① 126. ③ 127. ④ 128. ② 129. ① 130. ② 131. ①

132 유구조충은 무엇으로 인해 감염되는가?

① 조개 ② 돼지고기
③ 연어 ④ 소고기

133 다음은 무엇에 대한 설명인가?

> 이 · 진드기 · 벼룩 등의 흡혈성 절지동물에 기생하며 이들을 매개로 하여 감염되며 발진티푸스, 쿠열을 일으킨다.

① 바이러스 ② 리케차
③ 세균 ④ 진균

[해설]
리케차에 대한 설명이다. 진균은 무좀, 백선과 같은 바이러스다. 세균은 병원성 미생물로 구균, 간균, 나선균이 있다.

134 식품을 통해 감염되는 기생충이 아닌 것은?

① 이질아메바 ② 회충
③ 말레이사상충 ④ 유구조충

[해설]
세계적 분포의 특징은 회충이다.
말레이사상충은 모기에 의해 감염

135 진드기가 매개하는 감염병은?

① 신증후군출혈열
② 유행성 뇌염
③ 페스트
④ 발진티푸스

[해설]
유행성 뇌염 : 모기, 페스트 : 쥐, 발진티푸스 : 이

136 병원소로 볼 수 없는 것은?

① 건강보균자 ② 동물
③ 하수도 ④ 토양

[해설]
토양 병원소 : 토양이 각종 진균류의 병원소로 작용하는 경우로 파상풍이 해당
인간 병원소 : 현성, 불현성, 보균자
동물 병원소 : 동물이 병원체를 가지고 있다가 사람에게 전염시키는 매개체 역할

137 병원소에 대한 설명이 틀린 것은?

① 불현성 감염자는 병원체에 감염되었으나 증상이 없으므로 균을 배출하지 않는다.
② 현성 환자는 병원체에 감염이 되어 증상이 뚜렷하고 균을 배출한다.
③ 잠복기 보균자는 잠복기간 동안 병원균을 가지고 있으므로 균을 배출한다.
④ 만성 보균자는 임상학적으로는 문제가 없지만 간헐적으로 장기간 동안 균을 배출하는 자를 말한다.

[해설]
불현성 감염자라도 현성 환자와 마찬가지로 균을 배출할 수 있으므로 관리가 요구된다.

138 성 접촉, 수혈 및 모체로부터 수직 감염되는 만성 감염병은?

① 한센병 ② 후천성면역결핍증
③ 유행성 간염 ④ 임질

[해설]
한센병은 일명 나병인데 배설물이나 분비물로 인한 간접 전파와 사람과 사람 사이 피부접촉에 말미암은 직접 전파가 있다. 임질은 성기 접촉으로 이루어지고 모체가 임질 환자일 때 출산 시 감염된 산모와의 접촉으로 임균성 신생아 결막염이 일어날 수도 있다.

139 병원소의 연결이 잘못 짝지어진 것은?

① 소 : 결행, 탄저, 살모넬라
② 돼지 : 일본뇌염, 구제역
③ 쥐 : 페스트, 살모넬라증
④ 개 : 결핵, 살모넬라

[해설]
개 : 광견병 또는 공수병, 톡소프라스마증

140 선충류에 해당하지 않는 것은?

① 회충 ② 말레이사상충
③ 유구조충 ④ 편충

[해설]
선충류 : 회충, 구충, 요충, 편충, 말레이사상충, 유구조충은 조충류이다.

정답 132. ② 133. ② 134. ③ 135. ① 136. ③ 137. ① 138. ② 139. ④ 140. ③

141 다음 중 내용을 바르게 설명한 것은?

① 회충·구충·요충과 같은 기생충은 먹는 식품을 통해서 감염되므로 야채류는 흐르는 물에서 깨끗이 씻어서 먹는다.
② 요충과 같은 기생충은 집단 발병률이 높지 않으므로 인구밀도가 낮은 지역에서 발생한다.
③ 말레이사상충은 진드기에 의해 감염되므로 긴 옷을 입는게 예방에 도움이 된다.
④ 십이지장충은 소장에서 기생하며 파리와 같은 매개물로 전파된다.

[해설]
요충과 같은 기생충은 집단 발병률이 높고 인구밀도가 높은 지역에서 발생한다. 그리고 말레이사상충은 모기에 의해 감염, 회충은 소장에서 기생하며 파리와 같은 매개물을 통해 입으로 전파된다.

142 다음 간흡충증에 관한 설명이 바르지 않은 것은?

① 간흡충증은 오염된 물로 감염이 일어난다.
② 제1중간숙주는 쇠우렁이이고, 제2중간 숙주는 담수어이다.
③ 제1중간숙주는 다슬기이고, 제2중간 숙주는 참게나 참가재이다.
④ 오염된 민물고기를 생식함으로써 감염되므로 날로 먹지 않도록 한다.

[해설]
폐흡충증–제1중간숙주는 다슬기이고 제2중간숙주는 참게나 참가재이다.

143 원충류에 의해 감염에 대해 바르게 묶은 것은?

① 감염된 물벼룩·연어·송어를 먹음으로 위통·식욕부진·신경장애의 증상이 발생된다.
② 오염된 물에 의해 아메바성 이질과 질트리코모나스증이 발병된다.
③ 감염된 소고기를 먹음으로 복통, 식욕부진, 소화불량의 증상이 발생된다.
④ 감염된 돼지고기를 먹음으로 두통, 설사, 소화불량 등의 증상이 발생된다.

[해설]
①은 광절열두조충, ③은 무구조충, ④은 유구조충에 대한 설명이다.

144 플라스틱과 같이 열에 불안정한 제품들을 소독하기에 적합한 것은?

① EO소독 ② 건열소독
③ 열탕소독 ④ 고압증기소독

[해설]
Ethylene Oxide(산화 에틸렌) 가스 멸균법은 플라스틱류 소독에 적합.

145 공중위생영업에 속하지 않는 것은?

① 이·미용업
② 건물위생관리업
③ 세탁업
④ 환경위생업

[해설]
공중위생업은 숙박업, 목욕장업, 이용업, 미용업, 건물위생관리업, 세탁업

146 영업 변경신고를 해야 하는 경우에 해당하지 않는 것은?

① 영업소의 명칭 또는 상호
② 교육필증
③ 영업소 소재지
④ 영업장 면적의 1/3 증감

[해설]
교육필증은 영업 신고 시 첨부할 서류이다.

147 공중위생영업자가 폐업신고를 하고자 할 때 폐업신고가 가능한 경우?

① 영업장 이외의 장소에서 이·미용 업무를 하여 영업 정지 중인 경우
② 개인사유로 더 이상 영업을 유지할 수 없어서 폐업을 하고자 하는 경우
③ 개선명령을 이행하지 아니하여 영업 정지 중인 경우
④ 위생관리 의무 등을 지키지 아니하여 영업 정지 중인 경우

정답 141. ① 142. ③ 143. ② 144. ① 145. ④ 146. ② 147. ②

148 공중위생업자의 위생에 관한 내용 중 틀린 것은?

① 면도기는 1회용 면도날만을 손님 1인에 한하여 사용
② 자외선소독은 $1cm^2$당 85㎼ 이상의 자외선을 20분 이상 쬐어 준다.
③ 미용사는 영업소 안에 영업 신고증은 반드시 게시하여야 하지만 면허증은 게시하지 않아도 된다.
④ 의료기구와 의약품을 사용하지 아니하는 순수한 화장 또는 피부미용을 할 것

[해설]
미용사 면허증은 영업소 안에 게시해야 한다.

149 미용사가 미용업을 할 때 영업소 내 미용기구 소독 방법이 잘못 설명된 것은?

① 자외선소독은 $1cm^2$당 50㎼ 이상의 자외선을 20분 이상 쬐어준다.
② 건열멸균소독은 100℃ 이상의 건조한 열에 20분 이상 쐬어 준다.
③ 열탕소독은 100℃ 이상의 물속에 10분 이상 끓여 준다.
④ 석탄산수 소독은 석탄산수(석탄산 3%, 물 97%의 수용액을 말한다)에 10분 이상 담가 둔다.

150 미용업 시행규칙 중 영업자가 지위를 승계하고자 할 때 신고서를 제출하여야 하는 곳은?

① 시장·군수·구청장
② 시·도지사
③ 보건복지부장관
④ 보건소장

151 미용업자가 신고를 하지 않고 영업소의 소재지를 변경했을 때 1차 행정처분 기준은?

① 경고나 개선 명령 ② 영업장 폐쇄 명령
③ 영업 정지 1개월 ④ 영업 정지 6개월

[해설]
1차 위반시 영업정지 1월, 2차 위반시 영업정지 2월, 3차 위반시 영업장 폐쇄 명령

152 미용업 신고증 및 면허증 원본을 게시하지 않고 영업 시 1차 행정처분 기준은?

① 경고나 개선 명령
② 영업장 폐쇄 명령
③ 영업 정지 1개월
④ 영업 정지 6개월

[해설]
미용업 신고증 및 면허증 원본을 게시하지 않거나 업소 내 조명도를 준수하지 않은 경우, 1차 위반 시 경고 또는 개선명령, 2차 위반시 영업 정지 5일, 3차 위반시 영업 정지 10일, 4차 위반시 영업장 폐쇄 명령

153 공중이용시설의 실내 공기 위생관리 기준으로 틀린 것은?

① 공기정화기와 이에 연결된 배기관을 포함하여 정화시설 및 설비를 갖추어야 한다.
② 실내 미세 먼지의 양이 150㎍/m^3을 초과하는 경우는 실내공기정화시설 및 설비를 교체 또는 청소해야 한다.
③ 실내 공기보다 실외 공기의 질이 중요하므로, 실외 공기의 단순배기관 정화시설 및 설비를 갖추어야 한다.
④ 실내 공기의 단순 배기관, 화장실용배기관의 정화시설 및 설비를 갖추어야 한다.

[해설]
실내 공기의 단순배기관 정화시설 및 설비를 갖추어야 함

154 미용시설 이용시 미용업장 내에서 측정되지 말아야 할 오염물질은?

① 미세먼지(PM−10) − 24시간/150㎍/m^3 이하
② 일산화탄소(CO) − 1시간/250ppm 이하
③ 이산화탄소(CO_2) − 1시간/1,000ppm 이하
④ 포름알데히드 − 1시간/150㎍/m^3 이하

[해설]
일산화탄소(CO) − 1시간/25ppm 이하

정답 148. ③ 149. ③ 150. ① 151. ③ 152. ① 153. ③ 154. ②

155 미용업 영업소 내 조명도를 준수하지 아니한 때 1차 행정처분 기준은?

① 경고나 개선 명령
② 영업장 폐쇄 명령
③ 영업 정지 1개월
④ 영업 정지 6개월

[해설]
미용업 신고증 및 면허증 원본을 게시하지 않거나 업소 내 조명도를 준수하지 않은 경우, 1차 위반 시 경고 또는 개선 명령, 2차 위반시 영업 정지 5일, 3차 위반시 영업 정지 10일, 4차 위반시 영업장 폐쇄 명령

156 위생교육은 일 년에 몇 시간을 받아야 하는가?

① 1시간 ② 3시간
③ 4시간 ④ 5시간

157 공중위생관리법 제6조의 미용사 면허발급에 해당하지 않는 것은?

① 전문대학 또는 이와 동등 이상의 학력이 있다고 교육부장관이 인정하는 학교에서 이용 또는 미용에 관한 학과를 졸업한 자
② 학점인정 등에 관한 법률 따라 대학 또는 전문대학을 졸업한 자와 동등 이상의 학력이 있는 것으로 인정되어 이용 또는 미용에 관한 학위를 취득한 자
③ 고등학교 또는 이와 동등의 학력이 있다고 교육부장관이 인정하는 학교에서 이용 또는 미용에 관한 학과를 졸업하고 관련업에 1년 이상 종사한 자
④ 교육부장관이 인정하는 고등기술학교에서 1년 이상 이용 또는 미용에 관한 소정의 과정을 이수한 자

158 1회용 면도날을 여러 사람에게 사용할 경우, 1차 행정처분 기준은?

① 경고
② 영업장 폐쇄 명령
③ 영업 정지 1개월
④ 영업 정지 6개월

[해설]
1차는 경고, 2차는 영업 정지 5일, 3차는 영업 정지 10일, 4차는 영업장 폐쇄 명령

159 미용사 면허를 받을 수 없는 자는?

① 피성년후견인
② 면허가 취소된 후 2년이 경과되지 아니한 자
③ 정신질환자
④ 약물중독자

[해설]
피성년후견인, 면허가 취소된 후 1년이 경과되지 아니한 자, 공중 위생에 영향을 미칠 수 있는 감염병환자로서 보건복지부령으로 정하는 자, 대통령령으로 정하는 약물중독자는 미용사면허를 취득할 수 없다.

160 공중위생영업의 설비기준에 해당하지 않는 것은 무엇인가?

① 소독기·자외선살균기 등 미용기구를 소독하는 장비를 갖추어야 한다.
② 응접장소와 작업장소 또는 의자와 의자를 구획하는 커튼과 칸막이 그 밖에 이와 유사한 장애물을 설치하여서는 아니된다.
③ 작업장·응접실·상담실은 칸막이를 설치할 수 있고, 문이 있는 경우에 출입문의 3분의 1 이상을 투명하게 하여야 한다.
④ 작업장 내 베드와 베드 사이에 칸막이를 설치할 수 있으나, 설치된 칸막이에 출입문이 있는 경우에 그 출입문의 3분의 1 이상은 투명하게 하여야 한다.

[해설]
응접장소와 작업장소은 칸막이를 설치하여야 하며 ②은 이용업에 해당한다.

161 이·미용사의 면허를 받지 않은 자가 이·미용 업무에 종사할 수 있는 경우?

① 공중위생영업자의 지위를 승계한 경우
② 이·미용사의 감독을 받아서 업무의 보조를 행하는 경우
③ 보건복지부령이 정하는 바에 의하여 시·도지사의 면허를 받은 경우
④ 전문대학 또는 이와 동등 이상의 학력이 있다고 교육부장관이 인정한 경우

[해설]
이·미용업 면허를 받은 자가 아니면 이·미용업에 종사할 수 없다.

정답 155. ① 156. ② 157. ③ 158. ① 159. ③ 160. ① 161. ③

162 위생관리등급 중 우수업소 등급은?

① 백색 ② 녹색
③ 황색 ④ 파란색

[해설]
위생관리 등급– 최우수(녹색), 일반관리업소(백색)

163 위생관리등급 평가하는 사람은?

① 보건복지부장관
② 시·도지사
③ 시장·군수·구청장
④ 보건소장

[해설]
위생관리등급의 판정을 위한 세부 항목이나 등급결정 절차와 위생 서비스 평가에 필요한 구체적 사항은 보건복지부장관이 정하여 고시한다.

164 위생교육에 대해 잘못 설명한 것은?

① 공중위생영업자는 매년 위생교육을 받아야 한다.
② 공중위생영업자는 2년에 한 번 3시간씩 위생교육을 받아야 한다.
③ 공중위생영업의 신고를 하고자 하는 자는 미리 위생교육을 받아야 한다.
④ 부득이한 사유로 미리 교육을 받을 수 없는 경우에는 영업 개시 후 6개월 이내에 위생교육을 받을 수 있다.

[해설]
공중위생영업자는 매년 위생교육을 받아야 하며, 3시간씩 위생교육을 받아야 한다.

165 다음 중 장티푸스에 대한 설명으로 옳은 것은?

① 동물매개 감염병이다.
② 대장점막에 궤양성 병변을 일으킨다.
③ 경구침입 감염병이다.
④ 제2군 법정 감염병이다.

[해설]
장티푸스는 물이나 오염된 음식물에 의한 세균성 감염병으로 제1군 법정 감염병이다.

166 비타민 부족 시 발생하는 질병의 연결이 잘못된 것은?

① 비타민 B_1 – 각기병
② 비타민 A – 야맹증
③ 비타민 E – 불임증
④ 비타민 D – 괴혈병

[해설]
비타민D 결핍에는 구루병, 비타민C 괴혈병

167 다음 소독약 중 독성이 가장 낮은 것은?

① 승홍수
② 석탄산
③ 에틸알코올
④ 포르말린

168 고압증기멸균법을 실시할 때 온도, 압력, 소요시간은?

① 121℃에 15 Lbs 20분 동안 소독
② 211℃에 10 Lbs 10분 동안 소독
③ 105℃에 15 Lbs 30분 동안 소독
④ 71℃에 10 Lbs 30분 동안 소독

[해설]
10 Lb(파운드) – 115.5℃에서 30분 동안

169 과태료 처분에 이의가 있는 사람은 처분을 고지 받은 날로부터 언제까지 이의를 제기할 수 있는가?

① 7일 이내
② 15일 이내
③ 30일 이내
④ 60일 이내

170 다음 중 하수의 오염지표로 사용하는 것은?

① DB ② BOD
③ CO ④ CO_2

[해설]
생물학적 산소 요구량(BOD) – 수질오염의 대표적인 지표로 생물학적 산소 요구량이 높으면 수질오염도가 높다

정답 162. ③ 163. ① 164. ② 165. ③ 166. ④ 167. ③ 168. ① 169. ③ 170. ②

171 병원체를 인체에 가지고 있지만 특별한 증상이 나타나지 않는 대상을 무엇이라고 하는가?

① 건강 보균자
② 급성 감염병 환자
③ 감염병에 의한 사망자
④ 만성 감염병 환자

[해설]
병원체를 인체에 가지고 있지만 특별한 증상이 나타나지 않으면서 균만 배출하는 대상자

172 넓은 지역의 방역용 소독제로 적당한 것은?

① 석탄산
② 알코올
③ 역성 비누 액
④ 과산화수소

173 질병 발생의 3대 요소가 아닌 것은?

① 숙주 ② 시
③ 환경 ④ 병인

174 모기를 매개로 일으키는 질병이 아닌 것은?

① 말라리아 ② 사상충염
③ 발진티푸스 ④ 일본뇌염

[해설]
발진티푸스; 이

175 대기 중 온실효과를 증진시키는 것은?

① 이산화탄소 ② 아황산가스
③ 오존 ④ 질소

[해설]
온실효과를 높이는 기체는 이산화탄소

176 성층권의 온도를 상승하고 파괴하는 대표적인 가스는?

① 아황산가스
② 일산화탄소
③ 이산화탄소
④ 염화불화탄소

177 초자기구나 도자기류 소독에 적합한 것은?

① 역성 비누 액
② 차아염소산 처리
③ 석탄산 수(水), 크레졸 수(水)
④ 생석회

[해설]
손 세척–역성 비누, 행주 및 도마–증기소독이나 차아염소산 처리 및 일광건조, 대소변이나 분변–생석회

178 다음 중 소독제가 갖추어야 할 조건이 아닌 것은?

① 인체에 해롭지 말아야 한다.
② 유기용매에 잘 녹아야 한다.
③ 사용법이 간단하고 값이 저렴해야 한다.
④ 나쁜 냄새가 없어야 한다.

179 화학적 소독 방법의 화학물질이 갖추어야 할 조건이 아닌 것은?

① 석탄산 계수가 높을 것
② 인체에 대하여 독성이 없을 것
③ 용해성이 낮을 것
④ 부식성이나 표백성이 없을 것

[해설]
화학물질 조건; 석탄산 계수가 높고, 인체에 대하여 독성 및 부식성이나 표백성이 없을 것, 용해성은 높아야 함, 나쁜 냄새가 업어야 함, 침투력이 강해야 함, 사용법이 간단하고 값이 저렴해야 함, 잔류효과가 있어야 함.

180 공중보건학에서 가장 중요하게 생각하는 건강의 대상은?

① 가족의 건강
② 근로자의 건강
③ 개인의 건강
④ 지역사회 주민의 건강

[해설]
공중보건학의 의의는 지역사회와 주민의 건강이다.

정답 171. ① 172. ① 173. ② 174. ③ 175. ① 176. ④ 177. ③ 178. ② 179. ③ 180. ④

181 다음 중 일반적인 보건수준을 나타내는 지표에 해당하지 않은 것은?

① 영아 사망률
② 노인 사망률
③ 조사 사망률
④ 평균수명

[해설]
어떤 국가의 보건수준과 건강에 대한 평가 지표는 영아 사망률, 유아 사망률, 조사 사망률, 모성 사망률, 질병이환률, 평균수명 등이 있다.

182 다음 중 영아 사망률에 대한 설명으로 바르지 않은 것은?

① 출생 10,000명에 대한 생후 1년 미만의 사망자수이다.
② 한 나라의 국가의 보건수준과 건강에 대한 평가 지표이다.
③ 세밀한 평가를 위해 α–index값이 1.0에 가까울 때 보건수준이 높다.
④ 선진국일수록 α–index값이 1.0에 가깝다.

[해설]
영아 사망률은 출생 1,000명에 대한 생후 12개월 미만의 사망자수이다.

183 다음 중 공중보건의 최소 단위는 무엇인가?

① 가정 사회
② 지역사회주민
③ 지자체 사회
④ 범국가적

[해설]
공중보건 대상은 지역사회 주민전체이다.

184 다음 중 법정 감염병 관리 구분이 틀린 것은?

① 두창
② 페스트
③ 탄저
④ 결핵

[해설]
두창, 페스트, 탄저, 보툴리늄독소증, 야토병, 신종감염병증후군, 중증급성호흡기증후군(SARS), 중동호흡기증후군(MERS), 신종인플루엔자, 디프테리아–1군 감염병, 결핵은 2군 감염병

185 다음 중 제2급 감염병에 해당하지 않는 것은?

① 결핵
② 두창
③ 장티푸스
④ 장출혈성 대장균감염증

[해설]
결핵, 수두, 홍역, 콜레라, 장티푸스, 파라티푸스, 세균성이질, 장출혈성대장균감염증, A형간염, 백일해, 유행성이하선염, 풍진, 폴리오, 수막구균, b형헤모필루스인플루엔자, 폐렴구균, 한센병, 성홍열, 반코마이신황색포도알균, 카바페넴내성장내세균속균종 감염증

186 다음 중 공중보건의 범위가 아닌 것은?

① 환경보건 분야
② 질병관리 분야
③ 교육관리 분야
④ 보건관리 분야

187 보건행정의 제 원리에 관한 설명으로 옳은 것은?

① 일방행정원리의 관리과정적 특성과는 관계가 없다.
② 의사결정과정에서 행동계획을 결정하고, 미래를 예측한다.
③ 보건행정에서는 역사적 고찰이나 생태학적 고찰은 필요없다.
④ 보건행정은 공중보건학에 기초한 과학적 학문과 기술이 필요하다.

188 공중위생관리법 시행령과 시행규칙은 누구의 법령으로 시행되는가?

① 보건복지부령 – 대통령
② 식품의약품안전법령 – 보건복지부령
③ 대통령령 – 시군구청령
④ 대통령령 – 보건복지부령

정답 181. ② 182. ① 183. ② 184. ④ 185. ② 186. ③ 187. ④ 188. ④

189 다음 중 3대 모성보건 지도사업에 해당하지 않는 것은?

① 성 교육과 혼전 지도 ② 산후 지도
③ 양육 지도 ④ 임신 및 출산 지도

[해설]
모성의 건강유지와 건전한 생활양식을 위하여 성 교육과 혼전 지도, 산후 지도, 임신 및 출산 지도가 필요하다.

190 다음 중 모성의 질병과 사망 원인에 대하여 틀리게 설명한 것은?

① 모성사망의 직접적인 원인은 임신중독증, 출산전후의 출혈, 산욕열 등이 있다.
② 임신중독증은 임신부 사망뿐만 아니라 유산, 사산, 조산의 주요 원인이 된다.
③ 모성비만의 주요 요인은 에너지의 과다 섭취, 내분비계 장애, 운동 부족, 유전적 요인 등이 있다.
④ 출산전후 출혈은 태반 조기박리, 자궁 파열, 양수과다 등이 원인이 된다.

[해설]
③은 일반 비만에 관한 사항.

191 공중위생관리법 시행령으로 과징금의 부과 및 납부에 대한 올바르지 않은 것은?

① 시장·군수·구청장은 규정에 따라 과징금을 부과하고자 할 때에는 그 위반행위의 종별과 해당 과징금의 금액 등을 명시하여 이를 납부할 것을 서면으로 통지하여야 한다.
② 1일 과징금의 금액은 위반행위를 한 공중위생영업자의 연간 이익을 기준으로 산출한다.
③ 규정에 따라 과징금 통지를 받은 자는 통지를 받은 날부터 20일 이내에 과징금을 시장·군수·구청장이 정하는 수납기관에 납부하여야 한다. 다만, 천재 지변이나 그 밖에 부득이한 사유로 인하여 그 기간 내에 과징금을 납부할 수 없는 때에는 그 사유가 없어진 날부터 7일 이내에 납부하여야 한다.
④ 규정에 따라 과징금의 납부를 받은 수납기관은 영수증을 납부자에게 교부하여야 하며, 과징금의 수납기관은 지체 없이 그 사실을 시장·군수·구청장에게 통보하여야 한다.

[해설]
1일 과징금의 금액은 위반행위를 한 공중위생영업자의 연간 총 매출액을 기준으로 산출한다.

192 미생물 증식의 3대 조건에 해당하는 것은?

① 온도, 수분, 영양소
② 온도, 습도, 자외선
③ 온도, 영양소, 자외선
④ 수분, 습도, 산소농도

193 면허를 받지 아니하고 이·미용업을 하는 사람의 벌칙은?

① 6개월 이하의 징역 또는 1천만 원 이하의 벌금
② 1년 이하의 징역 또는 1천만 원 이하의 벌금
③ 300만 원 이하 벌금
④ 6개월 이하의 징역 또는 500만 원 이하 벌금

194 영업소 폐쇄 명령을 받고도 계속 영업한 자의 벌칙은?

① 6개월 이하의 징역 또는 1천만 원 이하의 벌금
② 1년 이하의 징역 또는 1천만 원 이하의 벌금
③ 300만 원 이하 벌금
④ 6개월 이하의 징역 또는 500만 원 이하 벌금

195 다음 중 환경보건에 영향을 미치는 대기 오염에 해당하지 않는 것은?

① 지구 온실효과로 이산화탄소가 원인이 되어 대기 온도가 상승하는 현상을 말한다.
② 어떤 지역의 기온이 다른 곳보다 높게 나타나는 열섬 현상 같은 것을 말한다.
③ 산성비와 같이 대기 중의 황산화물이나 질소산화물 등이 원인이 되어 내리는 비로 농작물이나 산림을 훼손한다.
④ 산이나 알카리의 세기로 25℃에서 pH가 7이면 중성, pH가 7보다 낮으면 산성, 높으면 알칼리를 나타내는 지료가 되는 것이다.

[해설]
④는 환경보건의 영향보다는 수질오염의 지표를 말한다.

정답 189. ③ 190. ③ 191. ② 192. ① 193. ③ 194. ② 195. ④

196 다음 중 간균에 해당하는 것은?

① 파상풍균
② 매독균
③ 장염비브리오균
④ 콜레라균

[해설]
간균 – 수중, 공중, 토양 중에 존재하며 동물, 곤충에 기생하여 질병의 원인이 되기도 하며 장티푸스균, 파상풍균, 탄저균 등

197 정신질환에서 조울병에 대한 설명이 아닌 것은?

① 감정장애가 주 증상이다.
② 양친 중 한쪽이 병자인 경우 자녀에게 100% 유전으로 발병된다.
③ 부모가 본증인 경우 60% 가까이 발병한다.
④ 주증상은 우울증, 허무감, 죄책망증, 과대망상증 등이 있다.

[해설]
양친 중 한쪽이 증상이 있는 경우 자녀의 30% 전후에서 발병.

198 하인리히(Heinrich) 학설로 바르지 않은 것은?

① 산업재해 사고의 88%는 환경적 요인이다.
② 대형사고가 발생하기 전에 사고와 관련된 경미한 사고와 징후들이 반드시 존재한다.
③ 큰 재해, 작은 재해, 사소한 사고의 발생 비율이 1:29:300이다.
④ 산업재해 발생요인은 인적요인, 환경적요인이다.

[해설]
산업재해 사고의 88%는 인적 요인, 환경적 요인 10%, 불가항력에 의한 것은 2%이다.

199 물의 소독에 대한 설명으로 맞는 것은?

① 오존소독 – 비용이 적게 들고 살균효과가 가장 우수하며 잔류효과가 크다.
② 염소소독 – 살균력이 강하여 잔류효과가 크며 세균 바이러스에 작용한다.
③ 자비소독 – 100℃에서 30분 이상 가열하는 방법이다.
④ 자외선소독 – 투과력과 살균력이 매우 강한 장점이 있다.

[해설]
①은 염소소독에 대한 설명이다. ②는 오존소독에 대한 설명이다. ④는 자외선소독은 살균력은 매우 강하나 투과력이 약한 단점이 있다.

200 자연적 환경에서 공기에 대한 설명으로 맞는 것은?

① 질소 – 공기 구성 성분의 78%로 가장 많다.
② 산소 – 산소량 20% 이하 시 호흡곤란 위험이 있다.
③ 일산화탄소 – 실내 공기오염의 지표로 최대허용량은 1,000ppm이다.
④ 이산화탄소 – 탄산가스로 7%이상 시 사망할 수 있다.

[해설]
산소 – 10% 이하 시 호흡곤란, 7% 이하 시 질식사 위험.
이산화탄소 – 실내공기오염의 지표, 최대허용량 1,000ppm, 70% 이상 시 사망할 수 있다.

201 약물 소독제 중 유일한 가스 소독제로 사용되어지는 것은?

① 헥사클로로펜
② 포르말린
③ 에틸렌옥사이드
④ 역성비누

[해설]
헥사클로로펜은 수술전 피부 소독에 사용된다.

정답 196. ① 197. ② 198. ① 199. ③ 200. ① 201. ②

202 다음은 어느 질병에 대한 설명인가?

카드뮴 오염에 의해 복통, 설사, 폐수종으로 뼈가 녹아서 생기는 신장장애와 골연화증으로 이어진다.

① 미나마타병
② 이타이이타이병
③ 쯔쯔가무시병
④ 트라코마

[해설]
- **미나마타병** : 어패류를 통한 수은 중독에 의한 질병.
- **쯔쯔가무시병** : 진드기로 인한 감염병.
- **트라코마** : 클라미디아로 일어나는 결막의 접촉 감염병.

203 식품의 혐기성 상태에서 발육하여 신경독소인 아세틸콜린을 분비하여 세균성 식중독을 일으키는 원인균은?

① 살모넬라균
② 황색 포도상구균
③ 캠필로박터균
④ 보톨리누스균

204 다음 중 자비소독법 특징인 것은?

① 주사기, 금속식기, 도자기에는 적합하지 않다.
② 첨가제로 탄산나트륨, 붕산, 크레졸액 등 사용한다.
③ 100℃ 끓는 물에서 1시간 끓인다.
④ 아포형성균, B형간염바이러스에 부적합하다.

[해설]
자비소독법은 첨가제로 탄산나트륨을 사용하고 끓는물에 20~30분간 끓인다.

205 화학적 소독법 중 독성이 낮고 탈수, 응고에 의한 살균 작용으로 칼, 가위, 유리제품 등의 소독에 주로 사용되는 것은?

① 크레졸　② 염소
③ 에탄올　④ 과산화수소

[해설]
에탄올은 독성이 낮고 70% 에탄올이 살균력이 가장 강력하다. 크레졸은 석탄산 2배 소독력, 과산화수소는 발생기산소의 강력한 산화력 이용으로 미생물 살균

206 화학적 소독법에서 과산화수소에 대한 설명이 틀린 것은?

① 독성이 있어 인체에 사용한다.
② 자극성이 적어 피부상처, 구내염, 인두염, 입안세척 등에 사용이 부적합하다.
③ 자극성 부식성이 강해 상하수도 소독에 부적합하다.
④ 독성이 낮고 탈수, 응고에 의한 살균 작용이 없다.

[해설]
과산화수소는 자극성이 적으며 탈취, 표백효과, 모발탈색제로도 사용된다.

207 화학적 소독제품 석탄산에 대한 설명이 바르지 않은 것은?

① 승홍수 1,000배의 살균력을 가짐
② 자극이 없어 인체에 사용이 부적합하다.
③ 광범위한 지역 소독 방제에 사용이 부적합하다.
④ 저온에서 살균효과 떨어진다.

[해설]
승홍수 1000배의 살균력, 독성이 있어 인체 사용하지 않음. 저온에서 살균효과 떨어지고 고온에서 효과가 있으며 광범위한 지역소독 방제에 사용된다.

208 어떤 소독약의 석탄계수가 2.0이라는 것은 무엇을 의미하는가?

① 석탄산의 살균력이 2이다.
② 살균력이 석탄산의 2배이다.
③ 살균력이 석탄산의 2%이다.
④ 살균력이 석탄산의 120%이다.

209 자비소독시 살균력을 강하게 하고 금속기자재가 녹스는 것을 방지하기 위하여 첨가하는 물질이 아닌 것은?

① 2% 중조
② 2% 크레졸 비누액
③ 5% 승홍수
④ 5% 석탄산

정답 202. ② 203. ④ 204. ④ 205. ③ 206. ② 207. ③ 208. ② 209. ③

210 다음 중 소독약품의 적정 희석농도가 틀린 것은?

① 석탄산 3%　　② 승홍 0.1%
③ 알코올 70%　　④ 크레졸 0.3%

211 다음 중 영양소의 기능이 바르게 연결된 것은?

① 탄수화물 – 조직 구성 기능
② 단백질 – 생리 조절 기능
③ 무기질 – 조직 구성 기능
④ 물 – 열량 공급 기능

[해설]
조직 구성 기능 : 단백질, 무기질, 물

212 다음 중 영양장애에 대한 설명이 바르게 된 것은?

① 저영양 – 영양소 섭취가 부족한 상태
② 영양 결핍증 – 영양소 공급이 원활히 이루어지지 않아 발생하는 결핍상태
③ 영양 실조증 – 영양실조 및 저영양 증상이 함께 발생한 상태
④ 기아상태 – 영양소 부족과 결핍으로 정상적인 대사기능이 이루어지지 못해 발병하는 질환

[해설]
② 영양실조증　③ 기아상태　④ 영양결핍증

정답 210. ④ 211. ③ 212. ①

할 수 있다고 믿는 사람은 그렇게 되고
할 수 없다고 믿는 사람 역시 그렇게 된다.

사를 드 골

모의고사

모의고사 5회

모의고사 제1회

1 피부 미용의 목적으로 적절하지 않은 것은?

① 아름답고 건강한 피부를 유지하는 것
② 피부의 기능을 정상적으로 유지, 증진시키는 것
③ 관리를 통하여 질환을 제외한 피부를 개선시키는 것
④ 얼굴에 화장이나 장식을 이용하여 개성을 연출하는 것

2 지성 피부의 관리 방법으로 틀린 것은?

① 효소 등을 이용해 주 1회 정도 각질을 제거해 준다.
② 클레이 제품으로 주 1회 정도 피지를 흡착시켜 준다.
③ 피부 트러블을 막기 위해서 알콜 함유량이 높은 화장수만 바른다.
④ 진정 작용과 피지 제거에 효과가 있는 팩을 사용한다.

3 다음 중 유연법의 효과는?

① 켈로이드 생성을 억제시켜 준다.
② 근육의 노폐물 제거 효과가 있다.
③ 결체 조직의 탄력 증진 효과가 있다.
④ 지방 축적 방지 효과가 없다.

4 다음 중 여드름 피부의 특징으로 옳지 않은 것은?

① 여드름은 사춘기에만 일시적으로 발생한다.
② 과각질화된 모공으로 인해 피지 배출이 원활하지 않다.
③ 피지선의 만성 염증성 질환이다.
④ 피지분비로 인해 피부가 번들거리고 화장이 잘 지워진다.

5 팩의 효과에 대한 설명으로 옳지 않은 것은?

① 피부의 진정작용
② 피부의 청정 및 수렴작용
③ 유효성분 흡수 촉진작용
④ 피하지방의 분해작용

6 일시적인 제모에 대한 설명으로 옳은 것은?

① 전기 분해술과 전기 응고술이 있다.
② 면도는 모근까지 제거하는 방법이다.
③ 제모용 크림은 사용하지 않는다.
④ 족집게나 왁스를 사용한다.

7 다음 중 왁스를 바를 때 올바른 스파출러의 각도는?

① 180° ② 35°
③ 45° ④ 15°

8 올바른 클렌징 방법은?

① 신속하고 강하게 문질러서 지운다.
② 강한 자극을 주면서 동작을 반복한다.
③ 맥박 뛰는 속도로 리듬감 있게 한다.
④ 가볍고 신속하게 클렌징한다.

9 비교적 짙은 화장에 효과적이며 정상, 건성 피부에 알맞은 클렌징 타입은?

① 크림 타입
② 밀크 타입
③ 스크럽 타입
④ 젤 타입

10 다음 중 피부미용의 역사에 대한 설명으로 옳은 것은?

① 로마시대 – 비누 사용이 보편화 되었다.
② 이집트 시대 – 약초 스팀법이 개발되었다.
③ 르네상스 시대 – 향수 사용이 필수품이 되었다.
④ 현대시대 – 마사지 크림이 개발되었다.

11 딥 클렌징의 분류가 잘못된 것은?

① AHA – 화학적 딥클렌징
② 고마쥐 – 물리적 딥클렌징
③ 스크럽 – 물리적 딥클렌징
④ BHA – 복합적 딥클렌징

12 경찰법(쓰다듬기)의 효과는?

① 근육 경직
② 피부 조직 강화
③ 조직 혈액 촉진
④ 진정 효과

13 마사지 기본 동작 중 눈 주위에 가장 적합한 방법은?

① 쓰다듬기 ② 흔들어주기
③ 문지르기 ④ 주무르기

14 마사지 시 피부미용사의 자세로 바른 것은?

① 양팔은 편안한 상태로 손목에 힘을 주어 마사지 한다.
② 발은 어깨너비만큼 벌리고 손목에 힘을 빼고 한다.
③ 허리를 살짝 구부린 상태로 한다.
④ 발은 모으고 허리를 살짝 구부린 상태로 한다.

15 다음 중 피부분석 방법에서 문진법에 해당되는 것은?

① 피부의 유·수분 상태
② 피부의 탄력도
③ 모공의 크기
④ 복용중인 약의 유무

16 다음 중 마사지의 기본 동작에 대한 설명으로 옳은 것은?

① 유연법은 근육의 혈행을 좋게 하고, 근육의 피로와 통증 완화에 효과적이다.
② 고타법은 경직된 근육의 이완, 림프와 혈액의 순환을 촉진시킨다.
③ 경찰법은 림프 배액 촉진 효과가 있어 중간 단계에 제일 많이 쓰인다.
④ 강찰법은 시작과 마무리 단계에서 쓰인다.

17 진피에 대한 설명이 아닌 것은?

① 피부의 90% 이상을 차지하며 각질형성 세포가 존재한다.
② 많은 혈관과 신경의 분포로 표피에 영양물질을 전달한다.
③ 크게 유두층과 망상층으로 이루어져 있다.
④ 피부의 탄력을 결정하는 콜라겐과 엘라스틴이 존재한다.

18 다음 중 피부의 진피층에 존재하는 세포는?

① 랑게르한스 세포
② 색소 형성 세포
③ 머켈 세포
④ 섬유아 세포

19 모발의 기능이 아닌 것은?

① 장식 기능
② 보호 기능
③ 재생 기능
④ 체온 조절 기능

20 멜라닌의 기능이 아닌 것은?

① 자외선의 흡수와 산란
② 피부 세포 보호 기능
③ 피부 조직의 보호 기능
④ 피부 체온 유지 기능

21 다음 중 비타민에 대한 설명으로 옳은 것은?

① 비타민 C는 레티놀이라고 하며 피부 재생을 돕는다.
② 비타민 A는 자외선을 받아 표피층에 합성된다.
③ 비타민 A는 멜라닌 생성을 억제한다.
④ 비타민 C는 아스크로빈산이라고 하며 교원질 생성을 돕는다.

22 다음 중 원발진에 속하는 것은?

① 미란 ② 종양
③ 인설 ④ 균열

23 자연 노화의 변화에 대한 설명이 아닌 것은?

① 한선의 감소
② 표피 두께 증가
③ 조갑판 두께 얇아짐
④ 멜라닌 형성 세포 감소

24 다음은 무엇에 대한 설명인가?

> 종족 특유의 체세포 염색체 수의 반을 받는 특수한 세포 분열이며, 성세포 성숙에서 일어난다.

① 물질 대사
② 유사 분열
③ 무사 작용
④ 감수 분열

25 운동 시 우리 몸에 일어나는 신체적 변화가 아닌 것은?

① 호흡의 증가
② 체온의 상승
③ 혈압의 상승
④ 심박동수 감소

26 인체의 최소단위는 무엇인가?

① 계통　② 조직
③ 세포　④ 기관

27 다음 중 혈액의 기능으로 옳지 않은 것은?

① 체내의 수분을 조절한다.
② 조직에 산소와 영양을 공급한다.
③ 호르몬을 분비한다.
④ 산소와 이산화탄소를 운반한다.

28 소화기계로 맞지 않은 것은?

① 간, 담
② 심장, 신장
③ 비장, 위
④ 소장, 대장

29 다음 중 웃는 표정을 지을 때 사용되는 근육이 아닌 것은?

① 대협골근　② 교근
③ 구륜근　④ 안륜근

30 림프의 주요기능이 아닌 것은?

① 항원제거 및 항체영성의 면역작용
② 세균 및 바이러스로부터의 방어작용
③ 체액을 순환시켜 이동
④ 체온을 조절하는 기능

31 전기에 대한 설명으로 잘못된 것은?

① 전류에는 직류와 교류가 있다.
② 전류의 방향과 크기가 시간에 관계없이 일정하게 흐른다.
③ 전류의 크기의 단위는 볼트(V)이다.
④ 미용학적 주요 기능은 디스인크러스테이션과 이온토포레시스이다.

32 다음 중 디스인크러스테이션을 주의해야 할 피부 유형은?

① 건성 피부
② 복합성 피부
③ 중성 피부
④ 지성 피부

33 다음 중 테슬라 전류(Tesla current)가 사용되는 미용기기는?

① 스팀기
② 갈바닉기기
③ 진동브러시
④ 고주파기기

34 딥 클렌징으로 사용하는 미용 기기가 아닌 것은?

① 더마스코프
② 프리마톨
③ 스킨 스크러버
④ 디스인크러스테데이션

35 크로마테라피기(컬러테라피기)에 대한 효과 중 주황색에 대한 설명이 아닌 것은?

① 간기능 강화
② 세포재생
③ 신경긴장 완화
④ 호르몬대사 조절

36 우드램프에 대한 사용설명이 바르지 않은 것은?

① 피부 분석을 하기 위해 사용한다.
② 어두운 곳을 피해서 사용한다.
③ 자외선을 사용한 기기이다.
④ 클렌징한 후 사용한다.

37 다음 중 중주파기의 설명이 아닌 것은?

① 관리 시 통증이나 불쾌감이 적다.
② 근육의 탄력 강화효과가 있다.
③ 1,000~10,000Hz의 주파수로 피부의 저항력이 강하다.
④ 액세서리 및 인체에 금속물질을 삽입하면 적용할 수 없다.

38 다음 중 화장품의 4대 요건으로 바르지 않은 것은?

① 안정성　② 안전성
③ 완전성　④ 사용성

39 다음 중 여드름 피부에 사용되는 활성성분이 아닌 것은?

① 유황
② 머드
③ 살리실산
④ 이산화티탄

40 다음 중 O/W형 에멀전의 주성분은?

① 물　② 오일
③ 알콜　④ 방부제

41 다음 중 미백 기능성화장품의 원료가 아닌 것은?

① 비타민 C　② 코직산
③ 알부틴　④ 썰파

42 우리나라에 천연 화장품이 등장한 시기는?

① 1921년　② 1960년
③ 1970년　④ 1990년

43 콩에서 많이 추출되며, 유연제로도 사용하는 것은?

① 세라마이드　② 레시틴
③ 히아루론산　④ 엘라스틴

44 다음 중 향수의 부향률이 높은 순서대로 바르게 나열된 것은?

① 퍼퓸 > 오데코롱 > 오데퍼퓸 > 오데토일렛
② 퍼퓸 > 오데토일렛 > 오데코롱 > 오데퍼퓸
③ 퍼퓸 > 오데퍼퓸 > 오데코롱 > 오데토일렛
④ 퍼퓸 > 오데퍼퓸 > 오데토일렛 > 오데코롱

45 다음 중 간균에 해당하는 것은?

① 파상풍균
② 매독균
③ 장염비브리오균
④ 콜레라균

46 전염병 생성과정으로 옳은 것은?

① 병원체 → 병원소 → 병원소로 병원체 탈출 → 병원체 전파 → 새 숙주로의 병원체 침입 → 숙주의 감염
② 병원체 → 병원소 → 병원체 전파 → 병원소로 병원체 탈출 → 새 숙주로의 병원체 침입 → 숙주의 감염
③ 병원소 → 병원체 → 병원소로 병원체 탈출 → 병원체 전파 → 새 숙주로의 병원체 침입 → 숙주의 감염
④ 병원소 → 병원소로 병원체 탈출 → 새 숙주로의 병원체 침입 → 병원체 전파 → 병원체 형성 → 숙주 감염

47 이·미용업 면허를 받고 영업 시 면허신청을 하기 위한 구비서류가 아닌 것은?

① 졸업증명서 또는 학위증명서 1부
② 교육필증 1부
③ 정신질환에 해당하지 않는 다는 것을 증명하는 6개월 이내의 의사 진단서 또는 이를 증명할 수 있는 전문의 진단서 1부
④ 감염병 환자, 약물 중독자에 해당하지 않는다는 것을 증명하는 최근 6개월 이내의 의사 진단서 1부

48 다음 중 미용 소모품 소독 관리 방법이 틀린 것은?

① 타월 - 삶거나 자비소독
② 시술용 테이블 - 70% 에탄올
③ 니퍼 - 100% 에탄올에 1시간 담근 후 흐르는 물에 헹군다.
④ 핑거볼 - 1회용 사용

49 소독에 필요한 인자가 아닌 것은?

① 온도 ② 소독제 밀도
③ 농도 ④ 시간

50 식품의 변질 원인이 아닌 것은?

① 우유나 식품이 발효되면서 발생하는 효소나 금속물질의 변성 같은 화학적 작용
② 미생물의 증식
③ 일광온도, 수분, 산소와 같은 물리적 작용
④ 세균과 바이러스의 중간형태가 사람이나 가축에게 증식되는 것

51 다음 중 식물성 식중독에 해당하는 것이 바르게 연결된 것은?

① 독버섯 - 무스카린
② 조개류 - 베네루핀
③ 맥각균 - 에르고톡신
④ 황변미 - 시트리닌

52 하인리히 재해 비율과 관계가 없는 것은?

① 대형사건이나 사고 발생 전 사고와 관련한 징후들이 반드시 있다는 것
② 1 : 29 : 300 법칙.
③ 예방 대책에는 손실우연, 원인계기, 예방가능, 대책선정등이 있음
④ 근로자의 피로나 사용자의 재해에 대한 안전대책의 부실

53 다음 소독 방법으로 바르지 않은 것은?

① 자비소독 - 건열멸균법의 대표로 100℃ 기체로 30분 이상 증기를 쏘이는 소독법
② 초음파 소독 - 초음파의 화학반응, 기계적 반응으로 미생물이 살균되는 소독법
③ 오존소독 - 화학적 소독의 가스 멸균법으로 강력한 산화력을 지닌 기체로서 물의 소독제로 효과적
④ 자외선 소독 - 물리적 소독법의 빛에 의해 멸균법으로 수술실이나 공기를 소독하는 방법

54 식중독의 분류를 바르게 연결한 것은?

① 세균성 식중독 - 공기접촉 물 등으로 감염
② 세균성 식중독 - 황색포도상구균과 같은 독소형과 살모넬라와 같은 감염형으로 구분
③ 화학적 식중독 - 복어독과 같은 자연독으로 발생
④ 맥각독, 아플라톡신과 같은 식물성 자연독이 발생

55 전염병의 전파 방식에 해당하지 않은 것은?

① 직접전파 ② 매개전파
③ 간접전파 ④ 활성전파

56 물벼룩, 연어, 송어와 같은 감염된 물고기를 먹음으로 위통, 식욕부진, 신경장애의 증상이 발생되는 증상은?

① 무구조충 ② 유구조충
③ 광절열두조충 ④ 폐흡충증

57 공중위생영업자가 1년에 받아야 하는 위생교육 시수는?

① 3시간 ② 4시간
③ 5시간 ④ 6시간

58 법정감염병 중 제3급에 해당되는 것은?

① 레지오넬라증
② 유행성이하선염
③ A형간염
④ 홍역

59 위생서비스 수준을 평가하는 자는?

① 보건복지부장관
② 시장·군수·구청장
③ 시·도지사
④ 세무서장

60 화학적 소독법의 페놀류에 해당하지 않는 것은?

① 석탄산
② 크레졸
③ 포름알데히드
④ 핵사클로로펜

[정답]

1. ④	2. ③	3. ②	4. ①	5. ④	6. ④
7. ③	8. ④	9. ①	10. ④	11. ④	12. ④
13. ①	14. ②	15. ④	16. ①	17. ①	18. ④
19. ③	20. ④	21. ④	22. ②	23. ②	24. ④
25. ④	26. ③	27. ③	28. ②	29. ②	30. ④
31. ③	32. ①	33. ④	34. ①	35. ①	36. ②
37. ③	38. ③	39. ④	40. ①	41. ④	42. ④
43. ②	44. ④	45. ①	46. ①	47. ②	48. ③
49. ②	50. ④	51. ①	52. ④	53. ①	54. ②
55. ②	56. ③	57. ①	58. ①	59. ②	60. ③

해설

1. 피부 미용의 목적은 안면 및 전신 피부의 모든 기능을 정상적으로 유지 및 증진, 질환적 피부를 제외한 피부를 관리를 통하여 개선시키는 것이다.
2. 지성 피부에 맞는 전용 화장품을 쓰는 것이 중요하며, 지성이라고 해서 스킨만을 사용하는 것은 바람직하지 않다.
3. • 경찰법 : 켈로이드 생성 억제
   • 진동법 : 피부 탄력 증진
   • 고타법 : 지방 축적 방지
4. 여드름은 원인이 다양하여, 사춘기에 피지 분비가 왕성해지면서 나타나는 것 외에도 스트레스 등으로 성인여드름이 발생할 수 있다.
5. 팩의 목적 및 효과는 피부건강을 증진, 피부상태를 개선하는 것으로 피하지방층에는 관여하지 않는다.
6. 전기 분해술과 전기 응고술은 영구적 제모에 속한다. 일시적인 제모는 면도나 제모용 크림을 사용하여 모간만을 제거하는 방법과 왁스나 족집게를 사용하여 모근까지 제거하는 방법이다.
7. 왁스를 피부에 밀착해서 도포하기 좋은 각도는 45°이다.
8. 클렌징은 가볍고 신속하게 문질러서 지운다.
9. • 젤 타입 : 세정력이 우수하여 지성 피부에 적합
   • 밀크 타입 : 친수성이 우수하고 부드러운 클렌저로 피부에 자극이 적고 민감성, 건성, 노화 피부에 적합
   • 스크럽 타입 : 알갱이가 함유된 세안제로 노폐물을 제거할 때 사용한다. 건성, 민감성 피부에

는 피한다.

10. • 근대시대 – 비누 사용의 보편화
    • 중세시대 – 약초 스팀법의 개발
    • 로마시대 – 향수, 오일, 화장이 생활필수품
11. • 화학적 딥클렌징 – AHA, BHA
    • 물리적 딥클렌징 – 고마쥐, 스크럽, 손, 기기
    • 효소 딥클렌징 – 단백질 분해효소 이용
    • 복합적 딥클렌징 – 물리적, 화학적, 효소 딥클렌징을 복합적으로 이용
12. 경찰법은 진정, 림프 배액 촉진, 노화 각질 제거, 세정 효과, 켈로이드 생성 억제 효과가 있다.
13. 눈 주위 조직은 얇고 예민하므로 자극이 적은 쓰다듬기로 한다.
14. 허리를 곧게 펴고, 발은 어깨너비만큼 벌리고, 양팔은 편안한 상태로 손목에 힘을 뺀다.
15. 병력과 부적용증, 복용중인 약, 임신 등은 문진법에 해당한다.
16. • 고타법 : 지방 과잉 축적 방지, 근육 위축, 신진대사 촉진, 신경 조직의 기능을 활성화
    • 경찰법 : 피부 표면을 쓰다듬는 동작으로 마사지의 처음과 마무리 단계에 쓰인다.
    • 강찰법 : 경찰법보다 조금 더 깊은 조직에 영향, 혈행 촉진
17. 각질형성세포는 표피층에 존재한다.
18. 진피의 구성세포 : 섬유아세포, 대식세포, 비만세포
19. 모발의 기능 : 장식기능, 보호기능, 체온조절 기능
20. 멜라닌은 자외선의 흡수와 산란으로 피부의 세포와 조직을 보호한다.
21. 비타민 C는 아스크로빈산이라고도 불리며, 멜라닌 생성을 억제하고 교원질(콜라겐) 생성을 돕는다.
22. 종양은 직경 2cm의 혹처럼 피부표면에 봉우리처럼 올라와 있는 질환으로 원발진에 속한다.
23. 표피 두께 증가는 자외선에 의한 외인성 노화이다.
24. • 감수 분열 : 성세포에서만 일어나는 생식 세포의 분열
    • 유사 분열 : 한 개의 모세포가 두 개의 동일한 딸세포로 분열
    • 무사 분열 : 핵과 세포체가 동시에 분열하는 단순한 세포 분열
25. 운동 시 신체는 근육의 움직임으로 혈액 순환이 촉진된다. 호흡이 증가하며, 체온과 혈압이 상승하고, 심박동 수가 증가한다.
26. 세포는 인체를 구성하는 가장 최소단위이다.
27. 혈액은 호르몬을 운반한다. 호르몬 분비는 내분비계통의 기능이다.
28. 심장은 순환계, 신장은 비뇨생식계이다.
29. 교근은 음식을 씹을 때 사용되는 저작근이다.
30. 림프의 주요기능은 체액이동, 면역기능, 운반기능이다.
31. 전류 크기의 단위는 암페어(A)이다.
32. 민감성 피부, 모세혈관확장 피부는 디스인크러스테이션을 피하며, 건성피부도 가급적 피하거나 주의해야 한다.
33. 테슬라 전류는 교류를 말하며, 고주파기기는 100,000Hz 이상의 교류를 이용한다. 갈바닉기기는 직류 전류를 이용한다.
34. 더마스코프(스킨스코프)는 피부타입 진단기이다.
35. • 주황 : 호르몬 대사 조절, 근육 기능 활성, 활력, 신경긴장 완화, 세포재생, 호흡기관 강화
    • 노랑 : 소화기계, 신경계, 간 기능 강화, 신경자극, 신체정화작용, 콜라겐, 엘라스틴 합성
36. 우드램프는 자외선을 피부에 비추어 피부상태를 분석하는 기기로 어두운 곳에서 사용해야 램프 색상이 보인다.
37. 중주파는 1,000~10,000Hz의 주파수를 사용하여 피부의 저항력이 매우 작은 간섭파를 사용하여 신체에 통증없이 안정적으로 사용할 수 있는 전신관리기기이다.
38. 화장품의 4대 요건 – 안전성, 안정성, 사용성, 유효성
39. 이산화티탄은 자외선 산란제의 성분이다.
40. O/W형의 주성분은 물이고, W/O형의 주성분은 오일이다.
41. 썰파는 여드름에 효과적이다.
42. 1990년대 들어 식물성 성분이 함유된 자연성 화장품이 대거 등장했다.
43. 보습제, 유연제로 주로 사용되며 콩에서 추출되

는 것으로 레시틴이다.

44. 부향률이 높은 순서대로 퍼퓸 > 오데퍼퓸 > 오데토일렛 > 오데코롱 > 샤워코롱이다.

45. 간균 – 수중, 공중, 토양 중에 존재하며 동물, 곤충에 기생하여 질병의 원인이 되기도 하며 장티푸스균, 파상풍균, 탄저균 등

46. 전염병 생성과정은 병원체 → 병원소 → 병원소로 병원체 탈출 → 병원체 전파 → 새 숙주로의 병원체 침입 → 숙주의 감염

47. 면허신청 서류는 교육필증이 아니라 이수증명서1부와 최근 6개월 이내 찍은 가로 3cm, 세로 4cm의 정면 상반신 사진 2매이다.

48. 니퍼 – 70% 에탄올에 20분간 담근 후 흐르는 물에 헹군다.

49. • 소독에 필요한 인자 : 물리적 인자 – 온도, 자외선
    • 화학적 인자 : 물, 농도, 시간
    • 수분과 밀도는 소독효과에 영양을 주는 요인임

50. 식품의 변질 원인은 미생물의 증식, 발효, 산소작용 등이다.

51. • 동물성 식중독
    – 복어중독 : 복어의 난소, 고환, 간장에 함유되어 있는 맹독성
    – 조개류 : 베네루핀은 동물성 식중독
    • 식물성 식중독
    – 독버섯 식중독 : 버섯류에 함유된 무스카린 성분을 섭취 시 중독
    – 맥각중독 : 밀과 보리의 발아단계에서 발생하는 맥각균으로 섭취 시 중독
    – 감자중독 : 감자의 보관 과정에 자외선에 의해 감자의 싹에 솔라닌 독성이 발생하여 중독

52. • 산업재해 발생요인
    – 근로자 : 근로자피로 작업 부주의
    – 사용자 측 : 재해에 대한 안전대책의 부실

53. 자비소독법은 습열멸균법으로 100℃ 끓는 물에 20분 이상 소독 대상물을 직접 끓인다.

54. 공기접촉이나 물 등으로 감염되는 것은 바이러스성, 복어독은 동물성 자연독, 맥각독이나 아플라톡신은 곰팡이 독소에 해당한다.

55. • 직접전파 – 신체접촉이나, 성병, 매독, 재채기, 기침과 같은 200cm 내 근거리 비말감염으로 코나 입, 점막을 통하여 병원체가 인체에 침입하는 것을 말함.
    • 간접전파 – 공기나 토양, 물, 식품과 같은 매개체를 통해서 전파가 되며 세균성 감염
    • 활성전파 – 모기나 진드기와 같은 절지동물에 의해 전파로 기계적 전파와 생물학적 전파 양식이 있다.

56. 광절열두조충은 감염된 물고기를 먹은 후 발생한다.

57. 공중위생영업자는 매년 3시간의 위생교육을 받아야 한다.

58. 유행성이하선염, 홍역, A형간염(제2급)

59. 위생서비스 수준을 평가하는 자는 시장·군수·구청장이다.

60. 화학적 소독법의 종류
    • 가스에 의한 멸균법 – 에틸렌옥사이드, 포름알데히드, 베타프로필올락톤, 오존
    • 산 – 아세트산, 안식향산, 붕산, 젖산
    • 석탄산 – 페놀류로 석탄산, 크레졸, 헥사클로로펜

모의고사 제 2 회

1 **다음은 매뉴얼 마사지를 위한 클렌징 과정이다 클렌징에 사용되는 기술은?**

① 쓸어서 펴바르기 - 경찰법
② 토닥토닥 두드려서 펴바르기 - 고타법
③ 어우러져 반죽하기 - 유연법
④ 진동하며 펴바르기 - 진동법

2 **매뉴얼 테크닉 기법 중 닥터 자켓법에 관한 설명으로 가장 적합한 것은?**

① 디스인크러스테이션(Disincrustation)을 하기 위한 준비 단계에 하는 것이다.
② 피지선의 활동을 억제한다.
③ 모낭 내 피지를 모공 밖으로 배출 시킨다.
④ 여드름 피부 클렌징을 할 때 쓰는 기법이다.

3 **인간의 피지와 화학 구조가 유사한 오일로 아로마 오일의 대표적인 베이스 오일로 사용되는 것은?**

① 호호바 오일
② 아보카도 오일
③ 그레이프 시드 오일
④ 스위트 아몬드 오일

4 **천연과일에서 추출한 필링제는?**

① A.H.A
② 젖산(Lactic Acid)
③ TCA
④ 페놀(Phenol)

5 **팩의 사용 방법에 대한 내용 중 틀린 것은?**

① 천연 팩은 흡수 시간을 길게 유지할수록 효과적이다.
② 팩의 진정시간은 제품에 따라 다르나 일반적으로 10~20분 정도의 범위이다.
③ 팩을 사용하기 전 알레르기 유무를 확인한다.
④ 팩을 하는 동안 아이패드를 적용한다.

6 **다음 중 림프선을 통한 노폐물 배출과 면역작용을 도와주는 관리는?**

① 바디 랩
② 아로마테라피 요법
③ 발 반사 요법
④ 림프 드레나쥐

7 **물의 수압을 이용해 혈액순환을 촉진시켜 체내의 독소배출, 세포재생 등의 효과를 증진시킬 수 있는 건강증진 방법은?**

① 아로마 테라피(Aroma Therapy)
② 스파 테라피(Spa–Therapy)
③ 스톤 테라피(Stone–Therapy)
④ 허벌 테라피 (Herbal–Therapy)

8 **제모 관리에서 왁스 제모법의 장점이 아닌 것은?**

① 신체의 광범위한 부위를 짧은 시간 내에 효과적으로 제거할 수 있다.
② 털을 짧게 커트하여 제거하는 방법이므로 통증이 적다.
③ 다른 일시적 제모제보다 제모 효과가 4~5주 정도 오래 지속된다.
④ 불필요한 모를 제거하여 아름다운 피부를 유지할 수 있다.

9 **다음에서 설명하는 팩(마스크)의 재료는?**

> 열을 내서 혈액순환을 촉진시키고 또한 피부를 완전히 밀폐시켜 팩 도포 전에 바르는 앰플과 영양액 및 영양 크림의 성분이 피부 깊숙이 흡수되어 피부 개선에 효과를 준다.

① 해초 ② 석고
③ 꿀 ④ 아로마

10 **아줄렌 팩의 주된 효과는?**

① 진정 효과 ② 탄력 효과
③ 항산화 작용 효과 ④ 미백 효과

11 화장수의 작용이 아닌 것은?

① 피부에 남은 클렌징 잔여물 제거 작용
② 피부의 pH 밸런스 작용
③ 피부의 집중적인 영양 공급 작용
④ 피부 진정 또는 쿨링 작용

12 매뉴얼 테크닉 시 주의해야 할 사항이 아닌 것은?

① 피부 미용사는 손의 온도를 따뜻하게 하여 고객이 차갑게 느끼지 않도록 한다.
② 처음과 마지막 동작은 주무르기 방법으로 부드럽게 시술한다.
③ 동작마다 일정한 리듬을 유지하면서 정확한 속도를 지키도록 한다.
④ 피부 타입과 피부 상태의 필요성에 따라 동작을 조절한다.

13 다음 중 클렌징 제품과 설명이 올바르게 짝지워진 것은?

① 클렌징 워터 : 진한 화장을 지울 때 효과적이다.
② 클렌징 로션 : 친유성(W/O) 제품이다.
③ 클렌징 젤 : 유분성분이 없어서 지성 피부에 적합하다.
④ 클렌징 폼 : 거품이 많이 날수록 효과적이다.

14 피부 유형과 화장품류의 선택이 적절한 것은?

① 건성피부 – 알코올 함유 스킨
② 지성 피부 – 클레이 마스크
③ 민감 피부 – 석고 마스크
④ 여드름 피부 – 콜드 크림

15 다음 중 마사지를 받을 수 없는 사람은?

① 고혈압이 있는 사람
② 임신 말기 또는 당뇨병 환자
③ 운동 후 근육통이 심한 경우
④ 알레르기 등 각종 피부 질환자

16 다음 중 화학적 딥 클렌징에 포함되지 않는 것은?

① 주석산　② BHA
③ 다이아몬드 필링　④ AHA

17 다음 중 원발진에 해당하는 것은?

① 홍반 – 수포
② 비듬 – 인설
③ 홍반 – 비듬
④ 가피 – 딱지

18 내인성 노화에 해당하는 것은?

① 표피층이 점점 두꺼워 진다.
② 색소침착이 증가되며 각질층이 두꺼워 진다.
③ 시간의 흐름보다는 자외선에 의한 노화를 말한다.
④ 나이가 들어감에 따라 자연 발생하는 노화로 주름이 늘어난다.

19 피지의 구성 성분 중 가장 많은 성분을 차지하는 것은?

① 스쿠알란
② 왁스에스테르
③ 트리글리세라이드
④ 콜레스테롤

20 다음 중 진피의 구성세포가 아닌 것은?

① 섬유아세포
② 대식세포
③ 비만세포
④ 랑게르한스세포

21 사춘기 이후에 분비되며 특정 부위에서 발생되며 냄새를 가지고 있는 것은?

① 갑상선　② 대한선
③ 피지선　④ 소한선

22 다음 중 표피에 대한 설명이 아닌 것은?

① 교원섬유와 탄력섬유로 이루어진 결합섬유이다.
② 인체의 제1방어기전인 각질층이 존재한다.
③ 혈액순환을 통하여 산소와 영양분을 공급받아 새 세포를 형성한다.
④ 색소형성세포에서 멜라닌을 형성하는 수지상 세포가 형성된다.

23 다음 중 케라틴 단백질로 구성된 것은?

① 각질 ② 진피
③ 피하조직 ④ 뮤코다당류

24 다음 중 안면근육에 해당하지 않는 것은?

① 전거근 ② 안륜근
③ 소협골근 ④ 소근

25 근육의 기능으로 올바른 것은?

① 외부의 자극을 구심성으로 세포체에 전달한다.
② 자세를 유지하고 혈관 수축에 의한 혈액순환을 담당한다.
③ 심장, 혈관, 혈액을 통해 영향분과 노폐물의 순환을 돕는다.
④ 영양소를 소화, 흡수하고 분해하는 과정을 일컫는다.

26 다음 중 팔의 굴곡과 내측이나 외측 회전에 관여하는 근육은?

① 내복사근 ② 상완근
③ 대흉근 ④ 삼각근

27 다음 중 세포질에 대한 내용이 아닌 것은?

① 영양물질을 세포에서 사용할 수 있는 ATP를 바꾸는 역할을 미토콘드리아가 담당한다.
② 다량의 DNA를 포함하고 있어 개인의 유전적 형질을 결정한다.
③ 미토콘드리아는 세포 내의 호흡, 이동, 생식 등을 위해 필요한 에너지를 생산한다.
④ 리보솜은 RNA를 많이 가지고 있으며, DNA 유전정보에 따른 단백질 생성을 돕는다.

28 신경계의 기능이 아닌 것은?

① 자세 유지에 대한 기능이 있다.
② 변화에 대한 감각을 인지한다.
③ 조직이나 세포가 전신 활동을 조절하는 기능을 한다.
④ 중추신경계를 통하여 조절하는 기능을 한다.

29 순환계 중 림프순환계의 림프의 역할은?

① 체온작용
② 항상성과 pH 유지 작용
③ 식균 작용 및 면역 작용
④ 동맥을 통해 산소와 영양분을 공급받고 정맥을 통해 이산화탄소와 노폐물을 제거

30 다음 중 췌장에서 분비되는 것이 아닌 것은?

① 글루카곤 ② 소마토스타틴
③ 인슐린 ④ 옥시토신

31 다음 중 갈바닉 전류의 양(+)극을 이용한 특징은?

① 산성반응 ② 혈관 확장
③ 피부 연화 작용 ④ 세정 효과

32 다음 중 광선을 이용한 기기 관리가 아닌 것은?

① 적외선램프
② 인공선탠기
③ 컬러테라피
④ 바이브레이터

33 다음 중 진동 주파수를 이용한 관리로 교류 전류를 발생시키는 것은?

① 고주파 ② 저주파
③ 초음파 ④ 갈바닉

34 다음 중 전류의 흐르는 방향과 크기가 시간이 지나도 변하지 않는 전류를 무엇이라고 하는가?

① 감응 전류
② 갈바닉 전류
③ 격동전류
④ 정현파 전류

35 안면관리에 사용하는 기기가 아닌 것은?

① 바이브레이터
② 갈바닉
③ 진공흡입기
④ 프리마톨

36 고주파기의 방식이 다른 하나는?

① 유리전극을 직접 고객 피부에 대고 관리하며 전기에너지가 전극에 집중되어 스파킹이 생겨 효과가 나타난다.
② 제품의 피부 흡수 효과가 있다.
③ 지성 피부 및 여드름 피부의 살균 작용에 효과가 있다.
④ 온열 효과로 인해 고객이 편안함을 느낀다.

37 증기연무기를 사용할 때의 효과로 거리가 먼 것은?

① 사용하기 10분전 물통을 분리하여 선까지 증류수를 채우고 사용한다.
② 분무 시 물통에 피부 유형에 맞는 아로마 오일을 한두 방울 섞어서 사용한다.
③ 노화 각질 세포를 부드럽게 연화시켜 세포를 탈락시키는 데 도움을 준다.
④ 여과된 정제수 또는 증류수를 가열하여 스팀을 발생시켜 얼굴에 전달한다.

38 땀의 분비로 인한 냄새와 세균의 증식을 억제하기 위해 주로 겨드랑이 부위에 사용하는 것은?

① 데오도란트 로션
② 핸드 로션
③ 바디 로션
④ 파우더

39 자외선 차단제에 대한 설명 중 틀린 것은?

① 자외선 차단제의 구성 성분은 크게 자외선 산란제와 자외선 흡수제로 구분된다.
② 자외선 차단제 중 자외선 산란제는 투명하고 자외선 흡수제는 불투명한 것이 특징이다.
③ 자외선 산란제는 물리적인 산란 작용을 이용한 제품이다.
④ 자외선 흡수제는 화학적인 흡수 작용을 이용한 제품이다.

40 아로마테라피(Aroma Therapy)에 사용되는 아로마 오일에 대산 설명 중 가장 거리가 먼 것은?

① 아로마테라피에 사용되는 아로마 오일은 주로 수증기 증류법에 의해 추출된 것이다.
② 아로마 오일은 공기 중의 산소, 빛 등에 의해 변질될 수 있으므로 갈색병에 보관하여 사용하는 것이 좋다.
③ 아로마 오일은 원액을 그대로 피부에 사용해야 한다.
④ 아로마 오일을 사용할 때에는 안전성 확보를 위하여 사전에 패치테스트(Patch Tese)를 실시하여야 한다.

41 세정작용과 기포작용이 우수하여 비누, 샴푸, 클렌징 폼 등에 주로 사용되는 계면활성제는?

① 양이온성 계면활성제
② 음이온성 계면활성제
③ 비이온성 계면활성제
④ 양쪽성 계면활성제

42 화장품의 4대 요건에 해당되지 않는 것은?

① 안전성 ② 안정성
③ 사용성 ④ 보호성

43 민감 피부를 위한 팩의 성분과 효과가 잘못 짝지어진 것은?

① 아줄렌 – 함염, 진정
② 알부틴 – 진정효과
③ 알로에 – 수분공급, 진정
④ 비타민K – 혈액응고

44 다음 중 향수의 부향률이 높은 것부터 순서대로 나열된 것은?

① 퍼퓸 > 오데 퍼퓸 > 오데 코롱 > 오데 토일렛
② 퍼퓸 > 오데 토일렛 > 오데 코롱 > 오데 퍼퓸
③ 퍼퓸 > 오데 퍼퓸 > 오데 토일렛 > 오데 코롱
④ 퍼퓸 > 오데 코롱 > 오데 퍼퓸 > 오데 토일렛

45 다음 중 인구 구성 형태를 잘못 설명한 것은?

① 피라미드형(인구증가형) : 출생률이 사망률보다 더 높은 후진국형이다.
② 종형(인구정지형) : 출생률과 사망률이 거의 같은 이상적인 형태이다.
③ 방추형(항아리형) : 출생률이 사망률보다 낮은 선진국형이다.
④ 별형(도시지역 인구 구성형) : 사람이 모여 사는 도시지역에서 유출되는 형태이다.

46 세계보건기구(WHO)의 주요 사업이 아닌 것은?

① 감염병 관리
② 영양개선 사업
③ 인권개선사업
④ 환경개선사업

47 근로자의 작업 환경 중 분진에 따른 질병의 연결이 잘못 연결된 것은?

① 진폐증 – 유리규산 등이 폐에 흡착되어 발생
② 탄폐증 – 석탄 등이 폐에 흡착되어 발생
③ 석면폐증 – 석면등이 폐에 흡착되어 발생
④ 금속열 – 금속화합물의 증기를 다량 흡입하여 일시적으로 발열

48 화학적 요인에 의한 질병의 대한 설명이 잘못된 것은?

① 수은 중독 – 신장에 수은이 축적되어 미나마타병 발생
② 니켈중독 – 장기에 흡착되어 장기를 손상
③ 크롬중독 – 염색에 많이 노출되거나 도금 공장에서 일하며 인두염이나 비중격 천공 등 발생
④ 벤젠중독 – 안료의 용해 과정에서 흡입을 하면서 신경계 중독 등 발생

49 산업재해 발생 요인이 아닌 것은?

① 직업적 요인
② 신체적 요인
③ 심리적 요인
④ 정신적 요인

50 다음 중 하수 처리방식에 해당하지 않는 것은?

① 합류식 ② 분류식
③ 개별식 ④ 혼합식

51 분변의 화학적 소독에 가장 적당한 소독제는?

① 석탄산 ② 포르말린
③ 생석회 ④ 알코올

52 우리나라 상수 수질 판정 기준에 대한 설명 중 잘못된 것은?

① 총 대장균군 – 100ml 중 하나도 검출되지 않아야 한다.
② pH – 8.5 이상이어야 이상적인 수질 검사가 가능하다.
③ 무색, 무취, 무미여야 한다.
④ 불소 – 수중에 0.8~1ppm을 넘지 말아야 한다.

53 다음 중 오존에 대한 설명으로 바르지 않은 것은?

① 오존층의 오존 함량은 10ppm, 환경기준은 0.1ppm이다.
② 냉장고, 에어컨, 스프레이 등에 사용되는 프레온가스가 오존층 파괴의 주범이다.
③ 자극성 가스로서 살균, 탈취, 탈색 작용을 일으킨다.
④ 스모그 경보 기준으로 사용된다.

54 아황산가스에 대한 설명으로 맞지 않은 것은?

① 대기오염 측정지표는 0.02ppm이다
② 냉장고, 에어컨, 스프레이 등에 사용되는 프레온가스가 오존층 파괴의 주범이다.
③ 대기오염의 주원인으로 기관지염을 일으킨다.
④ 스모그 경보 기준으로 사용된다.

55 모자보건의 3대 목표가 아닌 것은?

① 산전 관리 ② 산욕 관리
③ 피임 관리 ④ 분만 관리

56 임신해서 죽은 아이를 분만하는 것은?

① 사산 ② 조산
③ 유산 ④ 정기산

57 다음 중 가족계획의 목적이 아닌 것은?

① 자녀수 조절
② 임신 중절
③ 출산 간격 조절
④ 모자의 건강 도모

58 노령화 진행에 대한 설명이 틀린 것은?

① 고령화 사회란 노령화 지수가 7~14%
② 고령사회는 노령화 지수가 14~20%
③ 고령사회는 노령화 지수가 20% 이상
④ 초 고령사회는 노령화 지수가 20% 이상

59 부양비가 크다는 것이 의미하는 것은?

① 15~62세 인구가 많다.
② 15~62세 인구가 적다.
③ 0~4세 인구가 많다
④ 0~4세 인구가 적다.

60 봄철에 일어나는 황사현상과 관련이 작은 것은?

① PM−2.5
② 안과 질환 증상
③ 광화학 반응 증상
④ 호흡기 질환

[정답]

1. ①	2. ③	3. ①	4. ①	5. ①	6. ④
7. ②	8. ②	9. ②	10. ①	11. ③	12. ②
13. ③	14. ②	15. ④	16. ③	17. ①	18. ④
19. ③	20. ④	21. ②	22. ①	23. ①	24. ①
25. ②	26. ④	27. ②	28. ①	29. ③	30. ④
31. ①	32. ④	33. ③	34. ②	35. ①	36. ④
37. ②	38. ①	39. ②	40. ③	41. ②	42. ④
43. ②	44. ③	45. ④	46. ③	47. ④	48. ②
49. ④	50. ③	51. ③	52. ②	53. ④	54. ②
55. ③	56. ①	57. ②	58. ③	59. ③	60. ③

해설

1. 클렌징은 쓸어서 펴바르기, 마찰해서 펴바르기 동작을 이용한다.
2. 닥터 자켓 동작은 피지를 빼내 주는 기능이 우수하다.
3. 피지와 화학 구조가 유사한 오일로 아로마오일은 호호바 오일이다.
4. 천연에서 얻은 과일산을 대표해서 부르는 명칭은 A.H.A이다.
5. 팩은 흡수 시간이 길면 더욱 건조해 질 수 있으므로 10~15분이 적당하다.
6. 림프 드레나쥐는 노폐물 배출 및 면역기능이 우수하다.
7. 물을 이용해 관리하는 것이 스파 테라피 이다.
8. 왁스 제모 시 잠깐이지만 약간의 통증은 느껴진다.
9. 열을 내서 혈액순환을 촉진시키고 앰플의 흡수율을 높혀 주는 것은 석고 팩이다.
10. 진정 효과가 가장 큰 것은 아쥴렌이다.
11. 피부의 집중적인 영양 공급 작용은 보호 개념의 앰플이나 크림을 들 수 있다.
12. 매뉴얼 테크닉의 처음과 마지막 동작은 부드럽게 쓰다듬기를 한다.
13. 클렌징 젤은 수분으로 이루어졌다.
14. 지성 피부에는 클레이 머드, 썰파 등 피지 흡착을 도와주는 성분이 들어간 제품을 선택한다.
15. 심장관련 질병이나 피부 질환이 있는 사람은 매뉴얼 테크닉을 삼가야 한다.
16. 화학적 딥 클렌징에는 글리콜산, 주석산, 사과

산, 젖산, 구연산 등이 있다.

17. 비듬과 인설은 죽은 각질로 속발진, 가피나 딱지는 진피나 심부조직까지 손상되어 세포재생이 이루어지는 않는 것으로 속발진에 해당한다.
18. ①, ②, ③은 광노화에 대한 설명이다.
19. 트리글리세라이드 50%, 왁스에스테르 25%, 스쿠알란, 콜레스테롤
20. 랑게르한스세포는 표피의 구성 세포이며 유극층에 존재한다.
21. 대한선은 아포크린선이라고 하며 모공에서 배출되어 특유의 냄새를 가지고 있다.
22. 교원섬유와 탄력섬유로 이루어진 결합섬유와 세포간 기질 성분이 존재하는 층은 진피층이다.
23. 각질은 케라틴 단백질로 구성되어 있다.
24. 전거근은 상체 흉부에 존재하며 어깨를 앞으로 당기는 역할을 한다.
25. 외부의 자극을 세포체에 전달하는 것은 신경이 하는 역할이며, 심장, 혈관, 혈액을 통해 영양분과 노폐물의 순환을 돕는 것은 순환계, 영양소를 소화, 흡수하고 분해하는 과정을 소화기계라고 한다.
26. • 내복사근 : 배속빗근이라 하고 장기를 보호하며 척추의 굴곡과 회전을 담당한다.
    • 상완근 : 위팔근이라고 하고 위팔의 굴곡을 담당한다.
    • 대흉근 : 앞가슴 근육이며 팔의 움직임을 도와주는 협력근이다.
27. 핵은 다량의 DNA를 포함하고 있어 개인의 유전적 형질을 결정한다.
28. 신경계의 기능은 감각 기능(변화에 대한 감각을 인지), 운동기능(조직이나 세포가 전신 활동을 조절하는 기능), 조정기능(중추신경계를 통하여 조절하는 기능)이 있다. 자세유지에 대한 기능은 근육의 기능이다.
29. 혈액의 기능은 체액과 체온조절작용, 항상성과 pH 유지 작용, 동맥을 통해 산소와 영양분을 공급받고 정맥을 통해 이산화탄소와 노폐물을 제거하고 림프의 기능은 식균작용, 이물질 제거에 의한 신체방어 작용, 면역작용, 혈액에서 유출되는 조직액을 다시 혈액으로 되돌리는 작용을 한다.
30. 옥시토신은 뇌하수체 후엽 호르몬으로 분만을 유도하고 젖 분비를 촉진하는 호르몬이다.
31. 갈바닉 전류의 음(−)극은 산성반응, 진정작용, 모공수축, 피부의 탄력 효과가 있다.
32. 광선을 이용한 기기 관리는 적외선램프, 인공선탠기, 자외선소독기, 컬러테라피이고 바이브레이터는 지방분해로 인한 비만관리 시 효과적이다.
33. 초음파는 진동 수파수가 1초당 20,000번 이상으로 인간의 청력으로 들을 수 없는 불가청 진동음파이다.
34. 직류 전류는 방향과 크기가 시간이 지나도 변하지 않는 전류이며, 교류 전류는 전류의 흐르는 방향과 크기가 일정한 기산과 간격으로 주기적으로 변하는 전류로 정현파 전류, 감응 전류, 격동 전류가 있다.
35. 프리마톨은 진동을 이용하여 전신을 순환시키는 전신관리에 사용하는 기기로 비만관리에 사용하면 효과적이다.
36. ①, ②, ③은 고주파 직접방식 ④는 고주파 간접방식
37. 증기연무기(스티머 또는 베이퍼라이저)는 물통에 오일이나 아로마 등을 첨가하지 않고 증류수나 정제수만을 사용하여 피부와 30cm 거리를 두고 분사한다.
38. 땀의 분비로 인한 냄새와 세균 번식을 막는 것으로 데오도란트가 효과적이다.
39. 자외선 차단제 중 자외선 산란제는 불투명하고, 흡수제는 투명하다.
40. 아로마 오일은 캐리어 오일과 섞어서 희석하여 사용한는 것이다.
41. 음이온 계면활성제는 기포작용이 매우 우수하며 비누, 샴푸, 클렌징 폼 등이 주를 이룬다. 양이온 계면활성제는 화장수의 가용화제나 크림의 유화제이며, 양쪽성 계면활성제는 베이비 샴푸나 저자극 샴푸 등이다.
42. 화장품의 4대 요건은 안전성, 안정성, 사용성, 유용성이다.
43. 알부틴은 미백 화장품의 종류이다.
44. 향수의 농도가 높은 순서는 퍼퓸>오데 퍼퓸>오데 토일렛>오데 코롱>샤워 코롱 순이다.

45. 별형은 사람이 모여 사는 도시지역으로 유입하여 들어오는 형태를 말함
46. 세계보건기구의 주요사업으로는 감염 병 관리, 영양개선 사업, 모자보건 사업, 환경개선 사업, 보건교육 사업이 있다.
47. 금속열은 화학적 요인에 의한 질병
48. 니켈은 피부점막에 궤양이나 폐암 발생
49. 산업재해 발생 요인으로는 심리적, 신체적, 직업적 요인, 근로자의 건강 상태, 작업환경 상태, 작업 숙련도 등이 있다.
50. 합류식은 생활하수와 눈과 비와 같은 천수를 같이 처리하는 방식, 분류식은 생활하수와 천수를 따로 처리, 혼합식은 생활천수의 일부를 같이 처리
52. pH는 5.8~8.5 범위여야 한다.
53. 스모그 경보 기준은 아황산가스(SO_2)에 대한 내용이다.
55. 모자보건의 3대 목표는 산전, 산욕, 분만관리이다.
56. 임신 후 7개월까지의 분만을 유산이라고 하고, 임신 7개월부터 38주 사이의 분만을 조산, 죽은 태아를 분만하는 것을 사산, 37주 이후 언제든 출산이 가능한 것은 정기산이라고 한다.
57. 자녀수 조절, 출산 간격 조절, 모자의 건강 도모, 가정의 행복 도모, 출산자녀의 양육, 가정의 복지 증진 등이 있다.
60. 광화학 반응은 RAN과 같은 1차 오염물질을 2차 오염물질로 바꿔준다.

모의고사 제 3 회

1 다음 중 팩의 목적으로 옳지 않은 것은?

① 영양공급 ② 신진대사 촉진
③ 상처 치료 ④ 피부진정

2 다음 중 전신 매뉴얼 테크닉의 방법으로 올바른 것은?

① 심장에서 먼 곳부터 한다.
② 경찰법과 강찰법 만을 반복하여 한다.
③ 고객의 몸 상태는 상관 하지 않는다.
④ 스피드한 속도와 강한 압을 사용한다.

3 다음 중 피지흡착효과가 매우 뛰어나며 안색정화 및 여드름이나 지성 피부에 효과적인 팩?

① 조조바 크림 ② 알긴 파우더
③ 알로에 젤 ④ 클레이

4 냉 습포를 사용하는 단계는?

① 클렌징 후
② 마사지 후
③ 딥클렌징 후
④ AHA제품을 이용해 딥 클렌징한 후

5 다음 중 림프관에 물리적인 자극을 주어 림프의 흐름을 촉진시키고 면역력을 증진시키는 마사지는?

① 딥티슈 마사지
② 시아추 마사지
③ 아로마 마사지
④ 림프 드레나쥐

6 건성피부의 특성으로 거리가 먼 것은?

① 잔주름이 나타난다.
② 각질층의 수분함량이 10~20%이다.
③ 피지선이 발달되어 있지 않으므로 모공이 매우 작다.
④ 세안 후 피부가 심하게 당긴다.

7 다음 중 피부분석의 목적으로 옳은 것은?

① 고객의 사생활을 파악할 수 있다.
② 고객의 경제력을 판단하여 고가의 관리를 유도한다.
③ 다양한 화장품을 판매할 수 있다.
④ 정확한 피부타입을 알고 올바른 피부 관리를 할 수 있게 한다.

8 클렌징의 목적으로 틀린 것은?

① 메이크업에 의한 이물질 및 먼지 제거
② 과도한 피지제거
③ 모공속의 각질제거
④ 피부자체에 생리적으로 분비되는 피지제거

9 딥 클렌징 방법 중 화학적 방법인 것은?

① 효소 ② 고마쥐
③ 스크럽 ④ AHA

10 딥 클렌징의 효과로 옳은 것은?

① 메이크업 제거
② 모공속의 피지제거
③ 영양분 공급
④ 피부표면의 노폐물 제거

11 다음 제모의 종류 중 피부미용의 영역이 아닌 것은?

① 왁싱 ② 전기분해술
③ 족집게 ④ 면도기

12 피부분석의 방법이 아닌 것은?

① 발진 ② 문진
③ 촉진 ④ 견진

13 다음 중 건성피부 관리방법이 아닌 것은?

① 마사지를 하여 피지분비를 원활하게 한다.
② 세정력이 강한 제품은 피한다.
③ 보습효과가 우수한 제품을 사용한다.
④ 알콜이 함유된 제품을 사용한다.

14 다음 중 제모 후 주의사항으로 맞는 것은?

① 제모를 한 후 사우나를 한다.
② 자외선에 노출되지 않도록 한다.
③ 제모한 부위를 마사지 해준다.
④ 제모한 부위에 향수를 뿌린다.

15 다음 중 견진에 대한 설명이 아닌 것은?

① 고객이 눈이 부시므로 형광등을 켜지 않는다.
② 확대경이나 우드램프를 이용할 수 있다.
③ 많은 피부 경험에 의해 올바른 분석이 가능하다.
④ 문진과 병행 하면 더욱 효과적이다.

16 석고 마스크를 하기에 부적합한 피부는?

① 탄력이 없는 피부 ② 모세혈관 확장피부
③ 영양 부족 피부 ④ 주름이 많은 피부

17 다음 피부에 대한 설명 중 옳지 않은 것은?

① 피부의 표피는 중층 편평상피로 구성 되어 있다.
② 진피는 5개의 층으로 되어 있다.
③ 피하지방은 신체를 보호하는 기능을 하고 있다.
④ 진피에는 혈관과 림프관이 지나간다.

18 피부의 표피층에 대한 설명 중 옳은 것은?

① 표피는 내인성 노화의 피부변화와 관련이 깊다.
② 유극층은 진피층과 물결모양의 경계를 이룬다.
③ 투명층은 2~3층의 무핵의 편평한 세포로 우리몸 전체에서 볼수 있다.
④ 멜라닌형성세포와 각질형성세포가 있는 기저층은 표피의 가장 아래 있다.

19 원발진이 아닌 것은?

① 미란 ② 종양
③ 대수포 ④ 팽진

20 내인성 노화와 광노화의 공통점이 아닌 것은?

① 피부의 각질층 증가
② 피부건조
③ 색소침착
④ 랑게르한스 세포 수 감소

21 피부의 기능에 대한 설명이 아닌 것은?

① 체온을 유지한다.
② 물리적 자극으로부터 보호한다.
③ 약산성막이 유해세균의 침입을 억제한다.
④ 뉴런을 통하여 감각을 신경으로 전달한다.

22 아포크린 한선에 대한 설명으로 옳은 것은?

① 무색, 무취의 분비물이다.
② 소한선으로 직접피부로 개구하여 분비한다.
③ 더울 때, 매운 것을 먹었을 때 등 평소에 흐르는 땀이다.
④ 사춘기 때 활발해 진다.

23 기미에 대한 설명으로 옳지 않은 것은?

① 자외선과 호르몬의 영행으로 발생한다.
② 경계가 또렷한 갈색의 점으로 나타난다.
③ 썬크림의 사용이 기미발생 억제에 도움을 준다.
④ 임신 등 호르몬의 영향으로 생기기도 한다.

24 다음 중 인체를 구성하는 단계로 옳은 것은?

① 세포–조직–기관–계
② 세포–기관–계–조직
③ 세포–계통–조직–체
④ 세포–조직–계–체

25 혈관계의 구성을 올바르게 묶은 것은?

① 동맥, 정맥, 림프
② 적혈구, 백혈구, 혈장
③ 혈관, 림프, 혈액
④ 동맥, 정맥, 모세혈관

26 자율신경계에 대한 설명 중 틀린 것은?

① 심장근, 평활근, 혈관등의 활동을 조절한다.
② 대뇌, 소뇌, 중뇌, 간뇌로 이루어져 있다.
③ 교감신경과 부교감신경으로 구분된다.
④ 무의식적으로 자율조절기능을 담당한다.

27 척수의 기능에 속하지 않는 것은?

① 감각신경 ② 운동신경
③ 반사중추 ④ 통합기능

28 평활근과 심근이 지배받는 신경은?

① 중추신경 ② 자율신경
③ 뇌신경 ④ 반사신경

29 인체의 기초를 구성하고 장기를 감싸 보호하는 기능을 하는 인체의 계통은?

① 근육계 ② 골격계
③ 신경계 ④ 순환계

30 소화 효소와 분해물질이 올바르게 연결된 것은?

① 트립신 – 탄수화물
② 아밀라아제 – 단백질
③ 리파아제 – 지방
④ 염산 – 비타민

31 다음 중 전류에 대하여 잘못 설명한 것은?

① 도선의 길이 짧고 굵을수록 전류는 더 잘 흐른다.
② 전류의 방향은 (+)에서 (–)로 흐른다.
③ 전류의 방향과 전자의 방향은 같은 쪽으로 흐른다.
④ 전류의 단위로 A를 쓴다.

32 프리마톨 사용 방법으로 잘못된 것은?

① 돌출된 부위는 속도를 낮추어 사용한다.
② 브러쉬는 피부표면에 직각으로 닿도록 한다.
③ 브러쉬는 살짝 물에 적셔서 사용한다.
④ 강하게 얼굴굴곡을 따라 이동해준다.

33 다음 중 영양 공급을 목적으로 사용하는 기기가 아닌 것은?

① 적외선 램프
② 고주파기
③ 초음파기
④ 디스인크러스테이션

34 갈바닉 기기의 이온토포레시스의 특징으로 옳지 않은 것은?

① 복합성, 지성, 여드름 피부에 많이 사용한다.
② 영양에센스 앰플, 비타민 C 등을 투입할 때 사용한다.
③ 피부순환을 원활하게 하여 노폐물 배출이 촉진된다.
④ (–)극을 이용하여 혈관을 확장시킨다.

35 다음 중 확대경의 설명으로 잘못된 것은?

① 여드름이나 피지를 제거할 때 사용하면 문제부위를 자세히 들여다 볼 수 있다.
② 확대경 스위치 조작은 고객의 위에서 실시한다.
③ 세안 후 사용한다.
④ 눈에 아이패드를 착용하여 고객의 눈을 보호한다.

36 다음의 미용 기기 중 다른 광선을 이용한 기기는?

① 우드램프 ② 살균소독기
③ 적외선 램프 ④ 인공 선탠기

37 갈바닉 전류의 양극봉의 효과가 아닌 것은?

① 신경안정
② 세정효과
③ 혈관수축
④ 산과 결합하여 반응

38 다음 중 자외선 차단제에 대한 올바른 설명이 아닌 것은?

① 자외선으로부터 피부를 보호하기 위해 바른다.
② 자외선 흡수제는 피부에 자극이 적고 안전하다.
③ 자외선을 반사시켜 피부 속으로 침투를 막는 물질을 자외선 산란제라 한다.
④ 자외선 산란제의 성분으로는 산화아연, 이산화티탄 등이 있다.

39 다음 중 화장품의 4대 요건이 아닌 것은?

① 안전성 ② 안정성
③ 사용성 ④ 경제성

40 다음 중 화장품의 분류와 사용목적이 잘못 연결된 것은?

① 기초 화장품은 세안, 피부정돈, 피부보호를 목적으로 한다.
② 메이크업 화장품은 피부세정, 피부영양공급, 피부정돈의 목적으로 사용한다.
③ 두발화장품은 세정, 트리트먼트, 정발, 웨이브형성 등의 목적으로 사용한다.
④ 바디화장품은 방취나 피부보호 등의 목적으로 사용한다.

41 다음은 무엇에 관한 설명인가?

- 정상인을 대상으로 한다.
- 위생과 미화를 목적으로 한다.
- 사용범위는 특정부위이다.
- 부작용은 없어야한다.
- 장시간 사용할 수 있다.

① 화장품　② 의약부외품
③ 기능성화장품　④ 의약품

42 기능성화장품에 해당되지 않는 것은?

① 바디 향취 제품
② 미백제품
③ 주름 개선 제품
④ 자외선 차단 제품

43 계면활성제를 세기로 구분 했을 때 종류와 올바르게 연결된 것은?

① 양이온 계면활성제 – 샴푸
② 음이온 계면활성제 – 린스, 트리트먼트
③ 양쪽성 계면활성제 – 베이비샴푸, 저자극성 제품
④ 비이온 계면활성제 – 염모제

44 기초화장품의 기능으로 옳지 않은 것은?

① 피부보습유지
② 피부의 분비기능
③ 피부의 재생
④ 피부의 상처 치료

45 진동이 심한 작업장의 작업자가 청색증, 동통, 저림증세를 보이는 질병은?

① 진폐증
② 감압병
③ 열중증
④ 레이노이드씨병

46 석탄산 60배 희석액과 어떤소독약 120배 희석액이 같은 살균력을 가졌다면 이 소독약의 석탄산 계수는?

① 2　② 0.5
③ 0.1　④ 0.2

47 모유수유를 통해 어떤 질병에 대한 면역력을 획득하였다면 어느 면역에 해당하는가?

① 인공 수동 면역
② 자연 수동 면역
③ 인공 능동 면역
④ 자연 능동 면역

48 다음 보기에서 설명하는 식중독은 무엇인가?

- 가장 빈번하게 발생되는 식중독이다.
- 주로 유제품을 통해 감염된다.
- 독소형으로 체내 독소를 분비한다.
- 발병률에 비해 치사율이 매우 낮다.

① 포도상구균
② 보톨리누스균
③ 살모넬라균
④ 장비브리오

49 균체의 단백질을 응고시킴으로써 소독효과를 얻는 것은?

① 가시광선
② 알코올
③ 포르말린
④ 생석회

50 미용업의 영업 신고 시 첨부하지 않아도 되는 것은?

① 주민등록 등본
② 면허증 원본
③ 교육필증
④ 영업시설 및 설비 개요서

51 다음 중 미용업을 하는 영업자가 지키지 않아도 되는 사항은?

① 의료기구와 의약품을 사용하지 아니하는 순수한 화장 또는 피부미용을 할 것
② 미용기구는 소독을 한기구와 소독을 하지 아니한 기구로 분리하여 보관할 것
③ 미용업소 표시등을 영업소 외부에 설치할 것
④ 미용사 면허증을 영업소 안에 게시할 것

52 제 2급 감염병만으로 연결된 것은?

① 결핵, 수두
② 두창, 페스트
③ 파상풍, b형간염
④ 인플루엔자, 매독

53 면허가 취소된 후에도 계속하여 업무를 행하거나 면허정지 기간 중에 업무를 행했을 경우에 받게 되는 벌칙은?

① 500만 원 이하의 벌금에 처한다.
② 300만 원 이하의 벌금에 처한다.
③ 100만 원 이하의 벌금에 처한다.
④ 영업장을 폐쇄조치한다.

54 수인성 전염병 유행의 특성으로 옳지 않은 것은?

① 환자 발생이 폭발적이다.
② 대체로 치사율이 높다.
③ 하절기에 많으나 계절과 관계없이 일어난다.
④ 일반적으로 성별, 연령별 발생률에 차이가 없다.

55 윈슬로의 공중보건의 목적은 무엇인가?

㉠ 질병예방	㉡ 수명연장
㉢ 신체적 건강증진	㉣ 질병치료

① ㉠ ② ㉠, ㉡
③ ㉠, ㉡, ㉢ ④ ㉠, ㉡, ㉢, ㉣

56 국민보건 상태측정지표 및 보건사업수준을 평가할 때 가장 대표적인 지표는 무엇인가?

① 영아 사망률 ② 유아 사망률
③ 모성 사망률 ④ 신생아 사망률

57 미용사의 손 소독에 가장 많이 쓰이는 소독법은?

① 역성비누 ② 포르말린
③ 생석회 ④ 머큐로크롬

58 절지동물과 전파질병이 올바르게 연결되지 않은 것은?

① 모기 – 말라리아
② 이 – 뎅기열
③ 파리 – 쯔쯔가무시
④ 벼룩 – 발진열

59 영업자의 지위를 승계한 후 1월 이내에 신고하지 않았을 때 3차 위반 시 행정 처분은?

① 개선 명령 ② 영업정지 1월
③ 영업정지3월 ④ 영업장 폐쇄

60 다음 중 화장품의 설명으로 옳지 않은 것은?

① 화장품은 인체를 대상으로 하는 것이다.
② 인체를 청결·미화하여 용모를 밝게 변화시킨다.
③ 가끔 인체에 부작용이 발생할 수 있다.
④ 피부 또는 모발의 건강을 유지 또는 증진시키는 목적이 있다.

[정답]

1. ③	2. ①	3. ④	4. ④	5. ④	6. ②
7. ④	8. ③	9. ④	10. ②	11. ②	12. ①
13. ④	14. ②	15. ①	16. ②	17. ②	18. ④
19. ①	20. ③	21. ④	22. ④	23. ②	24. ①
25. ④	26. ②	27. ④	28. ②	29. ②	30. ③
31. ③	32. ④	33. ④	34. ③	35. ②	36. ③
37. ②	38. ②	39. ④	40. ②	41. ②	42. ①
43. ③	44. ④	45. ④	46. ①	47. ②	48. ①
49. ②	50. ①	51. ③	52. ①	53. ②	54. ②
55. ③	56. ①	57. ①	58. ④	59. ②	60. ③

해설

1. 상처치료는 의료적 목적이다.
2. 매뉴얼 테크닉은 말초에서 심장방향으로 향하게 한다.
3. 클레이는 흰색 진흙으로 피지흡착에 효과적이다.
4. 산은 피부에 자극적이므로 냉 습포를 이용해 진정시켜준다.
5. 림프드레나쥐는 부종, 여드름, 셀룰라이트 분해에 효과적인 테크닉이다.
6. 건성 피부의 각질층의 수분 보유량은 10% 미만이다.
7. 정확한 피부분석은 성공적인 피부 관리에 도달할 수 있게 한다.
8. 모공 속의 깊은 노폐물은 딥 클렌징 단계에서 한다.
9. 화학적 딥 클렌징에는 AHA와 BHA가 있다.
10. 딥 클렌징은 피부 깊숙한 곳의 노폐물을 제거한다.
11. 전기분해술, 레이져 제모 등은 의료 영역에 속한다.
12. 피부분석의 방법은 문진, 촉진, 견진으로 나눈다.
13. 알콜이 들어간 제품은 자극적이므로 사용하지 않는다.
14. 사우나, 마사지 등의 자극을 피하고 진정 젤을 발라 진정시켜 준다.
15. 확대경과 같이 램프가 부착되어 있는 기기를 사용할 때는 아이패드로 고객의 눈을 가려준다.
16. 쿠퍼로즈 피부는 얇고 예민하므로 열을 가하지 않고 진정관리를 주로 한다.
17. 진피는 유두층과 망상층으로 이루어져 있다.
18. 투명층은 손바닥과 발바닥에서만 볼 수 있다. 기저층은 진피층과의 경계를 이루는 단층의 구조이다.
19. 원발진에는 종양, 팽진, 소수포, 대수포, 결절, 낭종 등이 있다.
20. 색소침착은 광노화에서 더욱 두드러지게 나타날 수 있다.
21. 신경계에 대한 설명이다.
22. 아포크린한선은 대한선이며 사춘기 때 활발해지는 유색, 유취의 땀샘이다.
23. 기미는 경계가 명확하지 않다. 자외선, 호르몬 등에 의해 발생한다.
24. 인체는 작은 단위부터 세포-조직-기관-계-체의 순서로 구성된다.
25. 혈관은 동맥, 정맥, 모세혈관으로 구성되며 림프계가 정맥의 흐름을 돕는다.
26. 대뇌, 소뇌, 중뇌, 간뇌는 중추 신경계 중에서 뇌의 구성이다.
27. 신경의 통합기능은 뇌에서 하게 된다.
28. 내장근과 심장근육은 스스로 제어할 수 없는 자율신경의 지배를 받는다.
29. 골격계는 몸을 지지하고 운동하며 장기를 보호하고 혈액을 생산한다.
30. 염산과 트립신은 단백질을 분해한다. 아밀라아제는 탄수화물, 리파아제는 지방을 분해한다.
31. 전자는 (-)에서 (+)방향으로 전류는 (+)에서 (-)방향으로 흐른다.
32. 브러쉬 사용 시 강하게 누르면 피부에 상처를 줄 수 있다.
33. 갈바닉전류를 이용한 디스인크러스테이션은 모공속의 노폐물을 제거해 주는 기기이다.
34. 갈바닉기기는 (-)와 (+)의 극의 특성을 이용한 기기로 노폐물 배출은 디시인크러스테이션의 목적이다.
35. 광선이 발생되는 기기는 고객의 눈이 불편하지 않도록 항상 주의한다.
36. 우드램프, 살균소독기, 선탠기는 자외선을 이용한 기기이다.
37. 갈바닉의 양극봉은 알카리성분을 침투시킨다.

38. 자외선 흡수제는 피부에 자극이 있을 수 있으나 효과가 좋다.

39. 화장품의 4대 요건은 안전성, 안정성, 사용성, 유효성이다.

40. 메이크업 화장품은 결점을 보완하고 미적인 충족을 주기위한 화장품이다.

41. 화장품의 사용범위는 전신이며 부작용이 없고 장기간 사용할 수 있어야 한다.

42. 기능성 화장품에는 주름개선, 미백, 자외선차단제가 속한다.

43. 비이온 계면활성제는 계면활성제가 없는 것으로 매일 사용하는 스킨, 로션, 크림 등이 이에 속한다. 음이온은 샴푸, 양이온은 린스가 대표적이다.

44. 기초화장품은 피부의 기능을 도와서 피부를 아름답고 건강하게 유지시켜주는데 목적이 있다.

45. 레이노이드씨병은 진동이 심한 작업장의 작업자가 나타내는 질병으로 사지동맥의 경련으로 순환이 잘되지 않는 질병이다.

46. 석탄산계수=소독약의 희석배수/석탄산의 희석배수

47. 자연수동면역은 태어날 때부터 키워지는 타고난 면역을 말한다.

48. 포도상구균은 빈번히 일어나는 반면 치사율이 적다.

49. 알콜은 균체의 단백질을 응고시켜 소독효과를 얻는다.

50. 미용업의 영업 신고 시 영업시설 및 설비 개요서, 교육 필증, 면허증 원본을 시장, 군수, 구청장에게 제출해야 한다.

51. 이용업자는 표시등을 외부에 설치하여야 한다.

52. 결핵, 수두, 홍역, 콜레라, 장티푸스, 파라티푸스, 이질, 백일해 등은 2급 전염병에 속한다.

53. 면허가 취소된 후에도 계속하여 업무를 행하거나 면허정지 기간 중에 업무를 행했을 경우에는 300만 원 이하의 벌금에 처한다.

54. 수인성 전염병은 전염률의 높으나 치사율은 낮다.

55. 윈슬로우는 "공중보건이란 질병을 예방하고 수명을 연장시키며 건강과 능률을 증진시키는 과학이며 예술이다."라고 정의 했다.

56. 영아사망률은 국민보건 상태측정지표 및 보건사업수준을 평가할 때 가장 대표적인 지표이다.

57. 미용사의 손 소독에 가장 흔히 쓰이는 방법은 역성비누이다.

58. 발진열은 진드기에서 전파하는 질병이다.

59. 1차 개선명령, 2차 영업정지 10일, 3차 영업정지 1월, 4차 영업장 폐쇄명령

60. 화장품이란 인체에 대한 작용이 경미한 것을 말한다.

모의고사 제 4 회

1 피부 관리 시 주의해야 할 사항 중 옳지 않은 것은?

① 피부를 정확하게 분석해야 한다.
② 목적에 따른 제품을 사용해야 한다.
③ 고객의 특성과 관리의 효과를 파악한다.
④ 비싼 관리를 권한다.

2 피부진단의 목적으로 적합지 않은 것은?

① 고객의 피부를 정확하게 파악하기 위함이다.
② 정상적인 피부 상태로 관리하는 것을 목적으로 한다.
③ 피부 관리 시 기초 자료로 삼기 위함이다.
④ 화상품을 판내하기 위함이다.

3 가장 이상적인 피부 형태에 대한 설명 중 틀린 것은?

① 부드럽고 촉촉하며 붉은색이 도는 피부
② 유·수분 밸런스가 적절한 피부
③ pH농도가 5.5로 항상 유지되는 피부
④ 색소 침착이나 여드름이 없는 깨끗한 피부

4 지성 피부의 관리 방법으로 적당한 것은?

① 소염, 진정, 모공 수축작용을 하는 화장수를 사용한다.
② 오일이 많이 함유되어 촉촉한 화장수를 사용한다.
③ 뜨거운 물로 세안을 한다.
④ 취침시에 유분 함유 영양 크림을 바른다.

5 클렌징의 목적으로 옳은 것은?

① 피부의 묵은 때를 제거한다.
② 피부 표면의 노폐물과 더러움을 제거한다.
③ 피부 알갱이가 커서 마찰을 늘릴수록 효과가 좋다.
④ 피부 산성 막을 파괴하는 데 도움을 준다.

6 다음 중 클렌징 제품과 설명이 올바르게 짝지워진 것은?

① 클렌징 워터 : 진한 화장을 지울 때 효과적이다.
② 클렌징 로션 : 친유성(W/O) 제품이다.
③ 클렌징 젤 : 유분성분이 없어서 지성 피부에 적합하다.
④ 클렌징 폼 : 거품이 많이 날수록 효과적이다.

7 다음 중 화학적 딥 클렌징에 포함되지 않는 것은?

① 주석산 ② BHA
③ 다이아몬드 필링 ④ AHA

8 다음 중 피부 유형과 화장품 선택이 올바르게 연결된 것은?

① 건성 피부 : 각질이 많이 생기므로 주 2회 스크럽으로 관리한다.
② 지성 피부 : 아침저녁 피부를 보호하는 올리브 유를 바른다.
③ 민감성 피부 : 알칼리성 세안제를 사용한다.
④ 복합성 피부 : T 존과 U 존으로 구분하여 화장품을 사용한다.

9 피부 유형과 화장품류의 선택이 적절한 것은?

① 건성 피부 – 알코올 함유 스킨
② 지성 피부 – 클레이 마스크
③ 민감 피부 – 석고 마스크
④ 여드름 피부 – 콜드 크림

10 다음 설명 중 마사지의 효과가 아닌 것은?

① 혈액 순환 및 신진대사를 촉진한다.
② 피부의 온도를 높여서 유효 성분의 흡수율을 높인다.
③ 교감 신경을 발달시켜 적당한 긴장감을 준다.
④ 조직의 노폐물을 배출시킨다.

11 다음 중 마사지를 받을 수 있는 사람은?

① 피부염증이 있는 사람
② 임신초기 임산부 또는 당뇨병 환자
③ 운동 후 근육통이 심한 경우
④ 알레르기 등 각종 피부질환자

12 민감 피부를 위한 팩의 성분과 효과가 잘못 짝지어진 것은?

① 아줄렌 – 항염, 진정
② 알부틴 – 진정 효과
③ 알로에 – 수분 공급, 진정
④ 비타민K – 혈액 응고

13 제모에 관한 설명으로 옳은 것은?

① 장시간 목욕 사우나 직후에 제모하면 모공이 열려서 더욱 효과적이다.
② 정맥류나 혈관 이상 증상이 있는 경우에는 예민 피부 전용 왁스를 사용한다.
③ 사마귀 위에는 제모해도 관계없다.
④ 제모 후 24시간 내에는 피부 감염방지를 위하여 목욕 및 비누 세안을 피한다.

14 다음 중 기저층에 있는 세포가 아닌 것은?

① 멜라닌 형성세포 ② 각질형성세포
③ 섬유아세포 ④ 머켈 세포

15 다음 설명으로 알맞은 것은?

- 땀을 분비하는 땀샘이다.
- 입술과 음부를 제외한 전신에 분포한다.
- 평상시 인지되지 않는 상태로 지속적으로 배출된다.
- 99%가 수분으로 이루어져 있다.
- 무색·무취의 액체를 분비한다.

① 에크린선 ② 아포크린선
③ 피지선 ④ 독립선

16 다음 피부 질환 중 속발진에 속하는 것은?

① 반점, 홍반, 구진 ② 농포, 팽진, 소수포
③ 대수포,결절, 낭종 ④ 인설, 찰상, 가피

17 적외선이 인체에 미치는 영향으로 옳바른 것은?

① 혈액순환을 도와서 신진대사를 활발하게 한다.
② 여드름에 효과적인 광선이다.
③ 광노화에 깊은 연관 관계를 가진다.
④ 색소 침착과 일광 화상을 일으킨다.

18 과색소 침착을 일으키는 요인이 아닌 것은?

① 햇빛에 수시로 노출될 때
② 임신 혹은 난소질환 및 자궁 질환이 있을 때
③ 항상 건조한 환경에 처해 있을 때
④ 유전적인 질환이 있을 때

19 염증성 여드름 중 옳지 않은 것은?

① 농포는 표피하의 고름 집합을 말한다.
② 낭종은 자유 치유된다.
③ 바이러스의 시작 단계는 구진이다.
④ 모공이 열려 있고 낭종은 진피에 자리하고 있다.

20 다음의 미용기기 중 다른 원리의 광선을 적용하는 기기는?

① 적외선 램프 ② 우드 램프
③ 인공 선탠기 ④ 살균소독기

21 다음 중 기미에 관한 설명으로 옳은 것은?

① 유전적 요인에 기인하며 사춘기 전후에 나타났다가 나이가 증가함에 따라 감소한다.
② 임산부는 프로게스테론이나 에스트로겐이 과다해져서 기미가 발생할 확률이 커진다.
③ 기미는 표피의 상부에 위치한다.
④ 의학의 발전에 따라 완전히 치료가 가능하다.

22 다음 중 몸을 지지하며 장기를 보호하고 피를 생성하는 계통은?

① 골격계 ② 호흡계
③ 순환계 ④ 내분비계

23 DNA유전정보에 따라 단백질을 합성하는 이것을 무엇이라고 하는가?

① 미토콘드리아 ② 리보솜
③ 리소좀 ④ 세포막

24 체내의 여러 조직와 기관 사이를 메꾸며 연결하여 몸을 지탱해주는 조직은?

① 신경조직 ② 근육조직
③ 상피조 ④ 결합조직

25 성인의 경우에 인체의 뼈는 총 몇 개로 구성되어 있는가?

① 206개 ② 207개
③ 208개 ④ 209개

26 근조직에 빗살무늬 모양이 있으며 자율신경계의 지배를 받는 근육은?

① 내장평활근 ② 골격근
③ 심장근 ④ 평활근

27 신경계의 구성 중 외부 자극을 세포체로 전달하는 이것은 무엇인가?

① 뉴런 ② 세포체
③ 수상돌기 ④ 축삭돌기

28 교감 신경이 작용했을 때 신체의 변화로 올바른 것은?

① 심박수 감소 ② 동공 확대
③ 혈관 확장 ④ 위운동 증가

29 다음 중 혈액에 대한 설명으로 틀린 것은?

① 적혈구는 면역 기능을 담당한다.
② 혈장은 혈액의 55%를 차지하며 대부분이 물이다.
③ 혈소판은 혈액 응고의 기능이 있다.
④ 혈액은 몸속의 영양분과 노폐물을 운반한다.

30 다음 중 틀린 설명은?

① 원자는 물질을 이루는 기본 입자이다.
② −전하와 +전하량이 같으면 중성자를 띤다.
③ 전자가 한 원자에서 다른 원자로 이동하는 현상을 전기라고 한다.
④ 교류전류에 가장 대표적인 것은 갈바닉이다.

31 다음 중 자외선을 이용하여 피부를 진단하는 기기는?

① 프리마톨 ② 우드 램프
③ 스킨스코프 ④ 썩션기

32 다음 중 다른 전류를 사용하는 기기는?

① 썩션기 ② 갈바닉
③ 저주파 ④ 초음파

33 전류란 무엇인가?

① 원자들의 이동 ② 전자들의 이동
③ 이온들의 이동 ④ 양성자들의 이동

34 전류에 대하여 잘못 설명한 것은?

① 도선이 굵을수록 전류는 잘 흐른다.
② 도선의 길이가 짧을수록 전류는 더 잘 흐른다.
③ 전자의 방향은 (+)에서 (−)쪽으로 흐른다.
④ 전자의 방향과 전류의 방향은 반대로 흐른다.

35 디스인크러스테이션에 대한 설명이 아닌 것은?

① 신경을 안정하고 조직을 강화한다.
② 음극으로 관리한다.
③ 조직을 연화시켜 노폐물을 배출한다
④ 알칼리 성분을 이용한다.

36 스티머에 대한 설명 중 옳지 않는 것은?

① 물통의 물을 끓여서 생성된 증기열을 이용하는 기기이다.
② 모세 혈관 확장자에게 20분 이상 증기를 쏘여 혈액 순한을 돕는다.
③ 오존에 의해 박테리아 제거 효과 및 살균 효과가 있다.
④ 온열 효과로 인해 혈액 순환 증진 효과가 있다.

37 고주파기 사용시 직접법의 특징이 아닌 것은?

① 임산부나 금속류 부착자에게는 부적절하다.
② 스파킹 효과가 있다.
③ 지성 피부나 여드름 피부에 효과적이다.
④ 온열 효과로 혈액 순환을 돕는다.

38 다음 중 목적이 다른 하나는?

① 썩션
② 디스인크러스테이션
③ 이온토포레시스
④ 프리마톨

39 적외선의 효과로 올바르지 않는 것은?

① 체온이 상승하여 땀이 발생한다.
② 혈압이 상승된다.
③ 저항력이 증가된다.
④ 근육을 이완시켜 통증 완화에 도움이 된다.

40 다음 중 살균 효과가 있어 살균소독기에 널리 쓰이는 이 광선은?

① 적외선 ② UV-A
③ UV-B ④ UV-C

41 화장품의 특징이 아닌 것은??

① 어느정도 부작용은 감안한다.
② 전신에 사용할 수 있다.
③ 스킨, 로션, 크림 등이 해당한다.
④ 정상인이 청결과 미화를 목적으로 한다.

42 계면활성제의 자극의 세기를 큰 것부터 올바르게 나타낸 것은?

① 양이온성 > 비이온성 > 음이온성 > 양쪽성
② 양이온성 > 음이온성 > 양쪽성 > 비이온성
③ 음이온성 > 양이온성 > 양쪽성 > 비이온성
④ 음이온성 > 비이온성 > 양이온성 > 양쪽성

43 거의 대부분의 화장품 원료로 사용되며 화장수나 로션 등의 기초 물질은?

① 글리세린 ② 동백 기름
③ 정제수 ④ 알코올

44 다음 중 W/O유형 화장품의 특징은?

① 스킨에 주로 사용된다.
② 지속성이 낮다.
③ 흡수가 느리다.
④ 산뜻하고 가볍다.

45 미백화장품의 성분이 아닌 것은?

① 비타민C ② 코지산
③ 알부틴 ④ SOD

46 물리적인 자외선 차단제의 특징이 아닌 것은?

① 피부에 자극을 줄 수도 있다
② 이산화티탄과 산화아연이 주성분이다.
③ 백탁현상이 있다.
④ 자외선을 반사한다.

47 아로마 오일의 특징이 아닌 것은?

① 소염·항균작용이 있으며 순환기 계통의 흐름을 돕는다.
② 투명한 유리병에 보관한다.
③ 첩포(貼布) 테스트를 실시하여 피부 민감도를 체크한다.
④ 임산부, 고혈압, 간 질환자에게 부적절한 오일을 미리 체크해야 한다.

48 기능성 화장품이 아닌 것은?

① 미백 ② 주름 개선
③ 자외선 차단제 ④ 상처치료

49 WHO의 국가 간의 건강 지표 중 가장 대표적인 지표는 무엇인가?

① 비례사망자 수 ② 평균수명
③ 조사 망률 ④ 영아 사망률

50 역학의 목적은 무엇인가?

① 질병의 원인을 찾아내어 예방하기 위해
② 유전병의 연구를 하기 위해
③ 암 치료의 기법을 알기 위해
④ 질병의 치료기술을 연구한다.

51 중세기의 공중보건에 대하여 올바르게 설명하지 않은 것은?

① 종교적인 영향으로 금욕주의가 발달했다.
② 감기 정도의 심각하지 않은 유행질병이 짧게 지나갔다.
③ 페스트로 인해 많은 사람이 사망했다.
④ 검역법이 통과했고 오늘날의 보건소라고 할 수 있는 검역소가 설치되었다.

52 다음 중 발생 시 24시간 이내 환자 격리가 필요한 감염병이 아닌 것은?

① 장티푸스 ② 콜레라
③ 말라리아 ④ 파라티푸스

53 모기를 매개로 전파하는 질병이 아닌 것은?

① 말라리아 ② 뎅기열
③ 쯔쯔가무시병 ④ 일본뇌염

54 질병에 걸렸다가 완쾌되었을 때 형성되는 면역은?

① 자연능동면역 ② 인공수동면역
③ 자연수동면역 ④ 인공능동면역

55 간흡충의 제1중간 숙주와 제2중간 숙주를 올바르게 연결한 것은?

① 돼지 – 소
② 물벼룩 – 담수어
③ 다슬기 – 가재
④ 쇠우렁이 – 담수어

56 다음 중에서 손소독에 적절하지 않은 소독제는?

① 생석회 ② 과산화수소
③ 약용 비누 ④ 크레졸

57 다음 중 바이러스의 아포까지 완전 멸균해 주는 물리적인 소독 방법은??

① 자비소독법 ② 고압증기 멸균법
③ 크레졸 ④ 자외선 건조

58 미용업 시설 설비기준이 아닌 것은?

① 소독한 기구와 소독하지 아니한 기구로 분리한다.
② 소독기나 자외선 살균기 등을 비치한다.
③ 작업장소와 상담실 등을 분리하기 위해 칸막이를 설치할 수 있다.
④ 칸막이는 2분의 1 이상을 투명하게 해야 한다.

59 미용업을 개설할 때에는 누구에게 신고하여야 하는가?

① 시장·군수·구청장 ② 대통령
③ 시·도지사 ④ 보건복지부장관

60 영업정지 처분을 받고도 그 영업정지 기간에 영업을 한 경우 1차 위반 행정 처분은?

① 영업정지1월 ② 면허 취소
③ 영업장 폐쇄 명령 ④ 경고

[정답]

1. ④	2. ④	3. ①	4. ①	5. ②	6. ③
7. ③	8. ④	9. ②	10. ③	11. ③	12. ②
13. ④	14. ③	15. ①	16. ④	17. ①	18. ③
19. ②	20. ①	21. ②	22. ①	23. ②	24. ④
25. ①	26. ③	27. ③	28. ②	29. ①	30. ④
31. ②	32. ②	33. ②	34. ③	35. ①	36. ②
37. ④	38. ③	39. ②	40. ④	41. ①	42. ②
43. ③	44. ③	45. ④	46. ①	47. ②	48. ④
49. ④	50. ①	51. ②	52. ③	53. ③	54. ①
55. ④	56. ①	57. ②	58. ④	59. ①	60. ③

해설

1. 고객의 피부를 정확하게 파악하고 적절한 화장품을 선택할수 있어야 한다.
2. 고객에게 적합한 관리를 하기 위해 피부 진단을 정확하게 해야 한다.
3. 붉은색이 많이 보일수록 모세 혈관이 확장되어 있다.
4. 과도한 피지를 조절할 수 있는 화장품을 선택한다.
5. 클렌징은 피부 표면의 노폐물을 제거하며 산성 막을 파괴시키지 않아야 한다.
6. 클렌징 젤은 수분으로 이루어져 있다.
7. 화학적 딥 클렌징에는 글리콜산, 주석산, 사과산, 젖산, 구연산 등이 있다.
8. T존에는 피지 분비가 왕성하고 U존은 보습을 도와 주어야 하는 밸런스가 다른 피부를 복합성 피부라고 한다.
9. 지성 피부에는 클레이,머드, 썰파 등 피지 흡착을 도와 주는 성분이 들어간 제품을 선택한다.
10. 마사지 시 부교감 신경을 자극한다.
11. 심장관련 질병이나 피부 질환이 있는 사람은 매뉴얼 테크닉을 삼가야 한다.
12. 알부틴은 미백 화장품의 종류이다.
13. 바이러스성 피부와 예민 피부는 왁싱을 금하고 세균감염 방지를 위해 청결을 유지한다.
14. 섬유아세포는 진피층에 위치한다.
15. 에크린선에서는 체온 조절의 중요한 역할을 하는 땀을 분비한다.
16. 인설, 찰상, 가피는 속발진이다.
17. 적외선은 온열 효과로 혈액 순환, 신진대사 촉진, 통증 완화에 효과적이다.
18. 멜라닌 색소 또는 호르몬에 의해 색소 침착이 생긴다.
19. 낭종은 여드름의 마지막 단계이며 치료 후에도 상처가 남는다.
20. 자외선을 이용하는 기계는 선탠기, 우드 램프, 살균소독기 등이 있다.
21. 멜라닌 색소 또는 호르몬에 의해 색소 침착이 생긴다.
22. 골격계는 지지, 보호, 조혈, 운동, 저장의 기능이 있다.
23. 리보솜은 유전정보에 따라 단백질을 합성한다.
24. 결합조직은 인체에 가장 널리 분포하며 조직과 조직을 연결한다.
25. 성인의 뼈는 총 206개이다.
26. 심장근은 횡문근이며 불수의근이다.
27. 수상돌기는 외부 자극을 세포체로 전달한다.
28. 교감 신경은 낮에 주로 작동하는 신경으로 긴장하거나 화났을 때 작용한다.
29. 백혈구는 면역 기능을 담당한다.
30. 일정하게 한쪽으로 흐르는 전류를 직류전류라고 하며 갈바닉이라고도 한다.
31. 우드 램프는 자외선을 이용하여 피부를 진단하는 기기이다.
32. 갈바닉은 직류 전기를 사용한다.
33. 전자들의 흐름을 전류라고 한다.
34. 전자는 (−)방향에서 (+)방향으로 흐른다.
35. 디스인크러스테이션은 음극을 사용하며 신경을 자극하고 조직을 연화한다.
36. 피부 감염자, 상처, 쿠퍼로즈 피부인 경우에는 사용이 부적절하다.
37. 고주파의 간접법은 열 발생으로 세포 기능을 증진한다.
38. 이온토포레시스는 영양물질의 침투를 목적으로 시킨다.
39. 혈관이 확장되어 혈액 순환을 돕는다.
40. 살균소독기에는 UV−C을 이용한다.
41. 화장품은 부작용이 없어야 한다.
42. 양이온성 > 음이온성 > 양쪽성 > 비이온성 순으로 자극이 세다.

43. 물은 거의 모든 화장품의 원료로 사용한다.
44. 오일이 더많이 느껴지느 타입이며 유분감이 많아서 흡수가 느리고 무겁다.
45. SOD는 항산화 성분으로 노화 방지에 뛰어난 성분이다.
46. 물리적인 자외선 차단제는 예민 피부, 어린이 피부에도 사용 가능하다.
47. 아로마 오일은 갈색병에 보관하여 서늘하고 어두운 곳에 보관한다.
48. 기능성 화장품에는 미백, 자외선 차단, 주름 개선이 포함된다.
49. 한국가의 건강 수준을 나타내는 가장 대표적인 지표는 영아 사망률이다.
50. 역학은 질병 발생의 원인을 규명하여 질병을 예방하기 위함이다.
51. 중세시대에는 기독교의 영향으로 금욕주의가 발달했고 위생이 좋지 않아서 페스트나 콜레라 등의 질병이 유행하였다.
52. 말라리아는 제3급 감염병으로, 그 발생은 계속 감시할 필요가 있어서 발생 또는 유행시 24시간 이내에 신고하여야 한다.
53. 쯔쯔가무시병은 진드기를 매개로 한다.
54. 질병 이후 획득되는 면역은 자연 능동 면역이다.
55. 간흡충의 제1중간 숙주는 쇠우렁이, 제2중간 숙주는 담수어이다.
56. 생석회는 변소 소독에 적합하다.
57. 고압증기 멸균법은 121℃에서 15분 동안 처리하며 바이러스를 완전 사멸시킨다.
58. 칸막이는 3분의 1 이상을 투명하게 해야 한다.
59. 미용업 개설 시 시장·군수·구청장에게 신고한다.
60. 영업정지 처분을 받고도 그 영업정지 기간에 영업을 한 경우 1차 위반 행정 처분은 영업장 폐쇄 명령이다.

모의고사 제 5 회

1 다음 중 피부 유형을 분석 하는 방법이 아닌 것은?

① 촉진 ② 견진
③ 문진 ④ 검진

2 민감성 피부의 특징이 아닌 것은?

① 피부가 거칠고 두꺼우며 모공이 크다.
② 화장품을 바꾸면 자주 예민 반응을 일으킨다.
③ 수분의 부족 현상이 쉽게 나타나 피부 당김 현상이 일어난다.
④ 피부가 얇은 부위에 색소 침착이 쉽게 형성된다.

3 각질 제거에 대한 설명이 아닌 것은?

① 알레르기 피부를 진정시킨다.
② 면포를 부드럽게 한다.
③ 피부의 불필요한 노폐물을 제거한다.
④ 혈액 순환이 좋아지게 한다.

4 스크럽이 적절하게 적용되는 피부가 아닌 것은?

① 여드름 피부 ② 모공이 큰 피부
③ 각질이 두꺼운 피부 ④ 민감성 피부

5 다음의 관계가 틀린 것은?

① 온습포 : 모공을 열어 준다.
② 냉습포 : 혈관을 확장시킨다
③ 냉습포 : 마무리 단계에 사용한다.
④ 온습포 : 노폐물 제거에 효과적이다.

6 다음 매뉴얼 테크닉의 방법 중 반죽하듯 근육을 쥐었다가 놓는 방법으로 신진대사를 활성화하고 노폐물을 배출시켜 붓기를 해소할 수 있는 이 방법은?

① 강찰법 ② 경찰법
③ 유연법 ④ 고타법

7 다음 중 팩과 역할이 올바르게 연결되지 않은 것은?

① 콜라겐 벨벳 마스크 - 여드름 피부에 사용할 수 있다.
② 젤 타입 마스크 - 건성의 피부에 수분을 공급한다.
③ 석고 마스크 - 건성 피부에 영양을 공급하기 좋다.
④ 파라핀 마스크 - 열과 오일이 모공을 열어 피부를 민감하게 한다.

8 다음 중 팩 사용 시 주의 사항이 아닌 것은?

① 피부 상태를 알기 위해 패치 테스트를 한다.
② 팩을 바르기 전에 냉 타월로 피부를 진정시킨 후에 사용하면 효과적이다
③ 천연 팩은 사용하기 편하도록 미리 대용량으로 만들어 놓는다.
④ 눈 주위나 입술 주위는 피한다

9 화학적 딥 클렌징의 방법 중 사탕수수에서 추출한 산으로 노화된 각질을 잘 제거해 주며 동시에 보습을 줄 수 있는 이것은 무엇인가?

① 구연산 ② 주석산
③ 글리콜산 ④ BHA

10 매뉴얼 테크닉의 설명으로 바르지 못한 것은?

① 혈액 순환 및 림프 순환을 촉진시킨다.
② 교감 신경을 자극하여 신경을 안정시킨다.
③ 중앙에서 말초로 이동하며 마사지한다.
④ 노폐물을 배출한다.

11 주로 마사지의 처음과 끝에 사용하는 방법으로 신경을 안정시키는 이 방법은?

① 에플라지 ② 페트리세이지
③ 타포먼트 ④ 바이브레이션

12 영구적 제모 방법인 것은?

① 면도기　② 전기분해법
③ 온왁스　④ 핀셋

13 온왁스 시술 방법과 주의 사항으로 옳지 않는 것은?

① 제모 전후에는 사우나와 햇빛 자극을 피한다.
② 시술전 유분기를 없애기 위해 탈컴 파우더를 바른다.
③ 털이난 반대 방향으로 바른다.
④ 시술 후 진정 관리를 한다.

14 림프 드레나쥐에 대한 설명으로 옳지 않은 것은?

① 민감 피부, 여드름 피부, 쿠퍼로즈 피부에 효과가 좋다.
② 림프의 순환을 도와서 대사를 원활하게 해준다.
③ 염증 질환이나 심부전증이 있는 사람에게는 시술하지않는다.
④ 강한 압을 이용하여 노폐물 배출을 효과적으로 한다.

15 멜라닌 색소가 증가하여 기미와 주근깨가 증가하며 노화가 촉진되고 당김 등의 현상이 증가하는 계절은?

① 봄　② 여름
③ 가을　④ 겨울

16 표피 중에 가장 많은 부분을 차지하며 면역 기능을 담당하는 랑게르한스 세포가 존재하는 층은?

① 투명층　② 유극층
③ 과립층　④ 기저층

17 진피를 구성하는 성분 중 거의 대부분을 차지하며 주름을 형성하는 원인이 되는 이물질은 무엇인가?

① 엘라이딘　② 기질
③ 엘라스틴　④ 콜라겐

18 춥거나 무서울 때 자율 신경계에 의해 모발을 곤두서게 하는 이것은?

① 모유두　② 기모근
③ 모구　④ 모낭

19 다음은 무엇에 관한 설명인가?

- pH 5,5 약산성이므로 세균으로부터 보호한다.
- 피지와 지방 성분은 피부를 촉촉하게 보이게 한다.

① 땀샘　② 탄력섬유
③ 피지막　④ 유두층

20 모낭이 없기 때문에 피지선이 직접 피부로 연결되어 피지를 분비하는 선은?

① 독립 피지선　② 한선
③ 에크린선　④ 아포크린선

21 다음 비타민 중 많으면 체내 축척이 되고 산화 비타민이라고 불리며, 노년기에 혈색에 좋은 효과를 주는 이것은?

① 비타민 E　② 비타민 D
③ 비타민 C　④ 비타민 A

22 다음 중 피부 질환 원인이 다른 하나는?

① 기미　② 주근깨
③ 몽고반　④ 태선화

23 피부의 기능이 아닌 것은?

① 세균 침입에 대한 보호기능
② 체온조절 기능
③ 자세 유지
④ 감각 기능

24 심장근과 내장근은 어떤 신경의 영향를 받는가?

① 반사신경　② 중추신경
③ 자율신경　④ 감각신경

25 세포에 대한 설명으로 틀린 것은?

① 모든 생물체의 기본단위는 세포이다.
② 성세포는 유사분열한다.
③ 세포핵에는 DNA와 RNA를 가지고 있다.
④ 미토콘드리아는 세포를 운동시켜서 ATP를 생성한다.

26 혈액은 체중의 몇 %에 해당하는가?

① 1~2% ② 5~7%
③ 8~9% ④ 15~20%

27 골격계의 한 부분으로 탄력성이 있어서 골과 골 사이의 충격을 흡수하는 곳은?

① 골막 ② 연골
③ 요골 ④ 치골

28 혈관의 압력이 크고 두꺼운 순서대로 올바르게 연결한 것은?

① 대정맥 > 모세혈관 > 소동맥 > 대동맥
② 대동맥 > 소동맥 > 소정맥 > 대정맥
③ 소동맥 > 소동맥 > 모세혈관 > 대정맥
④ 모세혈관 > 소동맥 > 대동맥 > 소정맥

29 탄수화물을 글리코겐 형태로 저장하며 담즙을 분비하여 지방 분해에 도움을 주는 이 기관은 어디인가?

① 소장 ② 대장
③ 췌장 ④ 간

30 다음 중 뒷목 부근에 위치하며 호흡 운동에 관여하는 뇌의 중추는?

① 시상하부 ② 간뇌
③ 연수 ④ 소뇌

31 다음 중 여성의 2차 성징을 나타내 주는 호르몬은?

① 에스트로겐 ② 프로게스테론
③ 안드로겐 ④ 티록신

32 프리마톨에 대한 설명으로 틀린 것은?

① 비스듬히 눕힌 상태에서 관리한다
② 각질 제거를 목적으로 한다.
③ 혈액 순환을 도와 준다.
④ 살짝 물기 있게 사용하며 세게 누루지 않는다.

33 스티머의 사용법 및 주의 사항으로 옳지 않은 것은?

① 스팀을 이용해 각질을 연화시키는 기기이다.
② 손님이 오기 전에 미리 예열한다.
③ 얇은 피부는 사간을 줄여서 사용한다.
④ 스팀은 코를 향하도록 한다.

34 다음 중 원자에 대한 설명으로 틀린 것은?

① 중성자는 전하를 갖지 않는다.
② 원자는 쪼갤수록 더 많은 원자로 나누어진다
③ 전자의 흐름을 전기라고 한다.
④ 전자는 음성자이다.

35 우드 램프를 이용해 피부를 진단할 때 여드름은 무슨 색으로 나타나게 되는가?

① 흰색 ② 보라색
③ 오렌지색 ④ 청색

36 고주파의 간접법에 대한 설명으로 틀린 것은?

① 온열 효과로 신진대사를 촉진한다.
② 심부 통증을 완화한다.
③ 여드름 피부에 효과적으로 살균 작용한다.
④ 비만 관리에 효과적이다.

37 디스인크러스테이션이 피부에 미치는 영향은?

① 직류 전류에 의해 산화가 되는것
② 교류 전류에 의해 산화가 되는것
③ 교류 전류에 의해 알칼리화가 되는것
④ 직류 전류에 의해 알칼리화가 되는 것

38 다음 중 얼굴 관리 기기가 아닌 것은?

① 고주파
② 이온토포레시스
③ 초음파
④ 바이브레이터

39 320~400nm의 장파장을 가지고 있으며 피부를 까맣게 만들며 피부암의 원인이 되는 이 광선은?

① UV-A　② UV-B
③ UV-C　④ 원적외선

40 화장품의 4대 요건이 아닌 것은?

① 안전성　② 방향성
③ 안정성　④ 유효성

41 아로마 테라피에 대한 설명으로 바른 것은?

① 마사지를 하는 목적에 맞는 에센셜 오일을 선택하여야 한다.
② 아로마 관리 후 햇빛을 쬐는 것을 권장한다.
③ 처음에 정한 오일을 바꾸지 않고 사용한다.
④ 효과를 극대화 하려면 원액 그대로를 사용한다.

42 기능성 화장품이 기능이 아닌 것은?

① 주름 개선 화장품
② 상처치료 화장품
③ 자외선 차단 화장품
④ 미백 화장품

43 다음 중 바디 화장품으로 체취를 억제해 주는 기능이 있는 화장품은?

① 데오도란트 로션(Deodorant lotion)
② 샤워코롱(Shower Cologne)
③ 트리트먼트(Treatment)
④ 바디 로션(Body lotion)

44 다음 중 계면활성제의 구분을 바르지 못하게 한 것은?

① 양이온 계면활성제 - 린스
② 음이온 계면활성제 - 헤어 트리트먼트
③ 양쪽성 계면활성제 - 베이비 샴푸
④ 음이온 계면활성제 - 스킨, 로션, 크림

45 다음 중 O/W의 형태에 관한 바른 설명은?

① 물보다 오일이 많은 형태이다
② 사용감이 무겁다.
③ 흡수가 느리다.
④ 모이스처라이징 로션, 클렌징 로션 등이 이에 속한다.

46 다음 중 보습제가 아닌 것은?

① 이소치아졸리논　② 솔비톨
③ 프로필렌글리콜　④ 글리세린

47 민감성 피부에 적절하지 않는 성분은?

① 아줄렌　② 비타민K
③ 살리실산　④ 알로에

48 인간 피지의 구와 비슷하여 지성 피부에 효과적이며 알레르기 유발이 적은 이 오일은 무엇인가?

① 왁스　② 아몬드 유
③ 호호바 오일　④ 스쿠알란

49 건강의 정의로 옳은 것은?

① 질병이 없거나 허약하지 않을 뿐만 아니라 육체적·정신적·사회적 안녕이 완전한 상태
② 수명을 연장하는 기술을 개발하는 것
③ 몸이 병에 걸리지 않은 완벽한 상태
④ 예방접종을 모두 끝마친 상태

50 다음 중 바이러스로 인해서 전염되는 질병이 아닌 것은?

① 이하선염　② 폐렴
③ 에이즈　④ 홍역

51 구충·구서의 원칙이 아닌 것은?

① 발생원을 제거한다.
② 해충이 많이 있는 곳을 집중적으로 관리한다.
③ 발생 초기에 실시한다.
④ 생태 습성을 파악해서 제거한다.

52 혐기성 세균성 식중독이며 치사율이 가장 높은 것은?

① 포도상 구균 식중독 ② 병원대장 식중독
③ 살모넬라 식중독 ④ 보톨리누스 식중독

53 보건행정에 속하지 않은 것은?

① 암 치료제의 개발 ② 감염병 관리
③ 모자보건 ④ 보건교육

54 세균 및 바이러스의 포자를 전부 사멸하여 제거하는 것을 무엇이라고 하는가?

① 소독 ② 방부
③ 멸균 ④ 살균

55 석탄산은 몇 %의 수용액을 사용하는가?

① 0.03% ② 0.3%
③ 3% ④ 30%

56 미용사의 손 소독에 가장 많이 쓰이는 방법은?

① 포르말린 ② 승홍수
③ 석탄산 ④ 역성 비누

57 면허를 받을 수 없는 사람에 해당하지 않는 것은?

① 마약중독자
② 면허가 취소된 지 1년이 경과한 자
③ 정신질환자
④ 전염병 환자

58 공중위생업소를 폐쇄했을 때 할 수 있는 조치가 아닌 것은?

① 당해 영업소의 간판, 기타 영업 표지물의 제거
② 100만 원 이하의 과태료
③ 당해 엽업소가 위법한 영업소임을 알리는 게시물 등의 부착
④ 영업을 위해 필요한 기구를 사용할 수 없게 봉인

59 피부 미용을 위하여 약사법에 따른 의약품 또는 의료기기법에 따른 의료기기를 사용한 경우, 2차 위반 행정 처분은?

① 영업정지 3월 ② 영업장 폐쇄
③ 면허 취소 ④ 벌금 300만 원

60 과태료에 대한 설명으로 틀린 것은?

① 변경신고를 하지 아니한 자는 500만 원 이하의 벌금이다.
② 과태료 처분에 불복이 있는자는 처분을 고지받은 날로부터 30일 이내에 이의를 제기할 수 있다.
③ 통지를 받은 날로부터 20일 이내 납부해야 한다.
④ 과징금은 분할로 납부할 수 있다.

[정답]

1. ④	2. ①	3. ①	4. ④	5. ②	6. ③
7. ④	8. ②	9. ③	10. ③	11. ①	12. ②
13. ③	14. ④	15. ③	16. ②	17. ④	18. ②
19. ③	20. ①	21. ①	22. ④	23. ③	24. ③
25. ②	26. ③	27. ②	28. ②	29. ④	30. ③
31. ①	32. ①	33. ④	34. ②	35. ③	36. ③
37. ④	38. ④	39. ①	40. ②	41. ①	42. ②
43. ①	44. ②	45. ④	46. ①	47. ③	48. ③
49. ①	50. ②	51. ②	52. ④	53. ①	54. ③
55. ③	56. ④	57. ②	58. ②	59. ①	60. ④

해설

1. 피부를 분석하는 방법은 문진, 견진, 촉진이 있다.
2. 피부가 거칠고 두꺼우며 모공이 크고 여드름이 자주 일어나는 피부는 지성 피부이다.
3. 각질 제거는 피부에 자극을 줄 수 있다.
4. 민감성 피부에는 효소가 적합하다.
5. 냉습포는 혈관을 수축시킨다.
6. 유연법은 피부조직을 반죽하듯이 주무른다.
7. 파라핀 마스크는 열을 발생시켜 유효 성분의 침투를 막는다.
8. 팩 사용 전에는 온습포를 사용하여 모공을 확장하고 혈액 순환을 도와 준다.
9. 글리콜산은 사탕수수에서 추출하였으며 건성 피부에 효과적으로 각질을 제거할 수 있다.
10. 마사지는 말초에서 중앙으로 관리한다.
11. 마사지의 처음과 끝에는 쓰다듬기 방법을 사용하여 긴장감을 완화한다.
12. 영구적인 제모 방법에는 전기분해법과 레이저 제모 등이 있다.
13. 온왁스를 바를 때는 털이 자란 방향으로 바른다.
14. 림프 드레나쥐는 회전동작, 원동작, 퍼올리기, 펌프동작이 있다.
15. 가을은 여름 동안 기온의 영향으로 피부가 노화되고 피부가 건조해진다. 또한, 자외선의 강도가 높다.
16. 유극층에는 면역을 담당하는 랑게르한스 세포가 있다.
17. 진피는 콜라겐과 엘라스틴으로 구성되어 있다.
18. 기모근은 긴장 상태에서 털을 세워 주는 근육이다.
19. 피지막은 피부를 보호하고 유연하게 보이게 한다.
20. 독립피지선은 모낭이 없기 때문에 피지선이 직접 피부로 연결되어 피지를 분비한다.
21. 비타민E는 항산화 비타민이라고 하며 노화 피부에 효과적이다.
22. 태선화는 상처가 반복되어 그 부위의 피부가 두꺼워진 상태인다.
23. 피부는 체온 조절, 분비, 감각 기능, 흡수 기능, 비타민 합성 기능, 호흡, 저장 기능 등을 한다.
24. 심근과 평활근은 자율 신경계의 지배를 받는다.
25. 성세포는 신체 중에 유일하게 감수분열한다.
26. 혈액는 신체의 8~9%를 차지한다.
27. 연골은 결합조직에 속하며 골과 골 사이의 충격을 흡수한다.
28. 체순환의 순서는 좌심실−대동맥−소동맥−모세혈관−소정맥−대정맥−우심방의 순서이다.
29. 간에서는 영양물질을 합성하고, 해독 작용·담즙 분비·혈액 응고에 관여한다.
30. 연수는 호흡, 재재기, 구토 등을 관장하는 중추이다.
31. 여성의 2차 성징을 나타내는 호르몬은 에스트로겐이다.
32. 프리마톨은 직각으로 사용한다.
33. 스팀은 턱을 향하도록 한다.
34. 원자는 물질을 이루는 가장 작은 단위이다.
35. 피지는 오렌지 색으로 나타내게 된다.
36. 직접법은 여드름에 스파킹 작용하여 살균한다.
37. 디스인크러스테이션은 피지를 배출하는 관리로써 갈바닉 전류의 (−)을 이용한다.
38. 바이브레이터는 진동을 주는 기기로, 바디에 주로 이용한다.
39. UV−A는 장파장이며 색소 침착의 원인이다.
40. 화장품의 4대 요건은 안전성, 안정성, 사용성, 유효성이다.
41. 아로마는 원액 그대로를 사용하지 않으며 관리 목적에 맞는 오일을 선택하여야 한다.
42. 기능성 화장품에는 상처치료가 포함되지 않는다.
43. 데오도란트는 땀냄새를 억제한다.

44. 음이온 계면활성제의 대표적인 제품은 샴푸이다.
45. O/W 형태는 수분이 더 많은 제형으로 사용감이 가볍고 산뜻한다.
46. 이소치아졸리논은 방부제이다.
47. 살리실산은 살균작용과 피지 억제에 효과적이다.
48. 호호바 오일은 인간 피지와 성분이 비슷하다.
49. 질병이 없거나 허약하지 않을 뿐만 아니라 육체적·정신적·사회적 안녕이 완전한 상태
50. 폐렴은 세균을 통해서 전염된다.
51. 동시에 광범위하게 구제한다.
52. 보툴리누스 식중독은 통조림 음식에서 많이 발현하며 치명률이 가장 높다.
53. 공중보건의 목적을 달성하기 위해 행하는 것을 보건행정이라 한다.
54. 세균과 바이러스의 포자를 전부 사멸하여 제거하는 것을 멸균이라고 한다.
55. 석탄산은 3% 수용액을 사용한다.
56. 미용사의 손 소독에 가장 많이 쓰이는 방법은 역성 비누이다.
57. 면허가 취소된 후 1년이 경과되지 아니한 자는 면허를 발급 받을 수 없다
58. 폐쇄 조치 시 간판 등 영업 표지물을 제거하고 위법한 영업소임을 알리는 게시물을 부착한다. 또한, 필요한 기구 또는 시설물을 봉인할 수 있다.
59. 피부 미용을 위하여 약사법에 따른 의약품 또는 의료기기법에 따른 의료기기를 사용한 경우, 2차위반 행정 처분은 영업 정지 3월이다.
60. 과징금은 분할하여 납부할 수 없다.

참고 문헌

- 권혜영 외, NCS를 기반으로 한 기초 에스테틱, 메디시언, 2017
- 권혜영 외, 공중위생관리학, 메디시언, 2019
- 권혜영 외, NEW 피부과학, 메디시언, 2016
- 권혜영 외, NCS 적용교육! 한국형 특수관리, 메디시언, 2018
- 권혜영 외, NCS 스톤&뱀부테라피, 메디시언, 2017
- 권혜영 외, 피부미용 얼굴관리, 메디시언, 2020
- 권혜영 외, 화장품 인문학의 길에서 묻다, 메디시언, 2016
- 윤병철 외, 에센스 인체 해부학, 메디시언, 2018
- 권혜영, 피부관리실의 고객 만족을 위한 성공가이드, 성안당, 2009
- 권혜영, 발 건강관리, 예림, 2010
- 권혜영 외, 이해하기 쉬운 NCS 기반 전신 피부관리, 성안당, 2015
- 권혜영, 꿈을 실현시켜주는 성공 이미지메이킹, 성안당, 2015
- 권혜영 외, 피부미용학, 훈민사, 2010
- 김주덕, 신화장품학, 동화기술교역, 2004
- 김주덕, 최신화장품학, 광문각, 2011
- 정진호, 늙지않는 피부 젊어지는 피부, 하누리, 2009
- 정진호, 피부가 능력이다, 청림라이프, 2016
- 한국화장품전문가협회, 2020 맞춤형화장품 조제관리사 한권으로 끝내기, 시대고시기획, 2020
- 김영주 외, New 미용 기기학, 메디시언, 2013

피부미용사 필기시험

2020년 7월 15일 초판 인쇄
2020년 7월 30일 초판 발행

저 자 권혜영 · 김영주 · 안진미 · 오희영 · 이세희
발행인 주 병 오 · 주 민 기
발행처 메디시인

경기도 파주시 회동길 209
파주출판문화도시

마케팅부 (031) 955 – 7566 · 7577
편집부 (031) 955 – 7731
FAX(031) 955 – 7730

독자의견 전화 (031) 955 – 7577
홈페이지 www.ji-gu.co.kr
이메일 jigupub@hanmail.net
등록번호 2005년 2월 16일
제 406–2005–000045호

ISBN 979–11–90839–06–8 값 25,000원

책은 사람을 만들고
사람은 책을 만든다.

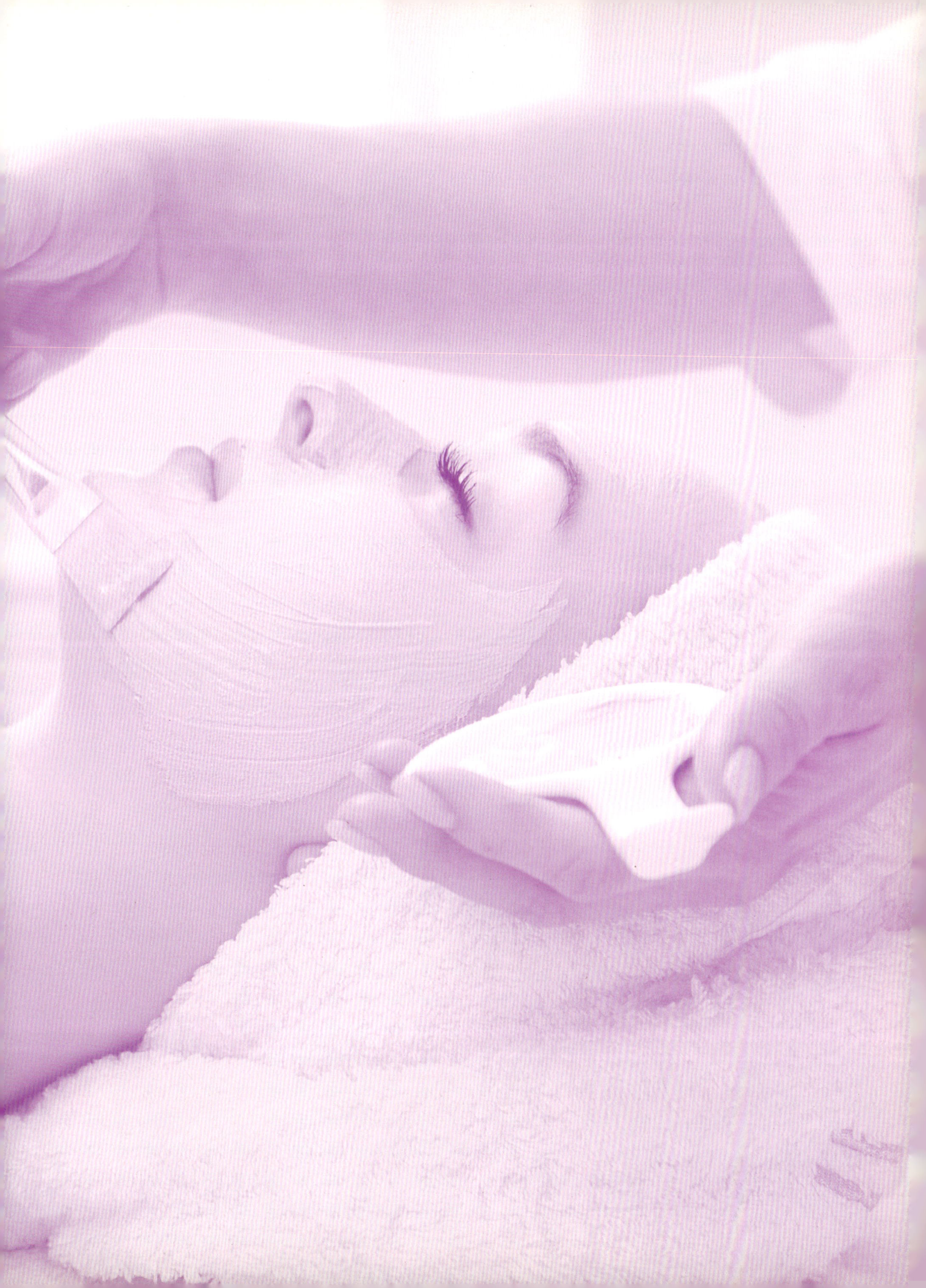